《丽水特色中药》促进丽水中医药特色发展

孙汉董

❶ 孙汉董院士为《丽水特色中药》丛书题词

❷ 国家药品监督管理局原副局长 任德权 （左一）与主编李水福（左二）在南非国际交流会上合影

❸ 国家药品监督管理局原副局长 任德权 先生为主编李水福题字

❹ 编委会部分成员与主编们在浙江康宁医药有限公司合影
左二起：张晓芹、范蕾、刘丽仙、程文亮、李水福、肖建中、金俊、程科军、钟洪伟、袁宙新、王斌、颜加临、胡磊

❺ 中国民主促进会丽水市委员会领导关心编写工作人员，与部分人员在浙江康宁医药有限公司合影
左起：王斌、蓝武杰、范蕾、邱旭平、金俊、王必红、李水福、张杰

❻ 主编与衢州市食品药品检验研究院领导合影
　　左起：金俊、黄华、王也、李水福、宋剑锋、陈江峰

❼ 主编李水福在丽水华侨大酒店与院士合影
　　左二起：浙江维康药业有限公司董事长刘忠良、樊代明院士、李校堃院士、丽水市人民医院院长黄刚、
　　主编李水福、丽水市农林科学研究院程科军博士

❽ 编写人员在浙江维康药业有限公司合影

　　左起：丁京伟、朱菊红、范蕾、戴德雄、李水福、田伟强、吴建民、朱婷、纪晓燕

❾ 主编李水福在丽水市政协会议主席台上

⑩ 主编李水福（前排右二）在全市科技大会上被授予丽水市首批杰出人才称号

⑪ 主编金俊、李水福等为种植前胡到庆元县百山祖调研

⑫ 主编李水福与中国医药物资协会执行会长刘忠良、湖州市市场监督管理局局长蒋国强和浙江维康药业有限公司副总经理戴德雄在孔庙前合影

⑬ 编委会副主任戴德雄（左一）、主编李水福（中）与中国医药物资协会执行会长、浙江维康药业有限公司董事长刘忠良（右一）在南非合影

⑭ 主编金俊、李水福与庆元县市场监督管理局副局长范火发、庆元县人民医院副书记叶端炉、浙江方格药业有限公司副总经理刘世柱等在庆元县扁鹊庙前合影

⑮ 丽水学院中药研究院院长林植华（左一）与主编李水福（左二）、浙江汉邦生物科技有限公司总经理钟洪伟（左三）在丽水学院丽水中药产业技术创新服务平台办公楼前合影

丽水特色中药

第三辑

主 编◎范 蕾 金 俊 李水福 袁宙新

中国农业科学技术出版社

图书在版编目（CIP）数据

丽水特色中药.第三辑 / 范蕾等主编. --北京：中国农业科学技术出版社，2022.9
ISBN 978-7-5116-5889-0

Ⅰ.①丽… Ⅱ.①范… Ⅲ.①中药材－介绍－丽水 Ⅳ.①R282

中国版本图书馆CIP数据核字（2022）第 157334 号

责任编辑 马维玲　崔改泵
责任校对 马广洋
责任印制 姜义伟　王思文

出 版 者 中国农业科学技术出版社
　　　　　北京市中关村南大街 12 号　　邮编：100081
电　话 （010）82109194（编辑室）　　（010）82109702（发行部）
　　　　　（010）82109702（读者服务部）
网　址 https://castp.caas.cn
经 销 者 各地新华书店
印 刷 者 北京建宏印刷有限公司
开　本 140 mm×203 mm　1/32
印　张 18.875　彩插 24 面
字　数 525 千字
版　次 2022 年 9 月第 1 版　　2022 年 9 月第 1 次印刷
定　价 128.00 元

《丽水特色中药》丛书编委会

《丽水特色中药（第三辑）》编写组人员

主　编：范　蕾　金　俊　李水福　袁宙新

副主编：刘　敏　张晓芹　叶发宝　刘丽仙　尚伟庆　余华丽

编写者：（按姓氏笔画排列）

王伟影　卢俊明　叶　坚　叶　强　叶伟波　叶关毅

叶纪沟　叶垚敏　叶泰荣　叶端炉　兰仙美　朱　婷

朱美晓　华伟峰　华金渭　刘超男　纪晓燕　严振旺

苏瑛桂　李伟根　李晓峰　杨巧君　吴　强　吴永勤

吴旭珍　吴丽华　吴查青　邹晓华　宋剑锋　张　依

张乐怡　张丽萍　陈百春　陈张金　陈学智　林　娜

林　超　金子涵　郑圣鹤　郑益萍　胡　珍　胡　磊

胡译尹　钟铠瑞　骆松梅　黄　华　黄丽春　彭德伟

董　杰　蔡仁华　潘　莉

内 容 简 介

　　丽水特色中药系指在丽水主产或特产的畲药、独特药、质佳药、道地药、量大药、代表性药等中药。《丽水特色中药》丛书第三辑为第一辑《丽九味》和第二辑《丽水九地药》的续集，本辑在第一、第二辑基础上，继续筛选出丽水除已编写品种以外的、仍具有丽水特色的中药，如畲药百鸟不歇与待开发畲药树参、新浙八味前胡、浙八味白术、花类药代表木槿、民间应用极广的草药车前草、爬行动物龟鳖类、草根白茅根、真菌木耳、青田民间多用于火锅的五加皮、汉文化代表蚕桑文化的桑类等16种中药。本书基本上与前两辑一样，较全面系统地汇总了丽水特色中药的有关资料，特别强调追溯历史与本草、全面介绍质量标准与质控、现有产品开发与全面系统化开发前景，推进全丽水特色中药特色发展。全书以品种为章，每章包含本草考证与历史沿革、植物形态与生境分布、栽培、化学成分、药理与毒理、质量体系、性味归经与临床应用、丽水资源利用与开发、总结与展望共九节。

主 编 简 介

范蕾，女，副主任中药师，丽水市第二届"绿谷新秀"、丽水市138第二层次人才工程培养人员、丽水市药学会秘书长、浙江省药学会理事、中药与天然药物专业委员会委员。从事中药材（饮片）及中成药的质量研究、成分分析工作近20年，发表论文20余篇，主持或参与多个省级、市级课题，获得浙江省科技进步奖二等奖、丽水市科技进步奖二等奖等多项荣誉。

金俊，工程师，浙江康宁医药有限公司总经理、浙江康宁医药有限公司中药饮片加工厂总经理、浙江丽水康宁大药房连锁有限公司总经理、浙江景宁康宁农业科技发展有限公司总经理、丽水市药学会副理事长、丽水市医药行业协会副会长、景宁中药材联会会长。从事医药生产、研发、销售工作20余年。

李水福，浙江松阳人，1982年2月毕业于浙江医科大学，36年来一直在丽水市食品药品检验所工作，1999年晋升为主任中药师。2017年4月退休。曾经为《中草药》《中国现代应用药学》《中国药业》和《中国民族医药杂志》编委、中国民族医药学会畲医药分会副会长、浙江省中医药学会中药分会常务理事、浙江省药学会中药与天然药物专委会委员。已在省级以上专业刊物发表科技论文200多篇，主编出版《中国畲族医药学》和《整合畲药学研究》，在《畲药物种DNA条形码鉴别》和《中药传统鉴别术语图解》中担任副主编，荣获中华中医药学会科技奖三等奖、浙江省科学技术进步奖三等奖、浙江省中医药科技创新奖一等奖、浙江省卫生厅优秀成果奖三等奖和2018年梁希林业科学技术奖三等奖等多种奖项，1999年入选138人才库，1992年、1995年、1998年、2002年和2005年连续5届荣获中共丽水市委丽水市人民政府"专业拔尖人才"，2010年9月被中共丽水市委丽水市人民政府授予"杰出人才"称号，2011年被浙江省药学会评为首届浙江省医药科技奖。

袁宙新，男，1968年10月出生，副主任药师，中国民族药学会畲药分会常务理事、中国民族医药学会科普分会常务理事、中国民族医药协会专家智库专家、丽水市药学会常务理事、丽水市畲族医药研究会常务理事、丽水市药学会中药与天然药物专业委员会委员、丽水市中医药学会中药饮片价格分会副主任委员、丽水市中药药事质控中心副主任委员。被评为浙江省第十一届优秀药师，参与省级、市级中草药领域科研项目14项和中草药领域著作5本。目前，主持国家重点专项"十五个少数民族医防治常见特色诊疗技术、方法、方药整理与示范研究"畲药子课题，获得国家发明专利3项以及省级、市级科技进步奖5项等荣誉。

前　言

　　《丽水特色中药》丛书第三辑为第一辑《丽九味》和第二辑《丽水九地药》的续集，本辑在第一、第二辑基础上，继续筛选出丽水除已编写品种以外的、仍具有丽水特色的中药，如畲药百鸟不歇与待开发畲药树参、新浙八味前胡、浙八味白术、花类木槿、民间应用极广的草药车前草、爬行动物龟鳖类、草根白茅根、真菌木耳、青田民间多用于火锅的五加皮、汉文化代表蚕桑文化的桑类，集药食两用观赏于一体的鳞茎百合、丽水补肝肾最好的树皮杜仲、民间治蛇毒和疮疡肿毒及抗肿瘤良药重楼等16种中药。全书基本上补齐汇全了具有丽水特色（畲药、独特药、质佳药、道地药、量大药、代表性药等）的中药。与前两辑一样较全面系统地汇总了丽水特色药的有关资料，特别强调追溯历史与本草、全面介绍质量标准与质控、现有产品开发与全面系统化开发前景，推进全丽水特色中药特色发展，进一步创建丽水特色中药材各县（县级市、区）品牌，为丽水振兴中医药事业提供参考。全书以品种为章，每章包含本草考证与历史沿革、植物形态与生境分布、栽培、化学成分、药理与毒理、质量体系、性味归经与临床应用、丽水资源利用与开发、总结与展望共九节。本书内容较全面、翔实，构架新颖，图文并茂，体现药材文化与地域文化有效结合，是丽水特色药材资源普查、应用开发、文化科普的优质参考书。

　　本辑编著得到了丽水市有关领导与相关部门的大力支持，以及浙江医药股份有限公司、丽水质量检验检测研究院和丽水市中医院等单位的大力支持，在本书出版之际表示最诚挚的感谢！特别感谢孙汉董院士特为本丛书题词、国家药品监督管理局原副局长任德权为主编之一李水福题词！

　　因受时间、精力与水平等限制，我们搜集的资料可能不够全面，编撰经验不够丰富，思路不够开阔，设想不够完善，导致书中有些不妥甚至错漏之处，祈望同人批评指正。

《丽水特色中药（第三辑）》编写组

2021年6月

目　录

鱼腥草

Yuxingcao

鱼 腥 草 | Yuxingcao
HERBA HOUTTUYNIAE

本品为三白草科植物蕺菜（*Houttuynia cordata* Thunb.）的新鲜全草或干燥地上部分。别名：蕺菜、臭草、折耳根、侧耳根、鱼鳞草、狗贴耳、紫蕺、猪鼻孔、九节莲。

第一节　本草考证与历史沿革

一、本草考证

鱼腥草在我国仅有一种，因有所谓鱼腥味而得此名，原名"蕺"，作为食物，深受西南人民欢迎。张衡《南都赋》："若其园圃，则有蓼蕺襄荷，薯蔗姜䕔，菥蓂芋瓜 [1]。"其中"蕺"就是鱼腥草。《清稗类钞·植物类》有较详细的描述："蕺为蔬类植物，通称蕺菜，野生，茎细长，高七八寸，叶为卵形。初夏开淡黄色小花，有苞四片，色白如花瓣，茎、叶皆有臭气，亦称鱼腥草。可食，亦入药 [2]。"可以明确指认为鱼腥草的记载，最早可追溯到东汉 [3]，当时，鱼腥草作为一种常见蔬菜在远比今日宽广的区域内流行；东汉以下直到宋代，是鱼腥草的全盛时期。南宋以后鱼腥草开始衰落，食用鱼腥草的记录逐渐减少，农书中也不见其名，它更多地作为饥荒时救命的"灵丹"，炼丹时的辅料以及治疗肺痈和痔疮的良药而出现在方志、丹书、医书之中；晚清以后，鱼腥草越来越多出现于文献之中，并受到部分地区人民的喜爱。近年来，世界各国人民都纷纷崇尚自然，喜食生态无污染蔬菜，受此影响，采食鱼腥草的人越来越多。2001年，鱼腥草已被国家卫生部确定为"既是药品、又是食品"。目前，食用鱼腥草的风气主要在湖南、湖北及西南地区，尤以云、贵、川、渝为最，在贵阳街头，随处可见与鱼腥草相关的小吃。例如富有浪漫情怀的"恋爱豆腐"，便是在豆腐中间夹着重辣味的鱼腥草根茎。

二、历史沿革

以鱼腥草为名作为药材始载于《名医别录》，《本草纲目》记载："其叶腥气，故俗名鱼腥草。"其别名多因地而异，如猪鼻孔（四川）、鸡儿根（湖南）、臭灵丹和臭荞麦（浙江）等。《吴越春秋》称其为"岑草"，《唐本草》称其为"菹菜"，《救急易方》称其为"紫蕺"，都记载了其清热解毒和治疗疮疡的作用。《滇南本草》称其能"治肺痈咳嗽带脓血，痰有腥臭，大肠热毒，疗痔疮"；《医林纂要》称其"行水、攻坚、去瘴，解暑。疗蛇虫毒，治脚气，溃痈疽，去瘀血"。《新修本草》中有"叶似乔麦，肥地亦能蔓生。茎紫赤色。多生湿地，山谷阴处。山南江左人好食之"的记载。因此，鱼腥草是极具有开发潜力的中药资源之一。

鱼腥草作为国家卫生部确定的"药食两用"植物品种，在禽、畜、渔等产业上应用广泛。丽水市于2005年实施鱼腥草产品开发、野生资源开发、现代中药材基地建设等工程，已实现年产值1 000余万元，净增利税500余万元。丽水市有鱼腥草企业2家，主要开发鱼腥草合剂、鱼腥草口服液、鱼腥草素片等产品，销售额超过1 000万元。同时，丽水市的青田、缙云等中药材贸易市场上的鱼腥草原材料（干品）储备丰富，周边地区客商云集收购，市场前景十分看好。目前，城区周边民间采集鱼腥草队伍逐步壮大，莲都区水阁、富岭、碧湖等地靠山边一带许多农户采集野生或人工栽培的鱼腥草到自由市场上销售，销售金额达数十万元。丽水市林科所与康寿堂生物科技有限公司合作，成功开发了"鱼腥草药膳饮品——复方鱼腥草茶"，成为当地新的经济亮点。

第二节 植物形态与生境分布

一、植物形态

鱼腥草高 30~60 cm；茎下部伏地，节上轮生小根，上部直立，无毛或节上被毛，有时带紫红色。叶薄纸质，有腺点，背面尤甚，卵形或阔卵形，长 4~10 cm，宽 2.5~6 cm，顶端短渐尖，基部心形，两面有时除叶脉被毛外余均无毛，背面常呈紫红色；叶脉 5~7 条，全部基出或最内 1 对离基约 5 mm 从中脉发出，如为 7 脉时，则最外 1 对很纤细或不明显；叶柄长 1~3.5 cm，无毛；托叶膜质，长 1~2.5 cm，顶端钝，下部与叶柄合生而成长 8~20 mm 的鞘，且常有缘毛，基部扩大，略抱茎。花序长约 2 cm，宽 5~6 mm；总花梗长 1.5~3 cm，无毛；总苞片长圆形或倒卵形，长 10~15 mm，宽 5~7 mm，顶端钝圆；雄蕊长于子房，花丝长为花药的 3 倍。蒴果长 2~3 mm，顶端有宿存的花柱。花期 4—7 月[4]。

二、生境分布

鱼腥草分布于西北、华北、华中及长江以南各地。主产于浙江、江苏、湖北。此外，安徽、福建、四川、广东、广西、湖南、贵州、陕西等地也有生产。

第三节 栽 培

一、生态环境条件

鱼腥草性喜温暖湿润的环境，能在各种土壤中生长，以疏松肥沃的中性或微酸性沙质壤土生长最为旺盛，对氮、磷、钾三要素的比例为 1∶1∶5。怕霜冻，耐旱耐涝，耐阴性强。野生鱼腥草多生于田埂、阴湿水沟边、背阳山地低地草丛中；生长的适宜温度为15～25 ℃，地下根茎成熟期生长的适宜温度为 20～25 ℃，地上茎叶生长的最适温度为 20～24 ℃ [5]，土壤相对湿度在 80% 左右最适宜；较耐寒，气温低至 −15 ℃仍能安全越冬 [6]。

二、栽培技术

鱼腥草既可有性繁殖也可无性繁殖，有性繁殖主要是种子繁殖，无性繁殖包括扦插繁殖、分株繁殖、根茎繁殖 [7]。种子繁殖的具体方法 [8-10]：种子播种要先开好浅沟，深约 5 cm、宽 8～10 cm，行距 20 cm，每 667 m² 用种量 1.5～2 kg，撒播，播种后覆土 1 cm左右，也可以用钙镁磷肥盖种后再盖 1 层薄土，利于出苗。在实际生产中，鱼腥草种子繁殖系数非常低，大规模种植生产几乎不采用。现对丽水市质量技术监督局发布的《鱼腥草栽培技术规程》（DB3311/T 58—2020）进行重点介绍。

（一）栽培地选择

选水源充足、排水良好、土层深厚、质地疏松、肥沃、含腐殖质较多的微酸至中性土壤。

（二）繁殖方法

（1）采用种茎繁殖。

（2）选择无病虫害、新鲜、无冻害、芽头饱满壮实的地下茎作为种茎。根茎剪成 10～12 cm 小段，每段带 2 个芽以上。随挖随栽，不能及时栽种时应阴湿保存。

（三）整地

翻耕，清理栽培地杂草，结合施有机肥进行，做畦宽120~150 cm，沟宽25 cm，沟深25 cm。

（四）种植时间

1—12月均可栽培，最佳种植时间11—12月。

（五）种植

畦床开深10~15 cm的横沟，冬季繁殖将种茎按株行距5 cm×20 cm平铺在畦床上，其他季节斜摆在畦床上；覆土3~4 cm，然后浇透水，种植完后用稻草或秸秆覆盖；每667 m²用种茎100~200 kg。

（六）田间管理

（1）松土除草。分行前及时松土除草，第1年3~4次，第2年后2~3次。

（2）水分管理。整个生长期间保持土壤湿润。

（3）施肥。第1次于鱼腥草移植正常生长后，其苗嫩黄绿色，施氮肥，每667 m²用1 000~1 500 kg人畜粪水兑入尿素3~5 kg施于根部，以促进幼苗快速生长；第2次于4月中旬增施至2 000 kg，兑入尿素13~15 kg、硫酸钾10 kg，以满足鱼腥草植株迅速抽生地上茎和长出大量分枝叶，以及地下茎腋芽迅速萌生，同时满足其对钾肥的需要；第3次在5月中旬植株孕穗开花前期，每667 m²用腐熟饼肥粉50 kg与过磷酸钙30 kg、火灰500 kg混匀，撒施株间蔸部，并培土护蔸。

（4）主要病虫害及防治。鱼腥草的主要病虫害有白绢病、螨类等。①白绢病防治注意排水，增施磷钾肥，加强管理，提高植株抗病力。及时挖除病株，并且每667 m²用五氯硝基苯0.5 kg拌细土15 kg撒在病穴内，进行土壤消毒。对轻病株每隔10 d左右喷1次2.5%粉锈宁1 000倍稀释液（共喷2~3次），或用50%硫菌灵

600～800倍液灌根，或用50%福美甲胂250～300倍液浇灌土壤。
②螨类防治。用5%尼索朗乳油3000～5000倍液或73%克螨特乳油2000～3000倍液喷雾防治，采收前20 d停止用药。

（七）采收与加工

（1）采收。一年2季，第1季5—7月，第2季霜冻前。

（2）加工。洗净晒干。

（3）储存。置干燥、通风处。

第四节 化学成分

鱼腥草主要含挥发油、黄酮、酚酸、生物碱、萜类等成分，迄今为止，除挥发油外，相关学者已从鱼腥草中分离鉴定出188个化合物，包括黄酮类39个、酚酸类28个、生物碱类84个、萜类14个、苯乙醇苷类16个、苯丙素类7个[11-15]。其主要活性成分为挥发油和黄酮类。

一、挥发油

鱼腥草鲜草含挥发油约0.05%，主要成分有癸酰乙醛（即鱼腥草素），鱼腥草的鱼腥气由该成分所致。吕都等[16]采用气相色谱-质谱联用仪（GC-MS）检测鉴定出鱼腥草挥发油中的48种化学成分，占总挥发油成分的83.67%。其主要成分为萜类化合物、酯类化合物、烯烃、醇类化合物。鉴定出的上述化合物中含量较高的有：β-蒎烯（12.97%）、β-月桂烯（9.61%）、α-蒎烯（8.52%）、β-水芹烯（5.59%）、柠檬烯（4.69%）、癸醛（4.16%）、石竹烯（3.81%）、4-萜品醇（3.74%）、香叶醇乙酸酯（3.19%）、4-十三烷酮（2.17%）、甲基正壬酮（2.16%）。郑雪花等[17]以GC-MS法对鱼腥草地上部分及地下部分挥发油中的化学成分进行了鉴定，地上部分与地下部分分别鉴定出 68 种化合物，其中 36 种化合物为地上、地下部分所共有，15 种为新发现成分。同时对鱼腥草地上与地下部分挥发油各成分含量差异进行了比较，发现鱼腥草地下部分的甲基正壬酮、β- 蒎烯、D- 柠檬烯、α- 蒎烯含量较高，葵醛、正十三醛含量比地上部分较高。

二、黄酮类

主要含有槲皮素、槲皮苷、异槲皮苷、瑞诺苷、金丝桃苷、阿芙苷、芸香苷、阿福豆苷、山柰酚 -3-O-β- 云香糖苷、槲皮素 -3-O-β-D- 半乳糖 -7-O-β-D- 葡萄糖苷、槲皮素 -3-O-α-D- 鼠李糖 -7-O-β-D- 葡萄糖苷等 [18] 黄酮类化合物，其中以槲皮素含量最高。

三、生物碱

包括阿朴啡类、马兜铃内酰胺类、酰胺类、吡啶类和其他类等结构类型 [19]。杨小露等 [20] 运用色谱方法对鱼腥草氯仿部位的化学成分进行了研究，并利用现代波谱技术对已分离得到的化合物进行结构鉴定。从中分离并鉴定了 9 个化合物，分别鉴定为：（S）-5，6，6α，7- 四氢 -2，10- 二甲氧基 -4H- 二苯并［DE，G］喹啉 -1，9- 二醇（1）、（+）-isoboldine β-N-oxide（2）、liriotulipiferine（3）、telitoxinone（4）、异波尔定碱（5）、（−）-clovane-2β，9α-diol（6）、苯甲酸（7）、acantrifoside E（8）、邻苯二甲酸二丁酯（9）。其中化合物（2）~（9）为首次从鱼腥草中分离得到，化合物 (1) 为新的阿朴啡类生物碱，命名为鱼腥草碱 A。

四、酚类成分

主要有 4- 羟基苯甲酸甲酯、绿原酸、绿原酸甲酯、3，4- 二羟基苯甲酸、根皮素 -2-O-D- 葡萄糖、4- 羟基 -4［3，-（β-D- 葡萄糖）亚丁基］-3，5，5- 三甲基 -2- 环己烯 -1- 醇，2-（3，4- 二羟基）-

苯乙基 -β-D- 葡萄糖苷、4-β-D- 葡萄糖 -3- 羟基苯甲酸、对羟基苯乙醇 -β-D- 葡萄糖苷等 [21]。

五、其他成分

主要包含棕榈酸、亚油酸、油酸等 16 种氨基酸；含有维生素 B、维生素 B_1、维生素 C、维生素 B_2、维生素 P；含有豆甾醇、菜豆醇、β- 谷甾醇等甾醇类化合物；还含常规元素 Na、Ca、P、Mg，以及微量元素 Mn、Fe、Cu、Zn、Mo、Se、Ti 等，同时还含有氯化钾、硫酸钾等无机盐成分 [22, 23]。

第五节　药理与毒理

一、药理作用

鱼腥草的药理作用包含抗菌、抗炎、抗病毒、镇痛、镇咳、解热、增加免疫力、抗氧化、抗辐射、止血、健胃、促进红皮病、银屑病痊愈，其中抗菌是鱼腥草的主要药理作用。

（一）抗菌作用

鱼腥草素为抗菌的有效成分能抑制金黄色葡萄球菌、流感杆菌、肺炎双球菌、大肠杆菌、痢疾杆菌、伤寒杆菌等。另外，鱼腥草素与甲氧苄啶（TMP）配伍可增强抑菌的效果，协同作用高 [24-26]。鱼腥草中含有丰富的挥发性成分，且抗菌活性物质主要分布于挥发油中；鱼腥草挥发油对桉树青枯病菌和黄瓜角斑病菌表现出较好的抑制活性，对革兰氏阴性菌的抑制活性要强于革兰氏阳性菌 [27]。

（二）抗病毒作用

研究表明，在鱼腥草的直接、预防以及治疗作用下，能降低病毒感染能力[28]。挥发油有抗流感病毒作用，通过干扰病毒包膜来灭活病毒。黄酮类成分槲皮素能明显抑制人巨细胞病毒感染引起的细胞病变效应，细胞病变效应抑制率随着药物浓度的增加而增高[29]。研究证实，鱼腥草可直接作用于病毒颗粒而抑制病毒进入细胞，在病毒进入细胞后又可以抑制因第一型单纯疱疹病毒（HSV-1）感染所引起的核因子 κB（NF-κB）细胞活化、减少 NF-κB 结合至人类单纯疱疹病毒（HSV）的 ICP0 基因启动子从而抑制 HSV 复制[30]。鱼腥草水提液和利巴韦林均能够明显降低肠道病毒 71 型（EV71）病毒蛋白 VP1 的表达，鱼腥草对 VP1 表达的抑制作用比利巴韦林更加明显，并且鱼腥草水提液预先与病毒共同孵育能抑制病毒感染达 5 个 log 以上。上述研究表明，鱼腥草水提液在体外具有与利巴韦林相当的抗 EV71 病毒复制的活性，并且鱼腥草水提液能直接灭活 EV71 病毒，从而证实了鱼腥草用于临床治疗手足口病的有效性[31]。

（三）抗炎镇痛作用

鱼腥草对多种致炎剂引起的炎症渗出和组织水肿均有明显的抑制作用，能显著降低小鼠耳肿胀和大鼠足肿胀程度，降低小鼠腹腔毛细血管通透性；同时，鱼腥草可抑制醋酸所致的小鼠扭体反应，延长热痛反应潜伏期，拮抗甲醛致痛作用提示鱼腥草对炎症性疼痛反应也有较强的抑制作用[32]。鱼腥草 70% 乙醇提取物能显著增加小鼠的咳嗽潜伏期，减少氨水引起的咳嗽次数，增加小鼠气管酚红排泌量，显著增加热板致痛小鼠的痛阈值，显著增加小鼠的扭体潜伏期，减少醋酸引起的扭体次数，显著抑制二甲苯致小鼠耳郭肿胀度，P 值均小于 0.05。表明鱼腥草 70% 乙醇提取物具有止咳、化痰、抗炎、镇痛活性[33]。鱼腥草具有抗炎解热效果作用机制的体现之一：鱼腥草注射液能够控制患者血清中的白介素 -8（IL-8）、TNF-α 及白介素 IL-1β 的数量[34]。鱼腥草挥发油还具有抗氧化、抗炎效果，有学者曾对大鼠进行过研究，给大鼠注射100 mg/kg鲜鱼腥草挥发油，结果显示，大鼠体内由LPS诱导的丙二醛（NDA）、IL-8可发挥抑制作用[35]。另有研究表明，鱼腥草挥发油对影响环氧化酶诱导酶（COX-2）选择性的发挥一定的抑制效果[36]，可为临床研发抗炎效果好、副作用小的抗炎天然药物提供参考。

（四）抗过敏、镇咳作用

鱼腥草油能明显拮抗慢反应物质（SRS-A）对豚鼠离体回肠和离体肺条的作用，静脉注射能拮抗SRS-A，增加豚鼠肺溢流的作用，并能明显抑制致敏豚鼠回肠痉挛性收缩和对抗组胺，表现出良好的抗过敏作用；另外，鱼腥草油能明显拮抗乙酰胆碱对呼吸道平滑肌的作用[37]。

（五）抗肿瘤作用

鱼腥草对多种肿瘤均具有抑制作用，其醇提取物可通过激活胱天蛋白酶依赖性途径和与高迁移率族蛋白B1（HMGB1）还原相关的P38磷酸化，诱导人黑色素瘤A375程序性细胞死亡[38]。鱼腥草生物碱对人大细胞肺癌细胞株H460的生长具有抑制作用，并诱导其发生细胞凋亡[39]。鱼腥草总黄酮提取物能抑制人宫颈鳞癌细胞株SiHa肿瘤细胞生长，并诱导细胞凋亡，为鱼腥草的抗子宫颈癌提供了科学依据[40]。鱼腥草挥发油对淋巴瘤细胞表现出良好的抑制作用，并呈现一定的量效关系[41]。从鱼腥草中提取的有效成分鱼腥草素能抑制人肝肿瘤细胞（Hepg-2）、人骨肉瘤细胞（MG-63）、人舌癌细胞（TCA）3种肿瘤细胞的增殖，促进细胞凋亡。该研究为鱼腥草素作为天然抗肿瘤药物的开发利用及进一步的抗肿瘤研究等提供理论基础[42]。

（六）其他作用

鱼腥草尚有增强机体免疫功能，抗抑郁、抗惊、利尿等作用[26, 43]。

二、毒性机理

《本草纲目》称鱼腥草有"小毒"，其毒性极低。《别录》中记载："多食令人气喘。"现代试验研究结果如下。

（一）急性毒性

小鼠灌服合成鱼腥草素，LD_{50} 为（1.6 ± 0.08）g/kg。给小鼠每日静注 $1.5 \sim 90$ mg/kg，连续 7 d 无死亡。静脉注射 1.5 mg（相当于人体注射剂量的 200 倍左右），观察 7 d 无死亡现象，解剖可见心、肺、肝、肾、脾、胃肠等均无异常变化[44]。

（二）长期毒性

犬每日口服 $80 \sim 160$ mg/kg，连续 30 d，对食欲、血象及肝、肾功能等均无明显影响。未发现致畸、致癌作用。

（三）滴眼液毒理研究

鱼腥草滴眼液对家兔的眼刺激实验：眼内连续 7 d，每日 3 次，滴入鱼腥草滴眼液，观察眼角膜、虹膜、结膜 7 d，均无明显刺激反应。鱼腥草滴眼液对豚鼠的皮肤过敏试验：用鱼腥草滴眼液对豚鼠皮肤致敏接触 3 次后进行激发给药，$6 \sim 72$ h 观察均未出现红斑及水肿。体外抗病毒试验证明 $1/320 \sim 1/10$ 浓度的鱼腥草滴眼液对人喉表皮样癌细胞（Hep-2）无任何毒性[45]。

（四）注射剂毒理研究

临床研究表明，鱼腥草口服制剂的不良反应较小，作为食材不会引起不良反应。但鱼腥草注射液的不良反应屡见报道，鱼腥草注射液是由二次蒸馏新鲜的鱼腥草制得挥发油经过灭菌后做成的水溶液，有效成分主要是癸酰乙醛、甲基正壬酮和月桂醛等，该制剂在广泛应用过程中，发生了许多不良反应，以呼吸系统、过敏性反应和休克报道案例最多，发生率在 70% 以上。有鉴于此，国家食品药品监督管理局于 2006 年 5 月 31 日印发了《关于暂停使用和审批鱼腥草注射液等 7 个注射剂的通知》，已经停止了对这些药物的生产和使用。但是，叫停鱼腥草注射液并不等同于封杀鱼腥草，注射液和口服制剂是完全不同的代谢途径，鱼腥草的疗效不应受到质疑。鱼腥草还是以其广泛的药理作用而受到人们的重视。李洁等[46]使用网络毒理学的方法筛选出鱼腥草中的有毒物质，预测其作用靶点，画出了网络结构图与靶点蛋白互作网络图，发现了其中联系度最高的几种靶点蛋白，分析了靶蛋白异常可能引起的疾病。使用生物学信息注释数据库进行基因本位分析和京都基因和基因组百科全书通路富集分析，得出了鱼腥草中毒性物质可能通过 Toll 样受体（Toll likereceptors，TLRs）信号通路、Nod 样受体（NODlike receptors，NLR）信号通路、RIG-I 样受体（RIG-I likereceptors，RLRs）信号通路、丝裂原活化蛋白激酶（MAPK）信号通路、哺乳动物雷帕霉素靶蛋白（mTOR）信号通路引起过敏反应。

第六节 质量体系

一、标准收载情况

（一）药材标准

《中华人民共和国药典》（简称《中国药典》，全书同）（2015年版一部）、《湖北省中药材标准》（2009 年版）。

（二）饮片标准

《中国药典》（2015 年版一部）、《浙江省中药饮片炮制规范》（2015 年版）、《天津市中药饮片炮制规范》（2012 年版）、《湖南省中药饮片炮制规范》（2010 年版）、《湖北省中药炮制规范》（2009年版）、《北京市中药饮片炮制规范》（2008 年版）、《上海市中药饮片炮制规范》（2008 年版）、《江西省中药饮片炮制规范》（2008 年版）、《广西中药饮片炮制规范》（2007 年版）、《安徽省中药饮片炮制规范》（2005 年版）、《贵州省中药饮片炮制规范》（2005 年版）。

（三）配方颗粒

《湖南省中药饮片炮制规范》（2010 年版）。

二、药材性状

鲜鱼腥草。茎呈圆柱形，长 20~45 cm，直径 0.25~0.45 cm；上部绿色或紫红色，下部白色，节明显，下部节上生有须根，无毛或被疏毛。叶互生，叶片心形，长 3~10 cm，宽 3~11 cm；先端渐尖，全缘；上表面绿色，密生腺点，下表面常紫红色；叶柄细长，基部与托叶合生成鞘状。穗状花序顶生。具鱼腥气，味涩[47]。

干鱼腥草。茎呈扁圆柱形，扭曲，表面黄棕色，具纵棱数条；质脆，易折断。叶片卷折皱缩，展平后呈心形，上表面暗黄绿色至暗棕色，下表面灰绿色或灰棕色。穗状花序黄棕色。

三、炮制

（一）《中国药典》（2015年版一部）

鲜品全年均可采割；干品夏季茎叶茂盛花穗多时采割，除去杂质，晒干，即得药材。鲜鱼腥草，除去杂质即得鲜品饮片。干鱼腥草，除去杂质，迅速洗净，切段，干燥即得干鱼腥草饮片。

（二）《浙江省中药炮制规范》（2015年版）

取干鱼腥草饮片，称重，压块[48]。

四、饮片性状

（一）《中国药典》（2015年版一部）

饮片为不规则的段。茎呈扁圆柱形，表面淡红棕色至黄棕色，有纵棱。叶片多破碎，黄棕色至暗棕色。穗状花序黄棕色。搓碎具鱼腥气，味涩。

（二）《浙江省中药饮片炮制规范》（2015年版）

呈特定形状的块。浸泡、润软、完全展开后同《中国药典》干鱼腥草饮片。

（三）《湖南省中药饮片炮制规范》（2010年版）

饮片：为中段。茎扁圆柱形，直径 2~3 mm，表面棕黄色或灰绿色。叶多皱缩破碎，灰绿色或暗棕色，搓碎有鱼腥气。穗状花序黄棕色，具苞片 4 枚。味微涩[49]。

鱼腥草超微配方颗粒：为棕黄色至棕褐色的颗粒；气微，味微涩。

五、有效性、安全性的质量控制

鱼腥草的有效性、安全性质量控制项目见表1.1。

表1.1　有效性、安全性质量控制项目汇总

标准名称	鉴别	检查	浸出物	含量测定
《中国药典》（2015 年版一部）	药材：1. 显微鉴别（粉末）；2. 干鱼腥草药材化学反应（本品的鱼腥气味主要是由于含癸烯乙醛所致。采用品红亚硫酸试液检测其醛类成分）；3. 薄层色谱鉴别（甲基正壬酮对照品对照）；饮片：同药材	干鱼腥草药材：1. 水分（不得超过 15.0%）、2. 酸不溶性灰分（不得超过 2.5%）；干鱼腥草饮片：同药材	干鱼腥草照水溶性浸出物测定法（药典通则 2201）项下的冷浸法测定，不得少于 10%；干鱼腥草饮片的浸出物同药材	—
《浙江省中药饮片炮制规范》（2015年版）	同《中国药典》（2015年版）干鱼腥草饮片	同《中国药典》（2015年版）干鱼腥草饮片	同《中国药典》（2015年版）干鱼腥草饮片	—

续表

标准名称	鉴别	检查	浸出物	含量测定
《湖南省中药饮片炮制规范》（2010年版）	饮片：化学反应（盐酸镁粉反应查黄酮类成分）。超微配方颗粒：1.化学反应（品红亚硫酸试液检测其醛类成分）；2.化学反应（盐酸镁粉反应查黄酮类成分）；3.薄层色谱鉴别（甲基正壬酮对照品对照）	饮片无检查项；超微配方颗粒：1.水分（烘干法，不得超过9%）；2.装量差异、微生物限度、粒径分布应符合中药超微配方颗粒检验通则的要求	饮片照醇溶性浸出物测定法（药典通则2201）项下的热浸法测定，用70%乙醇作溶剂，不得少于9%；超微配方颗粒：照醇溶性浸出物测定法（药典通则2201）项下的热浸测定，用乙醇作溶剂，不得少于8.5%	—

　　《中国药典》（2015版）尚未载入含量测定项目，但是针对其有效成分的含量测定方法研究报道并不少：孟江等[50]建立了鲜鱼腥草中绿原酸、槲皮素-3-O-β-D-半乳糖-7-O-β-D-葡萄糖苷、槲皮素-3-O-α-L-鼠李糖-7-O-β-D-葡萄糖苷、芸香苷、金丝桃苷、槲皮苷、胡椒内酰胺、金线吊乌龟二酮碱8个酚类、黄酮类、生物碱类成分的高效液相色谱含量测定方法。张颖等[51]采用高效液相色谱法建立了鱼腥草黄酮中芦丁、金丝桃苷、槲皮苷、槲皮素含量测定方法。臧琛等[52]采用气相色谱测定了鱼腥草中挥发性成分甲基正壬酮的含量。何刚等[53]首次建立了气相色谱-质谱联用法（GC-MS）对鱼腥草鲜品挥发油中4-萜品醇、α-松油醇、乙酸龙脑酯和甲基正壬酮4种成分含量的测定方法，为鱼腥草药材质量控制提供依据。王邦源等[54]建立GC校正因子法同时测定鱼腥草提取物中鱼腥草素、α-蒎烯、莰烯、β-蒎烯、月桂烯、柠檬烯、乙酸龙脑酯、甲基正壬酮和石竹烯9种挥发油活性成分的含量。

六、质量评价

陈清赔等[55]利用水蒸气蒸馏法测定鱼腥草不同部位挥发油含量，然后利用肉汤稀释法测定与药敏纸片法测定了其抗菌活性，从而对鱼腥草不同部位挥发油组分及其对应抗菌活性进行了分析，结果发现，根茎在全年各月份中挥发油含量相对高，花穗与茎叶部位挥发油含量较少，只有特定月份才可测定出挥发油，差异有统计学意义（$P<0.05$）；7月全株鱼腥草挥发油量明显超过6月，不同月份全株鱼腥草挥发油含量存在显著差异（$P<0.05$）；花穗部位挥发油的抗菌活性要比茎叶及根茎部位高，差异有统计学意义（$P<0.05$）。上述研究表明，鱼腥草质量和部位之间存在差异，可选择花果盛期前后进行地上部分采摘，从夏末时期开始进行地下部分采摘。张思荻等[56]建立了鱼腥草中黄酮类成分的含量测定方法，对不同来源鱼腥草进行检测，结果发现，以金丝桃苷和槲皮苷的总量计，道地产区和主产区样品高于市场样品，野生品高于栽培品。蓝云龙[57]研究了不同种源鱼腥草种质资源的主要有效成分甲基正壬酮、黄酮类成分含量及产量变化规律，综合多因素评价鱼腥草种源质量，通过对23个鱼腥草种源主要有效成分挥发油类物质、黄酮类成分及其产量等因素研究，结果表明，黄酮类成分总量以植株较矮的鱼腥草为优，其中以浙江长兴种源最高，浙江嵊州种源次之。

鱼腥草的常见伪品包括抱茎眼子菜、水苦荬。真伪品的组织特征区别详见表1.2[58]。

表1.2　鱼腥草可供鉴别的组织特征比较

组织部位	鉴别项目	药名		
		鱼腥草	抱茎眼子菜	水苦荬
茎的横切面	草酸钙簇晶	直径12～21 μm	无	无

续表

组织部位	鉴别项目	药名		
		鱼腥草	抱茎眼子菜	水苦荬
茎的横切面	淀粉粒	单粒、类球形、椭圆形，直径3~12（18）μm，大者脐点隐约可见，裂缝状	众多。多为单粒，类球形，半球形，直径3~9（18）μm。大者层纹隐约可见，脐点明显。脐点裂缝状、星状、"人"字形。复粒少见，由2~4粒组成	极罕见，直径3~9μm，细小粉粒
	内皮细胞间隙	狭长、不规则形、切向延长，长10~13μm	细胞以单个相互连接，围成网状。大型间隙肉眼可见，长80~400（450）μm	细胞以单个或双排围成网眼状间隙，长21~180μm
	内皮层	连续环状。细胞类椭圆形或类长方形，木化，长30~45μm	波环状。细胞类圆形或类椭圆形，木化，直径6~21μm，可见凯氏点	环状。细胞类长方形，非木化，切向延长，长75~100μm，凯氏点明显
	中柱鞘纤维	1~4层，壁甚厚，环状排列，木化	单个或成束，壁较厚，不成环状排列，非木化	无
叶表面切片	腺点	有	无	无
	保护毛	近叶脉处多见塔式保护毛	无	无
	气孔	众多，高倍镜一个视野4~6个	偶见	较多，高倍镜一个视野3~4个
茎的解离	导管	有	无	有

注：嫩鱼腥草茎中淀粉粒众多，草酸钙簇晶少见，老者则反之。

第七节　性味归经与临床应用

一、性味

《中国药典》（2015 年版一部）："辛，微寒。"

《别录》："味辛，微温。"

《履巉岩本草》："性凉，无毒。"

《滇南本草》："性寒，味苦辛。"

《纲目》："辛，微温，有小毒。"

《医林纂要》："甘辛咸。"

二、归经

《中国药典》（2015 年版一部）："归肺经。"

《本草经疏》："入手太阴经。"

《本草再新》："入肝、肺二经。"

三、功能主治

《中国药典》（2015 年版一部）："清热解毒，消痈排脓，利尿通淋。用于肺痈吐脓，痰热喘咳，热痢，热淋，痈肿疮毒。"

《别录》："主蠼螋溺疮。"

《日华子本草》："淡竹筒内煨，敷恶疮白秃。"

《履巉岩本草》："大治中暑伏热闷乱，不省人事。"

《滇南本草》："治肺痈咳嗽带脓血，痰有腥臭，大肠热毒，疗痔疮。"

《纲目》："散热毒痈肿，疮痔脱肛，断痁疾，解硇毒。"

《医林纂要》："行水，攻坚，去瘴，解暑。疗蛇虫毒，治脚气，溃痈疽，去瘀血。"

陈念祖："生捣治呕血。"

《分类草药性》:"治五淋,消水肿,去食积,补虚弱,消膨胀。"

《岭南采药录》:"叶:敷恶毒大疮,能消毒;煎服能去湿热,治痢疾。"

《现代实用中药》:"生叶:烘热外贴,为发泡药,可治疮癣。凡疥癣肿胀,湿疹,腰痛等可作浴汤料。生嚼其根,防止冠心病的心绞痛发作。"

《中国药植图鉴》:"可作急救服毒的催吐剂。"

《常用中草药手册》:"消炎解毒,利尿消肿。治上呼吸道感染,肺脓疡,尿路炎症及其他部位化脓性炎症,毒蛇咬伤。"

《常用中草药手册》:"清热解毒。治乳腺炎,蜂窝织炎,中耳炎,肠炎。"

四、用法用量

《中国药典》(2015 年版一部):"15～25 g,不宜久煎;鲜品用量加倍,水煎或捣汁服。外用适量,捣敷或煎汤熏洗患处。"

《中药大辞典》:"内服,煎汤,3～5 钱(鲜者 1～2 两);或捣汁。外用:煎水熏洗或捣敷。"

五、注意事项

虚寒症及阴性外疡忌服。

《名医别录》:"多食令人气喘。"

《孟诜》:"久食之,发虚弱,损阳气,消精髓。"

六、附方

(一)医药典籍

1. 治肺痈吐脓吐血

鱼腥草、天花粉、侧柏叶等份。煎汤服之(《滇南本草》)。

2. 治肺痈

戴,捣汁,入年久芥菜卤饮之(《本草经疏》)。

3. 治病毒性肺炎，支气管炎，感冒

鱼腥草、厚朴、连翘各三钱。研末，桑枝一两，煎水冲服药末（《江西草药》）。

4. 治肺病咳嗽盗汗

侧耳根叶二两，猪肚子一个。将侧耳根叶置肚子内炖汤服。每日一剂，连用三剂（《贵州民间方药集》）。

5. 治痢疾

鱼腥草六钱，山楂炭二钱。水煎加蜜糖服（《岭南草药志》）。

6. 治热淋、白浊、白带

鱼腥草八钱至一两。水煎服（《江西民间草药》）。

7. 治痔疮

鱼腥草，煎汤点水酒服，连进三服。其渣熏洗，有脓者溃，无脓者自消（《滇南本草》）。

8. 治慢性鼻窦炎

鲜蕺菜捣烂，绞取自然汁，每日滴鼻数次。另用蕺菜七钱，水煎服（《陕西草药》）。

9. 治痈疽种毒

鱼腥草晒干，研成细末，蜂蜜调敷。未成脓者能内消，已成脓者能排脓（阴疽忌用）（《江西民间草药》）。

10. 治疔疮作痛

鱼腥草捣烂敷之，痛一、二时，不可去草，痛后一、二日愈（《积德堂经验方》）。

11. 治妇女外阴瘙痒，肛痛

鱼腥草适量，煎汤熏洗（《上海常用中草药》）。

12. 治恶蛇虫伤

鱼腥草、皱面草、槐树叶、草决明。一处杵烂敷之（《救急易方》）。

（二）文献报道

1. 肺炎

鱼腥草 30 g、桔梗 10 g、杏仁 10 g，水煎服，日服 2 次。

2. 肺脓疡

鱼腥草 50 g，先用冷水浸泡 30 min，后煎沸即服之，日服 2 次。

3. 慢性支气管炎

鱼腥草 20 g、桔梗 10 g、款冬花 10 g、川贝母 10 g，水煎服，日服 2 次。

4. 痢疾

鱼腥草 15 g、山楂炭 6 g，水煎加蜜糖服，日服 2 次[59]。

5. 白带

鱼腥草 50 g，水煎服，日服 2 次[59]。

6. 痔疮

鱼腥草 50 g，水煎服，日服 2 次，药渣熏洗。

7. 慢性鼻窦炎

鱼腥草 20 g，水煎服，日服 2 次，加用鲜草绞汁滴鼻更佳，每日 3 次。

8. 痈疽肿痛

鱼腥草适量，晒干研末，蜂蜜调匀敷患处，每日换药 1 次。

9. 疖肿、无名肿毒

鱼腥草适量，水煎熏洗，每日 2 次。

10. 妇女外阴瘙痒

鱼腥草适量，水煎熏洗，每日 2 次。

11. 蛇虫咬伤

鱼腥草、皱面草、槐树叶、决明子各等份，一同捣烂敷之，每日 2 次。

12. 乳腺炎

鱼腥草适量捣烂敷之，每日 2 次。

13. 尿路感染

鱼腥草 20 g、黄柏 10 g、黄芩 10 g，水煎服，日服 2 次。

14. 湿疹

鱼腥草 20 g、威灵仙 10 g、防风 10 g、蝉蜕 10 g，水煎外洗患处，每日 2 次。

第八节　丽水鱼腥草资源利用与开发

一、资源蕴藏量

鱼腥草是海口镇在产业结构调整中发展起来的产业，如今已经成为南江村村民主要的经济来源，产量可达 2 500 kg/667 m²，总产量达 7.5 万 kg，若以 1.4 元 /kg 计算，可为村民增收约 10 万元。基地建设情况青田县康之源农业有限公司成立于 2013 年 3 月。位于青田县海口镇南江村，是一家拥有完整、科学的质量管理体系及生产种植及销售中药材的一体民营企业。总投资约 300 万元，厂房面积约 500 m²，现总投入种植基地约 100 hm²，后期扩建种植基地约 133.3 hm²，主要种植鱼腥草、金银花、桑叶、覆盆子等中药材代用茶。其中拥有全国独一无二的鱼腥草代用茶制作工艺，并且拥有鱼腥草代用茶制作工艺的专利（专利号 1849022）。青田县康之源农业有限公司的成立，使南江村的土地利用率大大提高，对于促进产业结构调整，加快中药材产业化进程有着重要作用。至今已获 "2015 年度青田县电子商务示范企业" "2015 年青田县龙头企业" "2016 年度青田县十大网销农特产品" 的荣誉，为 "丽水市生态精品现代农业示范企业"。

二、产品开发

（一）中成药

以鱼腥草为主药的制剂包括复方鱼腥草合剂、复方鱼腥草片、复方鱼腥草颗粒、鱼腥草滴眼液、复方鱼腥草糖浆、复方鱼腥草胶囊、鱼腥草芩蓝合剂、复方鱼腥草滴丸。由鱼腥草、黄芩、板蓝根、连翘、金银花共 5 味中药配伍而成。其中复方鱼腥草合剂具有清热解毒的功效，用于外感风热引起的咽喉疼痛；急性咽炎、扁桃腺炎有风热症候者。共有 10 mL/ 支、120 mL/ 瓶和 150 mL/ 瓶 3 个规格。全国共 3 家生产企业，均来自浙江，分别是浙江康恩贝中药有限公司（丽水辖区内企业）、浙江国镜药业有限公司（丽水辖区内企业）、浙江惠松制药有限公司。

（二）食品

1. 鱼腥草在凉茶中的广泛应用

专利 CN 109645167A、CN 104738270A、CN 103190500A、CN 102047999A、CN 102934721A 均公开了含鱼腥草为主要原料的凉茶，充分利用鱼腥草清热解毒的功效。其中 CN103190500A 公开了 1 种清热润喉的凉茶，其原料包括以下植物：鱼腥草、菊花、薄荷、余甘子和胖大海，上述材料合用有清热解毒、生津润喉、除烦退火的作用，其中薄荷、菊花及胖大海中的芳香挥发油类物质能够显著掩盖鱼腥草的鱼腥味，使凉茶具有香味、无异味，为鱼腥草的优势利用提供了很好的借鉴[60]。

2. 鱼腥草在面条中的应用

鱼腥草地下茎制成的鱼腥草粉保留了大量膳食纤维，由鱼腥草的营养部分制成的面条不仅口感更加细腻，而且营养成分更为丰富。专利 CN 103169014A、CN 109170700A、CN 108902730A 均公开了以鱼腥草作为原料之一制备的健康营养面条，制得的产品具有理气健脾、清理肠胃、行气活血等功效，长期食用能够提高人体免疫力，增强体质。

3. 鱼腥草在保健酒中的应用

专利 CN 104087482A、CN 1502685A、CN 1502685A、CN 1737099A 均公开了一种以鱼腥草为原料的保健酒。不但保存了鱼腥草的原有成分和作用，对于增强免疫功能、抗癌、美容、防衰老与抗感染等均有直接或间接的效果。

4. 鱼腥草在烘焙食品中的应用

鱼腥草在小面包、月饼、饼干等加工中也有应用。专利 CN 103734226A 公开了一种鱼腥草月饼，其馅料中包含鱼腥草和荸荠粉。其中鱼腥草具有清热解毒作用且含有丰富的营养。专利 CN 104430782A 公开了一种鱼腥草饼干，制备过程中将鱼腥草粉碎后酶解，使原料中的有效成分充分释放出来，使人体更容易吸收营养成分，从而增强保健效果。

（三）保健品

以鱼腥草为主要原料的保健食品包括雅之极牌鱼腥草口含片（具清咽润喉的保健功效）、亮力牌鱼腥草清清胶囊（具改善胃肠道功能、抗突变的保健功效）。陈迪等[61]对鱼腥草复合保健含片的制备工艺进行了研究，结果发现鱼腥草复合含片最佳制备工艺：原料与填充剂配比 2∶1（其中原料鱼腥草粉、雪梨粉、白莲子粉配比 5∶3∶2）、主料与调味料配比 2∶1（其中调味料木糖醇和柠檬酸配比 4∶1）、薄荷脑添加量 0.2%、黏合剂 PEG 6000 添加量 5%，成品含片硬度适中、酸甜可口，含蛋白质、黄酮等营养成分，且对 DPPH 自由基具有较强的清除作用。

（四）化妆品

鱼腥草中的黄酮类化合物具有抗氧化、抗衰老作用而被广泛应用在化妆品行业。鱼腥草提取物为 CFDA 已批准使用的化妆品原料（第一批列入）、鱼腥草粉为 CFDA 已使用化妆品原料。林继辉等[62]通过正交试验，得到了含鱼腥草提取物洁面霜最佳配方，发现最优配方中当鱼腥草黄酮类化合物添加量为 6% 时，其综合泡沫高度、抑菌性以及抗氧化性均佳；通过冷热稳定性试验 24 h 后观察试样，均未出现分层或变色情况。洁面霜泡沫高度为 462 mm；无细菌及真菌生长；且试样 pH 值为 7.67；有效物含量为 34.27%；各项指标均符合国家行业标准规定；鱼腥草黄酮类化合物添加到洁面霜中，有效实现了良好的抑菌性及抗氧化性效果，适合于在日后的化妆品行业中作为参考，为鱼腥草黄酮类化合物提升了更大的实用价值。

第九节　总结与展望

鱼腥草被称为"中药抗生素"，与西药相比，不易产生耐药性，因此在综合性医院被广泛使用，被国家卫生部定为"既是药品，又是食品"的生物资源之一，有着较高的开发价值与广阔的市场。丽水市鱼腥草资源丰富，要加强鱼腥草种质资源、采收加工等方面的研究，并制定出鱼腥草生产质量管理规范，为生产出优质、高产、无公害的原料提供保障。丽水辖区内现有浙江国镜药业有限公司、浙江康恩贝中药有限公司 2 家大量生产以鱼腥草为主药的复方鱼腥草合剂，并已产生良好的经济效益。此外，应以中医药理论为指导，进一步深入开展对鱼腥草药效成分的提取、分离、鉴定及药理研究，将其性能、成分、药效结合起来研究，探讨其有效成分及其作用机制，研制出现代中药新剂型。由于近年鱼腥草静脉滴注液出现免疫毒性而停止生产使用，给制药行业造成了巨大的损失。制定更加完善的质量控制标准、研发新剂型、探索对鱼腥草有效成分或有效部位直接合成的生产工艺，才是鱼腥草目前研究的新思路。

鱼腥草作为食材不会引起不良反应。因此，开发鱼腥草在食品行业中的应用是进一步提高其药用价值的有效发展方向。可以把鱼腥草鲜榨调味制成野菜汁，现榨现食，引领都市"食尚风潮"。在夏季，鱼腥草经榨汁或浸提处理后制成的鱼腥草饮料、鱼腥草可溶性纤维饮料或鱼腥草汽水，具有清热解暑、减肥等功能，其口感佳、又解渴、饮用方便。鱼腥草的根茎经切分、炒青、整形等制茶工艺，可制成香喷喷的粉末状的散装或袋泡鱼腥茶原料，进一步调配、精制成商品茶，具有减肥保健作用。鱼腥草食品的开发，正从传统的半成品（凉拌、干品）及饮料、酒、茶等轻工食品向航空食品、减肥食品和戒烟食品等方向发展。

目前，药食两用原料鱼腥草在食品加工中已有多方面的应用。鱼腥草营养丰富且具有保健功效，在今后的研发和应用中，也将会出现更多的鱼腥草类产品。我们也应立足丽水的资源优势，把握商机，创建丽水的绿色有机品牌。而鱼腥草的规模化发展，可吸引固定的收购商，稳定农民的收入，实现"产业强镇，富民兴农"的产业化发展思路，为农民增收创出了一条致富路。

参 考 文 献

[1] 萧统 . 李善注·文选 [M]. 北京：中华书局，1977：70-71.

[2] 徐珂 . 清稗类钞：第 12 册 [M]. 北京：中华书局，2003：5740.

[3] 杨云荃 . 鱼腥草文献考证及其食物角色的历史变迁 [J]. 农业考古，2019（4）：211-218.

[4] 中国科学院中国植物志编辑委员会 . 中国植物志：第 20 卷：第 1 册 [M]. 北京：科学出版社，1982：8.

[5] 丽水市质量技术监督局 . 鱼腥草栽培技术规范：DB 3311/T58—2018[S]. 丽水：丽水市质量技术监督局，2018：1-3.

[6] 蓝云龙，斯金平，朱观泉 . 鱼腥草的开发利用技术探讨 [J]. 中国林副特产，2007（6）：91-92.

[7]　黄放，李炎林，钟军，等. 鱼腥草繁殖技术研究进展 [J]. 现代园艺，2012（11）：8-9.

[8]　刘元军，刘佐花，曾慧珍，等. 鱼腥草及其标准化高产栽培技术 [J]. 现代园艺，2013（11）：26-27.

[9]　康公平，彭祖昆，杨贵英，等. 鱼腥草栽培技术研究进展 [J]. 园艺与种苗，2017（6）：21-22.

[10]　谭澍，韩玉萍，徐小燕，等. 鱼腥草绿色健康高效栽培技术 [J]. 现代园艺，2019（3）：22-24.

[11]　JONG T T，JEAN M Y. Alkaloids from *Houttuyniae cordata*[J]. J chin chem soc-taip，2013，40（3）：301-303.

[12]　AHN J，KIM J. Chemical constituents from *Houttuynia cordata*[J]. Planta med，2016，81（S1）：S1-S381.

[13]　MA Q，WEI R，WANG Z，et al. Bioactive alkaloids from the aerial parts of *Houttuynia cordata* [J]. J ethnopharmacol，2017，195：166-172.

[14]　郑亚娟，彭秋实，马义虔，等. 鱼腥草化学成分的研究进展 [J]. 广东化工，2017，44（17）：85-86.

[15]　蔡红蝶，刘佳楠，陈少军，等. 鱼腥草化学成分、生物活性及临床应用研究进展 [J]. 中成药，2019，44（11）：2719-2728.

[16]　吕都，刘嘉，刘辉，等. 鱼腥草挥发油成分分析及其抗氧化性研究 [J]. 保鲜与加工，2016，16（6）：120-124.

[17]　郑雪花，陈迪钊，伍贤进，等. 鱼腥草挥发油成分的 GC-MS 分析 [J]. 湖南中医药大学学报，2007，27：116-120.

[18]　MENG J，DONG X P，JIANG Z H，et al. Study on chemical constituents of f lavonoids in fresh herb of *Houttuynia cordata*[J]. China journal of chinese materia medica，2006，31（16）：1335-1337.

[19]　刘敏，蒋跃平，刘韶. 鱼腥草中生物碱类化学成分及其生物活性研究进展 [J]. 天然产物研究与开发，2018（30）：141-145，133.

[20]　杨小露，杨宇萍，葛跃伟，等. 鱼腥草氯仿部位的化学成分研究 [J].

中国中药杂志，2019，44（2）：214-218.

[21] MENG J，DONG X P，ZHOU Y S，et al. Studies on chemical constituents of phenols in fresh *Houttuynia cordata*[J]. China journal of chinese materia medica，2007，32（10）：929-931.

[22] 陈黎，吴卫，郑有良，等. 鱼腥草游离氨基酸组成及含量的 HPLC 分析 [J]. 氨基酸和生物资源，2004，26（1）：20-23.

[23] GAO Z X. Content determination of microelements and heavy metal in *Houttuynia cordata* by dry ashing atomic absorption spectrometry[J]. Journal of anhui agricultural sciences，2009，16：8.

[24] 霍健聪，邓尚贵，励建荣. 鱼腥草黄酮的制备及其对枯草芽孢杆菌的抑制机理 [J]. 中国食品学报，2017，17（9）：82-89.

[25] 王宁，庞剑. 鱼腥草药理作用及对细菌耐药性的研究进程 [J]. 中医临床研究，2017，9（17）：146-148.

[26] 梁明辉. 鱼腥草的化学成分与药理作用研究 [J]. 中国医药指南，2019，17（2）：153-154.

[27] 单体江，王伟，余炳伟，等. 鱼腥草次生代谢产物及其抗细菌活性 [J]. 西南林业学报，2017，30（5）：1041-1047.

[28] 莫冰，余克花. 板蓝根和鱼腥草抗流感病毒研究 [J]. 江西医学院学报，2008，48（4）：44-46.

[29] 李丹，李力，张柳红. 鱼腥草有效成分抗巨细胞病毒的实验研究 [J]. 中国妇幼保健，2010（36）：5463-5465.

[30] 周良斌. 鱼腥草抗单纯疱疹病毒作用机制研究 [J]. 中国饲料，2017（10）：10-16.

[31] 王春阳，谢广成，严琴琴，等. 中草药水提液抗肠道病毒 71 型的活性评估 [J]. 中国免疫学杂志，2019，39（16）：1962-1965.

[32] 顾静蓉，冯莉莉，罗建伟，等. 鱼腥草的药理作用及临床应用新进展 [J]. 海峡药学，2006，18（14）：121-123.

[33] 于兵兵，余红霞，王君明，等. 鱼腥草 70% 乙醇提取物止咳化痰抗炎镇痛活性研究 [J]. 时珍国医国药，2019，30（4）：829-832.

[34] SATTHAKARN S, CHUNG W O, PROMSONG A, et al. *Houttuynia cordata* modulates oral innate immune mediators : potential role of herbal plant on oral health [J]. Oral dis, 2015, 21（4）: 512-518.

[35] 刘泽静, 薛生玲, 夏雪, 等. 鱼腥草不同部位生物活性物质和抗氧化能力分析 [J]. 浙江农业学报, 2016, 28（6）: 992-998.

[36] 单体江, 王伟, 余炳伟, 等. 鱼腥草次生代谢产物及其抗细菌活性 [J]. 西南农业学报, 2017, 30（5）: 1041-1047.

[37] 李爽, 于庆海. 鱼腥草有效成分、药理作用及临床应用的研究进展 [J]. 沈阳药科大学学报, 1997, 14（2）: 144-146.

[38] YANAROJANA M, NARARATWANCHAI T, THAIRAT S, et al. Antiprolifer-ative activity and induction of apoptosis in human melanomacells by *Houttuynia cordata* Thunb. extract[J]. Anticancer res, 2017, 37（12）: 6619-6628.

[39] 薛兴阳, 吴华振, 付腾飞, 等. 鱼腥草生物碱抑制人大细胞肺癌细胞生长研究 [J]. 现代中西医结合杂志, 2016, 25（27）: 2972-2974, 2798.

[40] 薛兴阳, 付腾飞, 邵方元, 等. 鱼腥草总黄酮对人肿瘤细胞的抗肿瘤活性作用 [J]. 现代中西医结合杂志, 2013, 22（23）: 2509-2511.

[41] 张壮丽, 赵宁, 赵志鸿, 等. 鱼腥草挥发油抗淋巴瘤细胞谱效关系 [J]. 郑州大学学报（医学版）, 2015, 50（3）: 378-381.

[42] 钟兆银, 黄锁义. 鱼腥草提取物鱼腥草素对肿瘤细胞抑制作用 [J]. 广东化工, 2019, 46（16）: 27-28.

[43] 李秀清. 中药鱼腥草的现代药理研究 [J]. 黑龙江医药, 2014, 27（4）: 865-867.

[44] 江苏新医学院. 中药大辞典 [M]. 上海: 人民出版社, 1984 : 1439.

[45] 高健生, 接传红, 李洁. 鱼腥草的药理及眼科临床应用 [J]. 中国中医眼科杂志, 2005, 15（1）: 53-55.

[46] 李洁, 郑小松. 基于网络分析的鱼腥草毒性作用机制 [J]. 沈阳药科大学学报, 2019, 36（11）: 1047-1055.

[47]　国家药典委员会. 中华人民共和国药典 [M]. 2015 年版一部. 北京：中国医药科技出版社，2015：224.

[48]　浙江省食品药品监督管理局. 浙江省中药饮片炮制规范 [S]. 2015 年版. 北京：中国医药科技出版社，2015：217.

[49]　湖南省食品药品监督管理局. 湖南省中药饮片炮制规范 [S]. 2010 年版. 长沙：湖南科学技术出版社，2010：383.

[50]　孟江，周毅生，赵中振，等. HPLC 法同时测定鲜鱼腥草不同部位 8 个活性成分的含量 [J]. 中国药科大学学报，2007，38（6）：516-518.

[51]　张颖，吴希文，李淑芬. RP-HPLC 法测定鲜鱼腥草生药中 4 种黄酮类化合物的含量 [J]. 药物分析杂志，2008，28（3）：516-518.

[52]　臧琛，杨立新，李慧，等. 鱼腥草中甲基正壬酮气相色谱的定量方法研究 [J]. 中国实验方剂学杂志，2010，16（14）：82-83.

[53]　何刚，卿光明，李敏，等. GC-MS 法测定不同采收期鲜品鱼腥草挥发油中 4 种成分的含量 [J]. 世界科学技术 - 中医药现代化，2014，16（6）：1391-1395.

[54]　王邦源，杨艳芳，庞建敏，等. GC 法测定鱼腥草提取物中 9 种挥发油成分的含量 [J]. 中国药师，2019，22（7）：1261-1264.

[55]　陈清赔，杨辉. 鱼腥草不同部位挥发油组分与抗菌活性分析 [J]. 临床合理用药，2018，11（11）：112-114.

[56]　张思荻，赖月月，杨超，等. 基于金丝桃苷和槲皮苷的鱼腥草含量测定及质量分析 [J]. 中国现代中药，2018，20（5）：556-569.

[57]　蓝云龙. 不同种源鱼腥草产量和质量评价 [J]. 中草药，2012，43（6）：1195-1198.

[58]　宋学华. 鱼腥草的真伪鉴别 [J]. 中草药通讯，1978（11）：40-42.

[59]　刘宝华，田顺华，刘寒. 鱼腥草治疗常见病验方 [J]. 河北中医，2002，24（9）：679.

[60]　刘新雨. 从发明专利探究鱼腥草的应用进展 [J]. 食品安全导刊，2019（7）：48.

[61]　陈迪，李安琪，杨福华，等 . 鱼腥草复合保健含片的制备工艺 [J].
　　　 食品工艺，2019，40（6）：92-97.

[62]　林继辉，郭秀玲 . 鱼腥草提取物在洁面霜中的应用 [J]. 云南民族大
　　　 学学报（自然科学版），2019，28（3）：241-245.

百合

Baihe

百合 | Baihe
LILII BULBUS

本品为百合科植物卷丹（*Lilium lancifolium* Thunb.）、百合（*Lilium brownii* F. E. Brown var. *viridulum* Baker）或细叶百合（*Lilium pumilum* DC.）的干燥肉质鳞叶。秋季采挖，洗净，剥取鳞叶，置沸水中略烫，干燥。别名野百合、喇叭筒、山百合、药百合、家百合、白百合、蒜脑薯。百合，别名：重迈、中庭（《吴普本草》），重箱、摩罗、强瞿、中逢花（《别录》），强仇（《本草经集注》），百合蒜（《玉篇》），夜合花（《本草崇原》），白花百合（《救生苦海》）。

第一节　本草考证与历史沿革

一、本草考证

百合为常用中药，《神农本草经》列为中品，具有养阴润肺止咳、清心安神、补中益气的功效。《本草经集注》记载："根如胡蒜，数十片相累。"《新修本草》记载："此药有二种，一种细叶，花红白色；一种叶大，茎长，根粗，花白，宜入药用。"《本草图经》记载："春生苗，高数尺，秆粗如箭；四面有叶如鸡距，又似柳叶，青色，叶近茎微紫，茎端碧白；四、五月开红白花，如石榴觜而大；根如葫蒜重叠，生二、三十瓣。……又一种花红黄，有黑斑点，细叶，叶间有黑子，不堪入药。"《本草品汇精要》："春生苗四五月开花，二月八月取，根下子瓣，类胡蒜而有瓣，色白。"《本草蒙筌》："洲渚山野俱生，花开红白二种。根如葫蒜，小瓣多层。"《本草纲目》记载："百合一茎直上，四向生叶。叶似短竹叶，不似柳叶。五、六月茎端开大白花，长五寸，六出，红蕊四垂向下，色亦不红。红者叶似柳，乃山丹也。百合结实略似马兜铃，其内子亦似之。其根如大蒜，其味如山薯。……寇氏所说，乃卷丹，非百合也，苏颂所传不堪入药者，今正其误。叶短而阔，微似竹叶，白花四垂者，百合也。叶长而狭，尖如柳叶，红花，不四垂者，山丹也。茎叶似山丹而高，红花带黄而四垂，上有黑斑点，其子先结在枝叶间者，卷丹也。卷丹以四月结子，秋时开花，根似百合。其山丹四月开花，根小少瓣。盖一类三种也。"《本草崇原》："三月生苗，高二三尺，一茎直上，叶如竹叶，又似柳叶，四向而生，五月茎端开白花，芬芳六出，四垂向下，昼开夜合，故名夜合花。其根如蒜，细白而长，重叠生二三十瓣。一种花红不四垂者，山丹也。一种花红带黄而四垂，上有黑斑点，其子黑色，结在枝叶间者，卷丹也。盖一类三种，唯白花者入药，余不可用[1]。"

　　百合主要是以品种、味道、产地和功效等来区别药材的品质。在品种上自古均认为白花类的百合品质好，宜入药，红花类的山丹或渥丹作为百合入药则多有争议，但可以肯定的是即使作为百合使用，也不及白花类的质量好，红黄花类的卷丹多记载不能作为百合使用；在味道上认为味甜者质量好，可用，味苦者质量差不可用。《本草纲目》也记载"百合味甜，山丹和卷丹味苦"；从产地上，以产自安徽滁州、甘肃成县，湖北荆州，河南登封，湖南湘潭、邵阳等地为好；从功效上，百合补脾肺，山丹用于外科散瘀血，卷丹主用于观赏。除此之外，还以根"肥"为好。以根肥、色白、味甘者为最佳。

　　综合百合基原和品质评价的本草考证结果，古代本草记载的百合来源3类，药用以白花类的百合（*Lilium. brownii* var. *viridulum*）

质量为好，红花类的山丹（细叶百合）（*Lilium pumilum*）或渥丹（*Lilium concolor*），以及红黄花的卷丹（*Lilium lancifolium*）质量差而不堪入药，或者单列与百合功效不同。故此认为古代本草记载使用的百合药材正品应为白花类的百合 *Lilium brownii* var. *viridulum*，卷丹和山丹（或渥丹）是同类别种或代用品。据 2015 年版《中国药典》记载，除渥丹外，其余均为百合药材来源品种，且从实际调查发现，现在药用百合的主流品种已变更为卷丹，与古文献记载有很大的差异，虽然有化学成分和药理研究为卷丹的应用提供了参考依据，但仍应尊重古文献的实际记载，充分进行物质成分的研究，从而正确指导临床用药的正源品种选择。

二、历史沿革

丽水市地处浙江省西南山区，九山半水半分田，地势以中山、丘陵地貌为主，气候垂直差异明显，海拔 500 m 以上的土地面积 1.4 万 hm^2。由于这些土地周围树木遮阴，中间溪流穿过，夏季凉爽，日夜温差大，土壤有机质含量高，有利于作物有机物的积累，病虫害发生率低。为了充分发挥丽水山区丰富的地理资源优势和多样的气候条件、增加山区农民的经济收入、加快山区农民脱贫致富奔小康的步伐，引进百合进行了试种，从中筛选出丰产性好、抗病能力强、商品性好、营养和药用价值高、市场发展前景广、适宜丽水山区种植的卷丹百合品种 [2]。

第二节　植物形态与生境分布

一、植物形态

百合：多年生草本，高 60~100 cm。鳞茎球状，白色，肉质，先端常开放如荷花状，长 3.5~5 cm，直径 3~4 cm，下面着生多数须根。茎直立，圆柱形，常有褐紫色斑点。叶 4~5 列互生；无柄；叶片线状披针形至长椭圆状披针形，长 4.5~10 cm，宽 8~20 mm，先端渐尖，基部渐狭，全缘或微波状，叶脉 5 条，平行。花大，单生于茎顶，少有 1 朵以上者；花梗长达 3~10 cm；花被 6 片，乳白色或带淡棕色，倒卵形；雄蕊 6 枚，花药线形，"丁"字着生；雌蕊 1 枚，子房圆柱形，3 室，每室有多数胚珠，柱头膨大，盾状。蒴果长卵圆形，室间开裂，绿色；种子多数。花期 6—8 月，果期9 月。

细叶百合：多年生草本，高 20~60 cm。鳞茎广椭圆形，长 2.5~4 cm，直径 1.5~3 cm。茎细，圆柱形，绿色。叶 3~5 列互生，至茎顶渐少而小；无柄；叶片窄线形，长 3~14 cm，宽 1~3 mm，先端锐尖，基部渐狭。花单生于茎顶，或在茎顶叶腋间各生一花，成总状花序状，俯垂；花梗粗壮，长 6 cm 左右；花被 6 片，红色，向外反卷；雄蕊 6 枚，短于花被；雌蕊 1 枚，子房细长，先端平截，花柱细长，先端扩展，柱头浅裂。蒴果椭圆形，长 2~3 cm。花期 6—8 月，果期 8—9 月。

卷丹：多年生草本，茎直立，淡紫色，茎高 1~1.5 m，外带紫色，有疏或密的白色，被白色棉毛。叶互生，无柄；叶片披针形或卵圆形，长 5~20 cm，宽 0.5~2 cm，向上渐小成苞片状；叶腋内常有珠芽。花顶生，花序总状；花橘红色，密生紫黑色斑点；花被片长 7~10 cm，外轮披针形，内轮宽被针形，开放后向外反卷；花药紫色。花期 6—7 月，蒴果长圆形或倒卵形。生于海拔 2 500 m 以下的林缘路旁及山坡草地。

二、生境分布

我国百合资源丰富，分布广泛，生长于土壤深肥的林边或草丛中。分布几乎遍及全国，大部地区有栽培，主产于湖南、四川、江苏、河南及浙江等地。丽水现主要分布在青田、遂昌、景宁、松阳等县。

第三节　栽　培

一、生态环境条件

百合在平原、丘陵、山地均能生长，喜气候凉爽，土层深厚、肥沃的坡地，能耐寒、耐旱，但怕涝，对土壤要求不甚严格 [2, 3]。种植时应选择海拔 500 m 以上、土壤肥沃、地势高爽、排水良好、土质疏松的沙壤土或壤土进行栽培；利用山区疏林半阴半阳的自然条件。百合忌连作，宜选择前作未种过百合、白术、马铃薯等根茎类作物的地块，前茬以豆类、瓜类或蔬菜地为好，当年收获后第 2 年以种植水稻、茭白等作物水旱轮作栽培更为适宜 [2]。百合播种后在土中越冬，至翌年 3 月中下旬出苗。这一时期，子鳞茎的底盘生出种子根，鳞茎中心鳞片腋间和地上茎开始缓慢生长，并分化叶片，但不长出土表。幼苗期从现苗到珠芽分化为 3 月中下旬至 5 月上中旬。此时地上茎叶生长较快，苗的茎部开始分新的子鳞茎芽。当苗长至 10 cm 以上时，地上茎入土部分长出茎和根，此时子鳞茎和茎叶同时生长。从珠芽开始分化到珠芽成熟，通常是在 5 月中下旬，茎高 30~40 cm，茎芽在叶腋内出现。显蕾开花期为 5 月上旬，7 月上旬始花，中旬盛花，7 月中旬终花。此时的鳞茎迅速膨大，现蕾时茎高 80 cm 左右，开花期茎高 100 cm 以上。8 月上中旬，地上茎叶进入枯萎期，鳞茎成熟 [3]。

二、栽培场地

种植前 5~10 d，清除田间前作残留物和杂草，然后翻耕 30~

35 cm，耙细整平。一般畦面宽 80~100 cm，畦高 20~30 cm，做成龟背形，沟宽 30 cm，有利于排水、通风以及除草等农事操作。同时，在翻耕时撒施生石灰 900~1 200 kg/hm² 进行土壤消毒 [2]。

三、播种施肥

百合全生育期逾 250 d，需肥量大，基肥应以长效优质腐熟有机肥为主。施腐熟有机肥 18.0~22.5 t/hm² 或饼肥 2 250 kg/hm²（饼肥用茶籽饼，可杀灭地老虎等地下害虫虫卵）、过磷酸钙 375 kg/hm²、碳酸氢铵 750 kg/hm²，开沟条施，覆土，防止养分挥发和流失。也可用生石灰 3 750 kg/hm² 消毒、调酸 [2]。

种球选择单头重 30~40 g、3~4 个头的百合鳞茎作种球，要求种球平头、无斑点、无损伤、鳞片紧密抱合而不分裂。用种量为 3 750~4 500 kg/hm²。播种前，将种球用多菌灵可湿性粉剂、甲基硫菌灵等杀菌剂 800~1 200 倍液浸种 15~30 min 进行消毒，然后捞出放置阴凉处晾干。卷丹百合在 10 月上旬至 11 月中旬播种，一般海拔 500 m 以上的高山地区宜于 10 月上中旬播种，海拔 500 m 以下的区域宜于 10 月中下旬播种。播种时土壤要保持湿润，播种密度为行距 30~35 cm、株距 15~20 cm。开沟，将鳞茎顶朝上摆放种球，播种深度为 10~15 cm，然后盖土厚 4~6 cm。天气干旱时可用遮阳网或杂草覆盖，有利于保湿出苗，出苗后揭去遮阳网。

四、田间管理

百合出苗前要注意保湿、保温、防杂草。11 月中下旬，气温下降时要覆盖稻草、豆秆、玉米秸秆等遮盖物进行保温、保湿、防杂草、防止大雨冲刷及表土板结 [2]。

出苗后施稳苗肥，一般在 1 月上中旬进行，以有机肥为主，加适量复合肥。一般施腐熟有机肥 7 500~12 000 kg/hm²，均匀撒于畦面，起到保温、防霜冻等作用，施复合肥 150 kg/hm² 作为提苗肥。百合从播种至出苗，一般为 100 d 左右。出苗后，一般在 3 月中旬，当百合苗高 10~20 cm 时，施腐熟饼肥 1 500 kg/hm²、复合肥 150 kg/hm² 作促苗肥，促壮苗。

适施打顶肥，5 月中下旬，打顶后施尿素 150 kg/hm²、硫酸钾 150 kg/hm²，促鳞片肥大。同时，用 0.2% 磷酸二氢钾溶液进行叶面施肥，此次追肥要在采挖前 45~55 d 内完成。结合中耕除草进行浅培土，培土要求不能太厚，以鳞茎不露出泥面为宜。百合生长到封行后，可不再中耕锄草，但要及时清理沟渠，确保流水畅通，以免积水影响植株生长发育。5 月中下旬现蕾时，选择晴天中午视植株长势及时打顶摘蕾。长势旺的重打，长势弱的迟打，并摘除花蕾，一般打顶 5 cm 左右。打顶是卷丹百合高产的一项重要技术环节，打顶与不打顶的产量相差 15%~20%。百合怕涝，春季多雨季节以及大雨后要及时疏沟排水，做到沟渠畅通，及时清沟排水，做到雨停水干。夏季应防止高温引起的腐烂；遇持续干旱天气，要浅水漫灌；待土壤湿润后及时排水。7—8 月鳞茎增大进入夏季休眠，更要保持土壤干燥疏松，切忌水涝。

五、病虫害防治

百合生长发育过程中较常见的病虫害主要有疫病、病毒病、灰霉病、蚜虫、种蝇等 [2]。

疫病。发病初期喷洒 40% 三乙磷酸铝可湿性粉剂 250 倍液或 58% 甲霜灵·锰锌可湿性粉剂（或 64% 杀毒矾可湿性粉剂）500 倍液或 72% 杜邦克露可湿性粉剂 800 倍液。发病后及时拔除病株，集中烧毁或深埋，病区周围用 50% 石灰乳进行处理。

病毒病。生长期及时喷洒 10% 吡虫啉可湿性粉剂 1 500 倍液或 50% 抗蚜威超微可湿性粉剂 2 000 倍液，控制传毒蚜虫，减少病虫传播蔓延。发病初期喷洒 20% 毒克星可湿性粉剂 500~600 倍液或 0.5% 抗病剂 1 号水剂 500 倍液，每隔 7~10 d 喷 1 次，连喷 3 次。

灰霉病。冬季或收获后及时清除病残株并烧毁，及时摘除病叶，清除病花，以减少菌源。发病初期开始喷洒30％碱式硫酸铜悬浮剂400倍液，或36％甲基硫菌灵悬浮剂500倍液，或50％扑海因可湿性粉剂1 000～1 500倍液。为防止出现抗药性，提倡合理轮换交替使用，采收前3 d停止用药。

蚜虫。发生期间喷10％吡虫啉可湿性粉剂1 500倍液，或50％抗蚜威超微可湿粉剂2 000倍液。金龟子幼虫可用马拉硫磷、锌硫磷防治。螨类可用杀螨剂防治。

种蝇。一是进行土壤消毒；二是用90％敌百虫800倍液浇灌根部，兼治地老虎等地下害虫。

地老虎。可用90％敌百虫800倍液浇灌根部，兼治蛴螬、蝼蛄等地下害虫。百合收获后全田灌水，淹死或迫使其离开。未覆盖的田块，结合施苗肥进行中耕1次，采取人工除草。如已覆盖，一般不需再次除草。

六、采收加工

翌年秋季，待地上部分完全枯萎、地下部分完全成熟后开始采收，这时采收不仅产量高，而且耐贮藏。百合一般在7月下旬开始采收，药用百合晴天一次性采收。鳞茎挖出后，切除地上部分、须根和种子根，随即搬入室内通风处贮藏，以免阳光照晒引起鳞片干燥和变色。卷丹百合是鲜食和药用并兼的百合品种。为了提高百合的经济收入，在鲜食销售疲软时，可以进行烘干加工。加工时把采收后的鲜百合清洗干净，然后把鳞片分开，剥片时应把外鳞片、中鳞片和芯片分别分开，以免烫漂时老嫩不一，难以掌握烫漂时间，影响质量。烫漂时待水沸腾后，将鳞片放入锅内，及时翻动，5～10 min后，待鳞片边缘柔软、背部有微裂时迅速捞出，放入冷水中冷却，漂洗除去黏液。然后捞起随即用烘干机烘干，烘干时温度应掌握在60～70 ℃，烘干时间一般在12 h左右。含水12％以下时取出摊晾至常温，然后分级包装，贮藏[2]。

第四节　化 学 成 分

一、甾体皂苷类

百合中的皂苷类化合物属于甾体皂苷，根据其苷元结构的不同，一般可将其分为 4 类：螺甾烷醇型（spirostanols）、异螺甾烷醇型（isospirostanols）、变形螺甾烷醇型（pseudospirostanols）和呋甾烷醇型（furostanols）皂苷。百合中甾体皂苷主要以异螺甾烷醇型皂苷为主[4]。苷元上连接的糖主要有葡萄糖、鼠李糖、甘露糖、阿拉伯糖及木糖，糖苷键的连接方式为 1 → 2、1 → 3、1 → 4、1 → 6。目前，从百合中分离得到的甾体皂苷共有 51 个[5]。

二、酚酸甘油酯类

至今从药用百合鳞茎中分离得到至少 16 个酚酸甘油酯类化合物及其苷类，其中酚酸甘油酯 10 个、酚酸甘油苷 6 个[4]。酚酸甘油酯为百合苦味的主要物质基础[6]。LUO et al.[7] 从卷丹中分离出 7 个酚类成分。周中流等[8] 从卷丹中分离出 1-O- 咖啡酰单甘油酯。WANG et al.[9] 从 9 种百合中分离出 6 种酚酸类物质，分别是对香豆酸、阿魏酸、绿原酸、没食子酸、香草酸、丁香酸。

三、其他苷类及烷烃类

胡文彦等[10] 从卷丹中分离得到腺嘌呤核苷、甲基 -α-D- 吡喃葡萄糖苷、甲基 -α-D- 吡喃甘露糖。周中流等[8] 从卷丹中分离出 3,4- 二羟基苯甲醛、邻羟基苯甲酸。周中流等[11] 还从卷丹中分离出了 β-D- 葡萄糖糖基 -（1 → 4）-β-D- 吡喃葡萄糖苷、β-D 呋喃果糖基 -α-D 吡喃葡萄糖苷、正二十二烷酸、正二十九烷醇。张慧芳[12] 从百合中分离出正三十四烷醇、正二十烷酸、正二十一烷酸、对羟基苯甲醛。

四、生物碱类

胡文彦等[10]从卷丹中分离出小檗碱。Materová et al.[13]从百合中分离出黄酮类生物碱 lilaline。He et al.[14]测得卷丹中秋水仙碱的质量分数为 0.048 5%。Erdogan et al.[15]从百合中分离出了甾体生物碱 etioline。Mimaki et al.[16]从百合中分离鉴定了甾体生物碱 β1-澳洲茄边碱、β2-澳洲茄边碱。

五、黄酮类

Wang et al.[9]从百合中分离出儿茶素、表儿茶素、芦丁、槲皮素、山柰酚、根皮苷。焦灏琳[17]从卷丹中分离出二氢杨梅酮、二氢槲皮素、圣草酚、矢车菊素芸香糖苷。靳磊等[18]从细叶百合中分离得到杨梅酮。

六、多糖类

百合多糖（LBPS-1）是一种相对分子质量为 30.2 kDa 的葡聚糖，其主链为 α-D-（1，4）-Glcp 和 α-D-（1，3）-Glcp 以 2∶1 的比例而交替排列形成，侧链为 α-D-（1，6）-Glcp[19]。张婷[20]优化了超声波辅助提取卷丹中百合多糖的工艺，并经纯化得到一个相对分子质量为 8.52×10^6 Da 的多糖组分。其由鼠李糖、阿拉伯糖、葡萄糖和半乳糖残基按照摩尔比为 15∶17∶8∶20 组成，糖醛酸质量分数 25.68%，推测其主链可能为（→4）-α-D-GalA-（1→和→2）-α-Rhap-（1→，支链为→4）-α-Rhap-（1→，→3）-α-Araf-（1→，→4）-β-Galp-（1→和→4）-β-Glc-（1→）。

七、氨基酸及磷酯类

卷丹、百合、细叶百合均具有 17~19 种的游离氨基酸，其中 6~7 种为人体必需氨基酸，均有较高的精氨酸、脯氨酸、谷氨酸、赖氨酸、天冬氨酸、丝氨酸、丙氨酸、缬氨酸、苯丙氨酸[21]。百合、卷丹中总磷脂的质量分数分别为 2.72 mg/g、

3.70 mg/g，薄层分析得其均含有脑磷脂和卵磷脂[16]。同时含有磷脂酰胆碱（PC）、双磷脂酰甘油（DPG）、磷脂酸（PA）、溶血磷脂酰胆碱（LPC）、磷脂酰肌醇（PI）、磷脂酰乙醇胺（PE）、神经鞘磷脂（SM）[22]。

第五节　药理与毒理

一、药理作用

百合可能是通过提供多糖、氨基酸等能量供应物质，以及甾体皂苷、酚酸甘油酯、生物碱、黄酮、磷脂等活性物质，可调节机体免疫系统、内分泌系统、神经系统和糖代谢，产生具有"滋阴"功效的物质，并抑制炎症反应，清除体内氧化产物，提高机体对氧化产物的耐受度以发挥养阴润肺止咳，清心安神的功效[5]。

（一）止咳祛痰作用

百合具有明显的止咳、祛痰作用。胡焕萍等[23-25]对小白鼠采用 SO_2 引咳法证实 20 g/kg 百合能够很好地缓解该实验性咳嗽，且百合蜜炙后可增强其止咳作用。李卫民等[24, 26]采用小鼠呼吸道酚红排痰量法、大鼠毛细管排痰量法，研究了百合的排痰作用，结果表明 20 g/kg 百合水提物可促进呼吸道分泌物外排，具有明显的祛痰作用，说明其祛痰的机制为增强呼吸道的排泌功能。中医认为百合具有养阴润肺的功效，常用于阴虚燥咳、劳嗽咳血及咳嗽气逆等多种类型咳嗽的治疗，百合止咳祛痰药理作用与中医理论相符合。

（二）抗抑郁作用

抑郁症是临床常见的精神疾病，是一种以显著而持久的心情低落为主要特征的综合征[27]。郭秋平等[28, 29]研究发现，卷丹百合能使大鼠抑郁模型脑内多巴胺、5-羟色胺（5-HT）含量增高，能改善单胺类神经递质功能障碍，降低血液皮质醇、促肾上腺皮质激素含量，减少下丘脑促皮质素释放因子的表达，增加海马皮质激素受体（GR）mRNA 的表达，从而抑制抑郁模型大鼠亢进的下丘脑垂体肾上腺轴。尹玲珑等[30] 对卷丹百合煎剂对抑郁模型小鼠行为学和脑组织 5-HT 神经递质的影响做了研究，结果表明模型大鼠出现了明显的行为学异常，脑内 5-HT 神经递质的含量与正常组有显著的差异，卷丹百合高剂量组可显著提高抑郁大鼠的敞箱实验评定和脑内 5-HT 含量，其疗效与西药文拉法辛相当。

较细叶百合、百合，卷丹总皂苷抗抑郁的作用更明显。高、中剂量（分别为 3.02 g/kg、1.51 g/kg）卷丹总皂苷能增强 5-HTP 引起的小鼠甩头行为。高剂量卷丹总皂苷还能提高抑郁大鼠血浆血管活性肠肽（VIP）含量，降低组织中 VIP 的含量，并提高血浆、胃窦及结肠部位的胃泌素，能改善抑郁症状及抑郁引起的胃肠不适[5]。

（三）镇静催眠作用

百合具有清心安神的功效，中医理论的"安神"与镇静催眠的药理作用相吻合，通过现代药理学实验也证实百合具有镇静催眠的作用。研究显示卷丹、百合水提液可显著增加小鼠戊巴比妥钠灌胃后的睡眠时间以及阈下剂量的睡眠率，且其效果均强于剂量相当的阳性对照药酸枣仁[4]。胡焕萍等[23] 研究发现百合还能够显著缩短戊巴比妥钠及氯苯丙氨酸致失眠模型动物的睡眠潜伏期，表明百合具有较好的镇静催眠作用。此外，彭蕴茹等[31] 用含生药 10 g/kg 的百合不同提取部位的药液按 20 mL/kg 给小鼠灌胃，发现正丁醇提取部位能明显减少小鼠的自发活动次数。

（四）免疫调节作用

百合具有较好的免疫调节作用，其药效物质基础主要为百合多糖[4]。百合多糖具有多种生物活性，其中免疫调节作用是其主要的药理活性。有研究 [32-34] 发现，百合多糖在 100～400 mg/kg 剂量范围内不仅可提高免疫抑制模型小鼠的免疫器官指数、碳粒廓清指数、腹腔巨噬细胞吞噬指数及增殖反应，而且还能提高其血清溶血素 IgG、IgM 含量，并促进溶血空斑形成；在 75～150 mg/L 剂量范围内还能促进小鼠脾细胞增殖。胡敏敏等 [35] 研究显示，百合多糖还可升高二硝基氯苯所致小鼠耳肿胀度，增强小鼠的迟发性超敏反应，表明百合多糖除了可增强机体非特异性免疫功能外，还可提高特异性细胞免疫功能。

（五）抗肿瘤作用

百合中的秋水仙碱能抑制肿瘤细胞的增殖，其作用机理为抑制肿瘤细胞的有丝分裂，从而导致细胞周期阻滞 [4]。目前研究较多的百合多糖也具有较好的抗肿瘤作用，其机制主要是通过增强对肿瘤细胞的免疫力 [36]。Sun et al. [37, 19] 发现，从百合中得到的纯多糖组分 LBP-1、LBPS-I 对 B16 移植性黑色素瘤和 Lewis 肺癌有较强的抑制作用。杨颖等 [38] 研究也显示，百合中性多糖对体外 SGC-7901 细胞增殖具有抑制作用，且可通过提高机体免疫功能增强化疗药 5-FU 的抑瘤效果，同时减轻其毒副作用。百合皂苷也具有抗肿瘤作用，Mimaki et al.[39] 发现在 C-27 位上含有 3- 羟基 -3- 甲基戊二酸基结构的百合皂苷甲酯衍生物能够明显抑制 TPA 刺激的宫颈癌细胞，且甲酯衍生物对人体多种恶性肿瘤细胞增殖显示出较强的抑制作用，如胰腺癌（PANC-1）、胃癌（HGC-27）、骨肉瘤（OST）、嗜铬细胞瘤（PC-12）等。

（六）降血糖作用

Zhu et al.[40] 结合生物测定导向分馏和化学分析方法，推测百合中甾体皂苷可能是潜在的降血糖的有效成分，体外实验结果显示，百合甾体皂苷能加速 3 t3-L1 前脂肪细胞分化，增加 HepG2 细胞及 3 t3-L1 脂肪细胞中葡萄糖的消耗。体外研究表明，5.6～16.7 mmol/L 的 LP-1，2，可促进胰岛 β 细胞增殖及胰岛素（INS）的分泌，但

对 α- 葡萄糖苷酶活性无显著的抑制作用[41]。卷丹多糖能减缓由链脲佐菌素（STZ）引起的小鼠体重下降，持续显著降低血糖水平（BG）。高剂量（200 mg/kg）的卷丹多糖均能显著提高血清、肝、肾中超氧化物歧化酶（SOD）、过氧化氢酶（CAT）、谷胱甘肽过氧化物酶（GPx）的含量，显著降低丙二醛（MDA）的含量。病理学切片显示，灌胃高剂量卷丹多糖 28 d，能明显修复由 STZ 导致的胰岛损伤，改善胰岛 β 细胞及组织的结构完整性[42]。对于 STZ诱导的 I 型糖尿病小鼠，百合多糖可降低其空腹 BG，促进分泌INS，提高己糖激酶，琥珀酸脱氢酶（SDH）活性、提高血清和肝脏组中总 SOD 的活性，降低 MDA 的含量[43]。百合膳食纤维能够降低小鼠的空腹血糖及 Alloxan 致高血糖值，并改善高血糖小鼠的糖耐受量[44]。

（七）其他药理作用

百合还具抗疲劳、利胆、抗病毒等其他药理作用[4]。何纯莲等[45]研究显示百合多糖提取物具有抗疲劳作用，其能够延长小鼠负重游泳时间，增强小鼠抗疲劳能力。Obmann et al. [46]发现细叶百合水提物和甲醇提取物还具有利胆作用，且其水提物在浓度为 100 mg/L、250 mg/L、500 mg/L 时可剂量依赖性增加胆汁流量。Zhou et al.[47]将从卷丹鳞茎中分离得到的 7 个酚酸甘油酯类化合物进行抗病毒活性测试，发现其中 2 个化合物对呼吸道合胞病毒具有明显的抑制活性。刘朝圣等[48]发现百合提取物对黑色的合成具有抑制作用，提示百合可能具有美白功效。

二、毒理作用

高沛业等[49]通过急性毒性实验测定卷丹水提物的急性毒性及可能的中毒症状，并测定小鼠的最大耐受量，发现卷丹对小鼠的半数至死剂量 LD_{50} 大于 80 g/kg，14 d 内无动物死亡，亦无明显中毒反应。通过小鼠骨髓微核试验对其进行系统安全性评价，卷丹水提物在最高剂量 80 g/kg 条件下，未见有诱发小鼠骨髓微核细胞率增高的作用，小鼠骨髓微核试验结果为阴性。卷丹无明显急性毒性反应，无遗传毒性，是一种安全无毒的中药。余红钢等[50]通过水煮醇沉法提取百合多糖，再用噻唑蓝法测定百合多糖的细胞毒性，结果发现：百合多糖的细胞毒性与葡萄糖标准品相似，基本认为无细胞毒性。

第六节　质量体系

一、收载情况

（一）药材标准

《中国药典》（2015 年版一部）[51]；《中国药典》（2015 年版增补本）；《台湾中药典》（第二版）。

（二）饮片标准

《中国药典》（2015 年版一部）、《浙江省中药饮片炮制规范》（2015 年版）[52]、《黑龙江省中药饮片炮制规范》（2012 年版）、《湖南省中药饮片炮制规范》（2010 年版）、《山东省中药饮片炮制规范》（2012 年版）、《北京市中药饮片炮制规范》（2008 年版）、《重庆市中药饮片炮制规范》（2006 年版）、《河南省中药饮片炮制规范》（2005 年版）、《江西省中药饮片炮制规范》（2008 年版）。

二、药材性状

（一）《中国药典》（2015年版一部）

呈长椭圆形，长 2~5 cm，宽 1~2 cm，中部厚 1.3~4 mm。表面黄白色至淡棕黄色，有的微带紫色，有数条纵直平行的白色维管束。顶端稍尖，基部较宽，边缘薄，微波状，略向内弯曲。质硬而脆，断面较平坦，角质样。气微，味微苦。

（二）《台湾中药典》（第二版）

1. 卷丹

鳞叶呈长椭圆形，顶端较尖，基部较宽，边缘薄，微波状，常向内卷曲，长 2~3.5 cm，宽 1~1.5 cm，厚 1~3 mm。表面乳白色或淡黄棕色，光滑，半透明，有纵直的脉纹 3~8 条。质硬脆，易折断，断面较平坦，角质样。无臭，味微苦。

2. 百合

鳞叶长 1.5~3 cm，宽 0.5~1 cm，厚约至 4 mm，有脉纹 3~5 条，有的不明显。

3. 细叶百合

鳞叶长 5.5 cm，宽 2.5 cm，厚 3.5 mm，色较暗，脉纹大多不明显。

三、炮制

（一）《中国药典》（2015年版一部）

百合。除去杂质。

蜜百合。取净百合，照蜜炙法炒至不黏手。每 100 kg 百合用炼蜜 5 kg。

（二）《浙江省中药饮片炮制规范》（2015年版）

蜜百合。取百合饮片，照蜜炙法炒至不黏手时，取出，摊凉。每百合 100 kg 用炼蜜 5 kg。

（三）《黑龙江省中药饮片炮制规范》（2012年版）

蜜百合。取炼蜜，加适量水稀释后，加入已炒热的百合饮片，拌匀，闷透，置锅内，用文火加热，不断翻动，炒至不黏手为宜，取出，摊凉，即得。

（四）《湖南省中药饮片炮制规范》（2010年版）

百合。取原药材，除去杂质，洗净，干燥，筛去灰屑。

蜜百合。取净百合，照蜜炙法炒至微黄色，不黏手。每100 kg
百合用炼蜜5 kg。

（五）《山东省中药饮片炮制规范》（2012年版）

蜜百合。取炼蜜，用适量沸水稀释后，加入净百合拌匀，闷
透，置锅内，用文火加热，炒至不黏手，取出，放凉。

（六）《北京市中药饮片炮制规范》（2008年版）

蜜百合。取净百合，置热锅内，用文火炒干，喷淋蜜水，或取
炼蜜，用适量沸水稀释，淋入净百合中，拌匀，闷润，置热锅内，
用文火炒至表面淡棕黄色，不黏手时，取出，晾凉。每100 kg净
百合，用炼蜜3~5 kg。

四、饮片性状

（一）《中国药典》（2015年版一部）

呈长椭圆形，长2~5 cm，宽1~2 cm，中部厚1.3~4 mm。表
面黄白色至淡棕黄色，有的微带紫色，有数条纵直平行的白色维管
束。顶端稍尖，基部较宽，边缘薄，微波状，略向内弯曲。质硬而
脆，断面较平坦，角质样。气微，味微苦。

（二）《浙江省中药饮片炮制规范》（2015年版）

呈长椭圆形，长2~5 cm，宽1~2 cm，中部厚1.3~4 mm。表
面深黄色，有数条纵直平行的维管束。顶端稍尖，基部较宽，边缘
薄，微波状，略向内弯曲，略具光泽，滋润。断面角质样，味微甘。

（三）《黑龙江省中药饮片炮制规范》（2012年版）

呈长椭圆形，长2~5 cm，宽1~2 cm，中部厚1.3~4 mm，两
端略翘起，形如小船。表面黄色，偶见焦斑，略有黏性，有数条纵
直平行的白色维管束。顶端稍尖。基部较宽，边缘薄，微波状，略
向内弯曲。质脆，断面较平坦，角质样，气微，味甜。

（四）《湖南省中药饮片炮制规范》（2010年版）

百合。长椭圆形鳞片，边缘薄，略向内弯曲，表面类白色、淡

棕黄色或微带紫色。角质样，质硬而脆，味微苦。

蜜百合。形如百合，表面黄色，偶见黄焦斑，略带黏性，味甜。

（五）《山东省中药饮片炮制规范》（2012年版）

呈长椭圆形，长 2~5 cm，宽 1~2 cm，中部厚 1.3~4 mm。表面黄色，偶见黄焦斑，略带黏性，有数条纵直平行的白色维管束。顶端稍尖，基部较宽，边缘薄，微波状，略向内弯曲。味甜。

（六）《北京市中药饮片炮制规范》（2008年版）

呈长椭圆形。表面淡棕黄色，偶见黄焦斑，略带黏性。味甜。

五、有效性、安全性的质量控制

百合的有效性、安全性的质量控制见表2.1。

表2.1　有效性、安全性质量控制项目汇总

标准名称	鉴别	检查	浸出物	含量测定
《中国药典》（2015年版一部）	薄层色谱鉴别（以百合对照药材作为对照）	—	水溶性冷浸法（不得少于18%）	—
《中国药典》（2015年版增补本）	同《中国药典》（2015年版一部）	水分（不得超过13%）；总灰分（不得超过5%）	同《中国药典》（2015年版一部）	百合多糖用紫外分光光度法测定，按干燥品计算，含百合多糖以无水葡萄糖（$C_6H_{12}O_6$）计，不得少于21%
《台湾中药典》（第二版）	薄层色谱同《中国药典》（2015年版一部）；显微鉴别粉末	干燥减重（不得超过13%）；总灰分（不得超过5.5%）；酸不溶性灰分（不得超过1%）；二氧化硫不得超过500 mg/kg	—	水抽提物测定法、稀乙醇抽提物测定法

续表

标准名称	鉴别	检查	浸出物	含量测定
《黑龙江省中药饮片炮制规范》（2012年版）	薄层色谱同《中国药典》（2015年版一部）	—	—	—
《湖南省中药饮片炮制规范》（2010年版）	同《中国药典》（2015年版一部）	—	醇溶性热浸法（不得少于11%）	—
《山东省中药饮片炮制规范》（2012年版）	同《中国药典》（2015年版一部）	水分不得超过13%；总灰分不得超过8%；酸不溶性灰分不得超过2%	—	—
《北京市中药饮片炮制规范》（2008年版）	同《中国药典》（2015年版一部）	—	同《中国药典》（2015年版一部）	—

六、质量评价

（一）质量情况

王辉等[53]以百合药材为研究对象，采用HPLC法对其皂苷元提取物进行了指纹图谱分析，26批次百合样品之间的相似度很高，均大于0.9以上，为百合药材的真伪鉴别和质量监控提供了可靠的依据。张黄琴等[54]采用UPLC-TQ-MS联用技术，对百合中王百合苷E、王百合苷F、王百合苷C、王百合苷B、绿原酸、咖啡酸、原儿茶醛及阿魏酸8种成分进行了分析测定，由相关性分析结果可知，4种酚性甘油酯类成分含量相互间均存在极大的相关性，提示该4种酚性甘油酯类成分在百合药材中的含量是相互促进的，某种酚性甘油酯含量高，其余的也会协同升高。李倩等[55]基于药物体系对百合酚类和皂苷类成分进行了系统研究，并首次建立了同时测定百合药材多类有效指标性成分（酚酸类和皂苷类）含量的方法，并对其特征图谱进行研究，发现不同批次百合药材的含量差异很大。

蔡萍等[56]收集23批不同来源的生百合及蜜炙品，建立百合蜜炙前后的HPLC指纹图谱；利用中药相似性分析软件，找到2类百合的共有峰；应用随机森林算法对指纹进行分类识别，发现生品和蜜炙百合间存在较大的差异，并且在构建分类模型的过程中，可得到各共有峰对分类的贡献度，以贡献度的高低来看，王百合苷D和王百合苷B具有最高的贡献度，为百合品类的鉴别提供了更加确切的依据。

叶爱英等[57]对药用百合、食用百合进行GC-MS成分分析，食用百合的乙酸乙酯提取物中以饱和烷烃为主，酸类含量相对较少；而在药用百合提取物中，以长链碳酸（饱和及不饱和）为主，烃类含量较少；2种百合都含有少量的异茉莉酮，异茉莉酮具有温暖的花香、茉莉香、药草香，具有强烈的天然感。这也是百合的香气来源之一。张慧芳等[58]采用5种方法对食用百合与药用百合化学成分进行比较，结果表明食用百合与药用百合之间的差异性显著，验证了食用百合不可作为药用百合应用于临床。

（二）混伪品

1. 混淆品

（1）渥丹。百合科百合属植物渥丹（*Lilium concolor* Salisb）的干燥鳞茎。

（2）麝香百合。为百合科百合属植物麝香百合（*Lilium longiflorum* Thunb.）的干燥鳞茎。

（3）轮叶百合。为百合科百合属植物轮叶百合（*Lilium distichum Nakai*）的干燥鳞茎。

（4）川百合。为百合科百合属植物川百合（*Lilium davidii*）的干燥鳞茎。

（5）金百合。为百合科植物金百合（*Lilium trompeten*）的干燥肉质鳞叶。

2.伪品

（1）东北百合。为百合科东北百合（*Lilium distichum*）的干燥肉质鳞叶。呈长椭圆形，长 0.5~1.2 cm，宽 0.3~0.5 cm，厚 0.2 cm，表面黄白色，光滑，有皱纹 3 条，质硬脆，易断，断面平坦，角质样，气微，味微苦。

（2）淡黄花百合。为百合科植物东北百合（*Lilium sulphuraum Baker*）干燥肉质鳞叶。呈不规则椭圆形，长 1.5~4.5 cm，宽 0.8~2.2 cm，厚 0.2~0.5 cm。表面蛋黄棕色至棕色，平坦、角质样，质脆，气微，味淡。

姜雪萍等[59]通过 DNA 条形码 ITS 序列，探讨和鉴别中药百合及其混伪品的有效方法。百合药材的 3 个正品基源植物的种内平均遗传距离分别小于各自与混伪品之间的平均遗传距离，且 3 个正品基源植物的单倍型在系统发育树中各自聚类为单系，因此通过构建系统发育树，可以将 3 个正品百合的基源植物分别与混伪品区分开，从而达到鉴别正品百合的目的。

袁志鹰等[60]采用 ATR-FTIR 结合 Simca 软件建立百合粉末定性鉴别正交偏最小二乘判别分析模型，在此基础上，联用 UPLC-DAD 技术对正品百合、伪品金百合及微波干燥卷丹进行主要成分王百合苷 A 含量测定，可将卷丹与百合、微波干燥卷丹与热风干燥卷丹、卷丹与伪品金百合药材粉末在 OPLS-DA 得分图上区分开（同品种样本聚合，不同品种样本离散）。发现不同批次样品中王百

合苷 A 含量存在明显差异，其含量由大到小表现为微波干燥卷丹 >
卷丹 > 百合 > 金百合。王百合苷 A 为百合的主要化学成分，其分
子结构部分特征官能团与百合药材粉末红外光谱推测的官能团可能
具有一定的关联性。

第七节　性味归经与临床应用

一、性味

《中国药典》（2015 年版一部）："甘，寒。"

《本经》："味甘，平。"

《别录》："无毒。"

《本草经疏》："味甘，微寒。"

二、归经

《中国药典》（2015 年版一部）："归心、肺经。"

《本草汇言》："入手足太阴、手足厥阴、手足阳明经。"

《雷公炮制药性解》："入心、肺、大、小肠四经。"

三、功能主治

《中国药典》（2015 年版一部）："养阴润肺，清心安神。用于
阴虚燥咳，劳嗽咳血，虚烦惊悸，失眠多梦，精神恍惚。"

《本经》："主邪气腹胀、心痛。利大小便，补中益气。"

《别录》："除浮肿颅胀，痞满，寒热，通身疼痛，及乳难，喉
痹，止涕泪。"

《药性论》："养肺气，润脾燥。治肺热咳嗽，骨蒸寒热，脾火
燥结，大肠干涩。"

四、用法用量

《中国药典》（2015 年版一部）："6~12 g。"

《中药大辞典》："内服，煎汤，6~12 g；或入丸散；亦可蒸食、煮粥。外用，适量，捣散。"

五、注意事项

《雷公炮制药性解》："虽能补益，亦伤肺气，不宜多服。"

《本草经疏》："中寒者勿服。"

《本草求真》："初嗽不宜遽用。"

六、附方

1. 治咳嗽不已，或痰中有血

款冬花、百合（焙，蒸）等份。上为细末，炼蜜为丸，如龙眼大。每服一丸，食后临卧细嚼，姜汤咽下，噙化尤佳（《济生方》百花膏）。

2. 治支气管扩张、咯血

百合二两，白及四两，蛤粉二两，百部一两。共为细末，炼蜜为丸，每重二钱，每次一丸，日三次（《新疆中草药手册》）。

3. 治肺病吐血

新百合捣汁，和水坎之，亦可煮食（《卫生易简方》）。

4. 治背心前胸肺慕间热，咳嗽咽痛，咯血，恶寒，手大拇指循白肉际间上肩背至胸前如火烙

熟地、生地、归身各三钱，白芍、甘草各一钱，桔梗、元参备八分，贝母、麦冬、百合各半钱。如咳嗽，初一、二服，加五味子二十粒（《慎斋遗书》百合固金汤）。

5. 治肺脏壅热烦闷

新百合四两，用蜜半盏，拌和百合，蒸令软，时时含如枣大，咽津（《圣惠方》）。

6. 治百合病发汗后者

百合七枚（擘），知母三两（切）。上先以水洗百合，渍一宿，当白沫出，去其水，更以泉水二升，煎取一升，去渣；别以泉水二升煎知母，取一升，去渣后，合和煎取一升五合，分温再服（百合知母汤）。

7. 治百合病吐之后者

百合七枚（擘），鸡子黄一枚。上先以水洗百合，渍一宿，当白沫出，去其水，更以泉水二升，煎取一升，去渣，内鸡子黄，搅匀，煎五分，温服（百合鸡子汤）。

8. 治百合病下之后者

百合七枚（擘），滑石三两（碎，绵裹），代赭石如弹丸大一枚（碎，绵裹）。上先以水洗百合，渍一宿，当白沫出，去其水，更以泉水二升，煎取一升，去渣；别以泉水二升煎滑石、代赭取一升，去渣后，合和重煎，取一升五合，分温服（滑石代赭汤）。

9. 治百合病不经吐下发汗，病形如初者

百合七枚（擘），生地黄汁一升。上以水洗百合，渍一宿，当白沫出，去其水，更以泉水二升煎取一升，去渣，内地黄汁煎取一升五合，分温再服，中病勿更服，大便当如漆（百合地黄汤）。

10. 百合病变发热者

百合一两（炙），滑石三两。上为散，饮服方寸匕，日三服，当微利者止服，热则除。（百合滑石散。6~10方出自《金匮要略》）。

11. 神经衰弱，心烦失眠

百合五钱，酸枣仁五钱，远志三钱。水煎服（《新疆中草药手册》）。

12. 肺痈

白花百合，或煮或蒸，频食。拌蜜蒸更好（《经验广集》百合煎）。

13. 疮肿不穿

野百合同盐捣泥敷之良（《包会应验方》）。

14. 湿疮

生百合捣涂，一、二日即安（《濒湖集简方》）。

15. 治耳聋、耳痛

干百合为末，温水服二钱，日二服（《千金方》）。

16. 鲜百合汁

鲜百合 3 个，取汁用温开水冲服，早晚各 1 次，可治肺结核之咯血、慢性支气管炎伴有肺气肿。

17. 百花煎

百合 30 g，冬花 15 g，水煎服，可治肺热咳嗽、咽干口渴。

18. 百合知母汤

百合 30 g，知母 15 g，水煎服，可用热性病后期的各种症状。

19. 百合汤

（1）百合 30 g，乌药 10 g，水煎服，可治日久不愈的胃痛。

（2）百合 50 g，北沙参 15 g，冰糖 15 g，水煎服。可治干咳、口干咽燥。

第八节　丽水百合资源利用与开发

一、资源蕴藏量

丽水市自 2009 年起从湖南龙山县等地引进种植卷丹百合，卷丹百合忌连作，一般提倡收获后第 2 年与水稻、茭白等作物进行水旱轮作。丽水市卷丹百合的种植规模近年来不断扩大，2019 年全市种植面积 233.3 hm²，产值达 4 200 万元。为了提高土地利用率，增加种植效益，从 2016 年开始青田县舒桥乡等地开展了卷丹百合—鲜食玉米高效轮作栽培技术模式示范。该模式既保证了中药材种植规模，又稳定和扩大了旱粮生产面积，促进了农业增效和农民增收。据调查统计结果，示范基地平均产鲜百合 860 kg/667 m²，产值 10 320 元 /667 m²；2 茬合计产值 13 060 元 /667 m²[61]。经过近几年试种和推广，目前全市种植面积已达 378.7 hm²，产量可达 22.5 t/hm²，经济效益达 12 万～15 万元 /hm²[2]。

二、基地建设情况

青田县百合道地示范基地位于青田县舒桥乡，基地平均海拔 220 m，无任何工业污染，基地水分，土壤、空气经检测都达无公害生产标准。基地种植标准化卷丹百合面积 20 hm²，为丽水市地方标准《卷丹百合栽培技术》的主要推广基地。基地严格按照最新的丽水市百合栽培技术规程种植药材，严格按照或高于各项标准施用肥料和农药，坚持生产、加工全过程绿色无公害生产。采用轮作方式、施用生物制剂等绿色高效的方式解决药材连作障碍问题，既保证药材的产量又提升产品质量。同时，基地采取"公司＋基地＋农户"模式进行管理经营，公司主要负责线上、线下销售，基地主要负责种植技术和种植模式示范，农户主要负责生产。在乡党委、政府的指引下，将百合种植从 1 个村扩展到 17 个村，面积从 2.67 hm² 增加到近 66.7 hm²，连续几年中药材销售额突破 1 000 万元。

三、产品开发

（一）中成药

百合在临床上对于止咳祛痰、养阴润肺等呼吸系统疾病具有一定的辅助疗效，对心烦、失眠等也有一定的辅助治疗作用，应用较为广泛的中成药，如利肺片、复方川贝止咳糖浆、百合固金丸（颗粒、片剂、口服液）、蛤蚧定喘丸、百合更年安颗粒等。

（二）食品

百合肉质白嫩，含有丰富淀粉、蛋白质、脂肪、微量元素等营养成分，在我国民间具有悠久的种植和食用历史，加工方法多而简单，直接鲜蒸炒煮食用，如冰糖炖百合、西芹炒百合、百合冬瓜汤、百合粥、百合炖肉、百合丸、百合蒸蜂蜜、桂花糖百合、百合莲子绿豆粥、银耳百合莲子羹等[62]。但因百合保鲜期短，鲜食受到季节限制，因此百合也被晒干或磨粉制成四季可食用的半成品或方便食品，如将百合加工成百合干、百合淀粉、百合罐头、百合汽水、百合奶、百合果茶和百合百宝羹等产品以满足消费者需求。从百合花中可以提取天然色素，用于食品、日用化工产品的着色。此外，还可以将百合加工成口感柔和的百合醋、复合饮料、百合啤酒、复合保健软糖等产品。

（三）保健品

百合是药食同源两用品，在保健食品领域的应用也非常广泛，已获得国家批准的有 119 个品种。如与人参、乌鸡、黄芪等多味中药研制而成的乌鸡参芪口服液，具有免疫调节的保健功能；与玄参、金银花、白芷、枇杷肉等研制而成的清咽口服液，适用于咽部不适；与酸枣仁、薏苡仁、决明子、甘草研制而成的安泰口服液有改善睡眠的功效。

（四）化妆品

作为一种天然来源的化妆品原料，顺应了人们崇尚绿色，回归自然的绿色消费理念，其纯天然的化学成分特性，在赋予化妆品滋润、保湿、防晒、增加皮肤弹性、延缓衰老、修复损伤等功能的同时，更在很大程度上提升了化妆品的品质。目前以百合为原料研制的化妆品有营养霜（祛斑）、面膜、亮肤露、百合精油等。

（五）观赏价值

百合花为庭院绿化美化的首选花卉，可成行栽植，可成簇栽植，也可丛植或成片种植[63]。庭院展示中，最适宜将百合布置成各种形状的专类花坛、花圃、花园。百合在园林中也有应用，可以和花木或山石配植，在种植原则上，常用高大种类百合与灌木配植成丛；中高种类则适宜稀疏林下或林缘空地成片栽植或丛植，亦可做花坛中心及花境背景，更显示出百合花娇艳妩媚的花色和壮丽豪放的雄姿。

第九节　总结与展望

百合是多年生草本植物，其药用部分由 100 多片肉质鳞片抱合，有"百片合成"之意而得名，具有较高的药用价值和保健功能。我国是百合属植物之乡，也是最早对其应用和栽培的国家。对百合作为中药的应用，我国最早记载于《神农本草经》，现代研究已证实，百合含有多种化学成分，具有止咳祛痰、抗抑郁、耐缺氧抗疲劳、催眠安神、抗癌等功效。国内对百合的研究主要集中在鉴定品种、分析化学成分、研究药理作用和临床疗效等方面，对其保健功能方面，也开始向研究保健功能因子方向转变[64]。

随着人们生活水平的提高和保健意识的增强，各种营养丰富、具有保健价值的绿色食品已成为人们新的消费热点。百合是首批药食两用品，在药品、食品、保健食品、化妆品等方面也极具开发前景。百合及其提取物可以作为天然的添加剂、增香剂、抗氧化剂、抑菌剂等，用于多种食品的加工，有研究显示，百合多糖铁配合物有望开发成为口服补铁剂；此外，百合膳食纤维具有良好的持水力、结合水力、阳离子交换能力、结合脂肪能力、能够吸附亚硝酸根、胆酸钠及金属离子，能有效地改善胃肠道功能、促进消化吸收和润肠通便，具有很好的降血糖功能。膳食纤维是不被人体消化吸收的非淀粉类多糖与木质素的合称，具有多种生理功能，被营养学家称为第七大营养素。目前，国内外已研究开发的膳食纤维共有 6 大类约 30 种，其中实际生产和应用的不超过 10 种，而利用制备百合淀粉后的残渣提取百合膳食纤维，不仅可以综合利用百合资源，还对开发膳食纤维有着重要的意义。

随着安全食品市场需求的日益增加，迫切需要根据国内外市场需求的变化，建立健全百合种植、生产和产品质量标准体系，加快完善检验监测体系，并能付诸实施。尽快实现加工原料生产基地化和区域化，以绿色、无公害百合为目标，减少或避免化肥、农药的施用，搞好产品质量认证，在保护和优化具有民族特色风味的传统工艺的同时，加大科技投入，着重研究百合的精深加工技术，应用高新技术、设备和工艺提高产品的品质和档次，以增加百合的综合利用价值和国际竞争力 [62]。

参 考 文 献

[1] 王昌华，舒抒，银福军，等 . 药用百合正源考证研究 [J]. 中国中药杂志，2018，43（8）：1732-1936.

[2] 王银燕，吴剑锋，齐川，等 . 丽水山区卷丹百合丰产栽培技术 [J]. 现代农业科技，2018，3（7）：98-99.

[3] 王静 . 兽医中草药百合的种植技术与栽培管理 [J]. 中兽医学杂志，2019，211（3）：111.

[4] 罗林明，裴刚，覃丽，等 . 中药百合化学成分及药理作用研究进展 [J]. 中药新药与临床药理，2017，28（6）：824-837.

[5] 刘鹏，林志健，张冰 . 百合的化学成分及药理作用研究进展 [J]. 中国实验方剂学杂志，2017（23）：201-211.

[6] HIROKO S, YUTAKA S, YOSHIHIRO M. Bitterpheny lpropanoid glycosides from *Lilium speciosum* var. *rubrum*[J]. Phytochemistry, 1986, 25（12）：2897-2899.

[7]　LUO J, LI L, KONG L. Preparative separation of phenylpropenoid glyc
erides from the bulbs of *Lilium lancifolium* by high-speed counter-
current chromatography and evaluation of their antioxidant activities[J].
Food chem, 2012, 131（3）: 1056-1062.

[8]　周中流, 石任兵, 刘斌, 等. 卷丹甾体皂苷和酚类成分及其抗氧化
活性研究 [J]. 中草药, 2011, 42（1）: 21-24.

[9]　WANG T T, HAN H H, YAO Z. Role of effective composition
on antioxidant, anti-inflammatory, sedative-hypnotic capacitiesof
6 common edible *Lilium* varieties[J]. J food sci, 2015, 80（4）:
H857-H868.

[10]　胡文彦, 段金廒, 钱大玮, 等. 卷丹化学成分研究 [J]. 中国中药杂
志, 2007, 32（16）: 1656-1659.

[11]　周中流, 石任兵, 刘斌, 等. 卷丹化学成分的研究 [J]. 北京中医药
大学学报, 2010, 33（1）: 57-61.

[12]　张慧芳. 中药百合化学成分与药效机理研究 [D]. 南京: 南京中医药
大学, 2007.

[13]　MATEROVÁ I, UHRIN D, TOMKO J. Lilaline-a flavonoid alkaloid
from *Lilium candidum*[J]. Phytochemistry, 1987, 26（6）: 1844-
1845.

[14]　HE C, LI G, REN F, et al. Supercritical fluid extraction-high
performance liquid chromatography determination of colchicine in
lily[J]. Nat prod res develop, 2003, 15（1）: 5-8.

[15]　ERDOGAN I, SENER B, ATTA-UR-RAHMAN, et al. Etioline, a
steroidal alkaloid from *Lilium candidum* L [J]. Biochem systecol, 2001,
29（5）: 535-536.

[16]　MIMAKI Y, SASHIDA Y. Steroidal saponins and alkaloids from the
bulbs of *Lilium brownii* var. *colchesteri*[J]. Chem pharm bull, 1990, 38
（11）: 3055-3059.

[17]　焦灏琳, 张延龙, 牛立新. 卷丹鳞茎多酚组成及其抗氧化活性研究

[J]. 西北农林科技大学学报（自然科学版），2015，43（7）：150-154.

[18] 靳磊，刘师源，张萍. 细叶百合鳞茎多酚类物质组成及其抗氧化活性 [J]. 湖北农业科学，2015，54（20）：5103-5107.

[19] 赵国华，李志孝. 百合多糖的化学结构及抗肿瘤活性 [J]. 食品与生物技术学报，2002，21（1）：62-66.

[20] 张婷. 百合多糖的分离纯化、结构鉴定及降血糖活性研究 [D]. 合肥：合肥工业大学，2014.

[21] HONG X X, LUO J G, GUO C, et al. New steroidal saponins from the bulbs of *Lilium brownii* var. *viridulum*[J]. Carbohydr res, 2012, 361（6）：19-26.

[22] 郭戎，周永治，许益民，等. 百合磷脂组分的研究及品种鉴定的数学判别 [J]. 中药材，1991，14（9）：32-35.

[23] 胡焕萍，张剑，甘银凰，等. 单味新鲜百合止咳镇静催眠等作用药理实验 [J]. 时珍国医国药，2006，17（9）：1704-1705.

[24] 李卫民，孟宪纾，俞腾飞，等. 百合的药理作用研究 [J]. 中药材，1990，13（6）：31-35.

[25] 康重阳，刘昌林，邓三平. 百合炮制后对小鼠止咳作用的影响 [J]. 中国中药杂志，1999，24（2）：88-89.

[26] 马国平，杨晨，王广基，等. 9 种润肺化痰中药祛痰作用的比较 [J]. 中国医药导报，2017，14（7）：16-19.

[27] 雷蒙蒙. 卷丹百合的药理作用研究进展 [J]. 职业与健康，2018，34（3）：429-432.

[28] 郭秋平. 百合的质量研究及抗抑郁作用探讨 [D]. 广州：广州中医药大学，2009.

[29] 郭秋平，高英，李卫民. 百合有效部位对抑郁症模型大鼠脑内单胺类神经递质的影响 [J]. 中成药，2009，31（11）：1669-1672.

[30] 尹玲珑，彭察安，张宜，等. 道地药材湘西龙山百合对慢性应激抑郁模型小鼠脑内 5-HT 表达影响的研究 [J]. 时珍国医国药，2012，23（2）：357-358.

[31] 彭蕴茹，钱大玮，丁永芳，等. 百合不同提取部位的药理活性比较 [J]. 现代中药研究与实践，2006，20（1）：31-32.

[32] 弥曼，任利君，梅其炳，等. 百合多糖对小鼠免疫功能的影响 [J]. 第四军医大学学报，2007，28（22）：2034-2036.

[33] 李新华，弥曼，李汾，等. 百合多糖免疫调节作用的实验研究 [J]. 现代预防医学，2010，37（14）：2708-2709.

[34] 苗明三，杨林莎. 百合多糖免疫兴奋作用 [J]. 中药药理与临床，2003，19（1）：15-16.

[35] 胡敏敏，蔡宝昌，张志杰，等. 百合多糖的药效学研究 [J]. 中药新药与临床药理，2007，18（2）：107-109.

[36] 黄江剑. 百合抗抑郁有效部位质量标准及药理作用研究 [D]. 广州：广州中医药大学，2011.

[37] SUN X，GAO R L，XIONG Y K，et al. Antitumor and immunomodulatory effects of a water-soluble polysaccharide from *Lilii Bulbus* in mice[J]. Carbohydr polym，2014，102（1）：543-549.

[38] 杨颖，李汾. 百合中性多糖对 5-FU 增效减毒作用及其对体外肿瘤细胞的抑制作用 [J]. 延安大学学报（医学科学版），2013，11（2）：8-11.

[39] MIMAKI Y，SASHIDA Y，KURODA M，et al. Inhibitory effects of steroidal saponins on 12-O-tetradecanoylphorbol-13-acetate（TPA）enhanced 32 P-incorporation into phospholipids of HeLa cells and proliferation of human malignant tumor cells [J]. Chem pharm bull，1995，18（3）：467-469.

[40] ZHU M，LUO J，LYU H，et al. Determination of anti-hyperglycaemic activity in steroidal glycoside rich fraction of lily bulbs and characterization of the chemical profiles by LC-Q-TOF-MS/MS[J]. J funct food，2014，6（1）：585-597.

[41] 李玉萍，皮小芳，刘成梅，等. 百合多糖降糖作用机理的体外研究 [J]. 时珍国医国药，2012，23（8）：1964-1966.

[42] ZHANG T，GAO J，JIN Z Y，et al. Protective effects of

polysaccharides from *Lilium lancifolium* on streptozotocin-induced diabetic mice[J]. Int j biol macromol，2014，65（5）：436-440.

[43] 肖遥，吴雄，何纯莲. 百合多糖对 I 型糖尿病大鼠的降血糖作用 [J]. 食品科学，2014，35（1）：209-213

[44] 常银子. 百合膳食纤维功能评价的研究 [D]. 长沙：中南林学院，2003.

[45] 何纯莲，杨小红，黄浩，等. 百合多糖的抗疲劳作用 [J]. 湖南师范大学学报（医学版），2009，6（3）：9-11.

[46] OBMANN A，TSENDAYUSH D，THALHAMMER T，et al. Extracts from the Mongolian traditional medicinal plants *Dianthus versicolor* Fisch. and *Lilium pumilum* Delile stimulate bile flow in an isolated perfused rat liver model [J]. J ethnopharmacol，2010，131（3）：555-561.

[47] ZHOU Z L，LIN S Q，YANG H Y，et al. Antiviral constituents from the bulbs of *Lilium lancifolium*[J]. Asian j chem，2014，26（22）：7616-7618.

[48] 刘朝圣，龚坚，申梦洁. 湘西龙山百合对小鼠 B-16 黑色素瘤细胞黑色素含量、酪氨酸酶活性的影响 [J]. 湖南中医药大学学报，2017，37（2）：145-148.

[49] 高沛业，谢焕松，周鸣鸣. 卷丹水提物的急性毒性和遗传毒性研究 [J]. 安徽农业科学，2011，39（12）：7074-7075.

[50] 余红钢，王蓉，郑耀奇，等. MTT 法测定百合多糖细胞毒性的研究 [J]. 博士专家论坛，2006，23（23）：201-211.

[51] 国家药典委员会. 中华人民共和国药典 [M]. 2020 年版一部. 北京：中国医药科技出版社，2020：137.

[52] 浙江省食品药品监督管理局. 浙江省中药炮制规范 [S]. 2015 年版. 北京：中国医药科技出版社，2015：40.

[53] 王辉，童巧珍. 中药百合总皂苷元成分指纹图谱的研究 [J]. 中医药导报，2009，15（6）：8-12.

[54] 张黄琴，严辉，钱大玮，等. 不同产地百合药材中 8 种活性成分的

分析与评价 [J]. 中国中药杂志，2017，42（2）：311-318.

[55] 李倩，巴寅颖，刘璐，等 . 百合指标性成分含量测定及其特征图谱质量表征关联分析研究 [J]. 环球中医药，2018，11（4）：513-519.

[56] 蔡萍，何丹，陈林，等 . 高效液相色谱 - 飞行时间 - 串联质谱和随机森林算法的蜜炙百合与生百合指纹图谱研究 [J]. 分析科学学报，2019，35（4）：474-478.

[57] 叶爱英，丁敬敏 . 百合乙酸乙酯提取物化学成分的 GC-MS 分析 [J]. 广东化工，2009，36（9）：182-187.

[58] 张慧芳，蔡宝昌，张志杰，等 . 食用百合与药用百合的成分比较 [J]. 中医药学刊，2006，24（4）：436-438.

[59] 姜雪萍，陈艳君，朱富成，等 . 百合药材的 DNA 条形码鉴定 [J]. 园艺与种苗，2019，39（9）：1-6.

[60] 袁志鹰，李东洋，李亚林，等 . 基于 ATR-FTIR 结合 UPLC-DAD 技术鉴别百合及其类似品 [J]. 中国中医药信息杂志，2020，27（1）：1-6.

[61] 吴剑锋 . 丽水市卷丹百合—鲜食玉米高效轮作栽培技术 [J]. 长江农业，2018，13（1）：38-39.

[62] 李玉萍，皮小芳，龚妍春，等 . 百合综合利用及深加工技术研究进展 [J]. 江苏农业科学，2011，39（4）：12-14.

[63] 杨晶，商万有 . 百合的观赏价值研究 [J]. 吉林农业，2011，259（9）：171.

[64] 艾庆燕，康思源，赵豫凤 . 中药百合的研究与应用 [J]. 延安大学学报，2016，14（2）：63-65.

第三辑

树参

Shushen

树　参

Shushen
DEND RO PANAX TRIFI DUS

本品为五加科植物树参 [*Dendropanax dentiger*（Harms）Merr.] 的根。畲药名：鸭掌柴、半边枫、半架风。别名：枫荷梨、半枫荷[1, 2]。

第一节　本草考证与历史沿革

树参属（*Dendropanax*）为五加科（Araliaceae）的灌木或乔木，全球约 80 种，分布于热带美洲和亚洲东部，作为人参、三七等名贵药材的近缘植物，是具有潜在开发价值的药用植物群。我国树参属植物共有 16 种，分布于长江以南各地[1]，其常用药用品种为树参（*Dendropanax dentiger*）、变叶树参（*Dendropanax proteus*）、乔木树参（*Dendropanax arboreus*）、黄漆木（*Dendropanax morbifera*）、三棱果树参（*Dendropanax trifidus*）和一个不确定种（*Dendropanax cf querceti*）。经植物资源专家考察发现，丽水本地品种为树参（*Dendropanax dentiger*）。树参属多数为我国民间传统常用草药，药用历史悠久，具有祛风除湿、活血消肿的功效，被载录《中华本草》《中药大辞典》《全国中草药汇编》《中国畲族医药学》等。树参属植物树参或变叶树参的根、茎或树皮，又名枫荷梨、鸭掌柴、半边枫、半枫荷、白半枫荷等，具有祛风除湿、活血消肿的功效，用于治疗风湿痹痛、头痛、月经不调、跌打损伤等[2]。半枫荷植物品种很多，包括梧桐科植物翻白叶树、金缕梅科的金缕半枫荷、桑科的白桂木等。林华[3]曾对半枫荷（梧桐科植物翻白叶树）的质量标准进行了研究，并非畲药的五加科植物树参。此外，树参的根，又名鸭掌柴、半架风、半边枫，是我国江西和浙江一带的畲医使用频率较高的30种畲药之一，用于治疗风湿病、关节炎、半身不遂等[4, 5]。据《中国民族药志要》记载，树参的苗药名为小荷风、届招觅、清凉伞、雪花盖顶，其根用于治疗风湿骨痛；而在瑶药中又称阴阳风，用于治疗风湿、类风湿性关节炎、偏瘫等[6]。

树参提取物常作为保健饮品，树参嫩芽被誉为"保健森林蔬菜"之一，在国际市场上被视为珍品。在畲族民间，树参常被用于抗风湿、抗肿瘤的有效药物，树参也曾作为"枫荷梨"制剂的处方主药被广泛应用于临床。然而对于树参属本种树参却还缺少系统和治疗理论相关联的药理学研究。药理、药效不明确，用药部位不明确，质量标准的缺乏严重制约着树参的开发应用，不仅临床上不敢随意应用树参饮片，就连曾经被广泛应用于抗风湿的"枫荷梨"制剂也因其质量标准的缺失而停止使用。

第二节　植物形态与生境分布

一、植物形态

树参为常绿小乔木或灌木。叶二型，不分裂或掌状分裂，不裂叶的叶片椭圆形，卵状椭圆形至卵圆状披针形，先端渐尖，基部圆形至楔形，基出三脉明显，网状脉在两面明显隆起，脉网中在阳光下可见半透明棕色；分裂叶的叶片倒三角形，掌状2~3深裂或浅裂，裂片全缘或疏生锯齿；伞形花序有花6~25朵以上，单个顶生或2~5个组成复伞形花序；花淡绿色；萼筒长2 mm，全缘或5小齿；花瓣5，卵状三角形；雄蕊5；子房下位，5室，花柱基部合生，顶端 5 裂，结果时离生部分向外反曲。果长圆形，具 5 棱，每棱有纵脊 3 条，成熟时紫黑色。

二、生境分布

生长于山谷溪沟边石隙旁、山坡林中和林缘。

树参（*Dendropanax dentiger*）为丽水本地特色品种，在丽水各县（县级市、区）均有分布。

第三节 栽 培

全国以野生为主，丽水市食品药品与质量技术检验检测院产学研基地已对该品种的人工栽培进行研究，目前，品种的驯化工作已完成，并且长势良好。

第四节 化 学 成 分

树参属植物已报道的化学成分有 70 余个，包括苯丙素类、黄酮类、三萜类等多种结构类型的化学成分[7-15]。

一、苯丙素类

苯丙素类化合物之间的结构类型差异较大，在树参中以（E）-桂皮酸、咖啡酸、阿魏酸、绿原酸、松柏醛、淫羊藿苷 E5 等简单苯丙素和右旋松脂素、丁香脂苷、丁香树脂醇双葡萄糖等双四氢呋喃木脂素类形式存在。

二、黄酮类

包括木犀草素、槲皮素、芦丁、quercetin-3-O-α-L-rhamnopyr

anosyl-（1→6）-β-D-galactopyranoside 等槲皮素类；山奈酚 -3-
O-β- 芸香糖苷、kaempferol3-O-[β-D-apiofuranosyl-（1→2）-（α-L-
rhamnopyranosyl-（1→6）]-β-D-glucopyranoside 等山奈酚类。

三、苯甲酸及苯酚类

包括邻苯二甲酸二丁酯、glucosyringic acid、淫羊藿苷 F2、di-
O-methycernatin-4-（hydroxymethyl）-2，6-dimethoxyphenyl-β-D-
glucopyranoside。

四、三萜类

无羁萜。

第五节　药理与毒理

树参具有抗炎、抗补体、抗肿瘤、杀虫、抗氧化、抗心律失常
等多种生物活性 [16]。

任刚等采用大鼠中性粒细胞呼吸爆发模型研究发现树参乙醇提
取物的乙酸乙酯部位及正丁醇部位显示出一定的抑制作用；脂多糖
活化巨噬细胞 RAW264.7 释放炎症介质一氧化氮（NO）的抑制实
验表明树参乙醇提取物中的多炔类 [17, 18] 及黄酮类成分 [19] 能显著地
抑制 NO；此外，苯丙素类化合物具有一定程度的抑制作用。树参
乙醇提取物的乙酸乙酯部位和正丁醇部位具有一定的 DPPH 自由基
清除能力，从中分离得到的咖啡酸、槲皮素、木犀草素、阿魏酸，
都是很好的天然抗氧化剂 [20]。还有研究表明，树参嫩叶提取物经不
同月龄的獭兔喂养，均能提高獭兔的免疫能力。此外，树参叶的醇
提物还具有抗心律失常的作用。在抗肿瘤的研究方面，乔木树参的
乙醇提取物对 4 种（Hep-G2、A-431、H-411 E 和 L-1210）肿瘤细

胞株显示出很强的生长抑制活性，但对正常人的肝细胞却没有抑制作用，并且其主要活性成分为多炔类化合物。而树参属不确定种的乙醇提取物对上述4种细胞均具有一定的生长抑制活性，其主要活性成分为三萜类化合物。此外，黄漆木（*Dendropanax morbifera*）的醇提取物也对多种肿瘤细胞具有不同程度的生长抑制活性[10-20]。

目前，国内外对树参属植物的研究主要集中在化学成分和生物活性方面，缺少对树参质量标准建立方面的研究；亦无对树参属树参抗肿瘤生物活性的研究；树参用药部位包括根、茎、树皮、叶，但无对其各药用部位药效学、药效成分含量差异的研究。

第六节　质量体系

目前，尚无标准收载该品种，丽水市质量检验检测研究院正在对该品种进行重点研究，并成功申报浙江省药品监督管理局"畲药树参抗风湿物质基础—功效关联化质量评价体系的建立"项目，对树参化学成分、指纹图谱、抗炎药理作用进行深入研究，制定树参质量标准草案，推动树参法定标准的颁布实施，最终实现树参的临床应用及产业化发展。

第七节　性味归经与临床应用

一、性味

《中药大辞典》："阳药。甘、微辛，温。"

《贵州民间药物》："性温，味甘、微涩。"

《广西本草选编》："味甘、微辛。"

《浙江民间常用草药》："性温，味淡、气香。"

《全国中草药汇编》："甘、温。"

二、归经

归脾、肾、必经。

三、功能主治

《中国畲药学》："风湿病，关节炎，半身不遂。"

《中药大辞典》："祛风除湿，活血止痛。主治风湿痹痛，头痛，月经不调，跌打损伤，疮肿。"

《贵州民间药物》："治红肿，疮毒，外伤。"

《江西草药》："祛风利湿、调经活血。"

《浙江民间常用草药》："止痛。"

《广西本草选编》："主治风湿痹痛，腰肌劳损，小儿麻痹后遗症，半身不遂，跌打损伤，月经不调。"

《全国中草药汇编》："治偏头痛和臂丛神经炎。"

四、用法用量

深秋及冬季采收根，洗净，鲜用或干燥。内服，煎汤15~50 g。

《中药大辞典》："内服，煎汤，15~30 g，大剂量可至45 g；或浸酒。外用，捣敷；或煎水洗。"

五、注意事项

孕妇慎服。

六、附方

1. 风湿病

（1）半边枫50 g、海风绳50 g、三角枫30 g、络石藤30 g。水煎服。

（2）树参根、大血藤各30 g；或树参根、忍冬藤各30 g。水煎服(《福建药物志》)。

(3)枫荷梨、钩藤根各 15 kg,大血藤 7.5 kg,桂枝、牛膝各
4.5 kg。将上述诸药切片,研成极细粉,炼红糖为丸。蜡丸每丸
12 g,每服 1~2 丸,每日 2~3 次。服药 3~5 d,停药 1~2 d。(《全
国中草药汇编》)

(4)枫荷梨根、钩藤根各 30 g,牛膝根、桂枝各 9 g。红糖、
米酒为引,水煎当茶饮;连服 3 d,停药 2 d,此为 1 个疗程,连续
5 个疗程(《江西草药》)。

(5)树参根、大血藤各 30 g,或树参根、忍冬藤各 30 g。水煎
服(《福建药物志》)。

2. 关节炎

(1)半边枫(50~100 g)。水煎服。

(2)半边枫 20 g、四面风 20 g、白花蒿 20 g、白藤扭 20 g、当
归 20 g、丹参 10 g、牛膝 20 g、鹿含草 10 g、桑寄生 10 g、白及
10 g。水煎服。

(3)枫荷梨 21 g,九里香、南蛇藤各 30 g。水煎分 2 次服
(《全国中草药汇编》)。

(4)树参根、虎杖根、红檵木根、菝葜根各 500 g,木通
250 g,加烧酒 3 000 g,浸 7 d,即成风湿酒,每日 1 小杯饮服
(《浙江民间常用草药》)。

3. 半身不遂

鸭掌柴 100 g。水煎服。

4. 偏头痛

枫荷梨茎 60 g,水煎去渣,煮鸡蛋 1 个,服汤食蛋(《江西
草药》)。

5. 月经不调

枫荷梨根 15 g,酒炒。水煎空腹服,每日 1 剂(《江西草药》)。

6. 偏坠（睾丸一侧肿痛）

半荷枫根、野南瓜根各 21~30 g，用猪瘦肉 125 g 煮汤，以汤煎药服（《战备草药手册》）。

第八节　丽水树参资源利用与开发

经植物资源专家考察发现，丽水本地品种为树参（*Dendropanax dentiger*），该品种在外省分布极少，但在丽水各县（县级市、区）均有分布，是丽水市比较有特色的本土品种。目前，对于丽水本土品种树参的前期基础研究还较少，难以完成树参的临床大面积推广和产品开发 [21]。

第九节　总结与展望

畲族是我国东南部的一个少数民族，由于畲民长期居住在山区或半山区，环境恶劣、气候潮湿，容易受到风湿类疾病的侵袭，畲族在类风湿性关节炎的治疗上，积累了具有民族特色的治疗方法和药物，且效果显著，受到了国内外越来越高的重视。作为人参、三七、刺五加等名贵中药的近缘植物，畲药树参也引起了人们的极大兴趣，是目前的研究热点之一。有研究显示，其制剂对类风湿关节炎有效率高达 87.1% [16]。树参提取物也常作为保健饮品，尤其是丽水的遂昌、龙泉地区，还常用树参根、茎的汤汁浸米酿酒，抵御严寒湿冷。但是，因质量标准的缺乏，不仅临床上不敢随意应用树参饮片，就连曾经被广泛应用于抗风湿的"枫荷梨"制剂也因其质量标准的缺失而停止使用。目前，对于畲药树参的前期基础研究还较少，难以制定科学完善的质量标准，难以完成树参的临床大面积推广和产品开发。因此，亟须对该品种抗风湿的药理作用、物质基础展开科学研究。丽水市食品药品与质量技术检验检测院在研课题（浙江省药品监督管理局 2019 年立项）拟采用"谱—效"结合的方法，对树参主要药用部位茎的抗炎药理作用机制、指纹图谱进行研究，建立药效结果和指纹图谱相关模型，探索树参抗风湿的起效密码，在细胞水平上确定树参抗炎的主要药效成分，夯实树参的开发基础，并在此基础上，结合"国家药品标准（中药）研究制定技术要求"建立树参质效关联评价体系，以加快临床应用进程，并以高标准提高药材准入门槛，在提高疗效的同时，为树参的进一步开发应用提供科学依据，也为其他畲药质量标准的建立提供科学借鉴。行业领先标准的最终制定，有利于保证畲药树参产业健康发展，为其现代化和迅速进入国际市场打好基础；也有利于形成标准壁垒，保护畲药品牌价值。

参 考 文 献

[1]　中国科学院中国植物志编辑委员会 . 中国植物志：第 54 卷 [M]. 北京：科学出版社，1978：58-61.

[2]　国家中医药管理局 . 中华本草：第 5 卷 [M]. 上海：上海科学技术出版社，1999：793-794.

[3]　林华 . 半枫荷药材质量标准的规范化研究 [D]. 广州：广州中医药大学，2008：1-61.

[4]　雷后兴，李水福 . 中国畲族医药学 [M]. 北京：中国中医药出版社，2008：426-427.

[5]　雷后兴，李建良 . 中国畲药学 [M]. 北京：人民军医出版社，2014：175.

[6]　贾敏如，李星炜 . 中国民族药志要 [M]. 北京：中国医药科技出版社，

2005：217.

[7]　杨丽，王雅琪，刘升长，等 . 三种常用半枫荷类药用植物的化学成分与生物活性研究概况 [J]. 中国实验方剂学杂志，2016，22（22）：191-196.

[8]　郑莉萍，王庭芳，熊礼燕，等 . 树参属植物化学成分及药理活性研究进展 [J]. 药学实践杂志，2011，（29）1：4-7.

[9]　王秀梅，杨丽，何军伟，等 . 树参属化学成分与生物活性研究进展 [J]. 中国实验方剂学杂志，2015，（21）24：229-234.

[10]　相恒云，胡志成，任刚，等 . 半边风醇提物及不同极性部位对大鼠中性粒细胞呼吸爆发的抑制作用 [J]. 时珍国医国药，2014，25（8）：1817-1819.

[11]　CHIEN S C, TSENG Y H, HSU W N, et al. Anti-inflammatory and anti-oxidative activities of polyacetylene from *Dendropanax dentiger* [J]. Nat prod commun, 2014, 9（11）：1589-1890.

[12]　YU H Y, KIM K, LEE Y, et al. Oleifolioside A, a newactive compound, attenuates LPS-stimulated i NOS and COX-2 expression through the downregulaion of NF-κB and MAPK activities in RAW 264. 7 macrophages[J]. Evid-based compl alt, 2012（2012）：637512.

[13]　ZHENG L P, HE Z G. Antioxidant activity of phenolic compounds from *Dendropanax dentiger*（Harms）Merr. [J]. Asian j chem, 2013, 25（14）：7809-7812.

[14]　陈云奇，陆志敏，杨丽，等 . 树参嫩叶活性成分提取以及对提高獭兔免疫力的试验研究 [J]. 林副产品，2017（1）：47-50.

[15]　黄金耀，刘春梅，齐丕骝，等 . 树参叶抗心律失常作用的研究 [J]. 中国中药杂志，1989，14（6）：47-50.

[16]　SETZER W N, GREEN T J, WHITAKER K W, et al. Acytotoxic diacetylene from *Dendropanax arboreus* [J]. Planta med, 1995, 61（5）：470-471.

[17]　BERNART M W, CARDELLINA J H, BALASCHAK M S, et al.

Cytotoxic falcarinol oxylipins from *Dendropanax arboreus*[J]. J nat prod, 1996, 59（8）: 748-753.

[18] MORIARITY D M, HUANG J, YANCEY C A, et al. Lupeol is the cytotoxic principle in the leaf extract of *Dendropanax cf. querceti*[J]. Planta med, 1998, 64（4）: 370-372.

[19] HYUN T K, KIM M, LEE H, et al. Evaluation of anti-oxidant and anti-cancer properties of *Dendropanax morbifera* Léveille[J]. Food chem, 2013, 141（3）: 1947-1955.

[20] LEE J W, PARK C, HAN M H, et al. Induction of humanleukemia U937 cell apoptosis by an ethanol extract of *Dendropanax moebifera* Lev. through the caspase-dependent pathway[J]. Oncol rep, 2013, 30（3）: 1231-1238.

[21] 江西德兴县人民卫生防治院科研组. 新医学资料 [M]. [出版地不祥] : [出版者不祥], 1971 : 20.

第三辑

白术

Baizhu

白　术 | Baizhu
ATRACTYLODIS MACROCEPHALAE
RHIZOMA

　　本品为菊科植物白术（*Atractylodes macrocephala* Koidz.）的干燥根茎。冬季下部叶枯黄、上部叶变脆时采挖，除去泥沙，烘干或晒干，再除去须根。此种有众多商品化名称，根据生药的根茎形状，如鹤形术、金线术、白术腿，按产地取名，如徽术，按根茎出土季节取名，如冬术。以于术（浙江于潜）品质为佳。

第一节　本草考证与历史沿革

一、本草考证

　　白术被古人誉为"补气健脾第一要药"，是中医临床常用的大宗药材之一，在国家中医药管理局公布的第一批经典名方目录中，含有白术的方剂共 13 首，其中 6 首方剂出自汉代张仲景、宋代 1 首、金代 2 首、明代 1 首、清代 3 首[1]。白术原称"术"，别名众多，汉代以前不分白术和苍术，到南北朝陶弘景之后，才出现白术和赤术（即苍术）之称，两者彼此混淆，导致白术"错用"的现象屡见不鲜，如日本汉方中的"白术"是指我国的关苍术，而"白术"一名虽始见于《广雅》，但此白术指"牡丹"，非现代白术。宋代《本草衍义》载："只缘陶隐居言术有两种，自此，人多贵白者。今人但贵其难得，惟用白者，往往将苍术置而不用。古方平胃散之类，苍术为最要药，功尤速。殊不详《本草》无白术之名，近世多用，亦宜两审。"这是中药学史上首次详细记载苍术、白术在性味、功效、临床运用等方面的区别，自此苍术、白术才有了明确的区分。此后，历代本草著作均将白术、苍术同等对待，分列记载[1,2]。

白术形态描述最早出自《本草经集注》，曰："术乃有两种：白术叶大有毛而作桠，根甜……赤术叶细无桠，根小苦。"这与《中国植物志》[3]关于叶片形态的描述："白术中部叶片羽状全裂，苍术叶片半裂或不裂"的特征相符。北宋《本草图经》云："春生苗，青色无桠。……其叶似蓟也。茎作蒿秆状，青赤色，长三、二尺以来；夏开花，紫碧色，亦似刺蓟花，或有黄白花者；入伏后结子，至秋而苗枯……叶叶相对，上有毛，方茎，茎端生花，淡紫碧红数色"，其开花结果时期与现代白术、苍术记载一致，叶似蓟、花似刺蓟花符合菊科植物特征，植物志中苍术亦有茎干青紫色的描述。又曰："根似姜，而旁有细根，皮黑，心黄白色，中有膏液紫色。以大块紫花者为胜。"以上整段描述将苍术与白术药材的形态特征相混杂，其中根似姜、旁有细根、心黄白色，中有膏液紫色的特征为两者的共同特征，茎青赤色、花黄白色、根茎皮黑的特征与今之苍术或北苍术原植物相符，而其他特征与今之白术原植物相符[4]，且当时医家推崇白术入药。仔细辨别《图经本草》《本草纲目》《本草原始》《植物名实图考》中附载的白术原植物图或药材图与今之白术形态逐渐相符。由此可见，自北宋以来，各医家已经能将苍术、白术准确地区分开了。

二、历史沿革

南北朝时期的《名医别录》最早记载"术"的产地和生长环境"参郑山山谷，汉中、南郑"，陶弘景补充"今处处有，以蒋山、白山、茅山着为胜"。北宋《本草图经》[5]（公元 1061 年）补充"白术生杭、越、舒、宣州，高山岗上"，自此白术就有了不同产地差异之说。白术分为野生和家种 2 种，野生白术多分布于浙江和皖南地区，家种白术多分布于江西、湖南等地[5]。浙白术最早记载于《神农本草经》，后来历代医书均有记载并不断将其功能发展完善，其与杭白菊、温郁金、延胡索、玄参、白芍、浙贝母、笕麦冬一起被称作"浙八味"[6]。据考证[7]东汉时期，浙白术已被广泛应用，张仲景使用的中药配方中所含白术已有 29 种，《金匮要略》有 19 方、《伤寒论》所含 10 方。魏晋南北朝时期，《刘涓子鬼遗方》写道汤沃皮肤烂坏[8]，这是浙白术应用于外科的最早记载。到了唐代，浙白术的功能进一步完善，明确提出了有美容的功效[9]。宋代医书对浙白术有较多的记载，其主要功效为健脾益气[10]。明清时期对浙白术的记载更加全面，明清的医学专著对前代关于浙白术的论著进行了总结，使其配伍应用更加系统、全面，《药鉴》记载与黄连同服，可去脾胃热湿，与干姜同服，可去脾胃寒湿[11]。此外，清代医学家在总结前人经验的基础上，对浙白术的性状、药理作用、配伍等方面进行了更深入的研究[12]。当代，浙白术被广泛应用于中医方剂中，或应用于中西医结合治疗，其多与其他药材配伍为中药煎剂，或制成丸剂，是中医临床常用的中药材之一，药用量极大[13]。

第二节　植物形态与生境分布

一、植物形态

白术属于多年生草本，高 20~60 cm，根茎结节状。茎直立，通常自中下部长分枝，全部光滑无毛。中部茎叶有长 3~6 cm 的叶柄，叶片通常 3~5 羽状全裂，极少兼杂不裂而叶为长椭圆形的。侧裂片 1~2 对、倒披针形、椭圆形或长椭圆形，长 4.5~7 cm，宽 1.5~2 cm；顶裂片比侧裂片大，倒长卵形、长椭圆形或椭圆形；

自中部茎叶向上向下，叶渐小，与中部茎叶等样分裂，接花序下部的叶不裂，椭圆形或长椭圆形，无柄；或大部茎叶不裂，但总兼杂有 3~5 羽状全裂的叶。全部叶质地薄，纸质，两面绿色，无毛，边缘或裂片边缘有长或短针刺状缘毛或细刺齿。头状花序单生茎枝顶端，植株通常有 6~10 个头状花序，但不形成明显的花序式排列。苞叶绿色，长 3~4 cm，针刺状羽状全裂。总苞大，宽钟状，直径 3~4 cm。总苞片 9~10 层，覆瓦状排列；外层及中外层长卵形或三角形，长 6~8 mm；中层披针形或椭圆状披针形，长 11~16 mm；最内层宽线形，长 2 cm，顶端紫红色。全部苞片顶端钝，边缘有白色蛛丝毛。小花长 1.7 cm，紫红色，冠檐 5 深裂。瘦果倒圆锥状，长 7.5 mm，被顺向平伏的稠密白色的长直毛。冠毛刚毛羽毛状，污白色，长 1.5 cm，基部结合成环状。花果期 8—10 月 [13]。

二、生境分布

在江苏、浙江、福建、江西、安徽、四川、湖北、湖南等地有栽培，但在江西、湖南、浙江、四川有野生，野生于山坡草地或山坡林下。模式标本采自日本栽培类型，但日本无野生类型。日本的白术是 18 世纪时由我国引入作生药栽培 [14]。

第三节　栽　培

浙江省地方标准（DB33/T 381—2012）对白术的规范化栽培进行了规定，该标准由浙江省质量技术监督局发布，2013 年 1 月 18 日起实施 [14]。

一、生态环境条件

应选择生态条件良好，夏季气候凉爽，远离污染源的农业区域。

二、栽培技术

（一）种苗选择

6月上中旬，选形态相对一致，宜选分枝少、叶片较大、叶色深绿、茎秆矮壮、花蕾大、无病虫害的植株作种株，每株留顶部花蕾3~5个，除去其他花蕾。11月上中旬，当总苞外壳变紫色，微开并现白色冠毛时，选晴天，挖取白术根茎，连同茎叶束成小把悬挂于阴凉通风处15~20 d，晒2~3 d，待总苞片完全裂开，打出种子，去除茸毛、瘪子和其他杂质，再晒1~2 d，收藏备用。种子质量等级指标及检验方法和判定原则见表4.1。

表4.1　白术种子质量等级指标

项目	指标	
	一级	二级
发芽率/%	>80	>50
净度/%	>95	>80
水分/%	10~14	10~14
千粒重/g	30~40	23~29
检疫对象	不应检出	不应检出

注：检疫对象按《农业植物调运检疫规程》（中华人民共和国国家标准GB 15569－2009）执行。

（二）术栽培育

1. 播前准备

种子播种量60~75 kg/hm²。种子播前先晒1~2 d。宜选海拔300 m以上、夏季凉爽、土层较深、光照较好、5年以上没种过农作物的山地作苗床。将选好的土地进行翻耕，深度20~30 cm，整平耙细后做1.2~1.3 m宽的畦，并开好排水沟，留好水土保持带。

2. 播种

2 月下旬至 3 月中旬，地温稳定达到 12 ℃以上时播种。在整好畦面上开横沟进行条播，行距 15~20 cm，播幅 7~10 cm，沟深 2~3 cm，将种子播入沟内。撒钙镁磷肥 600~750 kg/hm² 和适量焦泥灰，再覆 1 层细肥土，厚度 1~3 cm，以盖没种子为度。最后畦面盖稻草或杂草保温保湿。

3. 管理措施

幼苗长出 2~3 片真叶时，结合中耕除草进行第 1 次追肥，施商品有机肥 200~250 kg/hm²（冲水浇施）或 0.5% 尿素溶液 1 500~2 000 kg/hm²，过 2~3 d 后可撒草木灰 750 kg/hm²；7 月下旬进行第 2 次追肥，视苗情施商品有机肥 350~500 kg/hm²（冲水浇施）或 5% 复合肥溶液 1 500~2 000 kg/hm²。苗期铁叶病等病害可用 75% 百菌清 1 500 g/hm² 或 70% 代森锰锌 1 500 g/hm² 喷 1~2 次，蚜虫可用 10% 吡虫啉 300 g/hm² 喷雾防治 1~2 次。

4. 收获

11 月上中旬，当术苗茎叶枯黄时，选晴天挖出术栽，除去茎叶和过长的须根。术栽质量等级详见表 4.2。

表4.2 术栽质量等级指标

项目	指标	
	一级	二级
须根 / 条	>20	1~20
质量 /（个 /kg）	160~280	<160，>280
顶芽、侧芽	顶芽饱满，芽长<0.5 cm	有顶芽和侧芽，芽长<1 cm
外形	蛙形、扁梨形	不限
表皮	完整，细嫩，有光泽	完整，有光泽
内色	白色	白色
检疫对象	不应检出	不应检出

注：检疫对象按《农业植物调运检疫规程》（中华人民共和国国家标准GB 15569－2009）执行。

（三）栽培技术

1. 术栽消毒

将术栽浸入盛有 50% 多菌灵或 25% 咪鲜胺 500 倍液的塑料桶或木桶中，药液应浸没术栽，浸泡 1 h，捞出沥干备用。

2. 选地整地

选择土层深厚、排水良好、疏松肥沃的砂质壤土，不宜在前作为白菜、玄参等作物地上种植，种过白术的要间隔 3 年以上。翻耕土地，深度 30~40 cm，整平耙细后，作龟背形畦，畦宽 120~150 cm，沟宽 25~35 cm。

3. 栽种

11 月至翌年 4 月初栽种。畦面栽种 4~6 行白术，行距 25~30 cm，株距 15~30 cm，条栽或穴栽。术栽用量 600~800 kg/hm^2。栽种时，术栽顶芽向上，齐头，栽后覆土 3 cm 为宜。

4. 施肥

（1）基肥和种肥。施用农家肥为宜，用量 30 000~45 000 kg/hm^2，结合整地施入土中。

种肥在术栽覆土后，穴边施入复合肥 300~375 kg/hm^2。

（2）苗肥。在齐苗时施，浇施稀薄人粪尿 12 000~15 000 kg/hm^2 或商品有机肥 200~250 kg/hm^2 冲水浇施，视苗情加适量碳酸氢铵、氯化钾、过磷酸钙等化肥。

（3）蕾肥。分 2 次施，第 1 次在摘花蕾前 7~10 d，浇施稀薄人粪尿或商品有机肥 200~250 kg/hm^2 冲水浇施，视苗情适施碳酸氢铵和过磷酸钙等化肥。白术采摘花蕾结束后，浇施或撒施复合肥 300~375 kg/hm^2。

（4）根外追肥。后期视苗情适量根外喷施尿素、磷酸二氢钾等肥料溶液，尿素液浓度应小于 1%、磷酸二氢钾液浓度应小于 0.2%，宜选傍晚或阴天喷施。

5. 中耕除草

选晴天露水干后，白术封行前进行 2~3 次。4 月齐苗后施苗肥前，用铲和锄头疏松畦面，深度可达 10~15 cm。5 月现蕾前后，进行松土除草，但深度不应超 10 cm。白术封行后拔除田间杂草 1~2 次。

6. 排水

四周开好排水沟，地块较大的应在当中开腰沟，排水沟深度应在 35 cm 以上。雨季及时清沟排水，做到雨停田间无积水。

7. 除去花蕾

6 月初开始，晴天露水干后进行。每隔 7~10 d，分批除净花蕾（留种的除外），人工摘时，捏住茎秆，摘下或剪下花蕾。不伤茎叶，不动摇根部。

8. 病虫害防治

选用抗性较好的农家品种，采取农业防治为主，辅以生物和化学防治。在病虫害发生高峰期，提倡一药多治，交替用药的防治方法。主要病虫害防治农药品种与方法可参照表 4.3。

表4.3 白术主要病虫害防治农药品种与方法

病虫害	防治农药名称、剂型	常用药量/（g·mL/hm²）	常用稀释倍数	最高用药量/（g·mL/hm²）	最高稀释倍数	安全间隔期/d	施药方法及使用次数
根腐病	70% 甲基硫菌灵 WP	750	1 500	1 225	1 000	30	喷雾 2 次
	98% 恶霉灵 WP	—	2 000	—	1 000	30	灌根 1 次
	50% 多菌灵 WP	1 500	1 000	2 500	500	30	喷雾 2 次

续表

病虫害	防治农药名称、剂型	常用药量/（g·mL/hm²）	常用稀释倍数	最高用药量/（g·mL/hm²）	最高稀释倍数	安全间隔期/d	施药方法及使用次数
白绢病	50%甲基立枯磷WP	1 500	—	2 500	—	27	沟施1次
	20%三唑酮EC	1 500	1 000	2 250	500	20	喷雾2次
	50%福美双WP	1 000	700	2 000	500	20	喷洒1次
	50%腐霉利WP	750	1 500	1 250	1 000	10	喷洒2次
	50%异菌脲悬浮剂	1 500	600	2 000	400	50	喷雾2次
铁叶病	75%百菌清WP	1 500	600	1 800	500	23	喷洒2次
	70%代森锰锌WP	1 500	700	3 000	300	10	喷雾1次
立枯病	5%井岗霉素W	3 000	500	4 000	300	10	喷雾3次
	50%多菌灵WP	1 500	1 000	2 500	500	30	喷雾2次
	70%恶霉灵WP	—	1 500	—	1 000	30	灌根1次
蚜虫	40%乐果EC	1 500	1 000	2 500	500	30	喷雾2次
	10%吡虫啉WP	300	2 500	450	1 500	30	喷雾2次

续表

病虫害	防治农药名称、剂型	常用药量/（g·mL/hm²）	常用稀释倍数	最高用药量/（g·mL/hm²）	最高稀释倍数	安全间隔期/d	施药方法及使用次数
小地老虎	2.5% 溴氰菊酯 EC	300	4 000	450	2 500	17	喷雾 1 次
	90% 敌百虫 G	2 000	750	3 000	500	8	喷雾 2 次
	50% 辛硫磷 EC	1 000	1 500	2 000	1 000	17	浇根 1 次
金龟子	50% 辛硫磷 EC	1 000	1 500	2 000	1 000	17	浇根 1 次
	40.7% 乐斯本 EC	1 250	1 000	1 500	750	27	浇根 1 次

（四）采收与初加工

1. 采收

11 月上中旬，当白术茎秆变黄褐色、叶片枯黄时选晴天及时采收。挖出地下根茎，抖去泥土，除去茎秆。

2. 初加工

（1）烘干。将白术鲜根茎在室内摊放几天，待表面水分稍干，放入柴囱灶囱斗中囱。用没有芳香气味的杂木作燃料。最初火力应稍大而均匀，垛内温度80～100 ℃，1 h后，蒸汽上升，根茎表皮已热，可将温度降至60 ℃，2 h后，将根茎上下翻动使细根脱落，继续囱5～6 h，将根茎全部翻出，并翻动，使细根全部脱落。再将大小根茎分开，大的放底层、小的放上层，继续囱8～20 h，中间翻动1次，到7～8成干时全部翻出。将大、小根茎分别在室内堆置6～7 d，使内部水分外渗，表皮转软，再用文火（60 ℃）分别卤 24～36 h，直至干燥，即成烘术商品。

（2）晒干。将白术鲜根茎放晒场上晒 15～20 d，晒时要经常翻动，在翻晒时逐步搓、擦去须根，直至干燥，即成生晒白术商品。

第四节 化学成分

白术主要含挥发油、多糖、内酯类成分，此外还含有氨基酸、维生素、树脂等其他成分[15]。

一、挥发油

白术挥发油的主要成分为苍术酮、香橙烯、榄香烯和异香橙烯，在白术生品与麸炒白术两者的挥发油中，以上成分的总含量分别为 61.80% 和 46.7%[16]。总含量的降低是因为炮制对于挥发性成分有一定的影响，现代研究表明，麸炒白术可使挥发油中的苍术酮转化为白术内酯[17]。Zhang et al.[16] 利用 GC-TOF-MS 结合二维多变量数据分析，鉴别出 49 种化合物，发现麸炒白术与生品相比较，有 26 种化合物消失，新产生 19 种化合物，说明炮制过程对白术中挥发性成分的种类和含量均有明显影响。

二、多糖

Wang et al.[18] 采用高效凝胶渗透色谱法（HPGPC）和气相色谱—质谱法（GC-MS）鉴定，确定了白术多糖是由鼠李糖、葡萄糖、甘露糖、木糖和半乳糖组成，其比例为 0.03：0.25：0.15：0.41：0.15。Li et al.[19] 利用亲水相互作用色谱柱，对白术的提取物进行分离，得到了一种菊糖型低聚糖（DP = 3～20）。

三、内酯类成分

白术内酯是白术中的倍半萜类成分，其主要成分有白术内酯

Ⅰ、Ⅱ、Ⅲ [19]。近年来，不断有新的内酯类化合物被发现。Li et al.[20] 从麸炒白术中分离出 3 种新内酯类物质：atractylenother、8-epiatractylenolide Ⅲ 和 4（R），15-epoxy-8b-hydroxyatractylenolide Ⅱ，其中前 2 种为 eudesmane 型倍半萜类化合物。Zhang et al.[21] 从白术根茎中分离出 2 种新内酯类化合物：（3S，4E，6E，12E）1-acetoxy-tetradeca-4，6，12-triene-8，10-diyne-3，14-diol 和 3β-acetoxyl atractylenolide Ⅰ。Li et al.[22] 对生长于安徽省祁门县的野生白术进行了研究，分离后得到了一种新的双倍半萜内酯，即双炔内酯Ⅱ。研究表明生态环境对白术内酯的含量有一定影响，经度、纬度和年平均温度与白术内酯Ⅱ、Ⅲ的含量呈正相关。因此，在浙江采集的白术样本中的白术内酯Ⅱ、Ⅲ的含量，比在安徽、江西、重庆、湖南、河北采集的样本中的更高 [23]。

第五节　药理与毒理

一、药理作用

现代药理学研究表明，从白术中分离出的挥发油、多糖和内酯类等活性成分具有诸多药理作用，如抗肿瘤、抗炎、胃肠调节功能和抗抑郁等 [15]。

（一）抗肿瘤

白术内酯Ⅰ、Ⅱ、Ⅲ和白术多糖均能通过诱导细胞凋亡并抑制增殖的方式，起到抗肿瘤的作用。研究表明，在人黑色素瘤细胞中，白术内酯Ⅰ诱导凋亡并抑制了 JAK2/STAT3 信号传导，并且 STAT3 的过活化减弱了其毒性，白术内酯Ⅰ能抑制黑素瘤细胞的迁移，可以开发为新型抗黑色素瘤剂 [24]。Huang et al.[25] 前期研究发现白术的甲醇提取物可诱导 ROS 介导的细胞凋亡；在此基础上，通过分离和纯化白术乙醇提取物，得到了白术内酯 I ，通过 MTT 实验和形态学观察等进一步研究，发现白术内酯 I 对 K562 慢性成髓细胞白血病（CML）、U937 急性髓细胞白血病（AL）和 Jurkat T 淋巴瘤细胞有细胞毒性作用，并且能诱导细胞凋亡和分化，可据此开发新的白血病疗法。Liu et al.[26] 通过研究白术内酯 I 在体内外诱导 A549 和 HCC827 细胞凋亡过程，证明了白术内酯 I 在肺癌细胞中具有显著的抗肿瘤活性，作用机制可能与其通过线粒体介导的凋亡途径有关。此外，白术内酯 I 通过抑制卵巢癌细胞中 PI3K/Akt/mTOR 通路，降低细胞活力，诱导细胞周期停滞和凋亡[27]。TLR4/MyD88 通路的激活可以诱导卵巢上皮癌（EOC）的发生；白术内酯 I 作为一种 TLR4 拮抗剂，不仅减弱了 TLR4 配体紫杉醇诱导的 IL-6、VEGF 和凋亡抑制基因的表达，而且显著增强 MyD88 卵巢上皮癌细胞对紫杉醇的反应；白术内酯 I 与紫杉醇联用，提供了一种通过 TLR4/MyD88/NF-κB 途径，治疗卵巢上皮癌的方法[28]。Li et al.[29] 通过研究发现，白术多糖利用片段化和凋亡诱导方式显著抑制神经胶质瘤 C6 细胞的增殖，通过破坏线粒体膜电位（MMP）和释放细胞色素 C 触发线粒体依赖性途径诱导细胞凋亡。

（二）抗炎

研究表明，白术内酯 1 抑制 MD-2、CD14、SR-A、TLR4 和 MyD88 的表达，抑制 LPS 刺激的 RAW264.7 细胞中的炎性细胞因子，减弱了 NF-κB 的活性和 ERK1/2、p38 的磷酸化，并且通过抑制 TNF-α 和 IL-6 的产生，显示出白术内酯 I 有抗炎的作用[30]，进而提高了盲肠结扎穿孔（CLP）致脓毒症小鼠的存活率，改善败血症和肝肾功能[31]。白术内酯 I 还可以抑制氧化低密度脂蛋白（Ox-LDL）诱导的血管平滑肌细胞（VSMCs）的增殖和迁移，并减少炎症细胞因子的产生以及人单核细胞趋化蛋白 -1（MCP-1）的表达，对血管平滑肌炎症有一定影响，有助于抗动脉粥样硬化[32]。Lim et al.[33] 从白术 70% 乙醇提取物中分离出了 3 种倍半萜衍生物，只有白术内酯Ⅰ能够强烈抑制来自大鼠嗜碱性粒细胞性白血病细胞（RBL-1）的 5- 脂氧酶（5-LOX），对特应性皮炎（AD）的动物模型具有治疗作用，并且有助于抗过敏。白术内酯Ⅲ能抑制 LPS诱导的 RAW264.7 小鼠巨噬细胞的炎症反应，其机制可能与抑制NF-κB 和 MAPK 信号通路相关的 NO、PGE$_2$、TNF-α 和 IL-6 的释放有关 [34]。白术多糖可通过刺激 NF-κB 或激活 NF-κB 的依赖性机制来调节巨噬细胞活性 [35]；并且通过刺激 B 淋巴细胞，增强了NF-κB 介导的抗蛋清溶菌酶（HEL）特异性体液免疫应答 [36]。简而言之，白术主要通过抑制介导炎症反应发生的细胞因子的生成，调节免疫等方式达到抗炎作用。

（三）胃肠调节功能和抗抑郁

研究发现，白术对胃肠功能有双向调节作用：挥发油组分（含有单萜和倍半萜烯成分）、水洗脱液组分（含有 5- 羟甲基糠醛和小分子糖）和多糖组分（含有菊粉型低聚糖）能促进胃肠蠕动；石油醚组分（含有倍半萜烯内酯）和醇洗脱液组分（含有聚乙炔）则起相反作用 [37]。白术内酯Ⅰ通过多胺介导的 Ca^{2+} 信号传导途径，刺激肠上皮细胞迁移和增殖 [38]。因此，白术内酯Ⅰ具有治疗胃肠黏膜损伤相关疾病的潜力，例如肠炎和消化性溃疡。Liu et al. [39] 的研究表明，白术内酯Ⅲ对谷氨酸诱导的神经细胞凋亡具有抑制作用，并且呈浓度依赖性；其抗细胞凋亡特性，可能与部分抑制 Caspase信号通路的介导有关，因此具有一定神经保护作用。Gao et al. [40] 的研究表明，白术内酯Ⅰ通过抑制 NLRP3 炎性体激活来减少 IL-13的产生，在慢性不可预测温和应激（CUMS）诱导的小鼠抑郁模型中发挥抗抑郁样作用。

（四）其他

白术内酯在降血糖，治疗骨病方面也有一定的疗效。Chaoet al. [41] 通过研究白术内酯Ⅰ和白术内酯Ⅱ对小鼠骨骼肌 C2C12 细胞葡萄糖摄取的影响，发现两者均显著增加 GLUT4 蛋白水平，并促进 GLUT4 易位至质膜；进一步的研究表明，这与细胞中 AMP 活化的蛋白激酶（AMPK）和 PI3K/Akt 途径的激活有关，并且改善了 C2C12 骨骼肌细胞中 TNF-α 诱导的胰岛素抵抗，具有降血糖的作用。Li et al.[42] 从白术的乙酸乙酯提取物中分离出白术内酯Ⅱ，将其脱水转化为白术内酯Ⅰ，发现白术内酯Ⅱ（8 位含有 -OH）和白术内酯Ⅰ（8 位缺乏 -OH）有效地促进了 Gli 启动子的活性，并且诱导间充质干细胞（MSC）分化为软骨细胞，其作用依赖于 Sonic Hedgehog 信号的传导，这一发现有望用于骨病治疗。

二、毒性机理

有研究 [43] 使用急性毒性实验、微核实验和细胞毒性实验评价白术作为保健品原料的安全性，急性毒性实验和小鼠骨髓细胞微核实验证实白术毒性较低，且无诱导微核细胞率增加的能力，提示该物质没有致染色体损伤与断裂的活性。但是细胞毒性研究发现白术仅在较高剂量时表现出对培养细胞增殖抑制作用。提示其作为保健品原料仍需谨慎。

第六节 质 量 体 系

一、标准收载情况

（一）药材标准

《中国药典》（2020 年版）[44]、《香港中药材标准》（第三期）[45]。

（二）饮片标准

《中国药典》（2020 年版，白术、麸炒白术）、《浙江省中药炮制规范》（2015 年版）[46]、《上海市中药饮片炮制规范》（2018 年版）、《湖北省中药饮片炮制规范》（2018 年版，土炒白术）、《山东省中药饮片炮制规范》（2012年版，麸白术、焦白术、土白术）、《天津市中药饮片炮制规范》（2012年版）、《湖南省中药饮片炮制规范》（2010年版）[47]。

（三）超微配方颗粒

《湖南省中药饮片炮制规范》（2010年版）。

二、药材性状

白术的药材性状见表4.4。

表4.4　典型标准收载白术药材性状汇总

标准	《中国药典》2020版	《香港中药材标准》（第三期）
性状	为不规则的肥厚团块，长3～13 cm，直径1.5～7 cm。表面灰黄色或灰棕色，有瘤状突起及断续的纵皱和沟纹，并有须根痕，顶端有残留茎基和芽痕。质坚硬不易折断，断面不平坦，黄白色至淡棕色，有棕黄色的点状油室散在；烘干者断面角质样，色较深或有裂隙。气清香，味甘、微辛，嚼之略带黏性	呈不规则的肥厚团块，长3～12 cm，直径10～70 mm。表面灰黄色或灰棕色，有瘤状突起，有断续的纵皱和沟纹，有残留须根痕；顶端有下陷圆盘状茎基和芽痕。质坚硬，不易折断，断面不平坦，棕黄色的油室散在。气清香；味甘微辛；嚼之略带黏性

三、炮制

白术炮制方法见表4.5。

表4.5　典型标准收载白术炮制方法汇总

名称 标准	《中国药典》（2020版）	《浙江省中药炮制规范》（2015年版）
白术	除去杂质，洗净，润透，切厚片，干燥	取原药，除去杂质，大小分档，略浸，洗净，润软，切厚片，干燥；产地已切片者，筛去灰屑
麸炒白术	将蜜炙麸皮撒入热锅内，待冒烟时加入白术片，炒至黄棕色、逸出焦香气，取出，筛去蜜炙麸皮。每100 kg白术片，用蜜炙麸皮10 kg	取白术饮片，照麸炒法用蜜炙麸皮炒至表面深黄色，折断面略显黄色时，取出，筛去麸皮，摊凉。每白术100 kg，用蜜炙麸皮10 kg

续表

名称 标准	《中国药典》（2020版）	《浙江省中药炮制规范》（2015年版）
土白术	—	取白术饮片，照土炒法炒至表面土黄色，折断面略显黄色时，取出，筛去伏龙肝，摊凉。每白术 100 kg，用伏龙肝 20 kg
於术（产于临安於潜地区）	—	取原药，除去茎秆等杂质，大小分档，略浸，洗净，润软，切厚片，干燥
麸炒於术	—	取於术饮片，照麸炒法用蜜炙麸皮迅速翻炒至表面深黄色，切面棕黄色时，取出，筛去麸皮，摊凉。每於术 100 kg，用蜜炙麸皮 10 kg

四、饮片性状

白术饮片性状见表 4.6。

表4.6　典型标准收载白术饮片性状汇总

名称 标准	《中国药典》（2020版）	《浙江省中药炮制规范》（2015年版）	《湖南省中药饮片炮制规范》（2010年版）
白术	本品呈不规则的厚片。外表皮灰黄色或灰棕色。切面黄白色至淡棕色，散生棕黄色的点状油室，木质部具放射状纹理；烘干者切面角质样，色较深或有裂隙。气清香，味甘、微辛，嚼之略带黏性	多为类圆形或不规则的厚片，直径 1~7 cm。表面灰黄色或灰棕色，有时可见细纵纹。切面黄白色至淡棕色，散生棕黄色的点状油室，木质部具放射状纹理，髓部色较浅；烘干者色较深，角质样，有裂隙。气清香；味甘、微辛；嚼之略有黏性	—

续表

名称 标准	《中国药典》 （2020版）	《浙江省中药炮制规 范》（2015年版）	《湖南省中药饮片炮 制规范》（2010年版）
麸炒白术	形如白术片，表面黄棕色，偶见焦斑。略有焦香气	表面深黄色，微具焦斑。略有焦香气	—
土白术	—	表面土黄色。折断面略显黄色。略有土气	—
於术（产于临安於潜地区）	—	为类圆形或不规则的厚片，直径1~3 cm。表面灰黄色或灰棕色，切面皮部黄白色，具多数棕黄色至棕褐色点状油室；形成层环不明显；木质部黄色至淡棕色，具黄白色的放射状纹理，导管孔不明显。髓部明显，黄白色。气清香；味甘、微辛；嚼之略有黏性	—
麸炒於术	—	切面棕黄色，微具焦斑。折断面略显黄色。略有焦香气	—
白术超微配方颗粒	—	—	黄棕色至棕褐色的颗粒；气清香，味甘、微辛

五、有效性、安全性的质量控制

白术的有效性、安全性质量控制项目见表4.7。

表4.7　有效性、安全性质量控制项目汇总

标准名称	鉴别	检查	浸出物	含量测定
《中国药典》2020年版	药材：1.显微鉴别（粉末）；2.薄层色谱鉴别（以苍术酮对照品为对照）。饮片：（除显微粉末外）同药材	药材：1.水分（不得超过15%）、2.总灰分（不得超过5%）；3.二氧化硫残留量（不得超过400 mg/kg）；4.色度（黄色9号标准比色液比较，不得更深）。饮片：1.白术饮片：同药材；2.麸炒白术饮片：除色度外同药材	药材：照醇溶性浸出物测定法（药典通则2201）项下的热浸法测定，用60%乙醇作溶剂，不得少于35%。饮片：同药材	—
《浙江省中药饮片炮制规范》2015年版	白术、於术饮片：同《中国药典》（2020年版）白术饮片；2.麸炒白术、麸炒於术饮片：同《中国药典》（2020年版）麸炒白术饮片	1.白术、於术饮片：同《中国药典》（2020年版）白术饮片；2.麸炒白术、麸炒於术饮片：同《中国药典》（2020年版）麸炒白术饮片	1.白术、於术饮片：同《中国药典》（2020年版）白术饮片；2.麸炒白术、麸炒於术饮片：同《中国药典》（2020年版）麸炒白术饮片	—
《香港中药材标准》（第三期）	药材：1.显微鉴别（横切面、粉末）；2.薄层色谱鉴别（以白术内酯Ⅲ对照品为对照）；3.高效液相指纹图谱鉴别（以白术内酯Ⅲ对照品为对照，应有与对照指纹图谱保留时间范围内一致的5个特征峰）	药材：重金属、农药残留、霉菌毒素均应符合标准附录要求、杂质（不多于1%）、总灰分（不多于5.5%）酸不溶性灰分（不多于0.5%）、水分（不多于14%）	药材：水溶性浸出物（热浸法），不少于60%）；醇溶性浸出物（热浸法），不少于21%）	药材：高效液相色谱法（按干燥品计算，含白术内酯Ⅲ不少于0.019%）

续表

标准名称	鉴别	检查	浸出物	含量测定
《湖南省中药饮片炮制规范》（2010年版）	1.化学反应（查苍术酮）；2.薄层色谱（以白术对照药材为对照）	1.水分（应不得超过9%）；2.装量差异、微生物限度应符合中药超微饮片检验通则的要求	照醇溶性浸出物测定法（药典通则2201）项下的热浸法测定，用乙醇作溶剂，不得少于27%	—

六、质量评价

白术市场价格较高且药源紧张，市场出现了较多的混淆品，主要是菊三七、土片，三者主要区别详见表4.8[48]。

表4.8　白术与其混淆品的主要区别

鉴别要点	白术	菊三七	土片
植物来源	菊科植物白术（*Atractylodes macrocephala* Koidz.）	菊科植物菊三七[*Gynura japonica*（Thunb.）Juel.]	菊科植物土木香（*Inula helenium* L.）
药用部位	根茎	根茎	根的切片
形状	不规则团块状	拳形团状	不规则片状
表面	明显瘤状突起，断续纵沟纹和须根痕。顶端有茎基和芽痕，下端两侧膨大呈瘤状	粗糙、瘤状突起处具茎痕或芽痕，断续的弧状沟纹，下端有细根断痕	纵皱，横生皮孔顶端有茎痕
断面	角质样，不平坦，类黄白色至淡棕色，有棕黄色小点散在分布	不平坦，新鲜时白色，干燥时呈淡黄色，显菊花心	略平坦，微角质，乳白色至淡黄棕色。散在的深褐色分泌管，木质部呈放射状纹理
质地	坚实不易折断	坚实不易断	呈放射状纹理

续表

鉴别要点	白术	菊三七	土片
表面颜色	灰黄色或灰棕色	灰棕色或棕黄色	质脆，易折断，棕褐色
气味	清香，味甘，微辛嚼之略带黏性	淡而后微苦	气香，味苦而辣
显微特征	含细小草酸钙针晶及菊糖	含菊糖	含有众多菊糖，油室分布于韧皮部与木质部

此外还有白芍根头、炒白芍根头、皖南白术、关苍术等伪品[49]。鉴别要点如下。

白芍根头：本品为毛茛科植物芍药的干燥根头，与白术的主要区别是呈不规则的块状或柱状。表面灰棕色或灰褐色，有明显突起的根痕，断面有的中空，无点状油室，放射状纹理不明显。气微，味微苦、酸。

炒白芍根头：本品为毛茛科植物芍药干燥根头的切片，喷洒糖水后文火炒制而成，与白术的主要区别为：呈不规则的厚片，有的具分枝。表面棕褐色，切面淡棕黄色，无点状油室，放射状纹理不明显。气微味微苦、酸。

皖南白术：为菊科苍术属植物的干燥根茎。本品呈不规则的厚片状，表面灰棕色或灰褐色，有明显突起的根痕，断面浅棕褐色，有较多的棕褐色点状油室散在，放射状纹理明显。气香、味辛、苦。

关苍术：为菊科植物关苍术的干燥根茎。本品多呈结节状圆柱形，直径 2~3.5 cm。表面褐色，栓皮略粗糙，少数有瘤状突起。质坚硬，可折断断面浅黄白色或淡黄棕色，多见黄棕色点状油室散在。气特异、味辛、微苦。

有研究对浙江、湖南、安徽 3 个产地共 9 批白术药材进行质量对比研究、指纹图谱对比分析。结果发现，3 个产地的白术药材均符合标准要求；对 9 批白术药材的指纹图谱进行分析，选择稳定性好、吸收强、特征明显的色谱峰作为共有峰，结果共标定了 7 个共有指纹峰，9 批样品之间的共有峰相似度 >0.96。可认为浙江、湖南、安徽 3 个产地的白术药材均符合质量标准要求，指纹图谱也没有差异，证明 3 个产地的白术药材没有明显质量差异，无法鉴别区分[50]。

於术为菊科植物的干燥根茎，形似"鹤腿"，是白术的一个品种，产于浙江临安於潜地区西天目山一带的野生种或栽培种，是浙江临安特有的道地药材，因其品质优异，故特称"於术"。有研究[51]对白术和於术的性状、显微、薄层鉴别和化学成分进行了比较，结果发现，白术与於术的显微鉴别中石细胞、纤维和导管结构相似，但是白术的菊糖少，针晶、石细胞较多而於术的菊糖多，针晶、石细胞较少；薄层色谱鉴别中於术与白术在相同位置同时出现桃红色主斑点；含量测定中於术的白术内酯Ⅰ较高，白术内酯Ⅱ以及苍术素较低，新昌白术的白术内酯Ⅰ、白术内酯Ⅱ、白术内酯Ⅲ和苍术素均较高，磐安白术的白术内酯Ⅰ和白术内酯Ⅲ均较高，太阳镇白术的白术内酯Ⅰ、白术内酯Ⅱ和白术内酯Ⅲ均较低。通过以上几项研究，阐明了於术药材的道地性，从而为白术的资源开发、质量评价以及在临床上更多地合理应用提供了一定的依据。

任琦等[52]采用法定标准检验与探索性研究相结合的方法对白术质量进行评价和分析，结果发现：共抽取 248 批次白术饮片，按法定标准检验，合格率为 96%，不合格率为 4%；不合格项目为二氧化硫残留量和色度，不合格原因为过度硫熏和炮制过度。按探索性研究方法检验，合格率为 37.1%、不合格率高达 62.9%，不合格原因主要是各产地白术一致性差、指标成分不达标、滥用植物生长调节剂、杀菌剂、杀虫剂农药以及重金属超标等。市场上白术饮片总体质量状况评价为"一般",建议对白术进行规范化种植,完善提高白术饮片现行质量标准,并加强监管。白术储存不当容易发生"走油变色",且影响其外观和质量,因此在产地加工中,常采用硫黄熏蒸的方法进行干燥,经硫黄熏蒸后外观性状更加美观、不易变色且更易保存。《中国药典》(2020 年版一部)规定白术药材及饮片中二氧化硫残留量不得大于 400 mg/kg。硫熏处理药材在除霉、除虫及延长药材贮存期、增白方面有着独特优势,但其带来的危害也不容忽视。经硫黄熏蒸后,白术中的有效成分东莨菪内酯和伞形花内酯含量有显著变化,其中东莨菪内酯含量随着二氧化硫残留量增加而整体呈下降趋势直至为零,严重影响了白术的药材品质。且硫黄熏蒸会使白术中的药材化学成分发生变化,可能会对用药安全产生影响。从白术药材产地加工与饮片炮制的产业链全局考虑,研究产地加工方法、干燥程度与炮制方法,对其进行优化,减少加工环节、缩短药材干燥时间和饮片切制前的润透时间,可避免有效成分的损失,有利于保持白术的饮片质量。

第七节　性味归经与临床应用

一、性味

《中国药典》(2020 年版):"苦、甘,温。"

《本经》:"味苦,温。"

《药性论》:"味甘、辛。"

二、归经

《中国药典》(2020 年版):"归脾、胃经。"

《汤液本草》:"入太阳、少阴经,足阳明、太阴、厥阴四经。"

《本草蒙筌》："入心、脾、胃、三焦四经。"

三、功能主治

《中国药典》（2020 年版）："健脾益气，燥湿利水，止汗，安胎。用于脾虚食少，腹胀泄泻，痰饮眩悸，水肿，自汗，胎动不安。"

《本经》："主风寒湿痹，死肌，痉，疸，止汗，除热，消食。作煎饵久服，轻身延年不饥。"

《别录》："主大风在身面，风眩头痛，目泪出。消痰水，逐皮间风水结肿，除心下急满及霍乱吐下不止。利腰脐间血，益津液，暖胃，消谷，嗜食。"

《药性论》："能主大风顽痹，多年气痢，心腹胀痛。破消宿食，开胃，去痰涎，除寒热，止下泄。主面光悦，驻颜，去黯，治水肿胀满。止呕逆、腹内冷痛、吐泻不住及胃气虚冷痢。"

四、用法用量

《中国药典》（2020 年版）："6~12 g；利水消肿，固表止汗，除湿治痹宜生用；健脾和胃宜炒用；健脾止泻宜炒焦用。"

五、注意事项

阴虚津亏者慎服。

《药性论》："忌桃、李、雀肉、菘菜、青鱼。"

《本草蒙筌》："哮喘勿服，壅塞难当。"

《本草经疏》："凡病属阴虚血少，精不足，内热骨蒸，口干唇燥，咳嗽吐痰，吐血，鼻衄，齿衄，咽塞，便秘滞下者，法咸忌之。术燥肾而闭气，肝肾有动气者勿服。刘涓子痈疽论云：溃疡忌白术，以其燥肾而闭气，故反生脓作痛也。"

《药品化义》："凡郁结气滞，胀闷积聚，吼喘壅塞，胃痛由火，痈疽多脓，黑瘦，气实作胀，皆宜忌用。"

六、附方

1.治阳虚水泛证

茯苓、芍药、生姜（切）各三两，白术二两，附子一枚（炮，去皮，破八片）（《伤寒论》真武汤）。

2.治阳虚寒湿内侵，身体骨节疼痛，恶寒肢冷，舌苔白，脉沉无力

附子两枚（炮，去皮，破八片），茯苓三两，人参二两，白术四两，芍药三两（《伤寒论》附子汤）。

3.治饮停心下，头目眩晕，胸中痞满，咳逆水肿

泽泻五两，白术二两（《金匮要略》泽泻汤）。

4.治脾虚胀满

白术二两，橘皮四两。为末，酒糊丸，梧子大。每食前木香汤送下三十丸（《全生指迷方》宽中丸）。

5.脾虚泄泻

白术一两，芍药半两（冬月不用芍药，加肉豆蔻，泄者炒）。上为末，粥丸（《丹溪心法》白术丸）。

6.治嘈杂

白术四两（土炒），黄连二两（姜汁炒）。上为末，神曲糊丸，黍米大。每服百余丸，姜汤下（《景岳全书》术连丸）。

7.治心下坚，大如盘，边如旋盘，水饮所作

枳实七枚，白术二两。上二味，以水五升，煮取三升，分温三服（《金匮要略》枳术汤）。

8.治伤寒八九日，风湿相搏，身体疼烦，不能自转侧，不呕不渴，脉浮虚而涩，大便坚，小便自利者

白术二两，附子一枚半（炮，去皮），甘草一两（炙），生姜一两半（切），大枣六枚。上五味，以水三升，煮取一升去滓。分温三服，一服觉身痹，半日许，再服，三服都尽，其人如冒状，勿怪，即是术、附并走皮中，逐水气未得除故耳（《金匮要略》白术附子汤）。

9. 治肘臂痛

片子姜黄四两，白术二两（炒），羌活一两，甘草一两。上为粗末。每服三钱，水一盏半，煎至七分，食后服（《澹寮》白术姜黄汤）。

10. 治自汗不止

白术末，饮服方寸匕，日二服（《千金方》）。

11. 治妊娠七八月后，两脚肿甚者

白术、白茯苓各二两，防己、木瓜各三两。上为细末。每服一钱，食前沸汤调下，日三服，肿消止药（《广嗣纪要》白术茯苓散）。

第八节　丽水白术资源利用与开发

一、基地建设情况

浙白术属于一种传统浙产道地药材，主要分布在安徽、浙江、湖南、江西、四川等地，其中浙江省的白术以品质好、质量优而闻名全国。根据有关调查发现，如今市场上药用的浙白术多为栽培产品，以浙江省磐安县和天台县的浙白术品质最优、产量最高。最近几年，除了浙产道地浙白术外，也出现了新的产区。

二、产品开发

（一）中成药

白术的制剂形式主要包括液体制剂、颗粒剂、片剂、冲剂、软胶丸、软胶囊、滴丸剂或气雾剂等，如香砂养胃胶囊、枳术冲剂、白带片、逍遥颗粒。广泛应用于中医方药及其制剂中，中药复方煎剂和散剂、丸剂，是临床常用中药，用量极大。白术及其制剂也广泛应用于胃肠疾病、小儿消化不良、妇产科等多发疾病的治疗。参苓白术散出自《太平惠民和剂局方》，由人参、白术、茯苓、山药、白扁豆、莲子、薏苡仁、砂仁、桔梗、甘草10味药粉碎成细粉，过筛，混匀制得，是治疗脾虚湿盛病症的经典方。现也用于治疗溃疡性结肠炎、变应性鼻炎、皮肤病、肾病等内、外科疾病及术后调护，一方多用，疗效可观。杨艳君等[53]对参苓白术散粉体学性质及粉体改性工艺进行了研究，借鉴材料学及药学科学领域对粉体的表征和评价方法，通过 $L_9(3^4)$ 正交试验对参苓白术散复合粒子制备工艺进行优化，并对复合粒子进行扫描电镜测定（SEM）、红外测定（IR）、X 射线衍射分析（XRD）等表面特性的评价，研究表明，物料粉碎粒径与粉碎时间具有良好的相关性，以处方比例称取适量人参、山药、莲子、白扁豆、薏苡仁、桔梗粗粉（过 3 号筛）投入超微粉碎机中，于 −10 ℃粉碎 45 min 后加入白术、茯苓、砂仁、甘草粗粉继续粉碎 4 min，作为复合粒子的最优制备工艺，其制备的复合粒子形态良好，制备工艺稳定可行。通过粉体改性技术可解决传统散剂制备过程中易出现的粉体学缺陷。

浙江维康药业股份有限公司作为丽水本土极具特色的中成药生产企业，其生产的玉屏风滴丸由黄芪、白术、防风组方而成；具有益气、固表、止汗的功效。用于表虚不固、自汗恶风、面色㿠白、或体虚易感风邪者。因其疗效显著，深受广大患者信赖。

（二）保健食品

用药食同源品种开发保健食品已成为许多医药企业、食品企业的投资重点。《食物本草》记载："白术作煎饼，久服轻身，延年不饥……利腰脐间血，益津液，暖胃消谷嗜食。"白术具有健脾益胃、增强免疫力、抗衰老等功效，目前已有一些相关保健品问世，如排毒养颜胶囊、黄芪白术西洋参口服液、消食健胃茶等产品，临床上也常用一些含白术的减肥方剂。如亚泰康派牌人参白术枸杞子蝙蝠蛾拟青霉菌粉胶囊主要由枸杞子、白术、人参、蝙蝠蛾拟青霉菌粉组成，适宜免疫力低下者。中科牌白术山药粉剂主要原料是山药、白术、麦芽，适宜于轻度胃黏膜损伤者。

（三）美容产品

中药美容的历史悠久、源远流长，《药性论》记载："白术有主面光悦、驻颜、去黑等功效"；唐代《新修本草》称，白术用："苦酒浸之，用拭面黑干黯，极效"。《医学入门》记载："白术可以补气益血、美白润肤，适于气血虚寒导致的皮肤粗糙、萎黄、黄褐斑、色素沉着等。"宋代《太平圣惠方》中提及的"七白膏"，元代《御药院方》中提及的"七白膏"，均提到了白术。古籍中记载的关于白术应用于美容与皮肤疾病方面的方剂相对丰富、翔实，其中包括润肤去皱方，这其中的代表有七白膏、四君子汤、八珍汤等；悦色驻颜方，这其中的代表有净白驻颜方、参苓白术散等；洁面增白方，这其中的代表有五香散、延年面脂方等；另外，据有关记载，白术还用于治疗病毒性皮肤病、细菌性皮肤病、真菌性皮肤病、过敏性皮肤病、鳞屑性皮肤病、色素障碍性皮肤病、神经机能障碍性皮肤病以及物理性皮肤病。白术的美容功效与其含有的主要化学成分有关，其主要成分为苍术醇、苍术酮及维生素 A、挥发油等，有补脾、益胃、燥湿之功。因脾为气血生化之源，又为水湿运化之地。气血生化不足则面色萎黄不华；水湿停滞则水气上停于面，则面黑无泽，故在美容方中常用白术以治之。在目前美容产品应用中，白术应用于美白产品中比较成熟的包括上海佰草集化妆品有限公司推出的佰草集"新七白"系列，其根据古方"七白膏"研制而成，其中所用中药之一就是白术。从我国历代流传下来的这些美容美白古方来看，白术在这些方剂中有所提及，并且在市场中有相应的美白产品中也有白术，可以肯定的是白术很可能被开发成美白产品，并且应用前景较好[54]。

（四）药膳

药膳是中医学的重要组成部分，它是既有食品作用又具有药品作用的美味佳肴，是中华民族的祖先遗留下来的宝贵遗产。《遵生八笺》中也有多种有关白术的食疗保健方和养生服食方，如："白术酒：白术二十五斤，切片。以东流水二石五斗浸缸中二十日，去渣，取清服。除病延年，变发坚齿，面有光泽。久服长年。"《本草纲目》中引古论今，对白术进行了详尽介绍，亦言其可食："其苗可作饮，甚香美。"例如四君子粥（党参三钱、白术三钱、茯苓三钱、甘草一点五钱、红枣十二粒）有增强免疫力，强身健体的作用；益脾饼（白术 30 g、干姜 6 g、红枣 250 g、鸡内金 15 g、面粉500 g、菜、油、盐）有开胃健脾之功效。我国民间还有不少以其泡酒喝、代茶饮及做佳肴的保健食方 [55]。

第九节 总结与展望

白术既能健脾益气，《本草求真》称其是"脾脏补气第一要药"，又能安胎，对于脾虚孕妇来说最为适宜。白术也是香砂养胃丸、健胃消食片等许多中成药的原料，因此对其需求量增大，我国加入世贸后白术的出口量增加，据报道，连续 9 年累计出口 2 376万 kg。近几年的白术价格居高不下，市场潜力大，发展白术种植是致富良机。白术中的浙白术，因主产于浙江而得名，为"浙八味"之一，有着悠久的药用历史，被广泛应用于中医方剂中，或应用于中西医结合治疗，其多与其他药材配伍为中药煎剂或制成丸剂，是中医临床常用的中药材之一，药用量极大。有人在中西医结合治疗胃肠道消化不良的研究 [56] 中应用了香砂养胃胶囊，而香砂养胃胶囊中即使用了浙白术，浙白术归于脾经和胃经，具有补脾益气之良效，结果显示，研究组的治疗有效率明显高于对照组，且差异具有统计学意义。体现了中西医结合在治疗胃肠道消化不良中的积极作用，更突出了浙白术的药用价值。在探究安胎白术汤的安胎作用中研究发现 [57]，安胎白术汤在妊娠腹痛的治疗中效果显著，相比于单纯的西药治疗具有更大的优势，安胎白术汤的成分有浙白术、陈橘皮、厚朴、甘草、芍药等，浙白术是其主要药材，列于首位，占很大比重，此方主要是发挥浙白术所含脂溶性成分的安胎作用。然而最近几年其产区出现了较大变迁 [58]，主要因素有：其一，人为肆意引种导致品种不纯；其二，浙白术在中医临床治疗上具有显著疗效，以及很大的市场需求，原产地难以满足不断增长的市场需求，因而出现了新产地。就浙白术中的於术而言，由于於术单产低、成本高、效益锐减，加之近几年白术栽培面积急剧缩小，现在於术处于濒危和混杂状态，亟须抢救和发展。

白术更是可用于保健食品的药材。白术药理学研究结果与保健食品功能中的多项高度相关，非常适合开发成系列保健食品，潜力巨大。但是，目前已开发的产品主要集中在增强人体免疫力、抗疲劳、辅助保护胃黏膜这几大类保健功能，文献显示"浙八味"中药涉及的与保健功能一致或接近的药理作用还有降血脂、降血糖、调节肠道菌群等，这些功能目前还未涉及，没有相关的保健食品注册上市，可见其开发力度有待进一步加强。

在此背景下，丽水凭借得天独厚的生态环境，种植浙白术大有可为，主要可从以下 5 个方面着手：一是选育优良品种，提高种苗质量；二是建设好白术道地中药材规范化的示范基地，以示范基地带动大规模发展中药材质量标准，使中药材的种植规范化、规模化和产业化，统一育苗、统一施肥；三是将科研成果与生产实践紧密相结合，采取组织培养技术实现白术工厂化大批育苗，并利用遗传工程技术进行脱毒繁殖优质无菌种苗；四是引导白术种植业走产业化发展道路，走产业化道路是农民富裕的捷径，也是中药材 GAP

发展的必然之路；五是做好白术副产品的开发与利用，符合现代消费者的健康保健理念。此外，丽水的林下种植经济已成规模，林下栽培野生於术促进野生於术资源的恢复和繁衍也是挽救濒临灭绝的野生於术的栽培技术。

参 考 文 献

[1] 王泽，阙灵，王雪，等. 经典名方中白术的本草考证 [J]. 中国食品药品监管，2020（7）：附 1- 附 7.

[2] 邵志愿，李露，吴德玲，等. 白术本草考证 [J]. 现代中药研究与实践，2019，33（2）：81-86.

[3] 中国科学院中国植物志编辑委员会. 中国植物志：第 78 卷：第 1 册 [M]. 北京：科学出版社，1987.

[4] 康廷国. 中药鉴定学 [M]. 北京：中国中医药出版社，2016.

[5] 苏颂. 本草图经：影印本 [M]. 北京：人民卫生出版社，1982.

[6] 孙剑锋，王淑玲，李华，等. "浙八味" 传统中药以及相关保健食品的研究与展望 [J]. 中国当代医药，2017，24（32）：13-16.

[7] 廖思维，闵瑶，徐一冰，等. 从仲景法识白术临床运用 [J]. 光明中医，2017，32（2）：174-175.

[8] 王宁，李廷保，张伟，等. 敦煌及古医籍中同名人参汤用药配伍规律及相关性研究 [J]. 中医研究，2017，30（9）：55-58.

[9] 覃军. 健脾祛湿，首选白术 [J]. 中国家庭医生，2017，24（12）：33-34.

[10] 郑耀建，庄晓诚. 益气健脾法联合阿奇霉素治疗小儿支原体肺炎的临床观察 [J]. 海峡药学，2018，30（6）：160-162.

[11] 赵刚，姜亚欣，迟玉花. 白术治疗慢传输型便秘的研究进展 [J]. 青岛大学医学院学报，2017，53（1）：124-126.

[12] 沈颖，戴德江，沈瑶. 浙产白术的农药使用现状及残留控制建议 [J].

浙江农业科学，2017，58（12）：2173-2176，2187.

[13] 张朝杰，杨建宇，李杨，等 . 道地药材浙白术的研究近况 [J]. 光明中医，2020，35（19）：3127-3130.

[14] 浙江省质量技术监督局 . 白术生产技术规程：DB 33/T 381 — 2012[S]. 杭州：浙江省质量技术监督局，2012：1-13.

[15] 顾思浩，孔维崧，张彤，等 . 白术的化学成分与药理作用及复方临床应用进展 [J]. 中华中医药学刊，2020，38（1）：69-73.

[16] ZHANG J, CAO G, XIA Y, et al. Fast analysis of principal volatile compound in crude and prcessed *Atractylodes macrocephala* by an automated static headspace gas chromatography-mass spectrometry[J]. Pharmacognosy magazine, 2014, 10（39）：249-253.

[17] WANG X, LI L, RAN X, et al. What caused the changes in the usage of *Atractylodis macrocephalae* Rhizoma from ancient to current times[J]. Journal of natural medicines, 2016, 70（1）：36-40.

[18] WANG R, ZHOU G, WANG M, et al. The Metabolism of polysaccharide from *Atractylodes macrocephala* Koidz and its effect on intestinal microflora[J]. Evidence-based complementray and alternative medicine, 2014, 2014：926381.

[19] LI M N, DONG X, GAO W, et al. Global identification and quantitative analysis of chemical constituents in traditional Chinese medicinal formula Qi-Fu-Yin by ultra-high performance liquid chromatography coupled with mass spectrometry[J]. Journal of pharmaceutical & biomedical analysis, 2015, 114：376-389.

[20] LI Y, YANG X W. New eudesmane-type sesquiterpenoids from the processed rhizomes of *Atractylodes macrocephala*[J]. Joumal of asian natural products research, 2014, 16（2）：123-128.

[21] ZHANG N, LIU C, SUN T M, et al. Two new compounds from *Atractylodes macrocephala* with neuroprotective activity[J]. Journal of asian natural products research, 2017, 19（1）：35-41.

[22] LI Y, DAI M, PENG D. New bisesquiterpenoid lactone from the wild rhizome of *Atractylodes macrocephala* Koidz grown in Qimen[J]. Natural product research, 2017, 1 (20): 2381-2386.

[23] ZHOU J, QU F, YU Y. Chemical and ecological evalutation of a Genuine Chinese Medicine : A*tractylodes macrocephala* Koidz[J]. African journal of traditional complementary & alternative medicine, 2011, 8 (4): 405-411.

[24] FU X, CHOU J, LI T, et al. The JAK2/STAT3 pathway is involved in the anti-melanoma effects of atractylenolide I[J]. Experimental dermatology, 2017, 27 (2): 201-204.

[25] HUANG H L, LIN T W, HUANG Y L, et al. Induction of apoptosis and differentiation by atractylenolide-1 isolated from *Atractylodes macrocephala* in human leukemia cells[J]. Bioorganic & medicinal chemistry letters, 2016, 26 (8): 1905-1909.

[26] LIU H Y, ZHU Y J, ZHANG T, et al. Anti-tumor effects of atractylenolide I isolated from *Atractylodes macrocephala* in human lung carcinoma cell lines[J]. Molecules, 2013, 18 : 13357-13368.

[27] LONG F, WANG T, JIA P, et al. Anti-tumor effects of atractylenolide-I on human ovarian cancer cells[J]. Medical science monitor international medical journal of experimental & clinical research, 2017, 23 : 571-579.

[28] HUANG J M, ZHANG G N, SHI Y, et al. Atractylenolide-I sensitizes human ovarian cancer cells to paclitaxel by blocking activation of TLR4/MyD88-dependent pathway[J]. Scientific reports, 2014, 4 (7484): 3840.

[29] LI X, LIU F, LI Z, et al. *Atractylodes macrocephala* polysaccharides induces mitochondrial-mediated apoptosis in glioma C6 cells [J]. Intemational journal of biological macromolecules, 2014, 66 (5): 108-112.

[30] JI G, CHEN R, ZHENG J. Atractylenolide I inhibits

lipopolysaccharide-induced inflammatory responses via mitogen-ac-tivated protein kinase pathways in RAW264. 7 cells[J]. Immu-nopharmacology & immunotoxicology, 2014, 36（6）: 420-425.

[31] WANG A, XIAO Z, ZHOU L, et al. The protective effect of atractylenolide I on systemic inflammation in the mouse model of sepsis created by cecal ligation and puncture[J]. Pharmaceutical biology, 2016, 54（1）: 146-150.

[32] LI W, ZHI W, LIU F, et al. Atractylenolide I restores HO-1 expression and inhibits Ox-LDL-induced VSMCs proliferation, migration and inflammatory responses in vitro[J]. Experimental cell research, 2017, 353（1）: 26-34.

[33] LIM H, LEE J H, KIM J, et al. Effects of the rhizomes of *Atractylodes japonica* and atractylenolide 1 on allergic response and experimental atopic dermatitis[J]. Archives of pharmacal research, 2012, 35（11）: 2007-2012.

[34] JI G Q, CHEN R Q, WANG L. Anti-inflammatory activity of atractylenolide Ⅲ through inhibition of nuclear factor-κB and mitogen-activated protein kinase pathways in mouse macropha-ges[J]. Immunopharmacology & immunotoxicology, 2015, 38（2）: 98-102.

[35] JI G Q, CHEN R Q, ZHENG J X. Macrophage activation by polysaccharides from *Atractylodes macrocephala* Koidz through the nuclear factor-κB pathway [J]. Pharmaceutical biology, 2015, 53（4）: 512-517.

[36] SON Y, KOOK S H, LEE J C. Glycoproteins and polysaccha rides are the main class of active constituents required for lymphocyte stimulation and antigen-specific immune response induction by traditional medicinal herbal plants[J]. Journal of medicinal food, 2017, 20（10）: 1011-1021.

[37] CHEN J, LIU X, DOU D Q. Bidirectional effective components of atractylodis macrocephalae rhizoma on gastrointestinal peristalsis[J].

International journal of pharmacology，2016，12：108-115.

[38]　SONG H P，HOU X Q，LI R Y，et al. Atractylenolide I stimulates intestinal epithelial repair through polyamine-mediated Ca^{2+} signaling pathway[J]. Phytomedicine，2017，28：27-35.

[39]　LIU C，ZHAO H，JI Z，et al. Neuroprotection of atractylenolide Ⅲ from *Atractylodis macrocephalae* against glutamate-in-duced neuronal apoptosis via inhibiting caspase signaling pathway[J]. Neurochem res，2014，39：1753-1758.

[40]　GAO H，ZHU X，XI Y，et al. Anti-depressant-like effect of atractylenolide I in a mouse model of depression induced by chronic unpredictable mild stress [J]. Experimental & therapeutic medicine，2018，15（2）：1574-1579.

[41]　CHAO C L，HUANG H C，LIN H C，et al. Sesquiterpenes from Baizhu stimulate glucose uptake by activating AMPK and PI3K[J]. American journal of chinese medicine，2016，44（5）：1-17.

[42]　LI X，WEI G，WANG X，et al. Targeting of the Sonic Hedgehog pathway by atractylenolides promotes chondrogenic differentiation of mesenchymal stem cells[J]. Biological & pharmaceu-tical bulletin，2012，35（8）：1328.

[43]　赵安莎. 三七、白术、巴戟天的安全性评价 [D]. 成都：四川大学，2003.

[44]　国家药典委员会. 中华人民共和国药典 [M]. 2020 年版一部. 北京：中国医药科技出版社，2020：107.

[45]　中华人民共和国香港特别行政区卫生署香港中药材标准：第三期 [S]. 香港：中华人民共和国香港特别行政区卫生署，2010：263-272.

[46]　浙江省食品药品监督管理局. 浙江省中药炮制规范 [S]. 2015 年版. 北京：中国医药科技出版社，2015：30-31.

[47]　湖南省食品药品监督管理局. 湖南省中药饮片炮制规范 [S]. 2010 年版. 长沙：湖南科学技术出版社，2010：521.

[48] 赵秀艳，张艳霞，裴春红．白术与其混淆品的鉴别 [J]. 人参研究，2002，14（2）：38.

[49] 梁素娇．白术及其伪品的真伪鉴别分析 [J]. 基层医学论坛，2015，19（20）：2821-2822.

[50] 杜鹃，钟露苗，李劲平，等．不同产地白术药材质量评价研究 [J]. 湖南中医杂志，2020，36（5）：151-154.

[51] 姜东京，徐志伟，吴瑶，等．浙江道地药材於术与白术的质量对比研究 [J]. 中华中医药学刊，2014，12（12）：2864-2866.

[52] 任琦，付辉政，许妍，等．白术饮片质量分析报告 [J]. 中国药事，2018，32（11）：1473-1482.

[53] 杨艳君，李婧琳，王媚，等．粉体改性技术在中药制剂中的应用研究——以参苓白术散为例 [J]. 中草药，2020，51（15）：3884-3893.

[54] 王伟，何伟，陈革豫．白术美白活性成分的研究进展 [J]. 中外企业家，2020，14：250.

[55] 王瑞娜，唐茜，何凤发．药用白术的药理作用及其综合开发利用 [J]. 安徽农业科学，2010，38（11）：5610-5611，5627.

[56] 杨云，王丙信，任清华，等．香砂养胃丸联合替普瑞酮胶囊治疗慢性萎缩性胃炎的临床研究 [J]. 现代药物与临床，2017，21（1）：71-75.

[57] 陈婉霞，陈淑华，李旺兼，等．黄芩白术安胎作用现代药理研究 [J]. 临床合理用药杂志，2012，5（35）：177-178.

[58] 张朝杰，杨建宇，李杨，等．道地药材浙白术的研究近况 [J]. 光明中医，2020，35（19）：3127-3130.

五

Wujiapi

加皮

五 加 皮 | Wujiapi
CORTEX ACANTHOPANACIS RADICIS

本品为五加科植物细柱五加（*Acanthopanax gracilistylus* W. W. Smith）的干燥根皮。夏季、秋季采挖根部，洗净，剥取根皮，晒干。别名五茄、豺节（《名医别录》）、五佳、文章草、白刺（《本草纲目》）、豺漆（《神农本草经》）、五花（《雷公炮炙论》）、追风使、木骨（《本草图经》《证类本草》）[1]。

第一节　本草考证与历史沿革

一、本草考证

五加皮始载于《神农本草经》，又名南五加皮，被列为上品，云："五加皮，味辛，温，无毒。治心腹疝气，腹痛，益气疗躄，小儿不能行，疽疮，阴蚀。一名豺漆。"本经只是简要记载了五加皮的功用，但是《本经》并未记载五加皮的产地和来源品种信息，因此，后世关于五加皮的记载和应用有许多争议[2, 3]。

《新修本草》继承了本经关于五加皮功效的记载，且云："久服轻身耐老……五叶者良。"这说明唐代时五加皮是多种来源的药材，"五叶"者应该是五加属植物，而且已经明确了"五叶"者品质优良。同时代的《本草拾遗》云："五加皮，花者，治眼睚，人捣末酒调服自正。"并且引自《蜀本图经》道："树生，小丛赤蔓，茎间有刺，五枚叶片生于枝顶端，根若荆根，皮又黄又黑，肉白，骨硬。"这段记述是最早对五加皮原植物形态的描述，为丛生灌木，略似藤本，且茎带刺，小叶五片，这无疑是五加属植物，可能是细柱五加或者其他带刺品种。该书还引用了《雷公炮炙论序》下注云："五加皮是也，其叶有雌雄，三叶为雄，五叶为雌，须五叶者作末，酒浸饮之，其目睢者正。"五加属为雌雄同株，五叶者是五加属五叶的品种，可能为细柱五加或其他种类，而三叶者则是五加属三叶的品种，可能为细柱五加的三叶变种或者是白筋等。《证类本草》对五加皮做了极高的评价，谓："宁愿得到一点五加皮，也不愿拥有金玉满车……饵之者真仙，服之者反婴。"又引《日华子本草》道："明目，下气，治中风，骨节挛急，补五劳七伤。叶治皮肤风，可作蔬菜食。"这是本草中第一次记述五加的叶的食用和药用价值，具有开创性意义。《本草蒙筌》曰："山泽多生，随处俱有。藤茎像木本植物，能长得如人一样高。五片叶子的较好，三叶、四叶稍次。凡使入药，采根取皮……叶采作蔬食，散风疹于一身；根茎煎酒尝，治风痹于四末。"《本草蒙筌》继承了前人对于五加"五叶者良"的判断，并进一步叙述了五加叶的药用价值。

在历代本草中，《本草图经》对五加皮原植物描述最为细致，并提出了南北药用五加皮不同这一问题。据其描述，五加属植物是可以确定的，而吴中所产的五加，结合现代五加属植物在该地区的分布，可以推断其五叶品种即为细柱五加，而三叶、四叶，极可能是五加的变种三叶五加或白筋。《本草纲目》云："五加皮，春天会在旧枝上长新条叶，山人采为蔬茹，正如枸杞生长在北方沙地的都是木类，南方坚地者如草类也。唐时唯取嵊州者充贡。"此外，李时珍还对五加皮作了细致的研究，最终明确了"此药以五叶交加者良，故名五加"。《本草纲目》对后世影响甚大，后世关于五加皮的记述多数沿用《本草纲目》的说法。

五加皮南北均有分布，本无南北五加皮之分，《本草图经》言吴中人剥野椿根为五加皮，《本草纲目》引雷毁："五加皮树本事白楸树，其上有叶如蒲叶，三花者是雄，五花者是雌"，显然，野椿皮和白楸树皮都非正品五加皮，说明自古五加就存在混用现象。而南北地区由于植物分布情况和用药习惯等不同，可能使用不同植物作为五加皮药用，于是产生了南北五加皮。至清代《本草述》明确提出了南北五加皮的区别，云："南者微白而软大，类桑白皮，北者微黑而硬"，显然，这是不同来源的根皮。根据对植物的描述，南五加皮为五加科五加属植物，而北五加皮的来源描述得不甚清楚，如何演变成今天的萝藦科植物杠柳的根皮就不得而知了。

最早收载五加皮采收的《名医别录》就提到，五加"五月、七月采茎，十月采根"，五加药用至少包括其茎和根（根皮）。后世《新修本草》《本草图经》都沿用《名医别录》的记载，认为五加应以茎和根入药。五加茎、根同入药的现象延续到南宋，并且明确指出五加以根皮入药。《宝庆本草》柳云"五加，七月采根，去心阴干"，后世本草多有依附其说，后世遂不用茎。

二、历史沿革

五加皮入药已有 2 000 年的历史，历代本草对其道地性叙述不多。《名医别录》说五加皮产陕西汉中和冤句（山东曹县），《本草图经》说五加"江淮、湖南州郡皆有之"，《本草纲目》说"五加，唐时惟取峡州（今浙江峡州）者充贡"，却未说其当时的药用情况。浙江应用五加皮历史悠久，而且其丘陵、低山多有五加皮分布 [3]。

据传，在很久以前，浙江西部严州府东关镇（今建德境内）的新安江畔住着一个叫郑中和的青年，他有一手祖传造酒手艺，在造酒时加入了五加皮、甘松、木瓜、玉竹等名贵中药，并把酿出的酒取名为"郑中和五加皮酒"。此酒问世后，黎民百姓，达官贵人纷至沓来，捧碗品尝，酒香扑鼻，人人赞不绝口，于是生意越来越兴隆。由于该地属严州府东关镇，后又有人称之为"严东关五加皮酒"。此酒距今已有 200 多年的历史，并经久不衰。五加皮酒有纾解疲劳的功能和祛风湿强腰膝的作用，善治筋骨拘挛，手足麻木，关节酸痛，腰疼腿软等证，酒味甘香可口，且无药味，无病之人常服可健骨强身，益寿延年。近几年来，据有关科研工作者鉴定，五加皮酒天天喝一杯，能预防胆结石，能抗癌，并能降低血清胆固醇，因而享有"健康食品"的美称。古代医家认为，很多中药均可浸酒，"惟独五加皮与酒相合，且味美""其气与酒相宜，酒得之其味较佳也""添酒补脑，久服延年益寿，功难尽述"，取南五加皮，以粗长、皮厚、气香、无木心者为佳，洗净后煎汁，和曲酿酒，或切碎袋盛浸酒服。

第二节　植物形态与生境分布

一、植物形态

灌木，有时蔓生状，高 2~3 m。枝灰棕色，无刺或在叶柄基部单生扁平的刺。叶为掌状复叶，在长枝上互生，在短枝上簇生；叶柄长 3~8 cm，常有细刺；小叶 5，中央 1 片最大，倒卵形至倒披针形，长 3~8 cm，宽 1~3.5 cm，先端尖或短渐尖，基部楔形，两面无毛，或沿脉上疏生刚毛，下面脉腋间有淡棕色簇毛，边缘有细锯齿。伞形花序腋生或单生于短枝顶端，直径约 2 cm；萼 5 齿裂；花黄绿色，花瓣 5，长圆状卵形，先端尖，开放时反卷；雄蕊 5，花丝细长；子房 2 室，花柱 2，分离或基部合生，柱头圆头状。核果浆果状，扁球形，成熟时黑色，宿存花柱反曲。种子 2 粒，细小，淡褐色。花期 4—7 月，果期 7—10 月 [4]。

二、生境分布

生长于山坡上或丛林间。产于陕西、河南、山东、安徽、江苏、浙江、江西、湖北、湖南、四川、云南、贵州、广西、广东等地。

第三节 栽 培

一、生态环境条件

五加皮生长习性属喜向阳温暖又湿润较荫蔽的环境，耐旱、耐高温、耐高寒，土壤以土质疏松、肥沃、土层深厚、排水良好的山坡、丘陵、河边、原野等较潮湿的沙壤土壤为宜，盐碱地不宜种植。

二、栽培场地

选土层深厚、排水良好及阴湿山坡地、坡度 15°~25° 的平缓向阳砂质土壤。

深耕 30~50 cm，施足基肥，精耕细作，生荒地翻耕 1~3 次较好，熟荒地耕翻 2 次，熟地耕翻 1 次，耙平后作畦，畦宽 1.5~1.8 m，畦长视地形而定，畦埂宽 30 cm 左右。

三、播种育苗

繁殖方式分为有性繁殖和无性繁殖。播种繁殖：一般选于秋季进行，露地育苗生长良好，也可于春季播种,3~4 片叶时移栽定植。

（一）采种

种子于每年的 8 月下旬开始成熟，刚采收下来的种子最好用 3~5 倍的干净河沙保湿贮藏以促后熟。在一定的湿度条件下，才能完成胚的生理后熟，还要经过一个低温条件才能完成胚的春化阶段。只有打破胚的生理后熟的种子，播种后在适宜条件下才能发芽出苗。

（二）种子的处理

8 月下旬至 9 月中旬，采收后用清水泡 1~2 d，待果肉吸足水后，将其搓掉，漂洗出成熟饱满的种子，即可进行种子处理。处理方法：种子量不大时，可用木箱或大口径花盆处理；种子量大时，可挖处理窖处理。处理窖要选择背风向阳、地势干燥、排水良好的地方，清除表土，挖深 40 cm、宽 90～100 cm 的沟，沟长视种子多少而定，沟底用铁锹铲平即可。将准备处理的种子和湿润的河沙以 1：3 的比例混拌均匀，含水量以手握见水不滴水为宜。然后在处理窖底部铺上 5 cm 左右厚的细河沙，再将拌好的种子放入处理窖中，四周用湿细河沙培严、摊平，上面再覆盖 5～10 cm 的湿细河沙，用湿草帘或草覆盖保湿。

种子处理期间要注意观察温、湿度变化，适时调节。前期温度应保持在 15～20 ℃，温度过高时可遮阴降温，温度过低时可日晒增温。后期可将温度降至 10 ℃ 左右，经 90 d 左右种子即可完成后熟。此时，可将温度降至 1～5 ℃，进行低温处理，40 d 左右可完成生理后熟。

（三）播种育苗选地和整地

育苗地要选择土质疏松、肥沃、土层深厚的腐殖土或砂质壤土，地势要平坦、高燥。深翻 25～30 cm，长视其地块情况，有利于灌水即可。床土要细碎，床面要平整。

（四）播种

秋播一般于 9—10 月播种，种子寄存土壤中，春播一般于 3 月至 4 月中旬播种。播前浇透底水。可采用横床开沟条播，按行距 15～20 cm 开沟，沟深 4～5 cm，将沟底压平，将处理好的种子撒于沟内，种子间距离 2 cm 左右；也可按行株距 8 cm 穴播，每穴播种子 2～3 粒。播后覆土 2～3 cm，稍压，床面用落叶或无籽草覆盖保湿。也可采用五加皮自然繁殖相似的方法播种，即将收取的种子立即播种或翌年春季播种出苗。

四、苗圃管理

出苗后要及时撤掉覆盖物。床面除草，做到除早、除小，整个苗期床面要保持无杂草。作业道及床帮上草铲除后要清理出田外。除草时可对行间松土提温保墒，但不要伤及小苗根部；床面保湿，苗期需要充足水分，要保持床土湿润。天热时早晚应洒水保湿或每隔 70~10 d 浇 1 次小水，直至苗的根系具有吸水能力时，可减少浇水次数。立秋之后基本不用浇水；为培养壮苗，生长前期可适当追施一些含氮量高的肥料；生长后期可适当追施一些含磷、钾多的肥料。培育 1 年即可移栽定植。

五、繁殖

（一）分株繁殖

在早春，将五加皮从根茎萌发出的幼株连一部分根茎切下，挖穴栽植。用这种方法繁殖具有操作简单、易于掌握、成活率高、生长快的特点。当年或第 2 年即可移栽定植。

（二）扦插繁殖

扦插繁殖分为硬枝扦插和嫩枝扦插。硬枝扦插应在五加皮落叶休眠期至萌芽前进行，于秋末冬初剪取当年新生枝条，截成 15~20 cm 长的小段保湿贮存，在早春扦插，育苗生长 1 年，当年秋末至翌年春即可移栽定植；嫩枝扦插应在 6 月中旬剪取当年生半木质化的嫩之，当即扦插。第 2 年即可移栽定植。扦插时用生根粉或萘乙酸处理有利于插条生根快、生根多、成活率高。

六、移栽

五加皮喜肥沃而疏松的土壤。人工栽培应选择土层深厚的腐殖土或沙壤土，也可选择土层厚的荒山坡地、林边空地、溪流两侧栽植。如建园田栽植，可在选好地块后，清除地表杂物，深翻 30~50 cm，耙平整细；如在山坡荒地栽植，应做好梯田，以保水保肥。栽植株行距以 2 m×2 m 为宜，穴深 40~50 cm，每穴施入腐熟农家肥 5~10 kg，移栽时间应在落叶后至早春萌芽前进行。苗弱小时应以春栽为主，可避免秋末冬初移栽失水而导致冬季冻害现象发生。

七、田间管理

（一）种植间作作物，提高经济效益

由于株行距较大，在建园田栽植的头两年可在行间种植间作低秆作物如绿豆、大豆等。如玉米植株较高，能为五加皮遮阴；其次是大豆，大豆的根瘤菌能固氮，使土壤肥沃；此外，也可种植其他药用植物，如黄芪等。

（二）松土除草

要保持田间土壤疏松、无杂草。

（三）合理追肥

五加皮是喜肥植物，全年生长期内应追肥 2~3 次：第 1 次在返青后进行，以追施腐熟农家肥为主 2 000~3 000 kg/667 m²；第 2 次在前次追肥后 60~70 d 进行，用肥量 10~15 kg/667 m² 的氮磷钾复合肥；第 3 次在秋后进行，用肥种类和数量同第 1 次。

（四）水分管理

五加皮喜湿润土壤，但不耐涝，生长期间不能过度缺水。如遇干旱天气，应及时浇水；在雨季还要注意排水防涝，不要使田间长期积水，长时间积水会使根部腐烂。

（五）培土

培土在入冬前进行。经过各个生长期的松土除草等管理措施，有的根茎外露会影响越冬。秋末冬初应培土，将裸露地面上的根茎埋入即可。有条件的可在根茎部覆盖一些秸秆和枯草，既有利于保温越冬，又有利于第 2 年的根茎分蘖。

（六）半野生管理

在林间、林下栽植的，可以让其自然生长，可参照田间栽植的管理方法，适当注意水、肥管理即可。

八、病虫草害防治

由于五加皮多自然土生，抗病虫害能力强，病虫害少有发生。偶有蚜虫为害。防治方法：用 40% 乐果 2 000 倍液喷洒，连续喷施 2~3 次即可。

九、采收加工

采收五加皮的最佳时间，一般在秋后叶落至春季萌芽前，挖去根部后，要冲洗干净，剥取根皮，及时晒干后即成中药材。

第四节 化 学 成 分

综合各种文献报道，五加皮中含有蛋白质、鞣质、灰分、次黄嘌呤、尿囊素、4- 甲氧基水杨醛、异贝壳杉烯酸、紫丁香苷、硬脂酸、芝麻素、β- 谷甾醇、β- 谷甾醇葡萄糖苷，还含有花生酸、软脂酸、亚油酸、亚麻仁油酸、维生素 A 样物质及维生素 B_1 等化学成分[5-7]。

第五节 药理与毒理

一、药理作用

（一）抗炎

五加皮可减低血管通透性，抑制动物踝关节肿胀，有抗关节炎及镇痛作用。并可抑制白细胞趋化，抑制溶酶体前列腺素等炎症介质的释放及其致炎作用。王秋娟等研究证明由五加皮和当归等组成的复方风湿康Ⅰ号对小鼠注射醋酸引起的疼痛反应有明显的抑制作用[8]。

（二）免疫调节

细柱五加水煎后经醇沉法制成的注射液可抑制机体的免疫功能，而总皂苷则能提高机体的免疫力。研究结果表明，五加皮水提物能明显抑制有丝分裂原刀豆素A和LPS对人外周血淋巴细胞刺激的增殖反应，且有明显的剂量依赖关系。五加皮提取物不仅能抑制T细胞和B细胞的增殖，而且能抑制其功能，如T细胞α-β、γ干扰素和B细胞免疫球蛋白的产生下降，进一步研究表明，其抑制淋巴细胞的机制是阻断细胞周期的发展，使其停止在G_0/G_1期，不向S期转化，而不是直接的细胞毒作用；五加皮提取物尚能抑制T细胞的同种抗原特异性细胞毒反应。然而，五加皮对自然杀伤细胞的抑制作用不太明显。相反，五加皮能明显增强单核细胞吞噬功能和产生细胞因子如TNF-α、IL-1、IL-6等的功能。单核吞噬细胞遍布全身各部位，是针对外部侵入有害物质的重要防线，在体内对突变细胞和肿瘤细胞起监视和清除作用，单核细胞活性增强对肿瘤的发生发展起到很强的抑制作用[9]。

（三）调整血压

动物实验证明，五加皮可使猫的低血压很快恢复至正常，亦能使兔的肾上腺素性高血压降至正常范围，其未脱脂制剂使动物心跳减慢，其脱脂制剂使动物心跳减弱。临床实验证实，五加皮对高血压和低血压患者都有使其血压正常化的趋势。

（四）降血糖

五加皮对大鼠能加速体内糖原的形成，使血糖含量降低，并能降低人的食物性高血糖。所以五加皮可以治疗轻、中型糖尿病。

（五）抗肿瘤

古医书报道五加皮可用于临床治疗骨癌、肝癌、肾癌等。目前主要有以下 3 个方面的实验研究。

其一，五加皮根或根茎的醇提取物加入饮水中能抑制大白鼠之瓦克氏癌瘤的转移性扩散，通过注射能减少大白鼠因注射乌拉坦形成肺腺瘤的数目[5]。

其二，10 mg/mL 的五加皮水提液与人早幼粒白血病细胞株（HL-60）共同培养，24 h 内可完全杀死靶细胞，当浓度下降到1 mg/mL 仍具有同样效果[10]。

其三，五加皮提物在体外对不同组织来源的肿瘤细胞有较强的抑制作用，能明显抑制白血病细胞株（MT-2、Raji、HL-60 等）细胞的增殖，而且对口腔等上皮细胞癌株（如 HSC-2）、胃癌等腺癌细胞株（如 TMK-1 等）细胞的增殖有较强的抑制作用。细胞周期检测结果显示经五加皮提物处理的 MT-2 细胞，其 G_0/G_1 期细胞明显增多，G_2/S 期细胞明显减少。进一步研究表明五加皮提物通过抑制或调节控制细胞周期的酶类（如 RB、Cdk-2/Cdk-4 等）的活性使细胞周期停止在 G_1 期，而不能进入 S 期，即通过抑制 DNA 合成来抑制肿瘤细胞的生长。此外，五加皮提物能明显增强单核细胞对肿瘤细胞的吞噬功能及其分泌杀伤肿瘤细胞中细胞因子的作用，这与一般抗肿瘤药物相比有独特的好处[11]。

（六）抗突变

刘冰等采用遗传毒理学中的髓嗜多染红细胞微核试验和精子畸形实验对五加皮进行了致突变性研究，结果显示：一定剂量下，五加皮不但对体细胞和生殖细胞均无潜在致突变性，其所致微核和精子畸形明显低于正常对照，说明五加皮可有效抑制自发的微核和精子畸形对体细胞和生殖细胞的遗传物有保护作用。此外，还发现五加皮尚能对抗镉对生殖细胞的诱变作用[12]。

（七）抑制脂解反应

Masuno et al. 从原发性肝癌病人腹水中分离出一种脂解因子称毒

激素 -L，该因子可诱导脂解和明显抑制实验大鼠的进食、进水行为，这2种作用与肿瘤病人中晚期的脂耗竭直至恶病质关系十分密切。Masuno et al. 还从五加皮中分离出的次黄嘌呤和尿囊素成分对癌性腹水中毒激素 -L 诱导的脂解反应有明显抑制作用。因此，五加皮中的次黄嘌呤和尿囊素成分可望成为预防肿瘤恶病质脂耗竭的有效药物之一 [13, 14]。

（八）其他

五加皮的糖苷能提高受醋酸强地松龙或利血平处理的动物抗疲劳能力，以生药量计算，细柱五加皮灌胃给药 100 g/kg 可延长小鼠游泳时间和热应激小鼠存活时间，这表明给药具有抗疲劳和抗热应激作用 [15]。边晓丽等 [16] 采用临三酚自氧化体系及 Fenton 反应体系证明五加皮水提液能够清除超氧阴离子自由基和羟自由基、抑制脂质过氧化作用，从而起到抗衰老作用。由五加皮等组成的药王五补口服液能提高年老大鼠性激素水平，并接近于年青大鼠水平，能使动物脑组织中脂褐质含量明显降低，提示该品具有抗衰老效应 [17]。此外，五加皮能调节中枢神经系统兴奋与抑制过程的平衡，既有明显的镇静作用，又有明显的抗催眠作用。

二、毒性机理

小鼠灌胃五加皮总皂苷 20 g/kg，1 h 后活动减少，2 h 后活动可恢复正常。五加皮注射液对小鼠腹腔注射的急性 LD_{50} 为（81.85 ± 10.4）g/kg，随剂量的逐渐增加，动物表现镇静、睡眠等中枢抑制症状及肢体肌无力和共济失调，最后昏迷死亡。五加皮 125 g/kg 腹腔注射可出现心率减慢，Ⅰ度房室传导阻滞，T 波抬高，窦房结抑制，心室自主节律逐渐减慢以致停搏。28 g/kg 腹腔注射或煎剂 90 g/kg 灌胃对小鼠心脏均有可逆性毒性作用 [4]。

第六节　质量体系

一、收载情况

（一）药材标准

《中国药典》（2020 年版一部）。

《台湾中药典》（第三版）。

《香港中药材标准》（第六期）。

（二）饮片标准

《中国药典》（2020 年版一部）[18]、《上海市中药饮片炮制规范》（2018 年版）、《浙江省中药饮片炮制规范》（2015 年版）[19]、《天津市中药饮片炮制规范》（2012 年版）、《湖南省中药饮片炮制规范》（2010 年版）、《湖北省中药饮片炮制规范》（2009 年版）、《江西省中药饮片炮制规范》（2008 年版）、《北京市中药饮片炮制规范》（2008 年版）。

二、药材性状

（一）《中国药典》（2020年版一部）

本品呈不规则卷筒状，长 5～15 cm，直径 0.4～1.4 cm，厚约 0.2 cm。外表面灰褐色，有稍扭曲的纵皱纹和横长皮孔样斑痕；内表面淡黄色或灰黄色，有细纵纹。体轻，质脆，易折断，断面不整齐，灰白色。气微香，味微辣而苦。

（二）《台湾中药典》（第三版）

同《中国药典》2020 年版一部。

（三）《香港中药材标准》（第六期）

本品呈不规则卷筒状，长 3.5～20.5 cm，直径 3～16 mm，厚 1～3 mm。外表面灰褐色，有稍扭曲的纵皱纹和横长皮孔样斑痕；

内表面淡黄色或灰黄色，有细纵纹。质脆，体轻，易折断．断面不规则，灰白色。气微香，味微辣而苦。

三、炮制

（一）《中国药典》（2020年版一部）

除去杂质，洗净，润透，切厚片，干燥[18]。

（二）《浙江省中药饮片炮制规范》（2015年版）

除去残留的木心等杂质，洗净，润软，切断，干燥[19]。

（三）《湖南省中药饮片炮制规范》（2010年版）

除去杂质，洗净，润透，切短段片，干燥，筛去灰屑。

（四）《北京市中药饮片炮制规范》（2008年版）

除去杂质，厚薄分开，洗净，焖润 8～12 h，至内外湿度一致，切厚片，干燥，筛去碎屑。

（五）其他

《上海市中药饮片炮制规范》（2018 年版）、《江西省中药饮片炮制规范》（2008 年版）、《天津市中药饮片炮制规范》（2012 年版）、《湖北省中药饮片炮制规范》（2009 年版）炮制方法均同《中国药典》2020 年版一部。

四、饮片性状

（一）《中国药典》（2020年版一部）

饮片呈不规则的厚片。外表面灰褐色，有稍扭曲的纵皱纹及横长皮孔样斑痕；内表面淡黄色或灰黄色，有细纵纹。切面不整齐，灰白色。气微香，味微辣而苦[18]。

（二）《浙江省中药饮片炮制规范》（2015年版）

饮片为不规则卷筒状片段，厚 0.2～0.4 cm。外表面灰黄色或灰褐色，有稍扭曲的纵皱纹及横向皮孔；内表面淡黄色或灰黄色。体轻，质脆，易折断，断面灰白色。气微香，味微辣而苦[19]。

（三）《湖南省中药饮片炮制规范》（2010年版）

饮片为不规则卷筒状或块片状片段，外表面灰褐色，有稍扭曲的纵皱纹及横长皮孔样斑痕；内表面淡黄色或灰黄色，有细纵纹；切面不整齐，灰白色。体轻，质脆，气微香，味微辣而苦。

（四）《北京市中药饮片炮制规范》（2008年版）

饮片为不规则厚片。外表面灰褐色，有稍扭曲的纵皱纹及横长皮孔样斑痕；切面灰白色。质脆，气微香，味微辣而苦。

（五）《上海市中药饮片炮制规范》（2018年版）

饮片呈不规则的厚片。外表面灰褐色，有稍扭曲的纵皱纹及横长皮孔样斑痕；内表面淡黄色或灰黄色，有细纵纹。切面不整齐，灰白色。气微香，味微辣而苦。

（六）《江西省中药饮片炮制规范》（2008年版）

饮片呈不规则片，厚约0.2 cm。外表面灰褐色，有稍扭曲的纵皱纹及横长皮孔样斑痕；内表面淡黄色或灰黄色，有细纵纹。体轻，质脆。切面灰白色。气微香，味微辣而苦。无霉变、虫蛀。

（七）《天津市中药饮片炮制规范》（2012年版）

饮片为不规则的厚片。外表面灰褐色，有纵向皮孔及纵皱纹；内表面淡黄色或灰黄色，有细纵纹；切断面灰白色。体轻，质脆。气微香，味微辣而苦。

（八）《湖北省中药饮片炮制规范》（2009年版）

饮片为不规则的片，厚0.2~0.4 cm。外表面灰褐色，可见纵皱纹及横长皮孔样斑痕；内表面淡黄色或灰黄色，有细纵纹。体轻，质脆，易折断，切面灰白色。气微香，味微辣而苦。

五、有效性、安全性的质量控制

五加皮的有效性、安全性质量控制见表5.1。

表5.1 有效性、安全性质量控制项目汇总

标准名称	鉴别	检查	浸出物	含量测定
《中国药典》（2020年版一部）	药材：显微鉴别、粉末；薄层色谱鉴别（以五加皮酸对照品作为对照），异贝壳杉烯酸对照品作为对照）。饮片：显微鉴别粉末；薄层色谱鉴别（以五加皮酸对照药材，异贝壳杉烯酸对照品作为对照）	药材：水分（不得超过12%）；总灰分（不得超过11.5%）、酸不溶性灰分（不得超过3.5%）。饮片：水分（不得超过11%）；总灰分（不得超过11.5%）、酸不溶性灰分（不得超过3.5%）	醇溶性热浸法（不得少于10.5%）	—
《香港中药材标准》（第六期）	显微鉴别（横切面、粉末）；薄层色谱鉴别（以紫丁香苷对照）；高效液相色谱指纹图谱鉴别（供试品与对照品中紫丁香苷保留时间相差应不大于2.0%。供试品应有与对照指纹图谱相对保留时间范围内一致的5个特征峰）	重金属（砷、镉、铅、汞分别不多于2.0 mg/kg、0.3 mg/kg、5.0 mg/kg、0.2 mg/kg）、农药残留（详见表5.2）、霉菌毒素（黄曲霉素 B_1 不多于5 μg/kg、总黄曲霉素不多于10 μg/kg）、杂质（不多于1%）、总灰分（不多于12%）、酸不溶性灰分（不多于3.5%）、水分（不多于13%）	水溶性（热浸法）不得少于18%），醇溶性（冷浸法）少于13%）	高效液相色谱法［按干燥品计算，含紫丁香苷（ $C_{17}H_{24}O_9$ ）不少于0.05%］

续表

标准名称	鉴别	检查	浸出物	含量测定
《浙江省中药炮制规范》(2015年版)	显微鉴别、薄层色谱同《中国药典》(2020年版一部)五加皮饮片	同《中国药典》(2020年版一部)五加皮饮片	同《中国药典》(2020年版一部)五加皮饮片	—
《台湾中药典》(第三版)	显微鉴别(横切面、粉末);薄层色谱鉴别(以五加皮对照药材、紫丁香苷对照品为对照照)	干燥减重(不得超过11%)、总灰分(不得超过14%)、酸不溶性灰分(不得超过4%)、二氧化硫(不得超过150 mg/kg)、重金属(砷、镉、汞、铅分别不多于3 mg/kg、1 mg/kg、0.2 mg/kg、15 mg/kg)	同《中国药典》(2015年版一部)	高效液相色谱法[稀乙醇抽提物不得少于12%,水抽提物不得少于9%,含紫丁香苷($C_{17}H_{24}O_9$)不得少于0.04%]
《浙江省中药炮制规范》(2015年版)	显微鉴别、薄层色谱同《中国药典》(2020年版一部)五加皮饮片	同《中国药典》(2020年版一部)五加皮饮片	同《中国药典》(2020年版一部)五加皮饮片	—
《北京市中药饮片炮制规范》(2008年版)	显微鉴别(粉末)	—	—	—

续表

标准名称	鉴别	检查	浸出物	含量测定
《江西省中药饮片炮制规范》(2008年版)	显微鉴别(粉末)	—	—	—
《湖南省中药饮片炮制规范》(2010年版)	显微鉴别(粉末)	—	—	—
《天津市中药饮片炮制规范》(2012年版)	显微鉴别(粉末)同《中国药典》(2020年版一部)五加皮饮片	同《中国药典》(2020年版一部)五加皮饮片	—	—
《上海市中药饮片炮制规范》(2018年版)	显微鉴别(粉末)、薄层色谱(2020年版《中国药典》同《中国药典》(2020年版一部)五加皮饮片	同《中国药典》(2020年版一部)五加皮饮片	同《中国药典》(2020年版一部)五加皮饮片	—

《香港中药材标准》（第九期）农药残留限量标准见表 5.2。

表5.2 《香港中药材标准》（第九期）农药残留限量标准 单位：mg/kg

有机氯农药	限度（不多于）
艾氏剂及狄氏剂（两者之和）	0.05
氯丹（顺-氯丹、反-氯丹与氧氯丹之和）	0.05
滴滴涕（4，4'-滴滴依、4，4'-滴滴滴、2，4'-滴滴涕与4，4'-滴滴涕之和）	1.00
异狄氏剂	0.05
七氯（七氯、环氧七氯之和）	0.05
六氯苯	0.10
六六六（α、β、δ 等异构体之和）	0.30
林丹（γ-六六六）	0.60
五氯硝基苯（五氯硝基苯、五氯苯胺与甲基五氯苯硫醚之和）	1.00

六、质量评价

关于五加皮化学成分的报道甚少，目前仅从中分得异贝壳杉烯酸、紫丁香苷、刺五加苷 B_1、异嗪皮啶、4-甲氧基水杨醛、芝麻素等成分[20-23]。谢欣辛等[24]以异贝壳杉烯酸作为定性和定量指标，建立了五加皮的 TLC 鉴别和 HPLC 含量测定方法，从而为其质量控制提供了科学依据。胡士明[25]采用高效液相色谱-紫外检查法作为测定方法，检测药材中原儿茶酸的含量，建立了定量、定性检测方法。

五加皮的混伪品主要为香加皮，又称北五加皮，是萝藦科植物杠柳（*Periploca sepium* Bunge）的干燥根皮。主产地为河南、山西、山东、河北等省。北五加与南五加功效有相似之处，但两者有重要区别，南五加皮无毒，而北五加则有毒，现代临床应用中也多次出现关于"五加皮中毒"的报道[20]。鞠康等[21]研究发现，性状外观上比较，五加皮和香加皮均为卷筒状或不规则片状，但五加皮外表颜色较深，香加皮颜色较浅；五加皮气味较淡，而香加皮香气浓郁，可以区别。显微鉴别上比较，五加皮和香加皮粉末透化片中均可见草酸钙晶体，五加皮中具有较多的簇晶，极易识别，而香加皮中有少量的方晶。同时，香加皮中还有类方形的石细胞，这些特征都能很好将两者区别。

周毓惠等 [26] 分别调查了五加皮药材习用品在各地的使用情况与使用品种，发现各地习用品有 23 种，混伪品 4 种，分别为鹅掌柴、牛白藤、越南悬钩子、地骨皮。地区习用品五加皮均具有一定治疗风湿寒痹、气虚萎弱等病症的功效，但效果与正品五加皮有一定差异，有些也具有不同。混伪品不具有五加皮的功效，应当严格区别，避免出现因用药品种原因导致的不良后果。

现代医学研究表明，五加皮主要含丁香苷、刺五加苷 B_1、右旋芝麻素、16α- 羟基 -（-）- 贝壳松 -19- 酸、左旋对映贝壳松烯酸、挥发油、维生素 A 维生素 B_1 等，北五加皮则含多种苷类化合物，其中最主要的是强心苷，有红柳毒苷和香加皮苷 A、B、C、D、E、F、G、K 等，还有 4- 甲氧基水杨醛，所以带有特殊的香气，且具有强心、升压、抗癌作用，所含的红柳苷具有增强呼吸系统功能作用 [20, 22]。

此外，潘莉等 [23] 认为鉴别项中应考虑用紫外光谱组峰、红外光谱、高效液相色谱和气相色谱等组峰组成指纹图谱。用指纹图谱鉴别中药材真伪是中药现代化的要求。

第七节　性味归经与临床应用

一、性味

《中国药典》（2020 年版一部）："辛、苦，温。"
《本经》："味辛，温。"

《别录》："苦，微寒，无毒。"

二、归经

《中国药典》（2020 年版一部）："归肝、肾经。"

《本草经疏》："入足少阴，足厥阴经。"

三、功能主治

《中国药典》（2020 年版一部）："祛风除湿，补益肝肾，强筋壮骨，利水消肿。用于风湿痹病，筋骨痿软，小儿行迟，体虚乏力，水肿，脚气。"

《别录》："主男子阳痿，囊下湿，小便余沥，女人阴痒及腰脊痛，两脚疼痹风弱，五缓，虚羸，补中益精，坚筋骨，强志意，久服轻身耐老。"

《药性论》："能破逐恶风血，四肢不遂，贼风伤人，软脚，主多年瘀血在皮肤，治痹湿内不足，主虚羸，小儿三岁不能行。"

《纲目》："治风湿痿痹，壮筋骨。"

《本草正》："除风湿，行血脉。"

四、用法用量

5～10 g。

五、注意事项

阴虚火旺者慎服。

《本草经集注》："畏蛇皮、玄参。"

《本草经疏》："下部无风寒湿邪而有火者不用，肝肾虚淫之风，风去则热已，湿去则寒除。"

六、附方

1. 治风痹不仁，四肢拘挛疼痛

五加皮（细切）一升，以清酒一斗渍十日，温服一中盏，日三服（《圣惠方》五加皮酒）。

2. 治风湿筋肉关节痛

五加根 30 g，薜荔藤 30 g，猪蹄 1 只。加水同炖汤，去渣，用甜酒兑服（《江西民间草药验方》）。

3. 治腰痛

上等分为末，酒糊丸如梧桐子大，每服三十丸，温酒下（《卫生家宝》五加皮丸）。

4. 治鹤膝风

五加皮八两，当归五两，牛膝四两，无灰酒一斗。煮三炷香，日二服，以醺为度（《外科大成》五加皮酒）。

5. 治老人腰痛脚弱，小儿佝偻病

五加皮 120 g，鹿角霜 60 g，烧酒 0.5 g。泡 10 d，去渣过滤，加赤砂糖适量，每日 2~3 次，适量饮服（《食物中药与便方》）。

6. 治筋缓

五加皮、油松节、木瓜、每末二三钱，酒下（《杂病源流犀烛》五加皮散）。

7. 治颈软

五加皮为末，酒调，涂敷颈骨上（《世医得效方》五加皮散）。

8. 治贫血、神经衰弱

五加皮、五味子各 6 g。加白糖，开水冲泡代茶饮，每日 1 剂（《食物中药与便方》）。

9. 治妇人血虚风劳，形容憔悴，肢节困倦，喘满虚烦，吸少气，发热汗多，口干舌涩，不思饮食

五加皮、牡丹皮、赤芍、当归各一两，上为末，每服一钱，水一盏，将青铜钱一文，蘸油入药，煎七分，温服，日三服（《局方》油煎散）。

10. 治脚气肿满

五加皮一斤，猪椒茎叶一斤。上药细锉和匀。每度用药半

斤，以水三斗，煎取二斗，去渣，看冷暖，于避风处淋蘸（《圣惠方》）。

第八节　丽水五加皮资源利用与开发

五加皮在医药治疗、养生保健等领域均被广泛应用。

一、中成药

五加皮在临床上对于跌打损伤、骨折、关节痛等疾病都有很好的治疗作用，特别是补肾益智功能明显，对人类的肾虚及由肾虚引起的头晕、健忘、精神疲劳等都有很好的调理作用。以五加皮为配方的中成药有 70 余种，尤以酒剂见多，如舒筋活络丸、跌打风湿酒、虎骨追风酒、回春酒等。

二、保健食品

五加皮被列为可用于保健食品的中药之一，五加皮泡的酒有香气，服用无怪味，酒气和药气相得益彰，疏通经络，强壮筋骨，延年益寿。我国以五加皮为主要原料的养生保健酒有 16 种，具有增强免疫力、缓解体力疲劳等功能，如五加皮酒、五加皮玉竹桂圆酒等。

三、食品

丽水青田地区尤其钟爱五加皮，几乎房前屋后都种有五加皮，常与猪脚、鸡鸭等肉类同煮食用。

第九节　总结与展望

五加皮能祛风湿、补肝肾、强筋骨，具有抗炎、镇痛、镇静等作用，现阶段用于跌打损伤的治疗偏多，其次作为补肾养身的保健食品应用广泛。随着对五加皮研究的不断深入、新药理作用的发现，尤其是抗肿瘤及其免疫调节作用的发现及其作用机制的进一步研究，对开发新的抗肿瘤药物必将产生重大影响。基础医学研究表明，五加皮中一种分子量为 60 道尔顿的蛋白质对肿瘤细胞有较强的抑制作用，但并不导致细胞凋亡和坏死，故该蛋白治疗肿瘤对机体不产生副作用，这正是开发有较强的抗肿瘤作用，并能增强机体免疫力，且没有副作用或副作用小的抗肿瘤药物所需要的，但需进行大量的临床前及临床实验。此外，五加皮提取物为国家批准的化妆品原料，但未查询到五加皮相关的化妆品报道，基于五加皮具有活血、镇静等功效，其在化妆品领域的应用也亟待开发，持续加大对五加皮的进一步开发和研究，将获得更多造福人类的新产品。

参 考 文 献

[1]　张清竹，石达理，许亮，等 . 刺五加和五加皮的本草考证 [J]. 中国中医药现代远程教育，2017，15（18）：146-148.

[2]　陆维承 . 南、北五加皮出典考证 [J]. 海峡药学，2008，20（1）：61-62.

[3]　鞠康，刘耀武 . 五加皮的本草学研究 [J]. 齐齐哈尔医学院学报，2014，35（23）：3524-3525.

[4]　江苏新医学院 . 中药大辞典 [M]. 上海：上海人民出版社，1977：381-383.

[5]　中国药物大全编辑委员会 . 中国药物大全：中药卷 [M]. 北京：人民卫生出版社，1991：111-112.

[6]　叶橘泉 . 现代实用中药：增订本 [M]. 上海：科技卫生出版社，1958：59.

[7]　全国中草药编写组 . 全国中草药汇编：上册 [M]. 北京：人民卫生出

版社，1975：146-147.

[8]　王秋娟，李运曼，李璐，等. 风湿康 I 号的镇痛和部分抗炎类作用研究 [J]. 中国药科大学学报，1996，27（2）111-114.

[9]　SHAN B E，YOSHITA Y. Suppressive effect of Chinese medicinal herb，*Acanthopan gracilistylus*，extract oil humanlyrephocytes in vitro [J]. Clin exp immunol，1999（118）：41-48.

[10]　徐建国，任连生. 302 种传统治癌巾草药水提液对 HL-60 细胞的诱导分化及细胞毒作用 [J]. 山西医药杂志，1991，20（2）：82-83.

[11]　BAO E S，KAZUYA Z. Chinese medicinal herb，*Acanthopanax gracilistylus*，extyaet induces cell cycle arrest of human tumor cells in vitro[J]. Jpn. j. cancer res，2000，91：383-389.

[12]　刘冰，庞慧民. 几味抗癌中药致突变性研究 [J]. 白求恩医科大学学报，1999，25（1）：8-9.

[13]　吴耕书，张荔彦. 五加皮的琢囊素成分对癌性腹水中毒激素：L 诱导的脂解反应的抑制作用 [J]. 中国中医基础医学杂志，1997，4（2）：26-27.

[14]　吴耕书，张荔彦. 五加皮的次黄嘌呤成分对癌性腹水中毒激素：L 诱导的脂解反应的抑制作用 [J]. 中草药，1997，28（10）：604-605.

[15]　袁文学，伍湘瑾，韩玉洁，等. 细柱五加皮的药理作用研究 [J]. 沈阳药学院学报，1988，5（3）：192-195.

[16]　边晓丽，王晓理. 6 种抗衰老中药清除氧自由基和抗脂质过氧化作用的测定 [J]. 西北药学杂志，2001，16（2）：68-69.

[17]　张永杰，胡国栋，姜平，等. 药王五补口服液抗衰老作用的实验研究 [J]. 中草药，1993，24（1）：32-33.

[18]　国家药典委员会. 中华人民共和国药典 [M]. 2020 年版一部. 北京：中国医药科技出版社，2020：67.

[19]　浙江省食品药品监督管理局. 浙江省中药炮制规范 [S]. 2015 年版. 北京：中国医药科技出版社，2015：292.

[20] 詹珺雁，卜红闽. 浅谈南北五加皮的鉴别 [J]. 中国现代医生，2012，50（23）：11-13.

[21] 鞠康，刘耀武. 五加皮及混淆品的生药学研究 [J]. 长江大学学报，2014，11（36）：206-208.

[22] 金李峰. 五加皮与其混淆品的鉴别 [J]. 中医药临床杂志，2012，24（10）：1012-1013.

[23] 潘莉，李水福. 五加皮与香加皮的区别使用亟待重视 [J]. 中国药业，2008，17（22）：60-61.

[24] 谢欣辛，程志红，陈到峰. 五加皮的薄层鉴别和异贝壳杉烯酸的含量测定 [J]. 时珍国医国药，2013，24（10）：2425-2427.

[25] 胡士明. 高效液相色谱 - 紫外可见检测法测定五加皮中原儿茶酸含量 [J]. 科学与财富，2015，11（5）：240.

[26] 鞠康，刘耀武，郭伟娜. 五加皮与其混伪品、习用品研究进展 [J]. 安徽农业科学，2014，42（26）：8946-8947.

前胡

Qianhu

前　胡 | Qianhu
RADIX PEUCEDANI

本品为伞形科植物白花前胡（*Peucedanum praeruptorum* Dunn）的干燥根。冬季至翌年春季茎、叶枯萎或未抽花茎时采挖，除去须根，洗净，晒干或低温干燥[1]。别名：姨妈菜、罗鬼菜（《黔志》）、水前胡（《植物名实图考》）、野芹菜、岩风、南石防风、坡地石防风、鸡脚前胡、岩川芎。

第一节　本草考证与历史沿革

一、本草考证

前胡首见于《名医别录》，列为中品，为伞形科植物白花前胡（*Peucedanum praeruptorum* Dunn）或紫花前胡（*Peucedanum decursivum* Maxim）的根。该药味苦、辛，性微寒，入肺经，功能降气祛痰，宣散风热，适用于肺气不降之喘咳、胸闷吐痰、外感风热之头痛、咳嗽吐痰、气急等症[2]。

前胡在《神农本草经》中未见记载。《雷公炮炙论》记载了该药的鉴别："凡使前胡，勿用野蒿根，缘真似前胡，只是味粗酸。若误用，令人反胃不受食"，但对其性味及主治没有进一步的论述。《名医别录》首先记载了前胡的性味、功用及主治范围："味苦，微寒，无毒。主治痰满，胸胁中痞，心腹结气，风头痛，去痰实，下气。治伤寒热，推陈致新，明目，益精。"我国晋代第一部外科专著《刘涓子鬼遗方》善以前胡组方，治疗外科痈疡证。如黄芪汤用治痈疽内虚热，渴甚者；竹叶汤主治痈疽取下后，热少退，小便不利等；增损竹叶汤对于痈疽肿痛，烦热者效佳。前胡在上述三方中主要发挥消痰散结的作用。唐代《药性论》补充其功效谓："去热实，下气，主时气内外俱热，单煮服佳。"此时期应用前胡与其他药物配伍，功可祛热，尤宜热证兼咳嗽、呕逆者。《外台秘要·卷八》引《广济方》之前胡丸，功能消痰下气止呕，用治心头痰积宿水，呕逆不下食。《千金要方·卷十六》之前胡汤："主治寒热呕逆少气，心下结聚，胀满，不得食，寒热消渴"；该卷所载另一首前胡散："主治呕吐，四肢痹冷，上气腹热，三焦不调。"前胡在这几首药方中主要起到下气消痰之功。

此外，此时期还将前胡与其他药物配伍用治胸痹疼痛。如《千金要方·卷十三》所载之前胡汤："主治胸中逆气，心痛彻背，少气不食"，这是对其下气消痰作用的引申。

《日华子本草》重点论述了前胡的下气作用，认为其"治一切劳，下一切气，止嗽，破结，开胃下食，通五脏，主霍乱转筋，骨节烦闷，反胃，呕逆，气喘，安胎，小儿一切疳气。"关于前胡的临床应用，已明确治肺疾痰咳及外感表证，有时亦治胃之呕逆等。《太平圣惠方》中记载了多首组成药物不同的前胡散、前胡丸、前胡饮子等药方，用治痰嗽、心胸不利、呕逆、脾胃不和、饮食不下等证。

明清时期，有关的药物学专著对前胡的功用进行了较为全面、深刻的论述与分析。如《滇南本草》谓其为："解散伤风伤寒，发汗要药，止咳嗽，升降肝气，明目退翳，出内外之痰"；《本草纲目》归纳其功效为："清肺热，化痰热，散风邪"，认为该药的特点是："其功长于下气，故能治痰热喘嗽，痞膈呕逆诸疾。气下则火降，痰亦降矣，所以有推陈致新之绩，为痰气要药。"《本草通玄》

则进一步总结："前胡，肺肝药也。散风驱热，消痰下气，开胃化食，止呕定喘，除嗽安胎，止小儿夜啼。"前胡的上述功能从以下前胡复方的应用中均得以体现，如《幼科发挥》所载清金饮，专治伤风嗽吐。《时病论》取薄荷、前胡、牛蒡子、蝉蜕、淡豆豉、瓜蒌壳等药组方，用于风温初起，风热新感，冬温袭肺之咳嗽等。《张氏医通》之前胡枳壳汤，治疗喘嗽上气，烦渴引饮，便实溺赤者。《笔花医镜》桔梗前胡汤，治疗肺气闭塞闷咳。《仁斋直指方》创人参前胡汤，功能疏风降气消痰，治风痰头晕目眩。《普济方》制前胡散，治疗痰热客于上焦，上喘气促，心下痞闷，不欲饮食，该时期对前胡的功效及适应证的认识还有了较大扩展。如《专治麻痧初编》引《痘疹折衷》开豁腠理汤，功能解肌透疹，适宜于麻疹欲出之时，腮红目赤，壮热憎寒，身体疼痛，呕吐泄泻，咳嗽烦渴等证。《普济方》载前胡饮子用于治婴儿变蒸，潮热，烦渴，头痛；疮疖热伏，或疹痘未匀。《治疹全书》创制九味前胡汤，治疗疹初出时，身有微汗，吐泻交作。

二、历史沿革

在 2005 年以前，《中国药典》收录中药前胡的来源有白花前胡和紫花前胡 2 种，随着后续的研究发现这 2 种植物在化学成分及药理性质上存在差异[2-28]。重新修订后的药典将前胡和紫花前胡单列，前胡仅收载了白花前胡一个品种。历代本草都以浙江与安徽一带为前胡的道地产区。目前，安徽宁国产的前胡由于"个大，皮黑，条长，香味浓"，被誉为"宁前胡"，其产量占全国的1/3。浙江所产前胡也量大质优。因此，安徽、浙江一带的前胡具有道地性。

第二节　植物形态与生境分布

一、植物形态

白花前胡是一种多年生草本植物，其株高 0.3~1.2 m，根表面黑褐色或灰黄色，主根长 1~5 cm，侧根 2~6 支，根头部外围及茎基部有纤维状叶鞘残基留存，根上端具密集的横向环纹，下部具纵纹和沟壑，且有明显的横向凸起皮孔。白花前胡茎圆柱形，有纵线纹，老茎光滑无毛，嫩茎分叉处多具短毛。白花前胡基生叶有长柄，长 6~20 cm，叶鞘扩大抱茎，叶片呈宽卵形或三角状卵形，二至三回三出式羽状分裂，第一回羽状叶片具小叶柄，末回裂片呈菱状倒卵形，叶缘有粗锯齿，不带有紫色；茎生叶具短叶柄或无叶柄，叶形与基生叶形状相似，较小，顶端叶片简化，但叶鞘宽大。顶生复伞形花序，每一伞形花序约 20 朵白色小花，花瓣 5 枚，总苞片少数，小总苞片数 7~10。卵状椭圆形双悬果，背部压扁，内有油管。花期 7—9 月，果期 10—11 月 [3]。

二、生境分布

白花前胡野生资源目前主要分布于我国安徽的南部山区、浙江的西北部地区、湖北的西南地区、贵州的东南地区和铜仁、河南的西南地区、湖南的中部和西部地区、江西的东北部地区以及成都等地；白花前胡的栽培资源主要分布于湖北的秭归、兴山、夷陵区，安徽的宁国、歙县、黟县、绩溪、休宁县，浙江的磐安、新昌、淳安、临安，贵州的凤冈、施秉、黄平、毕节，重庆的武隆、涪陵等地，产于安徽和浙江的前胡习惯上被称为宁前胡，占药材市场份额的 80% 左右，产于湖北、湖南、贵州等地的前胡成为信前胡，占市场份额的 20% 左右 [3]。史婷婷 [4] 等，利用多源多时像技术对宁国白花前胡的种植面积做了调查，2 种技术发现，宁国的白花前胡种植面积在 1 639 hm² 以上，可见白花前胡的种植资源较为丰富。

第三节 栽 培

一、生态环境条件

白花前胡适应于温暖、湿润的气候条件，主要生长在海拔 100~2 000 m 的向阳坡，疏林边缘，山坡草丛及路边灌丛均有分布[3]。土壤以土层深厚、疏松、肥沃的夹沙土为好。温度高且持续时间长地区以及荫蔽过度、排水不良的地方生长不良，且易烂根；质地黏重的黏土和干燥瘠薄的河沙土不宜栽种[4]。白花前胡对环境要求比较严格，生态环境是制约其分布的主要因素。

二、栽培技术

（一）种苗繁殖

前胡以直播为好。前胡种子发芽适温为 10~15 ℃，可春播或秋播。最好是秋播，出苗早，抗逆强。春播为当年 12 月至翌年 3 月上旬，最迟不宜超过清明，过迟则气温过高，出苗难，幼苗出土后真叶易灼伤。可采取穴播、条播或撒播等方式。穴播，在畦上开 27 cm×27 cm 的穴，穴深 5 cm，用种量为 15~22.5 kg/hm²，将种子拌火土灰均匀撒于穴内，然后盖 1 层土或土杂灰，以不见种子为度。撒播，用种量 15~22.5 kg/hm²，前胡种子（果实）撒于土面，然后用竹枝或扫帚轻轻拂动，以利于种子与土壤充分结合[5]。

（二）田间管理

1.除雄

在前胡栽培过程中，当雄株开始抽薹时需肥较大，要及时拔去雄株，以利于促进雌株生长。留种地除外。

2. 折枝打顶

前胡一般都要在第 2 年开花结果，其一旦开花，根部失去营养，造成木质化，俗称为"公子"，其根出现木质化，有效成分含量降低，不能作药用。因此，降低开花率成为提高前胡产量的重要措施。实践证明，折枝打顶具有很好的效果。当前胡植株长到高 20~30 cm 时，除保留基生叶外，从基部折断花茎。对一年生生长过于旺盛的植株，可在 6 月中旬打顶。经过折枝打顶后的前胡根部较未开花植株长得粗壮，产量也大幅度提高。

（三）肥水管理

施肥以基肥为主，于播种前整地时一次性施入，一般肥力地块用腐熟农家肥 45 t/hm² 或硫酸钾复合肥 750 kg/hm² 作基肥。在肥沃的园地种植，施含硫复合肥 150~225 kg/hm²，作为基肥。前胡需肥量小，基肥充足的幼苗期至 7 月底前不宜追肥，以免造成植株提前抽薹开花，根部木质化而影响产量。前期没有施基肥和土壤肥力不足的，结合第 1 次锄草追施浓度较低的人畜粪水或施尿素 75 kg/hm²（也可施硫酸钾复合肥 75 kg/hm²）提苗。立秋前后，结合第 3 次锄草施硫酸钾复合肥 150 kg/hm²；在白露前后再追施硫酸钾复合肥 75~150 kg/hm²。施肥时注意不要伤根、伤叶。前胡虽耐旱，但干旱严重影响产量，灌溉方便的园地遇到干旱要适当地浇水，关键时间在 8—9 月。

（四）病虫草害防治

1. 病害

（1）白粉病。发病后，叶表面发生粉状病斑，逐渐扩大，叶片变黄枯萎。防治方法：发现病株及时拔除烧毁，并用 10% 苯醚甲环唑（思科）1 500 倍液，或 40% 氟硅唑（福星）乳油 6 000~8 000 倍液，或 15% 三唑酮（粉锈灵）可湿性粉剂 1 500~2 000 倍液，或 45% 咪鲜胺乳油 3 000 倍液等喷雾防治。

（2）根腐病。发病后，叶片枯黄，生长停止，根部呈褐色，水渍状，逐渐腐烂，最后枯死。低洼积水处易发此病。防治方法：注意疏沟排水，特别是雨季和大雨天，及时排除积水，降低田间湿度，促使植株生长健壮，增强其抗病能力；发现病株，应及时拔除烧毁。并用50%多菌灵可湿性粉剂1 000倍液，或70%甲基硫菌灵1 000~1 200倍液等浇淋根部消毒，以防病菌蔓延。

2. 虫害

（1）蚜虫。主要为桃蚜，又称烟蚜，密集于植株新梢和嫩叶的叶背，吸取汁液，使心叶、嫩叶变厚呈拳状卷缩，植株矮化，或为害幼嫩花茎，造成结实不充实等。防治方法：清洁田园，铲除周围杂草，减少蚜虫迁入和越冬虫源；发生蚜虫可选用20%啶虫脒8 000~10 000倍液或10%吡虫啉1 000倍液，每5~7 d喷洒1次，连喷2~3次。

（2）刺蛾类。又名洋辣子。防治方法：可选用1.8%阿维菌素2 500~3 000倍液或3%甲氨基阿维菌素苯甲酸盐乳油3 000倍液，或10%氯氰菊酯1 500倍液喷施叶背，每隔10 d喷1次，连喷2~3次。

（3）蛴螬。为金龟子幼虫的总称，土名叫"土蚕"，苗期咬食嫩茎，7月中旬后咬食根茎基部。防治方法：施用充分腐熟的农家肥，减少成虫产卵量；蛴螬为害期用50%辛硫磷可湿性粉剂1 000倍液，或48%毒死蜱1 000~2 000倍液，或1%甲氨基阿维菌素苯甲酸盐乳油2 500倍液灌根，毒杀幼虫。

3. 草害

前胡除草的方式有化学药剂除草和人工除草。

（1）化学药剂除草。播种后出苗前空白地除草，在杂草出土前施用。用50%乙草胺乳油1 050~1 125 mL/hm²，兑水600~900 kg均匀喷雾土表。播种后出苗前除已出土杂草。前胡播种后15 d以后出苗，因此在杂草见绿、前胡尚未出苗前，可用20%克芜踪水

剂 2.25~3.75 L/hm²，兑水 375~450 kg 进行田间喷洒。也可选用
41％农达或草甘膦水剂 2.25~3.00 L/hm² 兑水 450~600 kg 喷洒。
前胡出苗后绝不能使用以上药剂除草，以免杀死药苗。根据试验结
果，应在 14 d 以内喷药。

（2）人工除草。中耕除草一般在封行前进行，中耕深度根据地
下部生长情况而定。苗期中药材植株小，杂草易滋生，应勤除草。
待其植株生长茂盛后，此时不宜用锄除草，以免损伤植株，可采用
人工拔草，但费时费力。第 1 次拔草于 5 月幼苗长到 5~6 cm 高时
进行，第 2 次拔草于 6 月中旬至 7 月上旬，第 3 次拔草于立秋前后
进行。

（五）采收与加工

前胡采收可分 2 期，秋播可在冬至到第 2 年萌芽前采收，春播
可在当年抽花茎前采收，故如果有好的生长环境和田间管理作为保
障，前胡可一整年采收，但一般应生长 2 年，即到第 2 年抽花茎前
采收。先割去枯残茎秆，挖出全根，除净沙土运回家，晾 2~3 d，
至根部变软时晒干即成。前胡折干率约 4 成，一般产量为 2 250~
3 000 kg/hm²，高产的可达 4 500 kg/hm²。另外，前胡每年收获时，
挖断的细根第 2 年也可萌发新株，而且生长较种子撒播苗要粗壮，
产量也高。现在产区农户在收获时用板锄挖取前胡，有意将须根挖
断留在土中，待第 2 年播种时，只需播种子 7.5~15 kg/hm² 即可，
不仅减少了用种量，还提高了产量。

第四节　化　学　成　分

前胡含有多种化学成分，自 20 世纪 70 年代起，学者们就对其
不断地研究与探索，经过多年的研究，现已发现主要有香豆素类、

挥发油、黄酮、色原酮、聚炔、木质素、简单的苯丙衍生物等，其中以香豆素类为主要的药效活性成分[6]。

一、香豆素类

白花前胡中的香豆素类成分较多，其中的化学成分分类如下。

简单香豆素：伞形花内酯、东莨菪内酯、前胡醇、异西泊丁香油等。

呋喃香豆素：补骨脂素型：补骨脂素、佛手苷内酯、欧前胡素、5-甲氧基补骨脂素、8-甲氧基补骨脂素、二甲氧基补骨脂素；二氢补骨脂素型：白花前胡苷Ⅰ、异柳酸、芦丁、苦杏仁素；异补骨脂素型：异补骨脂素等。

吡喃香豆素：二氢花椒内酯型：前胡香豆素F；二氢邪蒿内酯型：白花前胡甲素、白花前胡丙素、白花前胡乙素、白花前胡丁素、D-白花前胡素E、Pd-Ib、前胡香豆素A、前胡香豆素B、前胡香豆素C、前胡香豆素D、前胡香豆素H、白花前胡苷Ⅱ、白花前胡苷Ⅲ、白花前胡苷Ⅳ、白花前胡苷Ⅵ、白花前胡苷Ⅶ、顺式-3′,4′-二千里光酰基-3′,4′-二氢邪蒿内酯、北美芹素、(-)-反式-消施凯诺内酯、Isoboeeonin、3,7-当白花前胡苷归酰氧基凯琳内酯等[7]。

二、挥发油类

白花前胡中的挥发油成分较多，其中含有烷烃、酯、酮、倍半萜，芳香化合物和萘醌类等成分，已鉴定的成分有40多种，孔令义等利用气质联用对白花前胡挥发油进行了研究，从气相色谱图中发现，香木兰烯、β-榄香烯等倍半萜为主要成分[8]；俞年军等认为α-蒎烯、桧醇、香木兰烯、萜品油烯、α-金合欢烯和长叶烯6种为主要成分，占相对成分的60%以上，可以作为质量控制的标准[9]。

三、无机元素类

研究表明前胡中含有大量的无机元素，已证实的有24种元素，包括磷、硫、硅、钡、铝、铬、锌、锰、铷、硒、铬、钛、铁、钯、铈、锆、镧、铜、锡、镍、铯、钒、钇、铌；其中矿物质元素氮、钾最多，磷最少[6]。

四、其他成分

白花前胡中亦含有多种其他成分：丹参酮ⅡA(tanshinone ⅡA)和丹参酮(tanshinone I)等菲醌类化合物[10]；胡萝卜苷[11]、白花前胡苷[11]、紫花前胡苷[11, 12]等苷类成分，棕榈酸（palmitic acid）[8]、二十四烷酸[8]等脂肪酸类，香草酸[11]、没食子酸[11]等苯甲酸类，以及β-谷甾醇[10, 12]等甾醇类成分。

第五节　药理与毒理

一、药理作用

前胡的药理作用研究一直是国内外研究的热点，结果表明，前胡主要具有祛痰、镇咳、平喘、抗炎、解痉、镇静等多种药理作用[6]。

（一）对心血管的影响

1. 抗心肌缺血及保护心肌的作用

白花前胡提取液能够调节因腹主动脉狭窄所致的心肌细胞凋亡相关基因的表达，从而抑制心肌重塑，对心衰发挥生物学的治疗作用；白花前胡提取液含药血清可有效抑制细胞信号转导JNK通路中重要的核转录因子c-Jun蛋白的表达等，从而发挥保护心肌的作用。

2. 改善心脏的功能

白花前胡提取液可以有效地改善左室舒缩功能，改善机体血液的供应，减轻心衰的症状；早先陈政雄等（1979）报道，Ph-c具有明显增加离体豚鼠心脏冠脉血流量的作用[13]；吴欣等（1990）

报道[14]，Pra-C 能够明显抑制离体豚鼠心房的自律性和 $CaCl_2$ 的正性频率，非竞争性拮抗异丙肾上腺素对心脏的正性频率作用，说明 Pra-C 对肥厚心肌的顺应性具有一定的改善作用；近年来研究报道 Pra-C 有利于再灌注心脏 cBF、sV、HR 等的恢复，而对正常的心脏无明显影响，表明 Pra-C 具有抗缺血再灌注损伤的活性。白花前胡甲素对心血管系统有较好的作用，如抗心肌缺血、抗心律失常，而且对心肌细胞有一定的保护作用。

3. 扩张血管、降低血压的作用

研究表明，前胡的石油醚提取物可使肺动脉平均压、肺总阻力和肺血管阻力下降，氧运输量增加，降低肺动脉血管阻力，同时使心搏量、混合静脉血氧分压和氧运搬量增加。提示 EHQ 可选择性扩张肺血管，使肺动脉压降低，肺血管阻力较小，同时对心脏功能和组织氧化也有一定的改善作用，可进一步用于治疗肺动脉高压[15]。前胡浸膏能降低大鼠血压，使离体工作心脏的冠脉流量增多，起到预防肾型高血压左室肥厚的作用[16]。

（二）镇咳祛痰作用

白花前胡提取得到的白花前胡丙素能够增强小鼠的气管排泌酚红，对小鼠实验性咳嗽有一定的镇咳作用，同时具有祛痰作用；前胡蜜炙后的润肺、止咳、化痰作用较生品略有增强。白花前胡甲素有显著的钙离子拮抗活性，可松弛支气管平滑肌，抑制过敏介质的释放，用于上呼吸道感染的治疗。

（三）其他作用

前胡甲醇总提取物能够抑制炎症初期血管的通透性，对胃溃疡有明显的抑制作用，还有解痉作用；能够延长巴比妥钠的睡眠时间，从而有一定的镇静作用。有文献报道[17]，分别用 95% 乙醇和 60~90 ℃石油醚提取的前胡挥发油样品对大肠杆菌、金黄色葡萄球菌、伤寒杆菌和弗氏志贺菌 4 种供试病原菌，有一定抑菌或杀菌作用。从白花前胡中分离出来的角型吡喃骈香豆素 APc 可以诱导人急性髓样白血病 HL-60 细胞分化，推测 APC 可以作为分化治疗白血病的潜在药物；从前胡中分离出 3 种邪蒿素样香豆素，即 Pb-Ⅰa、Pb-Ⅱ、Pb-Ⅲ，研究表明，3 种邪蒿素样香豆素均有抗癌作用[18]和明显的肿瘤抑制作用。

二、毒性机理

未见相关报道。

第六节　质 量 体 系

一、标准收载情况

（一）药材标准

《中国药典》（2020 年版）、《香港中药材标准》（第四期）、《台湾中药典》（第三版）、《湖南省中药材标准》（2009 年版）。

（二）饮片标准

《中国药典》（2020 年版）、《浙江省中药炮制规范》（2015 年版）、《上海市中药饮片炮制规范》（2018 年版）、《湖南省中药饮片炮制规范》（2010 年版）、《北京市中药饮片炮制规范》（2008 年版）、《重庆市中药饮片炮制规范》（2006 年版）、《江西省中药饮片炮制规范》（2008 年版）、《河南省中药饮片炮制规范》（2005 年版）。

二、药材性状

（一）《中国药典》（2020年版）

本品呈不规则的圆柱形、圆锥形或纺锤形，稍扭曲，下部常有分枝，长 3~15 cm，直径 1~2 cm。表面黑褐色或灰黄色，根头部多有茎痕和纤维状叶鞘残基，上端有密集的细环纹，下部有纵沟、纵皱纹及横向皮孔样突起。质较柔软，干者质硬，可折断，断面不整齐，淡黄白色，皮部散有多数棕黄色油点，形成层环纹棕色，射线放射状。气芳香，味微苦、辛。

（二）《香港中药材标准》（第四期）

本品呈不规则的圆柱形、圆锥形或纺锤形，稍扭曲，下部常有分枝，长 4~15 cm，直径 3~18 mm。表面黄棕色到深棕色，有纵皱纹、纵沟及横向皮孔。根头部粗短，常有茎痕及纤维状叶鞘残基，上端有密集的细环纹。质较柔软，干者质硬，易折断，断面不整齐，淡黄色，皮部散有多数棕黄色油点，形成层环纹棕色。气芳香，味微苦、辛。

（三）《台湾中药典》（第三版）

本品根头及主根粗短，圆柱形或圆锥形，常弯曲、斜向，长 2~4 cm，直径 1~1.5 cm，下端有支根断痕或留有 1~2 个长 3~5 cm 的支根。表面棕色，根头部有密集的环纹及残余的叶基，形成"蚯蚓头"支根具不规则纵沟及横长皮孔。质硬脆，断面黄白色，皮部占大部分，较疏松，皮部及木质部均有多数黄色油点（油管）；根头横切面形成层环略呈方形，具髓。气香，味先微甜、后苦辛。

（四）《湖南省中药材标准》（2009年版）

本品呈不规则的圆柱形、圆锥形或纺锤形，稍扭曲，下部常有分枝，长 1.5~5 cm，直径 0.8~2 cm。表面黑褐色或灰黄色，根头顶端有的有残留茎基或状叶鞘残基。质较柔软，干者质硬，可折断，断面不整齐，类白色，射线不明显。气芳香，味微苦、辛。

三、炮制

（一）《中国药典》（2020年版）

前胡：除去杂质，洗净，润透，切薄片，晒干。

蜜前胡：取前胡片，照蜜炙法炒至不黏手。

（二）《浙江省中药炮制规范》（2015年版）

炒前胡：照清炒法炒至表面深黄色，微具焦斑时，取出，摊凉。

（三）《上海市中药饮片炮制规范》（2018年版）

前胡：将药材除去枯茎等杂质，洗净，润透，切薄片，晒或低温干燥，筛去灰屑。

蜜前胡：取前胡，照蜜炙法（附录Ⅰ）炒至蜜汁吸尽不黏手。

（四）《湖南省中药饮片炮制规范》（2010年版）

前胡：取原药材，除去杂质，洗净，润透，切厚片，干燥，筛去碎屑。

蜜前胡：取前胡片，照蜜炙法炒至不黏手。

（五）《北京市中药饮片炮制规范》（2008年版）

前胡：取原药材，除去杂质及残茎，洗净，浸泡 1~2 h，取出，闷润 8~12 h，至内外湿度一致，切厚片，晒干或低温干燥，筛去碎屑。

蜜前胡：取炼蜜，加适量沸水稀释，淋入前胡片中，拌匀，闷润 2~4 h，置热锅内，用文火炒至表面深黄色，不黏手时，取出，晾凉。

四、饮片性状

（一）《中国药典》（2020年版）

前胡：本品呈类圆形或不规则形的薄片。外表皮黑褐色或灰黄色，有时可见残留的纤维状叶鞘残基。切面黄白色至淡黄色，皮部散有多数棕黄色油点，可见一棕色环纹及放射状纹理。气芳香，味微苦、辛。

蜜前胡：本品形如前胡片，表面黄褐色，略具光泽，滋润。味微甜。

（二）《浙江省中药炮制规范》（2015年版）

炒前胡：多为类圆形或不规则形的薄片。直径 0.5~2 cm，表面黑褐色或灰黄色，有时可见皱纹、环纹、横向皮孔或残留的纤维状叶鞘残基。切面淡黄色至棕黄色，可见不明显的小油点，皮部厚，具放射状裂隙，形成层环棕色。木质部具放射状纹理。微具焦斑，气香，味微苦、辛。

（三）《上海市中药饮片炮制规范》（2018年版）

1. 前胡

本品为类圆形或不规则形的薄片，直径0.3~2 cm。外表皮灰黄色或黑褐色，有的可见纵皱纹、横环纹、横向皮孔、茎痕及纤维状叶鞘残基。切面淡黄白色，具淡棕色环纹（形成层）和放射状纹理，并有众多淡棕色油点。质坚。气芳香，味微苦、辛。

2. 蜜前胡

棕黄色，滋润，稍黏手，具蜜糖香气，味甜而微苦、辛。

（四）《湖南省中药饮片炮制规范》（2010年版）

前胡：为不规则类圆形厚片，外表皮黑褐色或灰黄色。切面淡黄白色，皮部散有多数棕黄色油点，形成层环纹棕色，射线放射状。气芳香，味微苦、辛。

蜜前胡：形如前胡，表面深黄色，略有光泽，味微甜。

超微配方颗粒：棕黄色至棕褐色的颗粒；气微香，味微苦、辛。

（五）《北京市中药饮片炮制规范》（2008年版）

前胡：为类圆形或不规则厚片，外表皮黑褐色或灰黄色。切面淡黄白色，皮部散有多数棕黄色油点，形成层环纹棕色，射线放射状。气芳香，味微苦、辛。

蜜前胡：为类圆形或不规则厚片。表面呈深黄色，略有光泽，味微甜。

五、有效性、安全性的质量控制

前胡的有效性及其安全性的质量控制项目见表6.1。《香港中药材标准》（第九期）农药残留限量标准见表6.2。

表6.1　有效性、安全性质量控制项目汇总

标准名称	鉴别	检查	浸出物	含量测定
《中国药典》（2020年版）	药材：1. 显微鉴别（横切面）；2. 薄层色谱鉴别（以白花前胡甲素、白花前胡乙素对照品为对照）。饮片：除横切面外，同药材	药材：1. 水分（不得超过12%）、2. 总灰分（不得超过8%）；3. 酸不溶性灰分（不得超过2%）；饮片：1. 前胡：水分（不得超过6%）灰分（不得超过13%）；总灰分、酸不溶性灰分同药材 2. 蜜前胡：水分（不得超过13%）；总灰分、酸不溶性灰分同药材	药材：照醇溶性浸出物测定法（药典通则2201）项下的冷浸法测定，用稀乙醇作溶剂，不得少于20%。饮片：同药材	高效液相色谱法［按干燥品计算，含白花前胡甲素（$C_{21}H_{20}O_7$）不得少于0.9%，含白花前胡乙素（$C_{24}H_{26}O_7$）不得少于0.24%］饮片：同药材
《浙江省中药饮片炮制规范》（2015年版）前胡饮片	薄层色谱同《中国药典》（2020年版）前胡饮片	—	—	—
《香港中药材标准》（第四期）	1. 显微鉴别（横切面、粉末）；2. 薄层色谱鉴别（以白花前胡甲素、白花前胡乙素对照品为对照）3. 指纹图谱鉴别（供试品色谱图中应有与对照指纹图谱对保留时间同范围内一致的4个特征峰，供试品与白花前胡甲素和白花前胡乙素峰的保留时间相对相差均应不大于2%	重金属（砷、镉、铅、汞分别不多于2.0 mg/kg、0.3 mg/kg、5.0 mg/kg、0.2 mg/kg）、农药残留（详见表2）、霉菌毒素（黄曲霉素B_1不多于5 μg/kg、总黄曲霉素不多于10 μg/kg）、杂质（不多于1%）、总灰分（不多于6%）、酸不溶性灰分（不多于1%）、水分（不多于9%）	水溶性（冷浸法）浸出物（不得少于24%）、醇溶性（热浸法）浸出物（不得少于26%）	高效液相色谱法按干燥品计算，含白花前胡甲素（$C_{21}H_{20}O_7$）不得少于0.9%，含白花前胡乙素（$C_{24}H_{26}O_7$）不得少于0.24%

续表

标准名称	鉴别	检查	浸出物	含量测定
《台湾中药典》（第三版）	1. 显微鉴别（横切面、粉末）；2. 薄层色谱鉴别（以前胡对照药材、白花前胡甲素为对照）	重金属（砷、镉、汞、铅）应符合通则 3007、THP3001 的要求；干燥减重（不超过 15%）、总灰分（不多于 8%）、酸不溶性灰分（不多于 3%）、二氧化硫不得超过 150 mg/kg	—	高效液相色谱法（含白花前胡甲素不少于 0.8%）
《湖南省中药材标准》（2009 年版）	1. 荧光反应；2. 化学反应	—	药材：照醇溶性浸出物测定法冷浸法测定，用 50% 乙醇作溶剂，不得少于 20%。饮片：同药材	—
《上海市中药饮片炮制规范》（2018 年版）	薄层色谱鉴别（以白花前胡甲素、白花前胡乙素对照品为对照）	1. 前胡：水分（不得超过 12%）；总灰分（不得超过 6%）；酸不溶性灰分（不得超过 2%）；2. 蜜前胡：水分（不得超过 13%）；总灰分（不得超过 7.6%）；3. 酸不溶性灰分（不得超过 2%）	同《中国药典》（2020 年版）	—

续表

标准名称	鉴别	检查	浸出物	含量测定
《北京市中药饮片炮制规范》（2008年版）	薄层色谱鉴别（以白花前胡甲素对照品为对照）	水分（不得超过12%）；总灰分（不得超过8%）；酸不溶性灰分（不得超过2%）	同《中国药典》（2020年版）	—
《湖南省中药饮片炮制规范》（2010年版）	薄层色谱鉴别（以白花前胡甲素对照品为对照）	—	照醇溶性浸出物测定法热浸法测定，用70%乙醇作溶剂，不得少于18%	—

表6.2 《香港中药材标准》（第九期）农药残留限量标准　单位：mg/kg

有机氯农药	限度（不多于）
艾氏剂及狄氏剂（两者之和）	0.05
氯丹（顺-氯丹、反-氯丹与氧氯丹之和）	0.05
滴滴涕（4，4'-滴滴依、4，4'-滴滴滴、2，4'-滴滴涕与4，4'-滴滴涕之和）	1.00
异狄氏剂	0.05
七氯（七氯、环氧七氯之和）	0.05
六氯苯	0.10
六六六（α，β，δ 等异构体之和）	0.30
林丹（γ-六六六）	0.60
五氯硝基苯（五氯硝基苯、五氯苯胺与甲基五氯苯硫醚之和）	1.00

六、质量评价

（一）质量控制研究

前胡可"辨状论质"，历代本草认为优质前胡药材应该具有以下综合特征：形有"蚯蚓头"，皮色黑，断面"金镶白玉嵌"，质软糯，气香浓。这些特征共同构成了前胡的"辨状论质"。其中"蚯蚓头""皮黑""金镶白玉嵌"可以应用于前胡的真伪鉴别。近现代，紫花前胡曾混作前胡用，但是其根头部不具有"蚯蚓头"。因此，可根据是否具有"蚯蚓头"区分紫花前胡与白花前胡。同样，"皮黑""金镶白玉嵌"也可以用于区分紫花前胡与白花前胡。"蚯蚓头""皮黑"和"气香浓"与品质优劣相关。前胡经过人工栽培，生长年限短，一般1~2年即可采收。而野生前胡则可生长2~3年以上才被采挖。栽培前胡生长时间短，"蚯蚓头"较短，木栓层较薄，皮呈现黄白色；野生前胡和仿野生栽培的前胡由于生长年限长，"蚯蚓头"一直可以达到根的中部，木栓层明显增厚，生长的土壤对前胡根的外皮也有影响，皮偏向于黑色。野生的前胡的气味也较栽培的浓郁[19-24]。

传统前胡药材主要来源于野生资源，以"身干、枝条整齐、质嫩坚实、香气浓者"为佳[25-33]，无商品规格等级之分，均为统货。20世纪90年代，前胡药材的市场需求量急剧增加，野生药材不能满足市场需求。商品药材主要为栽培品开始对前胡药材商品有规格等级的区分，不同规格等级价格有差别。同一产地同等级前胡样品中白花前胡甲素与白花前胡乙素含量变化趋势较为一致；同一产地不同等级样品中3种香豆素类成分含量变化差异较大，同产地之间不同规格等级3种香豆素类成分含量之和总体较为接近[26]。栽培前胡现多为1年采收，邱晓霞等[27]提到影响宁前胡3种香豆素类成分的主要影响因素是栽培模式，可能是由于产区不同栽培模式下导致前胡营养生长过程中积累不同，导致其含量有所差异。

陈如兵等[28]探究种源与肥料对前胡的影响，发现不同的种源对白花前胡乙素的影响较大，对有效成分总含量表现为野生 > 一年生 > 残留根 > 二年生，推测前胡种子年限增加不利于有效成分的积累和产量的提高，此外，施不施肥对白花前胡乙素含量的影响无显著性差异，不施肥情况下白花前胡甲素的含量显著性增高，但产量却不尽人意。

刘佳陇等[33]研究发现，前胡合格与否不仅与产地、种植方式有关，也与加工方式有着密切关系。其中，干燥温度对其有效成分含量有明显影响，这可能与其检测成分的挥发性、热稳定性和生物代谢有一定关系。白花前胡乙素含量达标率相对较低，因而白花前胡乙素为前胡生产过程中的重点关注指标。白花前胡甲素和白花前胡乙素为药用植物白花前胡根部积累的香豆素类次生代谢产物[34]，其含量积累与生长年限呈正相关，野生前胡和两年生仿野生种植前胡品质较好。

近年来，前胡质量问题层出不穷，在全国不合格中药材考评中位于前列，主要问题是掺伪及前胡乙素含量不达标。在浙江省药品质量风险考核抽检中，前胡甲素、前胡乙素含量均有不同程度不合格，尤其前胡乙素，近 50% 低于《中国药典》限量值。

（二）混伪品

1. 紫花前胡

在目前的市场上，紫花前胡和白花前胡都作药用。长期以来，对前胡的真伪鉴别缺乏简便易行的依据。曹镐沛等[19]采用多种手段对白花前胡和紫花前胡进行了研究，结果发现白花前胡中含有皂苷类成分而紫花前胡中不含有此类成分。紫花前胡含有紫花前胡素，而白花前胡中含有白花前胡甲素和紫花前胡素；紫花前胡中总香豆素的含量为 1.824 mg/mL 要比白花前胡中的含量 1.254 6 mg/mL 略高。周国莉等[23]通过研究白花前胡和紫花前胡的挥发成分，发现紫花前胡中含有一种特殊成分冰片基氯，是唯一的氯代物成分，含量在 1% 以上。曾对 3 个不同产地的紫花前胡样品进行检测均能检出。而白花前胡样品中均未检出。冰片基氯成分可作为区分白花前胡与紫花前胡挥发油的特征性成分。乞超[24]采用聚丙烯酰胺凝胶电泳法对白花前胡、紫花前胡等伪品进行鉴别，可将紫花前胡、白花前胡、华中前胡、石防风区分开来。

2. 石防风[20]

异名珊瑚菜（《纲目》）、山莴（《安徽通志》），为伞形科植物石防风 [*Peucedanum terebinthaceum*(Fisch.)Fisch. ex Turcz.] 的根，味苦辛、性微寒，具有疏风清热、降气祛痰、祛风止痛的功效，用于感冒咳嗽、支气管炎咳喘、妊娠咳嗽[21]。其与前胡同科同属，外形酷似，但功效主治有所不同。不能混淆使用。应用显微特征、薄层色谱及液相色谱等方法，能将前胡与伪品石防风加以区别。特别是前胡与其混淆品石防风在同一条件下的薄层色谱区别较大，前胡气香，味微苦、辛；石防风气微，味苦、微辛。薄层色谱前胡与石防风所显斑点的点数与位置有差异。石防风不含白花前胡甲素。

3. 防风

防风为伞形科植物防风 [（ *Saposhnikovia divaricata* （Turcz.）Scbjschk.）] 的干燥根，其性辛、温，味甘，具有解表祛风，胜湿，止痉的作用，主要用于感冒头痛、风湿痹痛、风疹瘙痒、破伤风。由于两者均为伞形科植物药材，外观上较为相似，市场上流通的前胡中，有用防风假冒前胡的。两者的功效不同，若混淆使用，会直接影响其临床的疗效，损害患者的健康，通过一维红外光谱和二阶导数谱相结合的方法，对外观及主体成分相似的前胡和防风进行分析和鉴定，可得出前胡和防风的红外指纹特征，该方法重现性好、鉴定结果可靠[22]。

第七节　性味归经与临床应用

一、性味

《中国药典》（2020 年版）："苦、辛，微寒。"

《雷公炮炙论》："味甘微苦。"

《别录》："味苦，微寒，无毒。"

《药性论》："味甘辛。"

《滇南本草》："性寒，味苦辛。"

《纲目》："味甘辛，气微平。"

二、归经

《中国药典》（2020 年版）："归肺经。"

《纲目》："手足太阴、阳明。"

《雷公炮制药性解》："入肺、肝、脾、膀胱四经。"

《本草经疏》："入手太阴、少阳。"

三、功能主治

《中国药典》（2020 年版）："降气化痰，散风清热。用于痰热喘满，咯痰黄稠，风热咳嗽痰多。"

《别录》："主疗痰满胸胁中痞，心腹结气，风头痛，去痰实，下气。治伤寒寒热，推陈致新，明目益精。"

《药性论》："祛热实，下气，主时气内外俱热，单煮服佳。"

《日华子本草》："治一切劳，下一切气，止嗽，破症结，开胃下食，通五脏，主霍乱转筋，骨节烦闷，反胃，呕逆，气喘，安胎，小儿一切疳气。"

《滇南本草》："解散伤风伤寒，发汗要药，止咳嗽，升降肝气，明目退翳，出内外之痰。"

《纲目》："清肺热，化痰热，散风邪。"

四、用法用量

《中国药典》（2020 年版）："3～10 g。"

《中药大辞典》："内服，煎汤，1.5～3.0 钱；或入丸、散。"

五、注意事项

阴虚咳嗽、寒饮咳嗽患者慎服。

《本草经集注》："半夏为之使。恶皂荚。畏藜芦。"

《本草经疏》："不可施诸气虚血少之病。凡阴虚火炽，煎熬真阴，凝结为痰而发咳喘；真气虚而气不归元，以致胸胁逆满；头痛不因于痰，而因于阴血虚；内热心烦，外现寒热而非外感者，法并禁用。"

《本经逢原》："凡阴虚火动之风，及不因外感而有痰者禁用。"

《本草求真》："阴虚火动，并气不归元，胸胁逆满者切忌。"

六、附方

1. 治咳嗽涕唾稠粘，心胸不利，时有烦热

前胡一两（去芦头），麦门冬一两半（去心），贝母一两（煨微

黄），桑根白皮一两（锉），杏仁半两（汤浸，去皮尖，麸炒微黄），甘草一分（炙微赤，锉）。上药捣筛为散。每服四钱，以水一中盏，入生姜半分，煎至六分，去滓，不计时候，温服（《圣惠方》前胡散）。

2. 治肺热咳嗽，痰壅，气喘不安

前胡（去芦头）一两半，贝母（去心）、白前各一两；麦门冬（去心，焙）一两半，枳壳（去瓤、麸炒）一两，芍药（亦者）、麻黄（去根节）各一两半，大黄（蒸）一两。上八味，细切，如麻豆。每服三钱七，以水一盏，煎取七分，去滓，食后温服，日二（《圣济总录》前胡饮）。

3. 治肺喘，毒壅滞心膈，昏闷

前胡（去芦头）、紫菀（洗去苗土）、诃黎勒皮、枳实（麸炒微黄）各一两。上为散。每服一钱，不计时候，以温水调下（《普济方》前胡汤）。

4. 治妊娠伤寒，头痛壮热

前胡（去芦头）、黄芩（去黑心）、石膏（碎）、阿胶（炙，焙）各一两。上粗捣筛，每服三钱七，水一盏，煎至七分去渣。不计时温服（《圣济总录》前胡汤）。

5. 治小儿风热气啼

前胡（去芦）。上为末，炼蜜和丸小豆大。日服一丸，熟水下。服至五六丸即瘥（《小儿卫生总微论方》前胡丸）。

第八节　丽水前胡资源利用与开发

近年来，景宁畲族自治县农业农村局大力推广前胡的种植。景宁畲族自治县强村投资发展有限公司积极响应政府号召，有意大力开发前胡。该公司成立于 2013 年 7 月，为国有独资，主要经营食品加工、销售等业务。

一、中成药

含前胡的制剂形式主要包括颗粒剂、片剂、胶囊剂、口服液、丸剂等，主要用于感冒咳嗽、发热恶寒等，如通宣理肺颗粒、消咳平喘口服液、紫前膏、八宝丸等。

二、食品

目前还没有含有前胡为主成分的食品或保健食品

三、化妆品

白花前胡根提取物是我国获批的化妆品原料，可应用于化妆品产品中。

第九节　总结与展望

前胡在我国已有 1 500 多年的药用历史，药材资源丰富，药理作用广泛，国内外学者对前胡进行了大量的研究，特别是在化学成分及药理作用方面进行了深入的探讨。作为一种原料丰富、应用广泛的中药，前胡无论在传统医学还是现代药理学方面均体现了较强的生物活性，尤其香豆素类化学成分表现出了很强的心血管药理活性，在其研究和开发防治心血管疾病新药方面具有广阔的前景。目前白花前胡中医临床主要作解表药使用，用于祛风解表，化痰散热，其应用于心脑血管和癌症的治疗等方面的研究还未取得实效。近年来，国内外约有 150 个关于前胡心血管药理活性方面的专利，但大量药理学研究还停留在理论阶段，未被临床应用，加强其实际临床应用研究，将对白花前胡药用价值的提升及心脑血管和癌症的治疗研究有重要意义。此外，白花前胡提取物已获批为化妆品原料，但其在化妆品或日用品领域的应用鲜有报道，关于白花前胡的深度开发与利用几乎为空白。因此，白花前胡在物种保护、栽培技术、遗传进化、化学成分及药理学等方面仍具有较高的研究价值和广阔的前景。

参 考 文 献

[1]　国家药典委员会. 中华人民共和国药典 [M]. 2020 年版一部. 北京：中国医药科技出版社，2020：277.

[2]　李文华，季旭明. 中药前胡的功效及应用渊源探析 [J]. 中外健康文摘，2012，9（3）：431-432.

[3]　宋丽雅，刘家水，谈永进，等. 白花前胡的研究现状及展望 [J]. 宜春学院学报，2020，42（12）：22-25.

[4]　史婷婷，张小波，张珂，等. 基于多源多时相遥感影像的宁国前胡种植面积提取研究 [J]. 中国中药杂志，2017，42（22）：120-125.

[5]　程国红. 白花前胡栽培技术 [J]. 现代农业科技，2012，17（1）：100-102.

[6]　鞠康，赵利敏. 前胡化学成分及其药理作用研究 [J]. 内蒙古中医药，2017，2（3）：142-143.

[7]　薛俊超. 白花前胡化学成分及相关药理作用的研究进展 [J]. 海峡药学，2012，24（2）：34-36.

[8]　孔令义，侯柏玲，王素贤，等. 白花前胡挥发油成分的研究 [J]. 沈阳药学院学报，1994，11（3）：201-203.

[9]　俞年军，刘守金，梁益敏，等. 不同产地白花前胡饮片挥发油化学成分的比较 [J]. 安徽中医学院院报，2007，26（1）：44-45.

[10]　张村，肖永庆，谷口雅彦，等. 白花前胡化学成分研究 [J]. 中国中药杂志，2005，30（9）：675-676.

[11] 常海涛，李铣．白花前胡中的香豆素类成分 [J]．沈阳药科大学学报，1999，16（2）：103-106．

[12] 叶文鹏，刘俊亭，李延兵．等．反相 HPLC 法测定白花前胡根中有效成分 Pd-la 的含量 [J]．理化检验：化学分册，2002，38（6）：299-300．

[13] 孟德宇，毛子成，何兴金，等．药用前胡研究进展 [J]．现代中药研究与实践，2005，24（3）：10-14．

[14] 吴欣，饶曼人．前胡丙素对离体豚鼠心房及人体心肌顺应性的影响 [J]．中国药理学报，1990，11（3）：235-238．

[15] 常天辉，章新华，邢军，等．白花前胡及前胡甲素对心肌缺血再灌注大鼠 IL-6 水平及 Fas、bax、bcl-2 蛋白表达的影响 [J]．中国医科大学学报，2003，32（1）：1-3．

[16] 饶曼人，刘宛斌，刘培庆．前胡丙素对高血压大鼠血管壁肥厚、细胞内钙、胶原及 N0 的影响 [J]．药学学报，2001，36（3）：165-169．

[17] 但飞君，蔡正军，晏明．紫金砂总香豆素的超声辅助提取工艺研究 [J]．中国现代应用药学杂志，2009，26（1）：26-29．

[18] WU J Y，FONG W F，ZHANG J X，et al. Reversal of multidrugresistance in cancer cells by pyranocoumarins isolated from *Radix Peucedani* [J]. Eur j pharamacol，2003，473（1）：9-17．

[19] 曹铪沛，喻亚飞，刘宇靖，等．紫花前胡和白花前胡的真伪鉴别与质量比较研究 [C]// 世界中医药学会联合会中药鉴定专业委员会第二届学术年会论文集．

[20] 周燕．前胡及其混淆品石防风的鉴别 [J]．中国药业，2008，17（14）：62-63．

[21] 江苏新医学院．中药大辞典 [M]．上海：上海人民出版社，1977：603．

[22] 黄冬兰，徐永群，陈小康．红外二阶导数谱法快速鉴别前胡及伪品防风 [J]．韶关学院学报，2009，30（12）：50-53．

[23] 周国莉，刘宇婧，任守利，等．白花前胡和紫花前胡挥发油成分的分析 [J]．湖南中医药大学学报，2010，30（5）：26-28．

[24]　乞超，陈振江.聚丙烯酰胺凝胶电泳法鉴别紫花前胡与白花前胡及其伪品 [J].湖北中医药大学学报，2012，14（2）：30-33.

[25]　金世元.金世元中药传统鉴别经验 [M].北京：中国中医药出版社.2010：94-95.

[26]　李芸芸，潘雅楠，郭婷婷，等.不同产地前胡药材规格等级的质量特征研究 [J].中国医药导报，2020，17（10）：27-30.

[27]　邱晓霞，张玲，岳婧怡，等.宁前胡中 3 种香豆素含量影响因素的考察 [J].中药材，2016，39（4）：713-716.

[28]　陈如兵，楼柯浪，吴晓俊，等.不同种源和不同肥料对前胡有效成分及产量的影响 [J].浙江中医杂志，2020，55（11）：846-847.

[29]　彭华胜，王德群，彭代银.道地药材"皖药"的形成及其界定 [J].中国中药杂志，2017，42（9）：1617-1622.

[30]　张亚中，徐国兵，班永生，等.前胡中香豆素的提取工艺研究 [J].时珍国医国药，2010，21（12）：3189-3190.

[31]　程超寰.本草释名考订 [M].北京：中国中医药出版社，2013：328-329.

[32]　陈灵丽，张玲，彭华胜，等.前胡品质的影响因素及其"辨状论质"考 [C]// 全国药学史本草学术研讨会论文集，2017.

[33]　刘佳陇，王胜升，李晓菲，等.白花前胡产地资源现状调研分析 [J].现代农业科技，2021，1（1）：89-99.

[34]　田玉路.前胡质量评价方法及呋喃香豆素类同分异构体质谱分析方法研究 [D].石家庄：河北医科大学，2016.

杜仲

Duzhong

杜 仲 | Duzhong
EUCOMMIAE CORTEX

本品为杜仲科植物杜仲（*Eucommia ulmoides* Oliv.）的干燥树皮。4—6月剥取，刮去粗皮，堆置"发汗"至内皮呈紫褐色，晒干[1]。别名：思仙（《本经》）、木绵、思仲（《别录》）、檰（《本草图经》）、石思仙（《本草衍义补遗》）、丝连皮、丝楝树皮（《中药志》）、扯丝皮（《湖南药物志》）、丝棉皮（《中草药手册》）。

第一节　本草考证与历史沿革

一、本草考证

杜仲作为中药，在我国已有 2 000 多年的药用历史。最早载于汉代《神农本草经》，其中涉及杜仲的别名、产地、性味及其功能主治。宋代的《图经本草》有了植物形态描述："木高数丈，叶如辛夷，亦类柘，其皮类厚朴，折之内有白丝相连"。同时期的《经史政类备急本草》直接引用其内容，明代《本草品汇精要》的记载也与《图经本草》基本一致。

在《植物名实图考》中记载："本经上品，一名木棉，树皮中有白丝，叶可食，花实苦涩，亦入药。湘阴志，杜仲皮粗如川产，而机理极细腻，有黄白斑交"，通过比较发现，其与《图经本草》中所载成州杜仲可以判断为同一植物，通过与今《中国植物志》[2] 所载相比较，同为杜仲科杜仲属植物杜仲（*Eucommia ulmoides*

Oliv.）。《本草崇原》[3]解释："杜字从土，仲者中也，此木始出豫州山谷，得中土之精，《本经》所以名杜仲也。"《神农本草经》还载有一别名为"思仙"，意指长期服用可身体轻巧而衰老减慢，为成仙良药，故名"思仙"；《证类本草》记载："一名思仙，一名思仲，一名木棉。"李时珍在《本草纲目》中也提到："昔有杜仲服此得道，因以名之，思仲思仙皆由此。"这赋予了杜仲一种神话色彩，推崇其补中益气、耐老的功效。

陶弘景在《名医别录》中说到："折之多白丝者佳"（此标准亦为当今杜仲的经验判别常用标准）；直到明清时期，《本草品汇精要》记载："道地建平宜都者佳"，首次提到杜仲的道地产地。清朝时期《本草从新》记载："湖广、湖南者佳（色黄，皮薄，肉厚），川杜仲色黑皮厚肉薄不堪用"，这与《本草品汇精要》的记载相矛盾[4]。

二、历史沿革

古代，我们的祖先就充分注意到杜仲的质量、饮片规格、炮制火候等问题。在《华氏中藏经》一书中，就明确记载了当时杜仲的加工炮制方法："杜仲，去粗皮，剉碎，慢火炒令断丝。"梁代陶弘景所著《本草经集注》一书中也强调指出：杜仲"皆削去虚软甲错，取里有味者称之"。到了南北朝刘宋时期，除了继承前代杜仲炮制的方法外，增加了辅料，讲究比例，这是杜仲炮制史上的发展。我国第一部炮制专著《雷公炮炙论》载："凡使杜仲，先须削去粗皮，用酥蜜……炙之。凡修事一斤，酥二两，蜜三两，二味相合令一处用。"到了宋朝，就特别强调杜仲炮制的必要性。如《重修政和经史证类备用本草》载："用之薄削去上皮，横理切令断丝也，入药炙用。"根据临床用药的需要，古人又创造了杜仲的酒制品。如《全生指迷方》："杜仲去粗皮，杵碎，酒拌炒焦。"不仅如此，同时还注意到了辅料浸润的时间，如"酒拌一宿炒焦"。在药物饮片规格和火候问题上，古人进一步明确指出，如《普济本事方》云："杜仲，去皮，剉如豆，炒令黑。"随后，又出现了姜汁制品，并且在使用液体辅料的同时，又增加了固体辅料。如：杜仲"或剉碎，姜汁拌炒，令丝绝亦得。"又"杜仲去粗皮剉，麸炒黄色，"（《太平惠民和剂局方》）。随着古人的不断开拓创新，他们又把中医的配方原理：两物相合，相互作用，增强疗效，应用在制药之上，又创造了生姜汁与酒共制杜仲的方法。如《洪氏集验方》："杜仲去粗皮，用生姜汁并酒合和涂炙令熟。"到了元明时期，除了继承前人各种炮制方法外，又发明了盐炒、盐酒拌炒和酥炙等法。在《疮疡经验全书》中，记载了"杜仲盐酒拌炒去丝"和"盐炒去丝为末"的制法。而《先醒斋广笔记》还提到了"杜仲，酥炙"之法。此时个别地方又出现了用蜜炙之品。到了清代，医学家们不仅在杜仲制品上又有新的发明，而且还详细地阐明了杜仲各种炮制品的应用范围。在赵学敏所著《串雅内编》一书中，记述了"杜仲，糯米煎汤浸透炒去丝的方法"。严西亭等编著的《得配本草》对杜仲的各种炮制品应用范围，记述尤为精辟："治泻痢酥炙，除寒湿酒炙，润肝肾蜜炙，补腰肾盐水炒，治酸痛姜汁炒。"林玉友著《本草辑要》更给后人以莫大启迪，说："惯堕胎者，受孕一二月，用杜仲八两，糯米煎汤浸透，炒断丝……（丸）。"现行的《中国药典》（2020年版）杜仲炮制项下规定："杜仲，刮去残留粗皮，洗净，切块或丝干燥。盐杜仲：取杜仲块或丝，照盐炙法炒至断丝，表面焦黑色。"

第二节　植物形态与生境分布

一、植物形态

落叶乔木，高达 20 m。小枝光滑，黄褐色或较淡，具片状髓。

皮、枝及叶均含胶质。单叶互生；椭圆形或卵形，长 7~15 cm，宽 3.5~6.5 cm，先端渐尖，基部广楔形，边缘有锯齿，幼叶上面疏被柔毛，下面毛较密，老叶上面光滑，下面叶脉处疏被毛；叶柄长 1~2 cm。花单性，雌雄异株，与叶同时开放，或先叶开放，生于一年生枝基部苞片的腋内，有花柄；无花被；雄花有雄蕊 6~10 枚；雌花有一裸露而延长的子房，子房 1 室，顶端有 2 叉状花柱。翅果卵状长椭圆形而扁，先端下凹，内有种子 1 粒。花期 4—5 月。果期 9 月[5]。

二、生境分布

生于山地林中或人工栽培。分布在长江中游及南部各省，河南、陕西，甘肃等地均有栽培。主产于四川、陕西、湖北、河南、贵州、云南。此外，浙江、江西、甘肃、湖南、广西等地也产[5]。

第三节 栽 培

一、生态环境条件

喜温暖湿润气候，耐寒性较强。自然分布区年平均温度 13~17 ℃，年降水量 500~1 500 mm。以阳光充足，土层深厚肥沃、富含腐殖质的砂质壤土、黏质壤土栽培为宜[5]。

二、栽培技术

（一）种子选择与采集

杜仲隔年种子一般不能发芽，应选上年秋季（10—11 月）采集的饱满充实的种子播种，要求种皮淡栗褐色或黄褐色，表面有光泽。种子采后薄摊于通风阴凉处阴干，然后装入袋子置于通风处储存，或层积处理[6]。

（二）种子处理

1. 沙藏层积处理

播种前 30~40 d，将种子浸入冷水中浸泡 24 h 后，先将浮在水面和悬浮于水中的种子捞出，然后将沉落水底的种子捞出；将水晾干后，取出下沉种子与沙以 1∶3 的比例混合铺于阴凉通风的地面进行催芽处理。沙藏可选在通风的室内建立温床，床面净宽 1 m、高 30 cm，温床长度可以视室内长度而定；先在温床底铺 1 层 5 cm 厚的粗沙，上层铺 10 cm 厚细沙，床面用 0.2% 高锰酸钾溶液消毒。将种子和湿沙按 1∶3 的比例混合均匀（湿沙以手握成团、松开即散为宜）置于坑内，中间插草把通气，最上面盖沙 5~10 cm。储藏 30 d 后种仁充分膨胀萌动，在幼芽稍露白尖时即可筛去沙粒播入圃地。

2. 高锰酸钾处理

播种前，将干藏的种子淘净晾干，捞出后置于 0.5% 高锰酸钾溶液中消毒 30 min，然后用清水连续冲洗干净后，再用 40 ℃温水浸泡 24 h，晾干备用。采用高锰酸钾处理的种子出苗整齐，发芽率高达 70% 以上。

3. 温水浸种处理

把种子置于 40~50 ℃的热水中浸泡，边倒种子边搅拌，待水自然冷凉后再换成 20 ℃的温水浸种，每天换温水 2 次，连续浸泡 2~3 d，捞出晾干即可播种 [6]。

（三）苗圃地选择

选用土层深厚、向阳、土质疏松湿润肥沃、排水良好的中性壤土或砂质壤土作为圃地。

（四）整地做床

育苗前要对圃地深翻细耕，清除杂草，施足基肥。基肥施用腐熟的饼肥 2 250~3 000 kg/hm²、复合肥 1 125 kg/hm²、磷肥

375 kg/hm^2，同时用硫酸亚铁 150~225 kg/hm^2、辛硫磷或呋喃丹 30~45 kg/hm^2 拌土均匀撒施于圃地对土壤消毒、灭虫。耙细整平后，将圃地做成高床，床面宽 100~120 cm、高 25~30 cm、步道沟宽 35~45 cm。

（五）播种

一般在 3 月下旬至 4 月上旬日平均气温稳定在 10 ℃以上进行播种，播种采用条播法，播种量 90~120 kg/hm^2，行距 20~25 cm，播种沟宽度 10~15 cm、深约 5 cm，沟内浇透水。先把处理好的种子播入沟内（40~50 粒 /m^2），然后覆细土 1~1.5 cm，稍加镇压，同时在苗床上顺沟向平铺稻、茅草或地膜保温保湿，以防止土壤水分蒸发和雨水冲击圃地，造成土壤板结而影响种子发芽。盖草不必过厚，以免苗出齐后揭草时顺势带出幼苗。一般情况下，裂口露白种子 15~20 d 可发芽出土。幼苗出土前，要始终保持苗床湿润，并防治蝼蛄等地下害虫。

（六）苗期管理

1. 及时揭草

当有 30% 种子顶土出苗时，可于阴天或晴天傍晚分次揭去覆盖的稻草，将其收拢覆盖在苗行间，防止苗床失水。遇到晴好干燥天气，根据苗床湿度及时浇水，以利于出苗[6]。

2. 浇水与施肥

浇水视旱情而定，天旱时清晨或傍晚浇水，每次要浇透。阴雨天要及时疏沟排水，防止土壤过湿，影响杜仲苗木生长。苗期追肥 4~5 次，自苗高 10 cm 左右开始，每次施尿素 30 kg/hm^2。6—8 月是苗木旺长季，每月追肥 1 次，每次施尿素 45~60 kg/hm^2。同时，在苗木生长期每隔 10~15 d 叶面喷施 1 次微肥或生长素。8 月下旬应停止施氮肥，可施 0.3% 磷酸二氢钾溶液 1 200 kg/hm^2，每隔 10 d 喷 1 次，连喷 3 次，可促使苗木根系膨大，提高苗木木质化程度，以便其安全过冬 [7]。

3. 中耕、锄草、间苗

苗木生长期中耕锄草 3~4 次，以保持苗圃无杂草。幼苗 4~5 片真叶时间苗，发现缺苗时应及时选择阴天补苗，补苗后连续浇水 2~3 d，以利于其成活。

（七）病虫害防治

杜仲苗期病害主要有立枯病和根腐病。在低温、高湿、排水不良、空气湿度大时，幼苗容易感染立枯病，苗木生长后期（6—8 月）容易感染根腐病。发病初期，每隔 10~15 d 可用 50% 多菌灵 1 000 倍液喷洒或浇灌，该方法的效果较好 [6]。害虫主要有地老虎、蝼蛄、刺蛾等，防治地老虎、蝼蛄等地下害虫可采用人工捕杀成虫或幼虫，并及时锄草，减少成虫产卵场所幼虫 3 龄前可用 80% 敌百虫或辛硫磷 1 000 倍液喷防 [7, 8]。

（八）苗木出圃

当年苗木地径可达 0.5 cm 以上，苗木高度 50~80 cm，个别可达 1 m 以上，可产合格苗木 30.0 万~37.5 万株 /hm^2[9]。

第四节　化学成分

杜仲活性成分丰富，研究表明，杜仲所含的有效活性成分达 200 余种，主要包括黄酮类、苯丙素类、环烯醚萜类、多糖类、多酚类、木脂素类等 [10, 11]。此外，还含有丰富的营养成分，如氨基酸、脂肪、微量元素等 [12, 13]。

一、黄酮类

黄酮类化合物是杜仲的主要活性成分之一，主要富含在杜仲的叶和花中，其皮和果实中也有，但含量较少[14]。杜仲中的黄酮具有很强的抗氧化和消除自由基作用，有抗过敏、抑制细菌、抑制寄生虫等功能。目前在杜仲中发现的黄酮类化合物有 10 余种，经结构鉴定，发现其主要包括槲皮素、山柰酚、芦丁、金丝桃苷、槲皮苷、quercetin-3-O-sambubioside、kaempherol-3-O-sambubioside 等[15, 16]。

二、苯丙素类

苯丙素类是形成木脂素的前体，在杜仲中广泛存在。目前，对苯丙素类的报道较少且主要集中在绿原酸、香草酸等活性成分的研究上。迄今为止，杜仲中发现的苯丙素类有 11 种[17-25]，分别为咖啡酸、松柏酸、愈创木丙三醇、松柏苷、丁香苷、间羟基苯丙酸、绿原酸、绿原酸甲酯、香草酸、蔻布拉苷等。杜仲中苯丙素含量最多的是绿原酸，含量一般为 1% ~ 5%[17]，正因其含量丰富，《中国药典》中将绿原酸含量的高低作为该类药品质量的控制指标之一。绿原酸属于苯丙素类化合物，具有较好的抗菌、抗病毒、抗氧化、抗肿瘤等生理功能。现有学者研究了不同品种、产区、采摘时期的杜仲叶中绿原酸含量区别，结果发现湖南种植的杜仲叶中绿原酸含量最高，其次是四川[18]。同时，不同的采摘时期杜仲中绿原酸含量也有明显的区别，其最佳的采摘时期为 6—7 月[19]。

三、环烯醚萜类

杜仲含有丰富的环烯醚萜类化合物，含量约 5.07 mg/g。环烯醚萜类化合物是植物中的臭蚁二醛转变而来的单萜类化合物，分子中存在环烯醚萜键[20]。杜仲中含有的环烯醚萜类化合物，主要是京尼平苷、京尼平苷酸、京尼平、桃叶珊瑚苷等。

四、多糖类

杜仲中含有丰富的多糖，含量达 11.42%[21]，是近年来发现的又一活性物质之一，但因其成分复杂，研究成果相对较少。杜仲多糖具有较好的抗疲劳，提高机体免疫力等作用，其机制与其调节机体糖代谢、节约蛋白质有关，杜仲多糖还有降血糖、降血脂等作用[22]。

五、多酚类

杜仲还含有丰富的具有抗氧化活性的多酚类物质，主要有茶多酚、葡萄籽多酚、苹果多酚、石榴皮多酚等。研究发现杜仲叶中多酚含量与传统中药材相当，甚至显著高于金银花、连翘等常用药材[23, 24]。

六、杜仲胶

杜仲皮中含杜仲胶6%~10%，张学俊等[26]研究发现，杜仲胶在热的石油醚中（约80℃）有很高的溶解度，冷却到40℃时有胶丝析出，当温度降到-20℃以下，杜仲胶几乎能较完全从石油醚中析出，而且回收的溶剂可继续用于下一次杜仲胶的提取，溶剂可循环使用。杜仲胶与橡胶相比，虽无弹性，但却具有优良的热塑加工性；与塑料相比，其结晶能力低、熔点低，因此，又表现出更为方便的加工操作性能，使得杜仲胶在共混加工时，有明显的优势。如朱峰等[27]发现杜仲胶与天然橡胶共混后，除了能降低混炼温度外，还能大大降低了混炼胶的生热性，改善了焦烧特；杜仲胶加入顺丁胶与天然胶的混合物中时，能明显提高生胶的强度，并使硫化胶的动态拉伸疲劳性能达到最佳状态，大大改善了加工性。

七、氨基酸类及维生素

杜仲中含有丰富的氨基酸，包括丝氨酸、谷氨酸、甘氨酸、丙氨酸、精氨酸等17种游离氨基酸。段小华等[28]利用氨基酸自动分析仪测定杜仲种子粗蛋白质含量为25%，主要氨基酸为Asp、Glu、Ser、Arg、Gly、Thr、Pro、Ala、Val、Met、Iie、Leu、Phe、His、

Lys、Tyr、Cys-Cys。其中必需氨基酸和半必需氨基酸含量较高，分别占氨基酸总量的 33.6％和 11.2％。杜仲叶和皮中含有丰富的维生素 E 和 β- 胡萝卜素，还含有维生素 B_2 及微量的 B_1[29]，杜仲抗衰老增强细胞免疫力的功能正是与此相关。

八、其他

杜仲挥发油成分复杂，这些挥发性成分使其枝叶很少受害虫侵扰。巩江等[30]杜仲叶挥发油的化学成分，通过水蒸气蒸馏得到 38 个化合物，它们占挥发油总量的 96.18％，其中含量在 3％以上的组分有：叶醇（19.61％）、3- 四氢呋喃甲醇（57.02％）、植醇（6.37％）。黄相中等[31]也采用同样的方法对云南楚雄杜仲挥发油香气成分进行分析，得到了 99 个成分。

第五节　药理与毒理

一、药理作用

（一）降血压作用

杜仲的皮和叶所含的糖类、生物碱、绿原酸、桃叶珊瑚苷均有不同程度的降压作用，其水煎液的降压作用比醇提液强，杜仲叶较皮具有更佳的降压效果。许激扬等[32]以 SD 大鼠的胸动脉条为标本，对比杜仲的各种降压成分单独在不同浓度水平下及其之间正交组合之后的舒张血管的效果与杜仲的水提物有何差异，结果表明各组分单独进样时，以京尼平苷和京尼平苷酸这 2 种组分的舒张率最大，组合进样时以绿原酸（0.25 mg/mL）+ 京尼平苷（1 mg/mL）+ 京尼平苷酸（0.5 mg/mL）+ 木脂素（0.25 mg/mL）这种组合的舒张率最大，有显著舒张血管的效果。而赵雪梅等[33]采用 5 种工艺对杜仲降压方药进行提取，发现杜仲降压方不同提取液及对照药品均可不同程度降低 SHR 的血压和心率，降低 SHR 血浆中肾素、血管紧张素 II、醛固酮的含量，降低 ET、升高 NO。得出杜仲降压方药半仿生提取工艺的药效学综合评判指标优于其他工艺。许激扬等 [34] 还发现杜仲木脂素部位有明显的舒血管作用，其机制与内皮依赖性有关，同时 ATP 敏感性 K^+ 通道也参与了 EUL 的舒张血管作用。

（二）对免疫系统的影响

孟晓林等 [35] 考察杜仲对草鱼生长、非特异免疫功能的影响，在基础饲料中分别添加 2%、4% 杜仲叶粉，以及 0.1%、0.15% 杜仲纯粉，发现杜仲能提高草鱼的增重率和降低饲料系数，其中添加 0.15% 杜仲纯粉的效果最明显，除此之外，杜仲还能提高草鱼的 SOD 酶、溶菌酶活性，从而提高其非特异性免疫功能的作用。

（三）抗衰老作用

杜仲可促进人体皮肤、骨骼和肌肉中蛋白质胶原的合成和分解，促进代谢，预防衰老。张强等 [36] 对不同产地的杜仲叶进行比较，发现四川和陕西产杜仲叶水提取物自由基清除力、羟自由基清除力、金属离子络合力和还原力以及总酚含量均高于新疆产杜仲叶，但是抗脂质过氧化活性略低于后者。陕西与四川产杜仲叶水提取物体外抗氧化活性样品特点相似，活性相近，新疆产杜仲叶与前两者特点不同。同时王汉屏等 [37] 通过测定杜仲茶提取物对小鼠肝线粒体肿胀和红细胞氧化溶血的影响以及对各脏器 MDA 生成的抑制率，得出杜仲茶提取物具有明显的体外抗氧化作用。

（四）骨细胞增殖作用

杜仲还具有一定的骨细胞增殖作用。陈伟才等 [38] 发现杜仲叶提取物能诱导体外分离纯化培养的羊骨髓间充质干细胞向成骨细胞方向分化增殖，同时抑制其向脂肪细胞分化，从而实现双向调节作用。

（五）抗肿瘤作用

近年来的研究表明，发现杜仲具有一定的抗肿瘤作用。辛晓明等[39]以环磷酰胺为阳性对照药，考察杜仲总多糖对肿瘤 S-180 的抗肿瘤活性及其对环磷酰胺骨髓抑制的拮抗作用。发现杜仲总多糖能够抑制 S-180 肉瘤的生长，并能够提高胸腺指数和脾指数，具有一定的抗肿瘤活性，能够提高机体的免疫力，并拮抗环磷酰胺引起的骨髓抑制。

（六）抗消炎作用

杜仲叶中含有丰富的绿原酸，绿原酸具有广泛的抗菌性，兴奋中枢神经。促进胆汁和胃液分泌、止血，提高白细胞数量和抗病毒的作用。

（七）通便利尿作用

杜仲的各种制剂对麻醉犬均有利尿作用，且无"快速耐受"现象。对正常大鼠、小鼠也有利尿作用。杜仲中的桃叶珊瑚苷具有利尿、通便、增强肠道蠕动作用，对便秘有效。由于有机杜仲茶能有效清除体内垃圾，分解胆固醇和固性脂肪，甚至可能有个别敏感型体质的患者刚开始出现微量便稀现象，清除体内部分垃圾及适应后即正常。

（八）安胎作用

研究发现杜仲叶冲剂对子宫平滑肌的正常收缩有一定的抑制作用，但无统计学意义，而对垂体后叶所引起的子宫平滑肌强烈收缩具有显著的对抗作用，且随剂量的增加而增强。另外，杜仲叶冲剂和黄体酮一样，对垂体后叶所引起的小鼠流产有明显的对抗作用，能使流产动物数明显减少，产仔数相对增加[40]。

二、毒性机理

杜仲煎剂 15~25 g/kg 给兔灌胃，仅有轻度抑制，并无中毒症状。小鼠连服同样剂量共 5 d，亦未见死亡。给小鼠静脉注射的 LD_{50}

为（574.1±1）g（原生药）/kg。小鼠腹腔注射1次600g（原生药）/kg，动物出现伏卧、安静，2h后恢复正常活动，有时出现歪扭反应，观察7d未出现死亡。小鼠腹腔注射500g（原生药）/kg，每天1次，连续6次，动物未出现死亡。对于豚鼠，腹腔注射10~15g/kg后，3~5d内半数动物死亡。亚急性试验，杜仲煎剂对大鼠、豚鼠、兔及犬的肾组织有轻度的水肿变性，对心、肝以及脾的组织无病变。

第六节 质量体系

一、标准收载情况

（一）药材标准

《中国药典》（2020年版）、《广西壮药质量标准》（第二卷）、《贵州省中药材民族药材质量标准》（2003年版）、《香港中药材标准》（第三期）、《台湾中药典》（第三版）。

（二）饮片标准

《中国药典》（2020年版）、《上海市中药饮片炮制规范》（2018年版）、《天津市中药饮片炮制规范》（2018年版）、《安徽省中药饮片炮制规范》（第三版）（2019年版）、《湖南省中药饮片炮制规范》（2010年版）。

二、药材性状

（一）《中国药典》（2020年版）

本品呈板片状或两边稍向内卷，大小不一，厚3~7mm。外表面淡棕色或灰褐色，有明显的皱纹或纵裂槽纹，有的树皮较薄，未去粗皮，可见明显的皮孔。内表面暗紫色，光滑。质脆，易折断，断面有细密、银白色、富弹性的橡胶丝相连。气微，味稍苦。

（二）《香港中药材标准》（第三期）

本品呈板片状或两边稍向内卷，大小不一，厚 2~7 mm。外表面淡棕色或灰褐色，有明显的皱纹或纵裂槽纹，有的树皮较薄，未去外皮，可见明显的皮孔。内表面暗紫色，光滑。质脆，易折断，断面有细密、银白色、富弹性的胶丝相连。气微，味稍苦。

（三）《台湾中药典》（第三版）

本品呈扁平的板片状或两边稍向内卷的块片，厚 2~7 mm。外表面淡灰棕色或灰褐色，未刮净粗皮者可见纵沟或裂纹，具斜方形皮孔，有的可见地衣斑。刮去粗皮者淡棕色而平滑；内表面红紫色或紫褐色，光滑。质脆，易折断，断面有细密银白色富弹性的胶丝相连，一般可拉至 1 cm 以上才断。气微，味稍苦，嚼之有胶状感。

（四）《广西壮药质量标准》（第二卷）、《贵州省中药材民族药材质量标准》（2003年版）

同《中国药典》（2020 年版）。

三、炮制

（一）《中国药典》（2020年版）

杜仲：刮去残留粗皮，洗净，切块或丝，干燥。

盐杜仲：取杜仲块或丝，照盐炙法炒至断丝、表面焦黑色。

（二）《上海市中药饮片炮制规范》（2018年版）

生杜仲：将药材除去杂质，刮去残留粗皮，分档，洗净，润透，开直条，切块或丝，干燥，筛去灰屑。

盐杜仲：取生杜仲，照盐炙法炒至断丝、表面焦黑色，筛去灰屑。

（三）《天津市中药饮片炮制规范》（2018年版）

杜仲炭：将杜仲置热锅内，武火炒至表面黑褐色，折断时胶丝弹性较差易断时，喷淋盐水，继续炒至微干，取出，放凉。

（四）《安徽省中药饮片炮制规范》（第三版）（2019年版）

杜仲炭：取净杜仲块或丝，置炒制容器内，武火炒至黑褐色，内里丝断，存性，取出，用清水淋洒灭尽火星，干燥。

（五）《湖南省中药饮片炮制规范》（2010年版）

杜仲：取原药材，洗净，刮去残留粗皮，切方块片，干燥，筛去灰屑。

盐杜仲：取杜仲块片，照盐炙法炒至断丝表面焦黑色；或照蒸法置蒸笼蒸 1 h。

四、饮片性状

（一）《中国药典》（2020年版）

杜仲：本品呈小方块或丝状。外表面淡棕色或灰褐色，有明显的皱纹。内表面暗紫色，光滑。断面有细密、银白色、富弹性的橡胶丝相连。气微，味稍苦。

盐杜仲：本品形如杜仲块或丝，表面黑褐色，内表面褐色，折断时胶丝弹性较差。味微咸。

（二）《上海市中药饮片炮制规范》（2018年版）

杜仲：本品呈 0.8~1.2 cm 方形块状，或宽 0.2~0.3 cm，长 3~5 cm 的丝状；外表面淡棕色、棕色或灰褐色，可见皱纹或纵裂槽纹，有的树皮较薄，未去粗皮，可见明显的皮孔。内表面暗紫色，平滑，具细纵纹。切面淡棕色，可见白色丝状物。质脆，易折断；折断时有细密、银白色、富弹性的胶状丝相连。气微，味稍苦。

盐杜仲：本品外表面黑褐色，内表面焦褐色，具小形松泡状突起。折断时胶丝弹性较差。具焦香气，味微咸。

（三）《天津市中药饮片炮制规范》（2018年版）

杜仲炭：表面黑褐色，折断时胶丝之弹性较差。味微咸，嚼之胶丝残余物不明显。

（四）《安徽省中药饮片炮制规范》（第三版）（2019年版）

杜仲炭：不规则的方块状或丝状。全体挂有炭粉，外表面褐色至焦黑色。质脆，易折断，折断时胶丝弹性较差，易断。有焦气，味微苦、微涩。

（五）《湖南省中药饮片炮制规范》（2010年版）

杜仲：为扁平的方块片，厚3~7 mm，外表面淡棕色或灰褐色，有的树皮较薄，未去粗皮，可见明显的皮孔；内表面暗紫色，光滑。质脆，易折断，断面有细密、银白色、富弹性的橡胶丝相连。气微，味稍苦。

盐杜仲：为块或丝，表面呈焦黑，折断时胶丝弹性较差，味微咸。

超微配方颗粒：棕色至棕黑色的颗粒；气味，味稍苦。

五、有效性、安全性的质量控制

杜仲的有效性、安全性质量控制项目见表7.1。《香港中药材标准》（第九期）农药残留限量标准见表7.2。

表7.1 有效性、安全性质量控制项目汇总

标准名称	鉴别	检查	浸出物	含量测定
《中国药典》(2020年版)	药材:1.显微鉴别(粉末);2.化学鉴别。饮片:同药材	饮片:盐杜仲水分(不得超过13%)、总灰分(不得超过10%)	药材:照醇溶性浸出物测定法(药典通则2201)项下的热浸法测定,用75%乙醇作溶剂,不得少于11%。饮片:杜仲同药材;盐杜仲同药材,不少于12%	高效液相色谱法[含松脂醇二葡萄糖苷($C_{32}H_{42}O_{16}$)不少于0.1%]。饮片:同药材
《香港中药材标准》(第三期)	1.显微鉴别(横切面、粉末);2.薄层色谱鉴别(以松脂醇二葡萄糖苷对照品为对照);3.指纹图谱鉴别(供试品色谱图中应有与对照药材指纹图谱相对保留时间范围内一致的4个特征峰,供试品与对照品中松脂醇二葡萄糖苷的保留时间相差应不大于2%)	重金属(砷、镉、铅、汞分别不多于2mg/kg、0.3mg/kg、5mg/kg、0.2mg/kg)、农药残留(详见表2)、霉菌毒素(黄曲霉毒素B_1不多于5μg/kg、总黄曲霉素不多于10μg/kg)、杂质(不多于1%)、总灰分(不多于8.5%)、酸不溶性灰分(不多于6%)、水分(不多于12%)	水溶性(热浸法)浸出物(不得少于10%)、醇溶性(热浸法)浸出物(不得少于13%)	高效液相色谱法[含松脂醇二葡萄糖苷($C_{32}H_{42}O_{16}$)不少于0.1%]

续表

标准名称	鉴别	检查	浸出物	含量测定
《台湾中药典》(第三版)	1. 显微鉴别（横切面、粉末）；2. 薄层色谱鉴别（以杜仲对照药材、松脂醇二葡萄糖苷对照品为对照）	重金属（砷、镉、汞、铅）应符合通则 3007、THP3001 的要求；干燥减重（不超过 11%）、总灰分（不多于 9%）、酸不溶性灰分（不多于 5%）、二氧化硫不得超过 150 mg/kg	—	高效液相色谱法（含松脂醇二葡萄糖苷不少于 0.1%）
《广西壮药质量标准》(第二卷)	同《中国药典》(2020年版)	—	—	—
《贵州省中药材民族药材质量标准》(2003年版)	药材：显微鉴别、化学鉴别同《中国药典》(2020年版)、薄层鉴别（以杜仲对照药材为对照）	同《中国药典》(2020年版)	—	—
《安徽省中药饮片炮制规范》(2019年版)	—	水分（不得超过13%）、总灰分（不得超过10%）、酸不溶性灰分（不得超过6%）	同《中国药典》(2020年版)	—

续表

标准名称	鉴别	检查	浸出物	含量测定
《湖南省中药饮片炮制规范》（2010 年版）	饮片：同《中国药典》（2020年版）超微配方颗粒：化学鉴别、薄层色谱鉴别（以杜仲对照药材为对照）	超微配方颗粒：水分（不得超过 7%）	饮片：醇溶性浸出物测定法项下的热浸法测定，用 70% 乙醇作溶剂，不得少于 7%　超微配方颗粒：醇溶性浸出物测定法项下的热浸法测定，用 75% 乙醇作溶剂，不得少于 40%	—
《上海市中药饮片炮制规范》（2018 年版）	同《中国药典》（2020 年版）			

表7.2　《香港中药材标准》（第九期）农药残留限量标准　单位：mg/kg

有机氯农药	限度（不多于）
艾氏剂及狄氏剂（两者之和）	0.05
氯丹（顺 - 氯丹、反 - 氯丹与氧氯丹之和）	0.05
滴滴涕（4，4′- 滴滴依、4，4′- 滴滴滴、2，4′- 滴滴涕与 4，4′- 滴滴涕之和）	1.00
异狄氏剂	0.05
七氯（七氯、环氧七氯之和）	0.05
六氯苯	0.10
六六六（α，β，δ 等异构体之和）	0.30
林丹（γ- 六六六）	0.60
五氯硝基苯（五氯硝基苯、五氯苯胺与甲基五氯苯硫醚之和）	1.00

六、质量评价

（一）质量控制

由于中药因产地、生长环境、采收时间和加工等因素的影响，不同产地、不同生长环境生长的药材质量有很大的差异，近几年有关杜仲质量控制方面的研究比较多，主要包括有机成分的含量测定、微量元素和重金属的含量测定、指纹图谱的研究以及其他方面的研究。有关杜仲主要有机成分含量测定方法的报道也比较多，主要包括：高效液相色谱法（HPLC）、紫外分光光度法（UV）和高效毛细管电泳法（HPCE），其中高效液相色谱法最为常见。

1. 鉴别方法

杜仲是我国特有的名贵药材，往往供不应求，各地纷纷出现许多伪品，为克服这一严峻形势，需要依据其形态、外表面及内表面色泽、纹理与裂纹、折断面及气味、显微特征及理化性状进行鉴别。如韦有华[41]利用杜仲的理化性质对杜仲、红杜仲以及丝棉木进行了鉴别，根据 *matK* 基因能够为杜仲原植物鉴定提供足够的特异性变异点，而成为杜仲正品鉴定的有效手段，章群[42]用 PCR 产物直接测序法测定杜仲原植物 *matK* 基因序列，通过 Clustal 软件将其与 GenBank 中同源序列进行排序比较，来分析杜仲序列特征。

2. 高效液相色谱（HPLC）法

高效液相色谱法是测量杜仲有机成分含量方法中最为常见的一种。赵德义等[43]采用 HPLC 指纹图谱对杜仲黄酮和银杏黄酮进行了标示，并将杜仲黄酮、银杏黄酮和沙棘黄酮 HPLC 指纹图谱进行了比较，发现杜仲黄酮和银杏黄酮很相近，杜仲黄酮、银杏黄酮和沙棘黄酮三者均富含槲皮素。吴慧敏等[44]采用 HPLC 法测定杜仲粗皮及杜仲中松脂醇二葡萄糖苷含量，选用 DiamonMl.C18，色谱柱（5 μm，150 mm × 4.6 mm），甲醇：水（23：77）为流动相，检测波长为 277 nm，流速为 1 mL/min。结果发现：松脂醇二葡萄糖苷在 0.496~4.960 μg 范围内呈线性关系良好。松脂醇二葡萄糖苷平均回收率为 98.83%。此方法简便、准确、重复性好，可用于杜仲粗皮及杜仲中松脂醇二葡萄糖苷的含量测定。而马凤仙等[45]采用反相高效液相色谱法对立杜仲平压片（杜仲叶）中京尼平苷酸、绿原酸、京尼平苷含量进行测定，并用 Diamonsil（钻石）C18 色谱柱（5 μm，150 mm × 4.6 mm），甲醇：水：冰醋酸（15：85：1.5）为流动相，检测波长 237 nm。结果发现该方法线性关系良好，京尼平苷酸、绿原酸、京尼平苷的精密度分别为 1.93%、1.50%、1.66%，n = 5，加样回收率分别为 97.3%、97.2%、96.7%。此方法简便、快捷、重现性好，可用于同时测定杜仲平压片中 3 种有效成分含量。魏薇等[46]用高效液相色谱同时测定不同树龄杜仲叶中绿原酸、芦丁、槲皮素和山奈酚的含量，并采用外标法进行定量分析，检测波长为 360 nm，柱箱温度为 40 ℃。对不同树龄杜仲叶中4 种有效成分含量用方差分析进行多重比较，从绿原酸含量方面考虑，3 年树龄杜仲叶采收最佳[47]。

3. 高效毛细管电泳（HPCE）法

傅兴圣等[48]采用高效毛细管电泳法进行色谱分离，以

60 mmoL/L 硼砂 -20 mmoL/L 磷酸二氢钠 -10 % 甲醇（pH 值 =
10）为运行缓冲液，分离电压为 20 kV，波长为 210 nm，以松脂醇
二葡萄糖苷为参照物，测定其指纹图谱，并作模糊聚类法分析和相
似度评价，初步建立了以 10 个共有峰为特征指纹信息的杜仲饮片
HPCE 指纹图谱；发现少数杜仲饮片的指纹图谱有一定差异，生品
与其炮制品的指纹谱中共有峰相对峰面积差异显著，该方法准确、
可靠、重现性好，可作为杜仲饮片内在质量评价的依据。除了上述
研究之外，他们又进一步利用高效毛细管电泳法（HPCE）同时测
定杜仲中桃叶珊瑚苷、京尼平苷、松脂醇二葡萄糖苷、哈巴苷和绿
原酸含量，结果表明 5 种指标成分的浓度与峰面积的线性关系良好
（$r>0.997\,3$）；加样回收率为 96.63% ~ 103.73% 该方法简单、准确、
重复性较好，可用于杜仲药材或饮片的质量评价和控制[49]。

4. 红外光谱（NIR）法

常静等[50]采用 Antaris Ⅱ 傅立叶变换红外光谱分析仪器测定了
9 种杜仲的光谱数据，运用偏最小二乘法（PLS）和主成分分析回
归（PCR）分别建立了杜仲中松脂醇二葡萄糖苷（PDG）含量与吸
光度变量的近红外光谱定标模型，并对所建模型进行验证，结果表
明这 2 种方法建立的模型精度都较高，其中模型的预测能力强弱指
标 $SSE=2.833\,3$、$PRESS=7.239\,2$，可见在近红外光谱下，PCR 和
PDG 都适合对杜仲进行检测研究，为以后杜仲的指标检验研究提
供了理论和实验依据。李伟等[51]用近红外光谱技术快速测定杜仲
中松脂醇二葡萄糖苷的含量，选取 3 个不同产地的 41 个杜仲样品，
用高效液相色谱法测定其松脂醇二葡萄糖苷含量，用近红外光谱仪
漫反射方式在 12 000 ~ 4 000 cm^{-1} 采集相应样品的光谱，利用仪器
自带的 OPUS 软件优选了光谱的预处理方法，并用偏最小二乘法
（PLS）建立松脂醇二葡萄糖苷含量与光谱数据之间的相关性模型，
得出杜仲中松脂醇二葡萄糖苷含量和近红外光谱之间存在良好的相
关性，适合于此中药指标性成分的快速分析。

5. 原子吸收光谱（AAS）法

王彩兰等 [52] 用原子吸收分光光度法测定了杜仲皮、不同生长期杜仲叶中 12 种无机元素含量。发现杜仲叶中富含杜仲皮中所含的无机元素，且除 Cu 元素外，杜仲叶中其他人体必需元素含量均较皮中含量高。耿立威等 [53] 利用火焰原子吸收光谱法测定杜仲叶中 K、Na、Ca、Mg、Zn、Cu、Fe、Mn 元素的含量进行了测定，发现杜仲叶中的大量元素 K、Na、Ca、Mg 含量极高，Zn、Cu、Fe、Mn 含量也比较丰富。

（二）混伪品

近年来有的地区以杜仲藤、藤杜仲、红杜仲、土杜仲等为名的草药混作杜仲使用。广东、广西、四川（宜宾）、湖南等地使用的"红杜仲"，为夹竹桃科植物毛杜仲藤（*Parabarium huaitingii* Chun et Tbiang）或红杜仲藤（*Parabarium chunianum* Tsiang）的干燥茎皮和根皮。"杜仲藤"为夹竹桃科植物杜仲藤［*Parabarium micyanthum*（A. DC.）Pierre］的干燥茎皮。混作杜仲用。

浙江、贵州、江西等地以"土杜仲"为夹竹桃科植物花皮胶藤（*Ecdysanthrera utilis* Hay. et Kaw.）的干燥茎皮。"白杜"为卫矛科植物白杜（*Evonymus maackii* Rupr.）的干燥树皮，混用杜仲。

江西、湖南等地以"紫花络石"，为夹竹桃科植物紫花络石（*Trachelospermum axillare* Hook. f.）的干燥茎皮和根皮。

据反映广东民间称"土杜仲"的还有夹竹桃科海南杜仲藤（*Parabarium hainanensis* Tsing）、卫矛科疏花卫矛（*Euonymus laxiforus* Champ. ex Benth.），华卫矛（*Euonymus chinensis* Lindl.）。江西安远县塘村乡采的红杜仲为卫矛科常春卫矛（*Euonymus hederceus* Champ. ex Benth.），或刺果卫矛（*Euonymus acanthocarpus* Franch.）。云南太理、丽江、贡山一带尚有染用卫矛（*Euonymus tingens* Wall.）等。

第七节　性味归经与临床应用

一、性味

《中国药典》（2020 年版）："甘，温。"

《本经》："味辛，平。"

《别录》："甘，温，无毒。"

《药性论》："味苦。"

二、归经

《中国药典》（2020 年版）："归肝、肾经。"

《雷公炮制药性解》："入肾经。"

《本草经解》："入手太阴肺经。"

三、功能主治

《中国药典》（2020 年版）："补肝肾，强筋骨，安胎。用于肝肾不足，腰膝酸痛，筋骨无力，头晕目眩，妊娠漏血，胎动不安。"

《本经》："主腰脊痛，补中益精气，坚筋骨，强志，除阴下痒湿，小便余沥。"

《别录》："主脚中酸痛，不欲践地。"

《药性论》："治肾冷臀腰痛，腰病人虚而身强直，风也。腰不利加而用之。"

《日华子本草》："治肾劳，腰脊挛。入药炙用。"

《本草正》："止小水梦遗，暖子宫，安胎气。"

《玉楸药解》："益肝肾，养筋骨，去关节湿淫。治腰膝酸痛，腿足拘挛。"

《本草再新》："充筋力，强阳道。"

四、用法用量

《中国药典》（2020 年版）："6～10 g。"

《中药大辞典》："内服，煎汤，3～5 钱；浸酒或入丸、散。"

五、注意事项

《中药大辞典》："阴虚火旺者慎服。"

《本草经集注》："恶蛇皮、元参。"

《本草经疏》："肾虚火炽者不宜用。即用当与黄柏、知母同入。"

《得配本草》："内热。精血燥二者禁用。"

六、附方

1. 治腰痛

杜仲一斤，五味子半升。二物切，分十四剂，每夜取一剂，以水一升，浸至五更，煎三分减一，滤取汁，以羊肾三、四枚，切下之，再煮三、五沸，如作羹法，空腹顿服。用盐、醋和之亦得（《箧中方》）。

2. 治腰痛

川木香一钱，八角茴香三钱，杜仲（炒去丝）三钱。水一钟，酒半钟，煎服，渣再煎（《活人心统》思仙散）。

3. 治卒腰痛不可忍

杜仲二两（去粗皮，炙微黄，锉），丹参二两，川芎一两半，桂心一两，细辛三分。上药捣粗罗为散，每服四钱，以水一中盏，煎至五分，去滓，次入酒二分，更煎三、两沸，每于食前温服（《圣惠方》杜仲散）。

4. 治中风筋脉挛急，腰膝无力

杜仲（去粗皮，炙，锉）一两半，川芎一两，附子（炮裂，去皮。脐）半两；上三味，锉如麻豆，每服五钱匕，水二盏，入生姜一枣大，拍碎，煎至一盏，去滓，空腹温服。如人行五里再服，汗出慎外风（《圣济总录》杜仲饮）。

5.治小便余沥，阴下湿痒

川杜仲四两，小茴香二两（俱盐、酒浸炒），车前子一两五钱，山茱萸肉三两（俱炒）。共为末；炼蜜丸，梧桐子大。每早服五钱，白汤下（《本草汇言》）。

6.治妇人胞胎不安

杜仲不计多少，去粗皮细锉，瓦上焙干，捣罗为末，煮枣肉糊丸，如弹子大，每服一丸，嚼烂，糯米汤下（《圣济总录》杜仲丸）。

7.治频惯堕胎或三、四月即堕者

于两月前，以杜仲八两（糯米煎汤，浸透，炒去丝），续断二两（酒浸，焙干；为末），以山药五,六两为末，作糊丸，梧子大。每服五十丸，空心米饮下（《简便单方》）。

8.治高血压

杜仲、夏枯草各五钱，红牛膝三钱，水芹菜三两，鱼鳅串一两。煨水服，一日三次（《贵州草药》）。

杜仲、黄芩、夏枯草各五钱。水煎服（《陕西中草药》）。

第八节　丽水杜仲资源利用与开发

一、资源蕴藏量

我国中药主要利用杜仲皮，原始的杜仲林几乎难于找到。后研究证明杜仲叶和皮的作用机理接近，加上同本研究证实了杜仲抗衰老机理之后，市场对保健品的需求猛增，每年大量从我国进口杜仲叶加工成保健茶，最多时达到每年出口近 8 000 t 杜仲叶，这样就刺激我国民间自发的大量栽植杜仲树，使全国原有不到

1 333.3 hm² 的杜仲林，发展到现在的近 2.67 万 hm²。

二、基地建设情况

浙江丽水山多地广，非常适合发展杜仲基地，还可以与其他中药联合发展林下经济。

三、产品开发

（一）中成药

杜仲在我国传统医方中应用广泛，目前有 338 种中成药中含有杜仲，如益肾健骨片、天麻壮骨丸、天麻片、川黄口服液等[22]。

（二）食品

杜仲除了传统药用外，还是开发多种功能食品的优质原料。目前已开发的主要品种有：杜仲雄花茶、杜仲叶茶、杜仲晶、杜仲酒、杜仲酱油、杜仲醋、杜仲可乐、杜仲咖啡、杜仲面粉、杜仲米粉等[22]。

1. 杜仲茶

杜仲茶是杜仲功能性食品中开发最早也是最多的一种产品，早在 20 世纪 80 年代，日本就投入大量物力、财力研制杜仲，推出杜仲茶的减肥功效，或者搭配名贵中药制作复合茶饮[54]。美国等国家研究表明，杜仲是世界上"最高质量的降压药"，并通过集约化种植，生产出高品质的杜仲茶[55]。目前杜仲茶产品主要以 2 种方式呈现：一种是以杜仲绿叶为原料，经传统工艺制作成杜仲茶，该产品具有杜仲特有的清香，具有良好的保健功效，比如补肝护肺、降血压等；另一种是以杜仲为辅料，添加于传统茶叶中，共同加工制作成茶叶，此方式可适当降低杜仲本身带来的苦感。

2. 杜仲果冻

杜仲产品也以方便副食品出现在大众视野，一般将杜仲粉末或杜仲提取液加入食品原材料当中，经加工制作成杜仲产品，如杜仲果冻、杜仲饼干等[22]。

3. 杜仲饮品

杜仲饮品主要是以杜仲提取物为原料，配以其他辅料，加工制作成饮品，比如，冷桂华等[56]以杜仲叶提取液、白糖等为主要原料，利用酵母菌、醋酸菌混合发酵，真空浓缩后再与酸奶粉、甜味剂、酸味剂等调配，采用恰当的固体饮料工艺，制成低热量且具有保健作用的发酵固体饮料。

4. 在其他食品中的应用

杜仲除了制作茶和饮料长期饮用，还有的将杜仲叶研磨成粉末添入糖果、饼干、挂面等食品中[57]。目前市面上流通的杜仲加工产品以杜仲皮为主，将其制作药材，其次是以杜仲叶制作的茶和饲料，还有部分企业开始生产杜仲籽油、杜仲雄花茶、杜仲胶、杜仲酒等杜仲食品。湖南某公司发现一种亚麻酸含量较高的杜仲，并与高校合作研发了杜仲系列产品，首先是杜仲袋泡茶，后又相继研出了杜仲籽油、杜仲籽蛋白、杜仲籽胶囊及杜仲胶等产品[58]，此外，还有杜仲口服液、杜仲酒、杜仲酱油、杜仲醋、杜仲可乐等。

（三）保健食品

我国含有杜仲为主成分的保健食品有 205 种，主要具有辅助降血压、降血脂、增加骨密度、增强免疫力等保健功能，如天麻杜仲胶囊、罗麻丹胶囊、杜仲籽油软胶囊、万圣酒等。

（四）化妆品

杜仲提取物已纳入国家化妆品原料目录中，目前已有杜仲应用于化妆品的专利产品，具有去皱、抗衰老等作用，可用于美容霜、晚霜、眼霜、洗面奶、紧肤水等产品中。此外，杜仲提取物对酪氨酸酶有很好的活化作用，可明显地增强黑色素细胞的活性，同时杜仲提取物对外毛根鞘细胞有增殖作用和对还原酶的抑制，对因雄性激素偏高而引起的脱发有很好的防治作用，可在脱发防治、生发类产品中使用，以减少白发或灰发的生成。

（五）杜仲胶

杜仲树叶、皮、果实和种子中富含一种白色丝状物杜肿胶，是三叶橡胶树产天然橡胶的同分异构体，杜仲胶常温下为结晶性硬质材料，熔点 60 ℃左右。分子链具有双键、柔顺性和反式结构三大特征，可通过控制杜仲胶的交联密度来控制其结晶性，用于形状记忆功能材料和弹性体材料。此外，杜仲胶还可用于天线密封材料、医用材料、高温阻尼材料等，还可对杜仲胶进行环氧化或氯化改性，提高胶料的黏合性、耐油性、气密性和抗湿滑性等[59]。

第九节　总结与展望

杜仲是传统名贵中药，其药用价值与保健功能在《神农本草经》和《本草纲目》等古代药典中都有详细的记载。除了作为传统药材的杜仲皮之外，杜仲叶片、花、果实等也都有很高的药用价值和保健功效。国家卫生健康委员会于 2018 年将杜仲叶列为药食同源（食药物质）目录，经毒理学鉴定，杜仲籽油和杜仲雄花都是安全无毒的，两者已被国家卫计委批准为新食品原料，杜仲叶也于2019 年被国家卫健委批准列入药食同源试点名单中，在健康食品开发方面有很广阔的应用前景[22]。

近些年来，国内外学者纷纷对杜仲的活性成分及营养价值和保健功效进行了深入研究，但杜仲仍有较大的研究空间和开发潜力。杜仲的活性成分及营养成分丰富，但目前杜仲的活性成分研究范围仍有限，杜仲中还有许多活性成分及其代谢物尚不明确。需进一步研究其活性成分及代谢物，了解其动力学过程，为其药理作用机制的研究和开发提供更好的依据。杜仲大部分研究对象在其药理作用，应用于医药领用较多，而杜仲叶作为 2019 年药食同源新试点物质之一，在食品领域的研究较少。现有的产品多把杜仲作为一种辅料，或粗加工成杜仲茶及代用茶等，其产品档次低、技术含量低、重复建设严重、品种结构失调，并没有充分发挥杜仲相关功效成分的作用。因此可深入研究杜仲食品的工业化技术，加强杜仲的基础研究，提高加工技术，开发高附加值的杜仲产品，结合杜仲多种功效及多方面的药理活性，可将杜仲的花、果、叶、皮等综合利用，开发高档功能性食品或者天然营养、天然美容减肥等产品，满足孕妇、婴幼儿、学生、老年人等特殊人群的需求，以此带动杜仲产业的发展[22]。

　　目前，杜仲叶的资源十分丰富，但并未得到有效的开发利用，例如在临床上的应用范围较窄，很多试验缺乏科学依据，且杜仲叶的成药品种少，还未开发出更好的药品，这就要求在未来的研究过程中将杜仲叶的药理作用机制研究透彻，使其得到最大化地利用。国内许多学者对杜仲叶和杜仲皮的活性成分及药理作用的比较研究结果表明，杜仲叶和杜仲皮活性成分基本一致，药理作用基本相同。通过进一步研究，完全有望在临床上实现以叶代皮，对于杜仲叶进行深度开发，研制出具有保健功能的产品，例如杜仲茶、杜仲饮料等。同时，未来对于杜仲叶的研究应更加全面化、系统化、条理化，开发出更多的杜仲叶食品、保健品和药品。

　　此外，杜仲胶是除三叶橡胶之外目前世界具有巨大开发前景的优质天然胶资源之一。杜仲树耐寒、抗干旱，适应性极强，在我国亚热带至温带地区均可种植，发展潜力巨大。我国在杜仲胶资源上具有垄断性的优势，而且杜仲胶的研究技术和成果也在世界上领先。相信随着杜仲胶产业的发展和应用研究的深入，必将提升我国在橡胶工业的话语权，还有望形成国际天然胶市场新格局[59]。

参 考 文 献

[1]　国家药典委员会.中华人民共和国药典 [M]2020 年版一部.北京：中国医药科技出版社，2020：172.

[2]　中国科学院中国植物志编辑委员会.中国植物志 [M].北京：科学出版社，1979：116.

[3]　张志聪.本草崇原 [M].北京：中国中医院出版社，1992：14.

[4]　牛野，赵琳，韩丽颖，等.中草药杜仲本草考证 [J].亚太传统医药，2020，16（4）：69-73.

[5]　江苏新医学院.中药大辞典 [M].上海：上海人民出版社，1977：381-383.

[6]　杨国兴，杨敏.杜仲繁殖育苗技术 [J].农民致富之友，2014（16）：107.

[7]　王士民.经济树种杜仲的繁殖 [J].林业实用技术，2003（9）：25.

[8]　李伊嘉.杜仲的催芽与播种育苗.农村经济与科技，2002（1）：24.

[9]　钱文宏.杜仲播种育苗技术 [J].林业科学，2019（2）：106-109.

[10]　左涛，宋航.杜仲中环烯醚萜类物质对性激素转化的调控作用 [J].化工进展，2016，35（2）：319-323.

[11]　王娟娟，秦雪梅，高晓霞，等.杜仲化学成分、药理活性和质量控制现状研究进展 [J].中草药，2017，48（15）：3322-3237.

[12]　刘聪，郭非非，肖军平，等.杜仲不同部位化学成分及药理作用研究进展 [J].中国中药杂志，2020，45（3）：497-512.

[13]　王亚洁，何玉钰.今年杜仲茶成分及工艺探讨 [J].科学教育，2017（7）：192.

[14]　张康健，马希汉.杜仲次生代谢物与人类健康 [M].杨凌：西北农林科技大学出版社，2013.

[15]　TOHIDI B, RAHIMMALEK M, ARZALLI A. Esselnial oil

composmon，total phcn01ic and navonoid contents，and antioxidant activity of tbymus species collected from different regions of iran[J]. Records of natural products，2017（1）：153-161.

[16] 唐芳瑞，张忠立，左月明，等 . 杜仲叶黄酮类化学成分 [J]. 中国实验方剂学杂志，2014，20（5）：90-92.

[17] 叶宏，马娟，黎干文，等 . 杜仲叶中绿原酸的最佳水提取工艺研究 [J] 企业技术开发，2012，31（2）：179-180.

[18] 刘荣华，唐芳瑞，陈兰英，等 . 不同产地杜仲叶中 5 种主要有效成分的含量比较 [J]. 中国实验方剂学杂志，2015，21（18）：31-34.

[19] 宣志红，浦锦宝，梁卫青 . 不同采收时期杜仲叶中活性成分变化规律的研究 [J]. 中华中医药学刊，2013，31（6）：1336-1338.

[20] 左月明，张忠立，王彦彦，等 . 杜仲叶环烯醚萜类化学成分研究 [J]. 中药材，2014，37（2）：252-254.

[21] 董娟娥，梁宗锁，靳爱仙，等 . 杜仲叶酸性多糖提取分离及含量测定 [J] 林业科学，2006，42（10）：59-64.

[22] 王亮亮，唐小兰，王凯，等 . 杜仲的活性成分和保健功效及杜仲在食品加工中的应用 [J] 食品安全质量检测学报，2020，11（10）：3074-3080.

[23] HIRATA T，KOBAYASHI T，WADA A，et al. Anti-obesity compollnds in green leaves of Eucommia uimoides [J]. Bioorg med chem lett，2011，21：1786-1791.

[24] BAJALAN I，ZAND M，GOOD A M，et al. Antioxidant activity and total phenolic and flavonoid content of the extract and chemical composition of the essential oil of Eremostachys laciniata collected from Zagros[J]. Asian pacific j trpicaliomed，2017，7（2）：144-146.

[25] 尉芹，马希汉，张康健，等 . 杜仲化学成分研究明 [J]. 西北林学院学报，1995，10（4）：88-93.

[26] 张学俊，王庆辉，宋磊，等 . 不同温度条件下溶剂循环溶解—析出提取杜仲胶川 [J]. 天然产物研究与开发，2007，6（2）：1062-1066.

[27] 朱峰，岳红，祖恩峰，等．新型功能材料杜仲胶的研究与应用 [J]. 安徽大学学报（自然科学版），2005，29（3）：88-94.

[28] 段小华，邓泽元，朱笃．杜仲种子脂肪酸及氨基酸分析 [J]. 食品科学，2010，17（4）：217-219.

[29] 刘小烛，胡忠，李英，等．杜仲皮中抗真菌蛋白的分离和特性研究 [J]. 云南植物研究，1994，16（4）：385-391.

[30] 巩江，倪士峰，路锋，等．杜仲叶挥发物质气相色谱－质谱研究 [J]. 安徽农业科学，2010，38（17）：8998-8999.

[31] 黄相中，张润芝，吴小丽，等．云南楚雄杜仲叶挥发油的化学成分分析 [J]. 云南民族大学学报（自然科学版），2011，20（5）：356-360.

[32] 许激扬，赵芳，杨彬睿，等．杜仲降压组分对大鼠胸主动脉的舒张作用 [J]. 药物生物技术，2009，16（4）：338-341.

[33] 赵雪梅，仲锡铜，孙秀梅，等．杜仲降压方不同提取液药效学研究 [J]. 中国实验方剂学杂志，2009，15（4）：75-77.

[34] 许激扬，宋妍，季晖．杜仲木脂素化合物舒张血管作用机制 [J]. 中国中药杂志，2006，31（23）：1976-1978.

[35] 孟晓林，冷向军，李小勤，等．杜仲对草鱼鱼种生长和血清非特异性免疫指标的影响 [J]. 上海水产大学学报，2007，16（4）：329-333.

[36] 张强，苏印泉，李秀红．不同产地杜仲叶的水提取物体外抗氧化活性 [J]. 食品科学，2011，32（15）：126-129.

[37] 王汉屏，刘静．杜仲茶提取物的体外抗氧化作用研究 [J]. 食品科学，2007，28（8）：465-467.

[38] 陈伟才，罗军．杜仲叶提取物诱导羊骨髓间充质干细胞成骨及抑制其成脂肪分化 [J]. 中国组织工程研究与临床康复，2009，13（10）：1960-1964.

[39] 辛晓明，王大伟，赵娟，等．杜仲总多糖抗肿瘤作用的实验研究 [J]. 医药导报，2009，28（6）：719-721.

[40] YE W F. Advance in studies on chemical ingredient and pharmacological activities of *Eucommia ulmoides* Oliv leaves and their utility[J]. Biomass chem eng，2004，38（5）：40-44.

[41] 韦有华. 杜仲及其 32 种混、伪品鉴别 [J]. 河北中医，2007，29（1）：61-62.

[42] 章群. 中药杜仲原植物的分子鉴定 [J]. 生态科学，2004，23（2）：141-143.

[43] 赵德义，高锦明，许爱遐，等. 杜仲黄酮指纹图谱研究 [J]. 西北植物学报，2003，23（11）：1988-1990.

[44] 吴慧敏，孔军，杜红岩，等. HPLC 法测定杜仲粗皮及杜仲中松脂醇二葡萄糖苷的含量 [J]. 河南大学学报（医学版），2012，31（1）：5-11.

[45] 马凤仙，赫锦锦，李钦. RP·HPLC 测定杜仲平压片中京尼平苷酸、绿原酸、京尼平苷的含量 [J]. 中成药，2008，30（1）：86-89.

[46] 魏薇，王建刚. HPLC 测定不同树龄杜仲叶中黄酮类成分的含量 [J]. 安徽农业科学，2011，39（18）：10779-10781.

[47] 张志远. 杜仲降压片的质量标准研究 [J]. 西山中医学院学报，2008，9（4）：43-45.

[48] 傅兴圣，韩乐，刘训红，等. 杜仲饮片 HPCE 指纹图谱的研究 [J]. 中药材，2012，35（3）：378-382.

[49] 傅兴圣，韩乐，刘训红，等. 高效毛细管电泳测定杜仲中桃叶珊瑚苷等 5 种指标成分的含量 [J]. 中国药学杂志，2012，22（9）：720-723.

[50] 常静，唐延林，徐锦. 杜仲松脂醇二葡萄糖苷含量的近红外光谱检测研究 [J]. 计算机与应用化学，2011，28（3）：288-290.

[51] 李伟，孙素琴，覃洁萍，等. 近红外漫反射法测定杜仲中松脂醇二葡萄糖苷的含量 [J]. 中国中药杂志，2010，35（24）：3318-3321.

[52] 王彩兰，孙瑞霞，吕文英. 杜仲叶中无机元素动态含量测定 [J]. 微量元素与健康研究，1997，14（4）：33-34.

[53] 耿立威，刘宏. 火焰原子吸收光谱法测定杜仲叶中 8 种元素的含

量 [J]. 吉林师范大学学报（自然科学版），2004，17（2）：17-18.

[54] 黄丽莉，段玉芳，杨春霞. 杜仲综合开发利用及产业化发展探讨 [J]. 农学学报，2013，3（6）：57-60.

[55] 相辉，郑红星，杜林杉，等. 杜仲叶中活性成分积累变化规律 [J]. 安徽农业科学，2016，44（1）：182-183.

[56] 冷桂华. 杜仲发酵固体饮料的研制 [J]. 食品研究与开发，2007，28（11）：110-113.

[57] 张康健，马希汉. 杜仲次生代谢物与人类健康 [M]. 杨凌：西北农林科技大学出版社，2013.

[58] 王效宇，陈毅峰，伍江波，等. 湖南省杜仲产业现状调查 [J]. 经济林研究，2016，34（4）：158-162.

[59] 严瑞芳. 杜仲胶在橡胶—塑料材料谱中的过渡特征 [J]. 橡胶工业，1992，39（10）：620-627.

白茅根

Baimaogen

白 茅 根 | Baimaogen
IMPERATAE RHIZOMA

本品为禾本科植物白茅 [*Imperata cylindrica* Beauv. var. *major*（Nees）C. E. Hubb.］的干燥根茎。别名：茅根、茹根、白茅。

第一节　本草考证与历史沿革

一、本草考证

白茅根始载于东汉时期《神农本草经》[1]，称之为"茅根"，其中记载："一名兰根，一名茹根。生山谷田野"其将白茅根列为中品，并有"兰根""茹根"2个别名。《易经》[2]云："初九，拔茅茹……"其中"茹"指根系牵连在一起的样子，这是对白茅根生长状态一个非常准确的描述。魏晋时期的《名医别录》[3]也将其列为中品，谓之"茅根"，并记载"一名地菅，一名地筋，一名兼杜"。南北朝时期陶弘景所著《本草经集注》[4]载"此即今白茅菅"。《诗》云："露彼菅茅，其根如渣芹甜美。"记载了白茅根有"白菅茅"的别称，同时也是"白"字加入白茅根名称的首次出现，并引用《诗》中记载的"菅茅"的别称。《名医别录》则载有"地菅""地筋""兼杜"，此外还有白茅菅、白花茅根、茅芽根、刀茅、丝茅、白茅、茅蕝等别名。自明代《本草纲目》以后，白茅根别名的收载开始变少，并逐渐以"白茅根"为正名记载。

宋前历代本草均只记载其性味、功效等，无其基原的记载；宋代开始出现对于白茅根的原植物形态的描述，到了明清时期，白茅根原植物形态的描述更为详尽。值得注意的是，在本草描述及插图中，明代前所用的"茅根"具有 2 个不同的基原，即白茅和丝茅（大白茅）。而明代后，可能混淆了白茅及丝茅（大白茅），认为白茅即丝茅，对于基原不再细究，以致现今白茅根为单一基原药材[5]。

历版《中国药典》均记载白茅根基原为禾本科植物白茅 [*Imperata cylindrica* Beauv. var. *major*（Nees）C. E. Hubb.] 的干燥根茎。其基原中文名收载为白茅，但通过查阅《中国植物志》[6] 及《Flora of China》[7] 发现，白茅拉丁学名应为 [*Imperata cylindrica*（Linnaeus）Raeuschel]，而药典记载的 [*Imperata cylindrica* Beauv. var. *major*（Nees）C. E. Hubb.] 为大白茅的拉丁学名，即《中国植物志》收载的丝茅，可见药典所记载白茅根药材原植物中文名与其拉丁学名不匹配，存在混淆现象。

白茅根生境分布的记载最早出现在东汉《神农本草经》[2]："茅根，味甘，寒。……生山谷田野"，但未提及白茅根产地。魏晋时期的《名医别录》[3]载："茅根，无毒。……生楚地田野。六月采根"，首次记载了白茅根产地为楚地，据相关考证，楚地为今湖北省荆州市，说明当时白茅根的主产区在湖北地区，而后历代本草记载均无变动。宋代《本草图经》[8]载："生楚地山谷、田野，今处处有之"，印证宋前白茅根产于楚地，但到宋代，白茅根产地发生变迁，即"今处处有之"，说明自宋代开始白茅根在全国范围均产。明代《救荒本草》[9]："生楚地山谷，今田野处处有之。"《本草蒙筌》[10]："旷野平原，无处不生。"清代《本草述钩元》[11]："又生湖南，及江淮间。"《草木便方》[12]："生于山坡、荒地及耕种的砂地内。分布于我国各省区。"

1963 年版《中国药典》（一部）[13] 首次收载白茅根："均系野生，全国大部分地区均有产"，此后各版药典均记载："春、秋二季采挖，洗净，晒干，除去须根和膜质叶鞘，捆成小把"，均未再记载其产地信息。1996 年徐国钧《中国药材学》[14]："全国各地均产。华北地区产量较多。多自产自销。"1997 年《中国植物志》[15]："白茅产于辽宁、河北、山西、山东、陕西、新疆等北方地区；生于低山带平原河岸草地、沙质草甸、荒漠与海滨。"1999 年《中华本草》[6]："生于路旁向阳干草地或山坡上。分布于东北、华北、华东、中南、西南、陕西、甘肃等地。"1999 年卢赣鹏《500 味常用中药材的经验鉴别》[16]："白茅根商品均来源于野生，全国大部分地区均有分布与出产，多自产自销。"2002 年肖培根《新编中药志》[17]："在我国南部草地优势植物，生态幅度广，生长于谷地河床至旱草地。向阳山坡，果园地、撂荒地以及田坎、堤岸和路边草地。"2010 年《中华药海》[18]："本品以野生者入药，喜阳耐旱，多生于路旁、山坡、草地中。全国各地均产。"

二、历史沿革

白茅根用药历史悠久，是我国各族人民广泛使用的常用植物药之一。中医认为性甘、寒，入肺、胃、膀胱经，具有凉血止血、清热利尿的功效，用于血热吐血、衄血、尿血、热病烦渴、水肿尿少、热淋涩痛和湿热黄疸等。各民族对此多有大同小异，药用于喘急、胃热哕逆、淋病、小便不利、水肿和黄疸。《神农本草经》认为主劳伤虚羸，补中益气，除瘀血、血闭寒热，利小便。《名医别录》还认为下五淋，除客热在肠胃，止渴，坚筋，妇人崩中。《本草纲目》记载止吐衄诸血，伤寒哕逆，肺热喘急，水肿，黄疸，解酒毒。《动植物民间药》讲到治脚气。而且据李水福带领的畲医药课题组统计[19]，千余个处方使用白茅根的有 10 多个，处方的适用症有鼻血不止、风热斑蛇（上感）、肝炎（黄疸）、肝炎出血急性肾炎、慢性肝炎、肾炎、肾炎水肿、生风（产后感染）、小便不禁（尿频）、小儿肝炎、小儿热泻、腰子（肾）下垂等。

以生白茅根入药的方剂早在晋代就有记载，葛洪在《肘后备急方》中记载："白茅根一大把、小豆三升、水三升煮取乾去茅根食豆，水随小便下。"同时最早提出了白茅根的切制方法，即"细切"。唐代出现了制白茅根的炮制方法。白茅根历代炮制有净制、酒制、炒制等方法，白茅根炒后其寒凉之性趋于平和，主治服石人、水气内积、面目腿膝肿硬、小便涩的木通汤。炒炭后其涩性增加、寒性减弱，偏于收敛止血，专用于各种出血症。现代各地常用的炮制方法有净制（天津、河南）、切制（黑龙江、旅大、内蒙古、云南）、炒制（旅大）、白茅根炭（北京、天津、河南、山东、镇江、重庆），新增的有煅制（广东）、盐水炒（福州）等。而现代白茅根炮制主要是结合目前白茅根的主要临床应用，如利尿、止血，在继承古代炮制方法的基础上进行了遴选，其炮制品主要是白茅根、茅根炭[20]。

第二节　植物形态与生境分布

一、植物形态

多年生，具横走多节被鳞片的长根茎。秆直立，高25～90 cm，具2～4节，节具长2～10 mm的白柔毛。叶鞘无毛或上部及边缘具柔毛，鞘口具疣基柔毛，鞘常集于秆基，老时破碎呈纤维状；叶舌干膜质，长约1 mm，顶端具细纤毛；叶片线形或线状披针形，长10～40 cm，宽2～8 mm，顶端渐尖，中脉在下面明显隆起并渐向基部增粗或成柄，边缘粗糙，上面被细柔毛；顶生叶短小，长 1~3 cm。圆锥花序穗状，长 6~15 cm，宽 1~2 cm，分枝短缩而密集，有时基部较稀疏；小穗柄顶端膨大成棒状，无毛或疏生丝状柔毛，长柄长 3~4 mm，短柄长 1~2 mm；小穗披针形，长 2.5~3.5 mm，基部密生长 12~15 mm 的丝状柔毛；两颖几相等，膜质或下部质地较厚，顶端渐尖，具 5 脉，中脉延伸至上部，背部脉间疏生长于小穗本身 3~4 倍的丝状柔毛，边缘稍具纤毛；第 1 外稃卵状长圆形，长为颖之半或更短，顶端尖，具齿裂及少数纤毛；第 2 外稃长约 1.5 mm；内稃宽约 1.5 mm，大于其长度，顶端截平，无芒，具微小的齿裂；雄蕊 2 枚，花药黄色，长 2~3 mm，先雌蕊而成熟；柱头 2 枚，紫黑色，自小穗顶端伸出。颖果椭圆形，长约 1 mm。花果期 5—8 月 [15]。

二、生境分布

产于山东、河南、陕西、江苏、浙江、安徽、江西、湖南、湖北、福建、台湾、广东、海南、广西、贵州、四川、云南、西藏等地，为南部各省草地的优势植物。本种适应性强，生态范围广，自谷地河床至干旱草地，是森林砍伐或火烧迹地的先锋植物，也是空旷地、果园地、撂荒地，以及田坎、堤岸和路边的极常见植物和杂草。模式标本采自日本。

第三节 栽　培

喜温暖湿润气候，喜阳耐旱，宜选一般坡地或平地栽培。栽培技术用根茎繁殖。春季，挖取白茅地下根茎，按行株距 30 cm×30 cm 栽种。包勇 [21] 公开了一种禾本科植物白茅根的种植方法的专利。

一、选地、整地

选阳光充足、肥沃、腐殖质土或肥沃深厚，排水良好的砂质壤土生长较好，每 667 m² 用堆肥或圈肥 1 500~2 000 g、加拌磷肥 20~40 kg 作基肥，基肥撒匀后深耕 20~30 cm，耙细整平作畦，畦宽 1~1.2 m。

二、选取种子

选取饱满、无裂痕、不畸形的白茅种子，用消毒液进行消毒处理，处理时间为 12~16 h。

三、繁殖方式

于春季清明至谷雨，在造好墒的畦内，按行距开 20~25 cm 的浅沟，将种子均匀撒入沟内，然后覆土 1 cm 左右。种完后浇水，20 d 左右出苗。

四、田间管理

出苗前应保持土壤湿润。整个生长期注意除草，浇水和追肥，防止草害。

五、病虫害防治

（一）根腐病

根腐病主要发生在根部，时期多在多雨季节时发生。防治方法：清园，用石灰处理病穴，用 50% 福美甲胂 500 倍液喷施根部。

（二）蚜虫

蚜虫以吸食茎肉汁液为害白茅。防治方法：冬季清园，喷洒 50% 杀螟松 1 000~2 000 倍液或 8% 敌敌畏乳剂 1 500 倍液。

六、收获加工

播种后 1~3 年收获，一般于秋季、春季将其茎、叶和根一起采挖，保持要件系完整，去净泥土，晒半干后扎成小把，再继续晒干或阴干后保存，不受其他污染。

第四节 化学成分

白茅根主要含三萜类、糖类、内酯类、有机酸类、香豆素类等，并含有钾、铁、钙等多种元素 [22, 23]。

一、三萜类化

芦竹素（Arundoin）、白茅素（Cylindrin）、羊齿烯醇（Fernenol）、乔木萜烷（Arborane）、异乔木萜烷（Isoarborinol）、西米杜鹃醇（Simiarenol）、乔木萜醇（Arborinol）、乔木萜醇甲醚（Arborinol methylether）、乔木萜酮（Arborinone）和木栓酮（Friedelin）等 [24, 25]。

二、糖类

糖类是白茅根的主要化学成分，初步研究表明，白茅根中糖的含量达总提取物的 80% 以上，主要有多糖、葡萄糖、果糖和木糖等 [26]，目前关于白茅根多糖的研究比较多 [27-29]。

三、有机酸类

有机酸类主要有绿原酸、棕榈酸、对羟基桂皮酸、柠檬酸、草酸、苹果酸等 [30]。马长振等 [31] 运用 UPLC-ESI-MSn 法对白茅根中的化学成分进行分离，通过参考文献和相关标准品的对比，鉴定了其中的 8 个化合物，咖啡酰奎尼酸类化合物（Caffeoylquinic acids）有：1- 咖啡酰奎尼酸（1-0-caffeoylquinic acid，1-CQA）、3- 咖啡酰奎尼酸（3-CQA）、5- 咖啡酰奎尼酸（5-CQA）、4- 咖啡酰奎尼酸（4-CQA）；阿魏酰奎尼酸类化合物（Feruloylquinic acids）：3- 阿魏酰奎尼酸（3-FQA）；咖啡酸（Caffeicacid）；二咖啡酰奎尼酸

（Dicaffeoylquinic acid，diCQA）的紫外吸收光谱与绿原酸相似；4，7-二甲氧基-5-甲基香豆素（Siderin）。在白茅根中首次发现含有1-CQA、3-CQA、4-CQA、3-FQA、diCQA.

四、香豆素类

赵燕燕等[32, 33]认为白茅根中的芦竹素和白茅素在禾本科竹亚科植物中普遍存在，白茅根中香豆素类物质4，7-二甲氧基-5-甲基香豆素（siderin）为其特征性成分。10个不同产地白茅根中Siderin的含量为8~52.8 μg/g，禾本科其他植物和伪品中均不含有，建议Siderin可作为白茅根质量控制和鉴别的对照物质。

五、内酯类

王明雷等[34]曾经在白茅根中分离得到含量甚微的联苯双酯，认为是治疗肝炎的有效成分，近年来研究者[35]均未发现联苯双酯的存在，可能与药材的生长环境及采收加工有关。另有研究发现白茅根含有内酯类主要是白头翁素、薏苡素等[36]。

六、其他

白茅根中含有丰富的钾盐，被认为是其利尿的主要成分[37]。卑占宇等[38]采用火焰原子吸收光谱法测定白茅根茎部的Fe、Cu、Zn、Mn、Ca、Mg，其含量分别为Fe 866.68 μg/g、Cu 6.39 μg/g、Zn 36.34 μg/g、Mn156.43 μg/g、Ca 883.76 μg/g、Mg 879.06 μg/g，这些金属元素在人体的代谢中起着重要作用，并参与体内各种生化反应，有的是酶的活性因子，起着激活酶的作用；有的参与激素的生理作用，促进激素作用的发挥[39]。松永公浩[39]还从白茅根中分离得到新血管收缩抑制物质Cylindrene和血小板聚集阻碍物质Imperanene。

第五节　药理与毒理

一、药理作用

古代本草文献对白茅根的功效记载主要包括血热出血、利小便、下五淋、热病烦渴、胃热呕逆、水中黄疸等；现代研究中化学成分和药理研究集中于止血、抗菌抗炎、护肝、利尿、免疫等方面，尤其是止血和利尿方面的研究比较深入[40, 41]。

（一）止血

白茅根粉能显著缩短兔血浆复钙时间，提高大鼠血小板的最大聚集力。白茅根生品和炒炭均能明显缩短小鼠出血时间、凝血时间，对凝血第2阶段（凝血酶生成）有促进作用，可抑制肝病出血倾向，并能降低血管通透性；茅根炭为白茅根的炮制品，与白茅根生品比较止血效果增强[42, 43]。

（二）利尿

白茅根水浸剂能够缓解肾小球血管痉挛，使肾血流量和肾滤过率增加，具有利尿作用，并能够消除尿蛋白、红细胞及管型[44]。

（三）抗菌、抗炎

白茅根煎剂在试管内对弗氏、宋内氏痢疾杆菌有明显的抑菌作用，对肺炎球菌、卡他球菌、流感杆菌、金黄色葡萄球菌及福氏、宋氏痢疾杆菌等均有抑制作用，而对志贺氏及舒氏痢疾杆菌却无抑制作用[45]。岳兴如等[46]对白茅根抗炎研究结果表明，白茅根水煎液能抑制二甲苯所致小鼠耳郭肿胀、冰醋酸引起的小鼠腹腔毛细血管通透性增加、对抗角叉菜胶和酵母多糖A所致的大鼠足跖肿胀，并有一定的剂量依赖关系。但对制霉菌素所致的炎症模型无明显的改善作用。

（四）护肝作用

邱荣仙等[47]观察白茅根煎剂联合聚乙二醇干扰素和利巴韦林治疗慢性丙型肝炎的抗病毒疗效，发现其在提高持续病毒学应答率、护肝降酶、减轻不良反应方面较单纯应用聚乙二醇干扰素和利巴韦林治疗具有更好的疗效。蓝贤俊等[48]通过白茅根灌胃酒精中毒的小鼠模型，发现白茅根可以降低羟自由基，提高机体抗氧化能力，提示白茅根对酒精中毒所致的肝和脑损伤具有保护作用。抗肝炎作用研究发现，白茅根具有一定的抗 HBV 病毒能力，对提高乙型肝炎表面抗原阳性转阴率有显著效果，临床治疗乙肝患者的治愈率为 35.0%，好转率为 45.2%，总有效率为 89.7%，并可同时改善患者的自觉症状[49]。何炜[50]以白茅根配伍的解酒清肝汤治疗酒精性肝病 46 例效果显著，总有效率 95.65%。余卓文等[51]以白茅根配伍的消脂解酒方治疗酒精性脂肪肝 58 例，总有效率 86.2%。

（五）免疫调节功能

白茅根可提高免疫低下小鼠外周血淋巴细胞（LC）非特异性酯酶染色（ANAE）阳性细胞百分率，可增强小鼠细胞免疫功能。生药白茅根水煎液可提高小鼠腹腔巨噬细胞的吞噬率和吞噬指数，但并未随着药物剂量的增加而提高[46]。白茅根多糖通过降低大鼠 IgA 肾病模型血清 IL2 和 IL6 含量，从而减少肾脏 TGF-β1 表达而抑制 RGC-32 介导的纤维化[52]，白茅根多糖对 PHA 诱导的正常人外周血 T 淋巴细胞增殖有显著的促进作用，并能促进细胞从 G_1 期进入 S 期，这说明白茅根多糖具有调节人外周血 T 淋巴细胞免疫功能的效应。

二、毒性机理

急性毒性实验表明，白茅根毒性较小，静脉注射 $LD_{50}>$ 20 g/kg，表明其临床应用比较安全[53]。

第六节　质量体系

一、标准收载情况

（一）药材标准

《中国药典》（2020 年版）[54]、《广西壮药质量标准》（第二卷）。

（二）饮片标准

《中国药典》（2020 年版）、《上海市中药饮片炮制规范》（2018 年版）[55]、《江西省中药饮片炮制规范》（2008 年版）、《北京市中药饮片炮制规范》（2008 年版）、《广西中药饮片炮制规范》（2007 年版）[56]、《重庆市中药饮片炮制规范》（2006 年版）。

二、药材性状

《中国药典》（2020 年版）：呈长圆柱形，长 30~60 cm，直径 0.2~0.4 cm。表面黄白色或淡黄色，微有光泽，具纵皱纹，节明显，稍突起，节间长短不等，通常长 1.5~3 cm。体轻，质略脆，断面皮部白色，多有裂隙，放射状排列，中柱淡黄色，易与皮部剥离。气微，味微甜。

三、炮制

《中国药典》（2020 年版）：白茅根洗净，微润，切段，干燥，除去碎屑，即得白茅根饮片。取净白茅根段，照炒炭法炒至焦褐色即为茅根炭饮片。

四、饮片性状

白茅根饮片性状见表 8.1。

表8.1 典型标准收载白茅根饮片性状汇总

名称标准	《中国药典》（2020版）	《上海市中药饮片炮制规范》（2018年版）[57]	《广西中药饮片炮制规范》（2007年版）[58]
鲜白茅根	—	呈圆柱形的段状，长短不一，长可达60 cm，直径0.3~0.6 cm。外表皮类白色至黄白色，光滑，有的可见节及残留的灰褐色膜质叶鞘。横切面中心色较深，周围有细孔排列成环。质较韧。气微，味微甜	—
白茅根	本品呈圆柱形的段。外表皮黄白色或淡黄色，微有光泽，具纵皱纹，有的可见稍隆起的节。切面皮部白色，多有裂隙，放射状排列，中柱淡黄色或中空，易与皮部剥离。气微，味微甜	呈圆柱形的段状，直径0.2~0.4 cm。外表皮黄白色至淡黄色，微有光泽，具纵皱纹，有的可见淡棕色稍隆起的节。切面皮部白色，多有裂隙，放射状排列，中柱淡黄色，易与皮部剥离，有的中央有小孔。体轻，质韧；气微，味微甜	为圆柱形短段，直径0.2~0.4 cm。外表皮黄白色或淡黄色，微有光泽，具纵皱纹，节明显，稍突起，节间长短不等，通常长1.5~3 cm。体轻，质略脆，切面皮部白色，多有裂隙，放射状排列，中柱淡黄色，易与皮部剥离。气微，味微甜
茅根炭	形如白茅根，表面黑褐色至黑色，具纵皱纹，有的可见淡棕色稍隆起的节。略具焦香气味苦	表面黑褐色至黑色，微有光泽，体轻、脆，折断面焦黄色，具焦香气，味苦	形同白茅根，表面焦褐色，内部棕褐色

五、有效性、安全性的质量控制

白茅根的有效性、安全性质量控制项目见表 8.2。

表8.2 有效性、安全性质量控制项目汇总

标准名称	鉴别	检查	浸出物	含量测定
《中国药典》（2020年版）	药材：1.显微鉴别（横切面+粉末）；2.薄层色谱鉴别（以白茅根对照药材为对照）。 白茅根饮片：同药材。 茅根炭饮片：除显微鉴别外，同药材	药材：1.水分（不得超过12%），2.总灰分（不得超过5%）。 白茅根饮片：同药材。 茅根炭饮片：无	药材：照水溶性浸出物测定法（药典通则2201）项下的热浸法测定，不得少于24%。 白茅根饮片：同药材，不得少于28%。 茅根炭饮片：同药材，不得少于7%	—
《上海市中药饮片炮制规范》（2018年版）	白茅根饮片：1.显微鉴别（横切面+粉末）；2.薄层色谱鉴别（以白茅根对照药材为对照）。 茅根炭饮片：薄层色谱鉴别（以白茅根对照药材为对照）	白茅根饮片：1.水分（不得超过12%）；2.总灰分（不得超过5%）。 茅根炭饮片：无	白茅根饮片：照水溶性浸出物测定法（药典通则2201）项下的热浸法测定，不得少于28%。 茅根炭饮片：同白茅根饮片，不得少于7%	—
《广西中药饮片炮制规范》（2007年版）	白茅根饮片：1.化学反应（醋酐浓硫酸法）；2.化学反应（酒石酸铜）。 茅根炭饮片：无	—	—	—

六、质量评价

（一）质量标准研究

近年来，关于其含量测定的报道较多。如采用高效液相色谱法

（HPLC）测定白茅根药材中绿原酸、联苯双酯、4, 7- 二甲氧基 -5-甲基—香豆的含量 [33, 57-59]；采用紫外可见分光光度法测定白茅根中总酚酸、多糖的含量 [28-60]；采用双波长薄层扫描法测定芦竹素和白茅素的含量等 [61]。随着指纹图谱的兴起，有文献报道了白茅根药材水溶性成分的 HPLC-DAD 指纹图谱 [62]；采用 RP-HPLC 法对不同产地的白茅根的氯仿提取物进行指纹图谱的研究 [34]。

根据上述研究现状，张素红 [63] 针对白茅根中有机酸类成分，采用高效液相色谱法，建立了绿原酸的含量测定方法及指纹图谱检查方法，以对照药材图谱为对照计算相似度值，结果表明 56 个白茅根样品中绿原酸含量为 0.018~1.497 mg/g，相似度偏低的样品，其绿原酸含量也比较低；在相似度小于 0.5 且绿原酸含量低于 0.05 mg/g 这一水平下，疑似伪品的多数样本可以被排除在外。为明确白茅根中主要糖类成分的含量，采用高效液相色谱与电喷雾检测器联用（HPLC-CAD）的方法测定了白茅根中的果糖、葡萄糖和蔗糖等 3 种糖类成分含量，并进行了聚类分析，结果表明样品中这 3 种糖的含量与其质量状况存在相关性，可以用于区分不合格样品。据此确定了合格白茅根中果糖的含量不应低于 2%、葡萄糖含量不低于 2%、蔗糖含量应当不低于 5.5%。采用高效凝胶色谱法（HPGPC）测定了白茅根中多糖的分子量及其分布情况，结果表明色谱图中的 2 个主要色谱峰，其中峰 1 是大分子多糖，峰 2 是分子量较小的低聚糖，峰 2 的峰面积高出峰 1 数倍，这表明白茅根糖类成分中低聚糖占比较大，而多糖含量较少。采用高效凝胶渗透色谱（HGPC）- 示差检测（RI）- 多角度激光光散射（MALLS）联用技术检测了白茅根多糖，得到了多糖的分子量及其分子旋转半径等数据，进一步揭示了白茅根多糖的物理特性。

（二）伪品

李水福 [19] 对白茅根常见伪品有白草、荻草、光孚茅香的真伪鉴别进行了系统深入的研究。

白草为禾本科植物白草（*Pennisetum flaccidum* Griseb.）的干燥根茎。为圆柱形或扁圆柱形，稍弯曲。直径 0.15~0.25 cm。外表为淡黄色、略有光泽，表面的纵皱纹极不明显，外表比较光滑，节部稍膨大。节间距在 1.7~3.5 cm。质硬而脆，断面皮部无裂隙，中央部多有白色髓心，很少有中空。气微、味淡。髓部空洞比较大。镜下无草酸钙晶体。荧光试验可见黄色，糖定性反应为绿色。

荻草为禾本科植物荻草〔*Miscanthus sacchariflorus*（Maxim.）Bentn. et Hook f.〕的干燥根茎。为扁圆柱形，常弯曲。直径 0.25~0.5 cm。外表为黄白色、略有光泽，表面略见纵纹，节部常有极短的毛茸，常有侧芽。节间距在 0.5~1.9 cm。质硬而脆，断面皮部裂隙极少，皮部紫红色，断面淡黄色，中心有一小孔，小孔周围粉红色。气微、味淡。髓部中空。镜下无草酸钙晶体。荧光试验可见黄绿色，糖定性反应为蓝色。

光孚茅香为禾本科植物光孚茅香（*Hierochloe glabra* Trin）的干燥根茎。为扁圆柱形，直径 0.15~0.3 cm。外表为棕色或棕红色、无光泽，表面可见细纵纹不明显，节部凸起，有明显的须根痕。节间距在 2~4 cm。质柔软而松泡，断面皮部无裂隙，折断可见纤维，中心孔隙较大。气香、味淡。髓部空洞较大。镜下有草酸钙簇晶。荧光试验可见淡蓝色，糖定性反应为蓝色。

第七节　性味归经与临床应用

一、性味

《中国药典》（2020 年版）："甘，寒。"

《本经》："味甘，寒。"

《别录》："无毒。"

《本草正》："甘，凉。"

《本草再新》："味甘苦，性寒，无毒。"

二、归经

《中国药典》（2020 年版）："归肺、胃、膀胱经。"

《滇南本草》："入胃、小肠二经。"

《本草经疏》："入手少阴，足太阴、阳明。"

《得配本草》："入手少阴、太阴，兼入足太阴、阳明经。"

《本草求真》："入胃、肝。"

三、功能主治

《中国药典》（2020 年版）："凉血止血，清热利尿。用于血热吐血，衄血，尿血，热病烦渴，湿热黄疸，水肿尿少，热淋涩痛。"

《本经》："主劳伤虚羸，补中益气，除瘀血、血闭寒热，利小便。"

《别录》："下五淋，除客热在肠胃，止渴，坚筋，妇人崩中。"

《日华子本草》："主妇人月经不匀，通血脉淋沥。"

《滇南本草》："止吐血，衄血，治血淋，利小便，止妇人崩漏下血。"

《纲目》："止吐衄诸血，伤寒哕逆，肺热喘急，水肿，黄疸，解酒毒。"

《本经逢原》："治胃反上气，五淋疼热及痘疮干紫不起。"

《动植物民间药》："治脚气。"

四、用法用量

《中国药典》（2020 年版）："9～30 g。"

五、注意事项

脾胃虚寒，溲多不渴者忌服。

《本草经疏》："因寒发哕，中寒呕吐，湿痰停饮发热，并不得服。"

《本草从新》："吐血因于虚寒者，非所宜也。"

六、附方

1. 治吐血不止

白茅根一握。水煎服之（《千金翼方》）。

2. 治血热鼻衄

白茅根汁一台。饮之（《妇人良方》）。

3. 治鼻衄不止

茅根为末，米泔水服二钱（《圣惠方》）。

4. 治喘

茅根一握（生用旋采），桑白皮等分。水二盏，煎至一盏，去滓温服，食后（《圣惠方》如神汤）。

5. 治温病有热，饮水暴冷哕者

茅根、葛根（各切）半升。以水四升，煮取二升，稍温饮之，哕止则停（《小品方》茅根汤）。

6. 治胃反，食即吐出，上气

芦根、茅根各二两。细切，以水四升，煮取二升，顿服之，得下，良（《千金方》）。

7. 治小便热淋

白茅根四升。水一斗五升，煮取五升，适冷暖饮之，日三服（《肘后方》）。

8. 治小便出血

茅根一把。切，以水一大盏，煎至五分，去滓，温温频服（《圣惠方》）。

9. 治劳伤溺血

茅根、干姜等分。入蜜一匙，水二钟，煎一钟，日一服（《本草纲目》）。

10. *治血尿*

白茅根、车前子各一两，白糖五钱。水煎服（内蒙古《中草药新医疗法资料选编》）。

11. *治乳糜尿*

鲜茅根半斤。加水 2 000 mL 煎成约 1 200 mL，加糖适量。每日分 3 次内服，或代茶饮，连服 5~15 d 为一疗程（《江苏省中草药新医疗法展览资料选编》）。

12. *治肾炎*

白茅根一两，一枝黄花一两，葫芦壳五钱，白酒药一钱。水煎，分二次服，每日一剂，忌盐（《单方验方调查资料选编》）。

13. *治阳虚不能化阴，小便不利，或有湿热壅滞，以致小便不利，积成水肿*

白茅根一斤。掘取鲜者，去净皮与节间小根，细切，将茅根用水四大碗，煮一沸，移其锅置炉旁，候十数分钟，视其茅根若不沉水底，再煮一沸，移其锅置炉旁，须臾视其根皆沉水底，其汤即成，去渣温服，多半杯，日服五、六次，夜服两、三次，使药力相继，周十二时，小便自利（《医学衷中参西录》白茅根汤）。

14. *治卒大腹水病*

白茅根一大把，小豆三升。水三升，煮干，去茅根食豆，水随小便下（《补缺肘后方》）。

15. *治黄疸、谷疸、酒疸、女疸、劳疸、黄汗*

生茅根一把。细切，以猪肉一斤，合作羹，尽啜食之（《补缺肘后方》）。

16. *治血热经枯而闭*

茅根、牛膝、生地黄、童便。煎服（《本草经疏》）。

第八节　丽水白茅根资源利用与开发

一、资源利用

白茅根作为临床常用中药，药用资源丰富，具有安全、无毒、不良反应少等优势。目前，白茅根及其提取物的临床应用范围已涵盖消化、免疫、泌尿、内分泌、循环等多个系统，并且在恶性肿瘤、慢性肝炎、脂肪肝、慢性肾小球肾炎、顽固性心力衰竭、紫癜性皮炎等疾病治疗中的疗效确切。此外，白茅根味甘价廉、食用安全，在食品、保健食品的开发应用领域具有广阔前景。

二、产品开发

（一）中成药及医院制剂

目前已上市以白茅根为主要原料的制剂包括血尿安胶囊、清凉防暑冲剂、肾炎解热片等。中国人民解放军第 163 医院又名湖南师范大学附属第二医院研发了肾康口服液（成果鉴定证书号：湘中医药科鉴字〔2010〕第 7 号），以三棵针、白茅根、石苇、墨旱莲、荠菜、鱼腥草为原料，主要用于治疗原发性肾病综合征、糖尿病。该院自 2003 年生产至今，已在湖南省武警总医院和中国人民解放军第 181 医院等多家医院推广应用，取得了良好的临床治疗效果。该药稳定性好，携带方便，尤其适合基层官兵及广大边远山区的患者使用，具有良好的社会效益。江苏省徐州市中医院以桑白皮、黄芩、侧柏叶、墨旱莲、白茅根等中药按一定比例组合制成清金止血袋泡剂，治疗鼻出血，获得较好的疗效 [64]。

（二）保健食品

卫生部于 2002 年 3 月公布的《关于进一步规范保健食品原料管理的通知》中将其列入既是食品又是药品的名单。白茅根味甘价廉，食用安全，在保健品开发应用具有广阔前景。如已开发的专利产品有：白茅根饮料（95103022）、白茅根茶（02119540）、白茅根保健面条（200510081285）、白茅根保健粉丝（200610075035）、香草兰白茅根茶（200610170543）。白玉昊等[36]等研制了白茅根降压茶；张爱忠[65]为开发新的天然烟用香料，对白茅根浸膏进行了卷烟加料试验，评吸结果表明，在烟丝中添加0.015%~0.02%的白茅根浸膏可改善卷烟香气，减轻杂气，改善余味。

（三）食品

民间多用白茅根煮荸荠，清胃泻火以治小儿的疳渴；用白茅根30~60 g，治疗小儿外感发热。治疗急性肾炎，单味白茅根，250 g水煎，每日分2~3次服，通常在1~2 d内小便即显著增多，连服1~2周或至痊愈。凡水肿、小便发黄、小便混浊、小便疼痛时，都可用鲜白茅根100 g，水煎代茶饮等。尤其在夏季，人们常因暑热出现小便发黄、鼻流血、热喘，甚至呕吐、茶饭不思等症，用白茅根熬水喝，会使这些病症迎刃而解。作为祛暑饮料，可将鲜白茅根切成1 cm长的小段，用水浸泡或煎熬后放凉，淡饮或酌加白糖；或白茅根与竹笋同煎，夏季常饮，有预防中暑之效，还有助于预防疮疖、痱子。王宏高[66]研制了白茅根乌梅饮料；黄美娥等[67]研制了白茅根—甘蔗饮料。葛彬[68]以优质的白茅根和淡竹叶为原料，研制了白茅根—淡竹叶复合运动饮料，小鼠试验表明，小鼠经连续白茅根—淡竹叶复合运动饮料灌胃30 d后，与对照（灌胃等体积的0.85%生理盐水）相比，负重游泳时间显著延长，说明白茅根淡竹叶复合运动饮料具有一定的抗运动疲劳效果。

（四）药膳

茅根粥：白茅根30 g、大米100 g、白糖适量。洗净，放入锅中煮成粥，有凉血止血、清热利湿的功效。适用于血热妄行所致的吐血、尿血、热淋、小便不利、水肿、湿热黄疸等。豆叶茅根粥：赤小豆30 g，竹叶、茅根各15 g，大米50 g，白糖适量。将竹叶、茅根水煎取汁，加赤豆、大米煮粥，白糖调味服食，每日1剂。有清热利湿、健脾生精的功效。适用湿热蕴结下焦、精液黏稠、小便短黄等。茅根赤豆粥：茅根 100 g、赤小豆 50 g、大米 100 g。煮为稀粥服用。有清热利湿的功效，适用于女子功能性水肿、小便短赤、白带黄浊等。

（五）化妆品

尹晓虹[69]将白茅根的提取物制备成牙膏，并收集具有牙周炎或牙龈炎等具有牙周组织炎症的患者病例，在使用该牙膏前后口腔中的唾液，提取唾液中具有致病能力的 2 种微生物——主要的致龋菌变形链球菌和口腔念珠菌病等口腔薄膜感染的主要致病菌白色念珠菌的 DNA，通过荧光定量探针法检测这 2 种微生物的含量在使用牙膏前后的变化情况，探讨该牙膏的相关作用机制及其在口腔护理中的应用前景，结果表明白茅根牙膏能有效抑制白色念珠菌的生长。

第九节　总结与展望

白茅根药效稳定可靠，炮制简便，各民族均有应用，在丽水民间使用广泛，现代研究题材多、开发种类多和用途多，是极具开发前景的天然药物。因白茅根含有许多有效的中药化学成分，如根茎含芦竹素（arundoin）、印白茅素（cylindrin）、薏苡素（coixol）、羊齿烯醇（femenol）、西米杜鹃醇（simiarenol）、异山柑子萜醇（isoarborinol）、白头翁素（anemonin）；还含甾醇类：豆甾醇（stigmasterol）、β-谷甾醇（β-sitosterol）、菜油甾醇（camposterol）；糖类：多量蔗糖（sucros）、葡萄糖（glucose），以及少量果糖（fructose）、木糖（sylose）；简单酸类：枸橼酸（cittic acid）、草酸（oxalic acid）、苹果酸（malic acid）。可制备功能性食品、保健品等，如白茅根保健面条、白茅根和芦根混合型饮料、白茅根饮料、白茅根中药饮料、白茅根茶、白茅根保健粉丝。

白茅根是市定预防中药制剂防感汤的处方组成之一，适宜于平和质，平素正常或者阴虚火旺，易上火体质者。白茅根也是一味畲药，在568种处方、1 072种畲药中，使用次数最多的为白茅根和车前草[70]，要充分发掘其作为畲医药的独特之处，结合畲医药理论开展药效、成分的关联研究，不断增加药源性、医源性。

此外，在口腔中牙龈出血多数是由牙龈炎或者牙周炎造成的，而白茅根具有广泛的药理作用，而且是对治疗牙龈出血效果比较明显，因此，促进白茅根在治疗口腔疾病中的应用大有可为，如制成含白茅根单方或复方牙膏、白茅根口香糖等。特别是新版《化妆品监督管理条例》首次将牙膏参照普通化妆品管理，要关注政策要求进行产品研发。

另有研究表明[71]，奶牛补饲适量的鲜白茅根能提高奶牛的产奶量，提高平均乳糖量。可见白茅根饲喂奶牛能提高奶牛产奶性能，开发白茅根应用于奶牛生产是可行的。

参 考 文 献

[1] 吴普. 神农本草经 [M]. 孙星衍，孙冯翼，辑. 北京：科学技术文献出版社，1996：65.

[2] 梁海明. 易经 [M]. 太原：山西古籍出版社，1999：43.

[3] 陶弘景. 名医别录 [M]. 尚志钧，辑校. 北京：人民卫生出版社，1986：142.

[4] 陶弘景. 本草经集注 [M]. 尚志钧，尚元胜，辑校. 北京：人民卫生出版社，1994：300.

[5] 孟静，陈鸣，安昌，等. 白茅根的本草考证 [J]. 中国民族民间医药，2020，29（3）：18-23.

[6]   中国科学院中国植物志编辑委员会. 中国植物志：第 102 卷 [M]. 北京：科学出版社，1997：31-32.

[7]   吴征镒. 中国植物志：英文版：第 22 卷 [M]. 北京：科学出版社，2006：584.

[8]   苏颂. 本草图经 [M]. 尚志钧，辑校. 合肥：安徽科学技术出版社，1994：185-186.

[9]   中华书局上海编辑所. 救荒本草：第 4 卷 [M]. 北京：中华书局，1959.

[10]   陈嘉谟. 本草蒙筌 [M]. 张印生，韩学杰，赵慧玲，校. 北京：中医古籍出版社，2009：126.

[11]   杨时泰. 本草述钩元：第 7 卷 [M]. 上海：上海市科技卫生出版社，1958：41.

[12]   刘善述. 草木便方 [M]. 重庆：重庆出版社，1988：61-62.

[13]   卫生部药典委员会. 中华人民共和国药典 [M]. 一部. 北京：人民卫生出版社，1964：86.

[14]   徐国钧. 中国药材学 [M]. 北京：中国医药科技出版社，1996：584.

[15]   国家中医药管理局. 中华本草：第 8 册 [M]. 上海：上海科学技术出版社，1999：357-360.

[16]   卢赣鹏. 500 味常用中药材的经验鉴别 [M]. 北京：中国中医药出版社，1999：6-7.

[17]   肖培根. 新编中药志：第 1 卷 [M]. 北京：化学工业出版社，2002：348-352.

[18]   冉先德. 中华药海：精华本 [M]. 北京：东方出版社，2010：1111-1115.

[19]   李水福. 浅谈畲药白茅根的鉴别及开发利用 [J]. 中国民族医药，2010，8（8）：52-53.

[20]   和颖颖，丁安伟，陈佩东，等. 白茅根饮片炮制历史沿革研究 [J]. 中国药业，2008.17（18）：58-59.

[21] 包勇. 一种禾本科植物白茅根的种植方法：201410348382. 7[P]. 2014-07-21.

[22] 刘荣华，付丽娜，陈兰英，等. 白茅根化学成分与药理作用研究进展 [J]. 江西中医学院学报，2010，22（4）：80-83.

[23] 李立顺，时维静，王甫成. 白茅根化学成分、药理作用及在保健品开发中的应用 [J]. 安徽科技学院学报，2011，25（2）：61-64.

[24] NISHIMOTO K, ITO M, NARORI S, et al. The structures of arundoin, cylindrin and femenol[J]. Tetrahedron, 1968, 24（2）: 7355.

[25] OHMOTO T, IKUSE M, NATORI S. Triterpenoids of the gramineae [J]. Phytocemistry, 1970, 9（10）: 2137.

[26] HAGINIWA J, HORI M, YAMAZAKI M. On the potassium and sugar in the rhizome of *Imperata cylindrica* Beauv. var. *koenigii* Durandet Schinz[J]. Yakugaku zasshi, 1956, 76（7）: 863.

[27] 王海侠，吴云，时维静，等. 白茅根多糖的提取与含量测定 [J]. 中国中医药信息杂志，2010，17（2）：55-57.

[28] 丘丹萍，邹勇芳，黄锁义，等. 白茅根多糖提取方法的比较研究 [J]. 中国酿造，2010，18（1）：108-120.

[29] 王莹，孟宪生，包永睿，等. 白茅根多糖提取工艺优化及含量测定 [J]. 亚太传统医药，2009，5（11）：24-26.

[30] 冯丽华，江丰，汪玢. HPLC 法测定白茅根中绿原酸的含量 [J]. 江西化工，2005（4）：104.

[31] 马长振，陈佩东，张丽. UPLC-ESI-MSn 法分析白茅根中的化学成分 [J]. 中成药，2010，32（4）：625-628.

[32] 赵燕燕，曹悦，孙启时. RP-HPLC 法测定白茅根中 siderin 含量 [J]. 沈阳药科大学学报，2007，24（2）：86-88.

[33] 赵燕燕，贾凌云，孙启时. 白茅根药材的指纹图谱 [J]. 沈阳药科大学学报，2002，19（5）：352-354.

[34] 王明雷，王素贤，孙启时，等. 白茅化学成分的研究 [J]. 中国药物

化学杂志，1996，6（3）：192-195．

[35] 白玉昊，时银英，段玉通．白茅根降压茶治疗原发性高血压 98 例疗效观察 [J]．中国现代药物应用，2007（6）：63．

[36] 中国医学科学院药物研究所．中草药有效成分的研究：第一分册 [M]．北京：人民卫生出版社，1972：441．

[37] 卑占宇，范小娜，李洪亮．中药白茅根中金属元素的含量测定 [J]．光谱实验室，2006，23（6）：1213-1215．

[38] 曹治权．微量元素与中医药 [M]．北京：中国中医药出版社，1993：79．

[39] 松永公浩．白茅根中分离到的新血管收缩抑制物质 Cylindrene 及血小板聚集阻碍物质 Imperanene 的结构 [J]．国外医学·中医中药分册，1996，18（3）：50．

[40] 王伟，郭庆梅，周凤琴．白茅根的药效考证与现代研究比较 [J]．中国海洋生物，2014，33（5）：92-96．

[41] 江灵礼，苗明三．白茅根化学、药理与临床应用探讨 [J]．中医学报，2014，29（192）：713-715．

[42] 崔珏，李超，尤健，等．白茅根多糖改善糖尿病小鼠糖脂代谢作用的研究 [J]．食品科学，2012，33（19）：302-305．

[43] 李昌灵，张建华．白茅根提取物的抑菌效果研究 [J]．怀化学院学报，2012，31（11）：34-37．

[44] 时银英，白玉昊，兰志琼．白茅根降压茶治疗原发性高血压的实验研究 [J]．陕西中医学院学报，2008，31（6）：57-58．

[45] 王进．白茅根的药理研究及临床新用 [J]．中国医药指南，2007（17）：44-45．

[46] 岳兴如，侯宗霞，刘萍，等．白茅根抗炎的药理作用 [J]．中国临床康复，2006，10（43）：85-87．

[47] 邱荣仙，王晓东，何雄志，等．白茅根煎剂联合干扰素和利巴韦林治疗慢性丙型肝炎的临床研究 [J]．中医临床研究，2012,4（21）：5-8．

[48] 蓝贤俊，邓彩霞，陈永兰，等．白茅根对酒精中毒小鼠肝及脑损伤的保护作用研究 [J]．医学理论与实践，2012，25（2）：125-126．

[49]　魏中海. 白茅根煎剂治疗乙型肝炎表面抗原阳性的临床疗效观察 [J]. 中医药研究，1992（4）：30.

[50]　何炜. 解酒清肝汤治疗酒精性肝病 46 例 [J]. 陕西中医，2006，26（9）：1074-1075.

[51]　余卓文，李杏儿，周丽仪. 消脂解酒方治疗酒精性脂肪肝 58 例疗效观察 [J]. 新中医，2006，38（6）：28-29.

[52]　冷斌. 白茅根多糖对 IgA 肾病大鼠免疫调节及肾纤维化的干预 [D]. 桂林：桂林医学院，2013.

[53]　于庆海，杨丽君，孙启时，等. 白茅根药理研究 [J]. 中药材，1995，18（2）：88.

[54]　国家药典委员会. 中国药典 [M]. 2020 年版一部. 北京：中国医药科技出版社，2020：111.

[55]　上海市药品监督管理局. 上海市中药饮片炮制规范 [S]. 2018 年版. 上海：上海科学技术出版社，2018：54-55.

[56]　广西壮族自治区食品药品监督管理局. 广西中药饮片炮制规范 [S]. 2007 年版. 南宁：广西科学技术出版社，2007：106-107.

[57]　任琦，付辉政，许妍，等. 白术饮片质量分析报告 [J]. 中国药事，2018，32（11）：1473-1482.

[58]　王莹，孟宪生，包永睿，等. 白茅根水提物中绿原酸的含量测定 [J]. 亚太传统医药，2011，7（3）：22-24.

[59]　焦昌梅，乔善宝，崔冬梅，等. HPLC 法测定不同产地白茅根中联苯双酯的含量 [J]. 广东化工，2011，38（6）：203-204.

[60]　熊科元，刘荣华，陈石生，等. 不同产地白茅根总酚酸的含量比较 [J]. 时珍国医国药，2012，23（4）：844-845.

[61]　路金才，孙启时，王明雷，等. 白茅根中芦竹素和白茅素的含量测定 [J]. 沈阳药科大学学报，1996，13（4）：290-291.

[62]　蔡鹰，陆瑜，邱蓉丽，等. 白茅根药材水溶性成分的 HPLC-DAD 指纹图谱研究 [J]. 时珍国医国药，2015，26（8）：1929-1931.

[63]　张素红. 白茅根、玉竹的质量标准研究 [D]. 北京：北京中医药大学，

2018.

[64] 孙佩兰，徐泳 . 清金止血袋泡剂的研制及临床应用 [J]. 河北医学，1999，5（3）：86-87.

[65] 张爱忠 . 白茅根浸膏的制备及加料试验 [J]. 烟草科技，2004，16（1）：8-9.

[66] 王宏高 . 白茅根乌梅饮料的开发研制 [J]. 广州食品工业科技，2000，16（2）：17-18.

[67] 黄美娥，高中松，张羽，等 . 白茅根 - 甘蔗饮料的研制 [J]. 食品与发酵工业，2006，32（2）：141-143.

[68] 葛彬 . 白茅根 - 淡竹叶复合运动饮料的研制及抗运动疲劳功能评价 [J]. 保鲜与加工，2019，19（5）：83-87.

[69] 尹晓虹 . 白茅根牙膏对唾液中变形链球菌和白色念珠菌的作用研究 [D]. 广州：南方医科大学，2011.

[70] 郑海岚，雷后兴，李水福 . 丽水畲族用药特点研究 [J]. 中国现代应用药学，2005，22（9）：840-842.

[71] 王中华，赵香菊 . 白茅根对奶牛产奶性能的作用研究 [J]. 饲料与畜牧·新饲料，2012（8）：30-31.

第三辑

桑叶

Sangye

桑　叶 | Sangye
FOLIUM MORI

　　本品为桑科植物桑（*Morus alba* L.）的干燥叶。初霜后采收，除去杂质，晒干。别名：家桑（《日华子本草》）、荆桑（王祯《农书》）、桑椹树（《救荒本草》）、黄桑。

第一节　本草考证与历史沿革

一、本草考证

　　桑叶为落叶乔木桑树的叶，中医又称"铁扇子"，是常用的中药材，历代本草多有记载。桑类药材药用最早记载于《五十二病方》："蛇啮：以桑汁涂……食（蚀）口鼻，冶（堇）葵，以桑薪燔其令汁出，以羽取。"《本草纲目》："桑皮汁涂蛇、蜈蚣、蜘蛛伤。"现代大多学者认为《五十二病方》所述桑汁应是桑皮汁，来源桑科植物桑树皮中白色液汁。但是《新修本草》《开宝本草》《证类本草》都有"桑叶主除寒热出汗，汁解蜈蚣毒"。《日华子本草》："桑叶：蛇虫蜈蚣咬，盐援敷上。"《本草蒙筌》："采经霜者煮汤，洗眼去风泪殊胜。盐捣敷蛇虫蜈蚣咬毒。"可以看出古代也有用桑叶汁解蛇毒。在民间，桑蚕业较发达的地区，人们常用桑叶汁来治疗蜂蜇伤、蛇虫蜈蚣咬。从事物发展角度来看，由于桑树最早的用途是采叶养蚕，也应该最先了解桑叶的功效。现代研究证明：桑叶具有抗菌消炎、清热解毒之功效。桑叶中含有的脱氧野尻霉素（DNJ）矿物质，能有效地缓解体内毒素堆积现象。以上的文献及现代研究可证《五十二病方》所述的桑汁应当包括桑叶汁。可以说桑叶的药用始载于《五十二病方》。

桑叶的名称最早见于《神农本草经》《本经》收藏了桑叶，并将其列为中品。附于桑根白皮下。称桑叶为"神仙叶"，气味苦甘寒，有小毒，主除寒热，出汗。桑叶从神农时代起就被作为药用，《本草纲目》载："桑叶可常服，神仙服食方，乃平足阴阳之药，桑叶煎汁代茶饮，利五脏关节、通血下气、祛风凉血、明目长发、清热解毒。"《本草经疏》载："桑叶性味苦甘、寒，甘所以益血，寒所以凉血，甘寒相合，故下气而益阴，又能明目而止咳，有补益之功"；《本草图经》载："桑叶可常服，煎以代茶饮，令人聪明。"现代研究发现含黄酮类、生物碱、植物甾醇、桑叶多糖等。具有抗炎、抗病毒、抗衰老、增强机体耐力等功能。其中黄酮类与其药效密切相关。现代中医学认为桑叶性味甘、苦、寒，具有清肺止咳、清肝明目的作用。现在已被中华人民共和国卫生部正式列入"既是食品又是药品"的名单[1]。

二、历史沿革

桑叶的栽培历史超过 3 000 年。在《诗经》中，人们发现桑叶用于养蚕，桑树皮造纸和桑椹用作水果。中国最初是采集野生桑叶喂蚕，后来随着蚕业的发展而过渡到人工种桑。《诗经》所载各种植物中，桑出现的次数最多，超过主要粮食作物黍稷。从古诗中可以看出，当时既有大面积的桑林、桑田，亦广泛在宅旁和园圃中种桑，桑树的分布遍及黄河中下游地区，这也是宋以前中国最主要的蚕桑产地和栽桑技术的中心。唐宋以后，南方蚕业赶上并超过北方。随着蚕业的发展，南方的栽桑技术亦逐步改进。南方的蚕农选育了多种优良的桑树品种，桑苗的繁殖和桑树栽培管理等技术，包括施肥、中耕、除草、修剪、整枝等，都达到较高的水平，这与蚕桑发展的区域相适应，中国古代桑树的品种也形成了南北两个中心。南北朝以前，山东是蚕桑业很发达的地方。古籍中常说到的鲁桑，就是山东地区多种桑树品种的总称。《齐民要术》中说："黄鲁桑不耐久，谚曰：'鲁桑百，丰绵帛'。言其桑好，功省用多。"这里说的黄鲁桑，就是鲁桑中的一个丰产、叶质优良的品种。从宋代起，全国蚕桑业重心已移到杭嘉湖一带来。出现了众多的桑树优良品种，统称为湖桑。古代桑园施肥除施用人粪尿、饼肥、厩肥等外，在蚕桑的主产区太湖地区用得最多的是塘河泥。从明清嘉湖地区的情况来看，首先，桑园中耕除草还有一个作用，即改善土壤的理化性质。因此，为了提高桑叶产量和方便采摘，桑树还须要修剪整枝。宋元以前的北方蚕书中称修树为"科斫"，修树时树液流失过多是会影响桑叶的产量和叶质的。其次是修剪的对象。陈旉《农书》说："斫剔去枯摧细枝"，对于正常的，健康的枝条也要适当斫去一些，使桑树"气侠而叶浓厚"。

我国近代历史上，由于战争破坏、棉花大面积栽植、农田土地修复等原因，蚕桑生产逐渐南移。但是，丝绸始终是我国对外出口贸易的"拳头"产品，在 20 世纪 80 年代创汇仅次于石油，为第二大出口商品，说明栽桑养蚕作为强国富民的有效途径，在农业产业中所占据的重要地位。桑全身是宝，古今中外对其评价至高无上，被称为人类健康长寿的益友。《本草纲目》全面记载了桑各个器官（根、茎、叶、花、果）以及桑的形成物、寄生物、化合物等的医用价值。苏联莫斯科沙迪诺博士等科学家研究百岁老人之谜的调查中发现：亚巴赞山区村民特别健康长寿，年龄最大的 160 岁，百岁老人比比皆是。他们行动敏捷，身体健壮，充满活力的主要原因是当地漫山遍野都是桑树，当地群众习惯于用桑叶代茶泡喝外，还常年吃桑椹，村民每天早、中、晚都饮用桑椹汁。我国 1990 年第四次人口普查中发现新疆皮山县 18 万人口中 70 岁以上的老人占

2.84%，年龄最大的 120 岁，111 岁的卡迪尔伊仍可参加夏收。相关科学调查表明还是栽植和食用桑椹的缘故。由此证实，桑椹不仅具有补血、补肾、生津、生精、乌发、化瘀等功能，而且可以防止人体动脉硬化和骨骼关节硬化、使人的新陈代谢和生理机能旺盛。桑叶含有较多的叶酸，每克桑叶含有叶酸 105 μg，这是一种医药原料，参与核酸的合成，有抗各种贫血和促进细胞生长的作用，并能治疗胃癌、肠胃管道障碍、食欲营养不良和疱疹性皮炎等，足见桑叶茶对人体健康意义重大。

第二节　植物形态与生境分布

一、植物形态

落叶乔木，高 3~7 m 或更高，通常灌木状，植物体含乳液。树皮黄褐色，枝灰白色或灰黄色，细长疏生，嫩时稍有柔毛。叶互生；卵形或椭圆形，长 5~10 cm，最长可达 20 cm，宽 5~11 cm，先端锐尖，基部心脏形或不对称，边缘有不整齐的粗锯齿或圆齿；叶柄长 1.5~4 cm；托叶披针形，早落。花单性，雌雄异株；花黄绿色，与叶同时开放；雄花成柔荑花序；雌花成穗状花序；萼片 4 裂；雄花有雄蕊 4；雌花无花柱，柱头 2 裂，向外卷。聚合果腋生，肉质，有柄，椭圆形，长 1~2.5 cm，深紫色或黑色，少有白色的。花期 4—5 月，果期 6—7 月 [2]。

二、生境分布

全国各地有栽培。以江苏、浙江一带为多。全国大部分地区均产，以南部育蚕区的产量较大 [2]。

第三节 栽 培

一、生态环境条件

桑树，树皮厚，呈灰色，喜日照，适宜在 25~30 ℃、海拔 1 200 m 以下的条件下生长，生长期间需要大量水分，但不耐涝；适宜在土层厚度 50 cm 以上、pH 值为 6.5~7（中性偏酸）、肥沃、疏松的壤土或沙壤土中生长。桑树根系发达，可在干旱与寒冷气候条件下顽强生长，耐贫瘠，在盐碱度 0.2% 的土地上可以存活，抗风力强、适应性广；萌芽力强，耐修剪，寿命长。桑树在我国分布广泛，东北至哈尔滨、西北至新疆、南至广东、东至台湾、西至云南，都栽培有大量桑树。此外，印度、越南、朝鲜、日本、俄罗斯、欧洲及北美都有桑树分布[3]。

二、栽培技术

（一）种苗繁殖

1. 种子繁殖

采取紫色成熟桑椹，搓去果肉，洗净种子，随即播种或湿沙贮藏。春播、夏播、秋播均可。夏播、秋播可用当年新种子。播前用 50 ℃温水浸种，待自然冷却后，再浸泡 12 h，放湿沙中贮藏催芽，经常保持湿润，待种皮破裂露白时即可播种，按行株距 20~30 cm 开沟，沟深 1 cm，用种量 7.5~15 hm²。覆土。约经 10 d 出苗。苗高 3~4 cm 间苗，去弱留强，并补苗。春、秋季按株距 10~15 cm 定苗。

2. 嫁接繁殖

袋接法：于嫁接前 20 d，剪接穗，湿沙贮藏，使砧木剪口处的皮层和木质部分离成袋状，然后插入接穗，以插紧为止。芽接法：春季、夏季用"T"形芽接或管状芽接（套接）。

3. 压条繁殖

早春将母株横伏固定于地面，埋入沟中，露出顶端，培土压实，待生根后与母体分离。春季或秋季进行定植。按行株距 2 m×0.4 m 开穴，穴径 0.5~0.7 m，穴底施入腐熟厩肥，上铺薄土 1 层，栽入，填表土后，将植株向上提一提，使根部舒展，再填新土，压实，浇水。

（二）选地整地

桑树虽然具有较强的环境适应能力，但是要想提高桑树栽培质量，取得更好的种植收益，必须科学选择土地，一般土层厚度超过 50 cm，有机质含量超过 1.5%，pH 值控制在 6~7 比较理想，年降水量在 1 000 mm 左右或灌溉条件好的地方。土地表面平整，交通方便，阳光充足，灌溉及排水方便。栽培地不宜靠近化工厂及有污染的工厂。在栽种前需要进行园地翻耕，一方面疏松土壤，增加土壤透气性和蓄水能力，利于树苗成活和生长；另一方面通过翻晒土壤，杀死土壤中的越冬虫卵，防治病虫害[3]。

（三）栽培

1. 栽植方法

完成园地整理工作后，开挖定植沟，标准为宽 20 cm、深 20 cm，相邻两条定植沟间隔 2 m，株距 0.33 m，栽桑树 1 000 株/667 m²，进行养蚕桑的定植。栽植时要扶正苗木，使根系舒展，不窝根，轻提苗木，使根系与土壤密切接触；然后将土回填至超过苗木青茎以上 3~5 cm，再埋上细碎表土并踏实，浇足定根水，覆盖地膜[3]。

2. 树型养成

桑苗定植后，大部分桑树长至 30 cm 左右时，需要剪去苗梢，剪口要平滑，抑制顶端优势，培育主干。新芽长至 13~16 cm 时进行疏芽，每株只保留 2~3 个长势好、发育强壮的芽；若苗木只长出 1 个芽，等长到 1.2 m 高时摘心；桑园 1 年剪伐 2 次，即冬伐和夏伐。冬至前后进行冬伐，即留下半年长出的高 30~50 cm 枝条，剪除枯枝、病枝；夏伐于 5 月下旬进行，夏伐高度为离地 25 cm。剪伐下来的桑枝中若有害虫及产下的卵或寄生病菌，应搬离桑园焚烧或做其他处理。

（四）田间管理

1. 肥料管理

春季在发芽前进行追肥，施肥可促进桑叶生产，据计算，每生产 1 000 kg 桑叶，桑树需吸收 6 kg 氮、1 kg 磷、4 kg 钾。在春季桑树发芽前施高氮复合肥 450~600 kg/hm²，可施入优质农家肥 45~75 t/hm²；在 5 月 25 日（夏伐后）至 6 月下旬施入 2~3 次高氮高钾复合肥 300~450 kg/hm²；在立秋后至 9 月中旬施入高氮高钾复合肥 300 kg/hm²。

2. 水分管理

桑树耐旱不耐涝，栽培过程中要注意园地中的水分控制。河南省近几年气候特点为春旱夏涝，如果春季干旱时间长，要及时灌溉，补充水分；如果遇到连续降雨天气，需要及时开沟排水，保证桑树种植园地内部无积水。天气放晴后，人工把松表层土壤，增强土壤透气性，避免由于土壤水分过多而影响根系的正常呼吸。

3. 除草

桑树在苗期容易发生草害，不仅会与桑树争夺土壤中有限的养分、水分，而且容易滋生虫害、传播疫病，是导致桑树减产的重要原因之一。种桑户要定期巡查桑树种植园，做好杂草的预防性治理。

（五）病虫害防治

病虫害的有效防治是保证桑树栽培效益的关键，贯彻"预防为主，综合防治"方针。河南省桑树栽培中常见的病害主要有白粉病、赤锈病等。以白粉病为例，该病主要为害桑叶，发病初期为散生白色细小霉斑，随病情发展病斑逐渐扩大连成一片，严重时布满整个叶片。预防方法是进行合理密植，及时抗旱，延迟桑叶硬化，合理采摘桑叶，发病初期用70%甲基硫菌灵1 000倍液喷施。桑赤锈病：冬季及时剪除春、夏季发病病芽和病叶，药剂采用粉锈宁1 000倍液防治。常见的虫害有桑尺蠖、桑粉虱等，以桑尺蠖为例，人工捕捉高龄幼虫，结合桑园采叶随见随捉，可以使用30%辛硫磷乳液1 300倍液进行喷雾，也可以在桑园内放养天敌进行生物防治。桑粉虱防治：冬季清理除草，减少越冬蛹，合理安排采摘桑叶，改善桑园通风、透光和排湿条件，采用25%扑虱灵1 000倍液喷雾防治。

（六）采收与初加工

桑树每年可以收获3次。春叶收获。通常在春蚕期2龄左右，种植户可以选取早熟的桑叶采摘，在4~5龄时选择靠近树梢短的嫩芽和新叶进行采摘。夏叶收获。如果是小蚕期，选择成熟桑叶，大蚕期可以采摘疏芽叶。秋叶收获。小蚕期采摘枝条上部适熟片叶，4龄后自下而上采摘片叶。中秋蚕后，每条保留8~10片叶，晚秋蚕后每条留叶3~4片。

第四节　化 学 成 分

近年来，各国学者对桑叶进行了大量的研究。结果表明，在生长期桑叶中水分约占75%、干物质约占25%。桑叶的有效成分随采收季节、产地的不同而有明显的变化[4]。

一、黄酮类

黄酮类物质是桑叶中的主要有效成分。韩国学者Kim et al.从桑叶中分离出9种类黄酮。日本学者Kayodoi et al.对桑叶的丁醇提取物进行分离，得到 9 种化合物。尤其富含芸香苷，平均每 100 g 干品中含芸香苷 470~2 670 mg。桑叶是常用中草药之一，含有芸香苷、槲皮素、异槲皮素、芦丁、黄芪苷、异戊烯基黄烷等黄酮类化合物，其中以芦丁、异槲皮素含量较高。因此，有着巨大的研究价值 [5]。

二、多糖类

桑叶有效成分之一的桑叶多糖成分复杂。且具有显著的降血糖作用，因而对于桑叶多糖已引起人们的极大兴趣。有学者采用 DEAE- 纤维素和凝胶过滤色谱对桑叶粗多糖进一步分离纯化，共得到 3 种均一多糖 SD2-3、SD3-3、SD3-4。通过红外光谱图分析可知，3 个组分都含有糖类化合物的基本信息，而且都可能含有糖醛酸，同时都不存在甘露糖残基，为今后更深入地研究桑叶多糖的化学结构和生物活性等提供了基础性资料。

三、脂类

桑叶所含脂类物质中，不饱和脂肪酸几乎占到脂肪酸总量的一半，不饱和脂肪酸中以亚麻酸（22.99%）、亚油酸（13.4%）、油酸（3.17%）、棕榈油酸（3.05%）、花生四烯酸（1.26%）为主，可见桑叶中亚麻酸含量很高，亚麻酸（ω-3 型不饱和脂肪酸）对心血管疾病及高血脂都有很好的防治作用，特别是消退动脉粥样硬化和抗血栓形成有极好的疗效。而亚油酸是人体必需脂肪酸，可促进胆固醇和胆汁酸的排出，降低血中胆固醇的含量，而且桑叶中几乎无胆固醇 [6]。

四、生物碱

日本学者 Asano 等通过改变 DNJ 的提取和纯化工艺，从桑叶中分离出多种多羟基生物碱，包括 DNJ（分子式：$C_6H_{13}NO_4$，相对分子量：163.17）、N- 甲基 -1-DNJ（NMe. DNJ）、2- 氧 α-D 半乳吡

喃糖苷 -1-DNJ、fagomine、1，4- 二脱氧 -1，4- 亚胺基 -D- 阿拉伯糖醇、1，4- 二脱氧 -1，4- 亚胺基 -（2- 氧 β-D- 吡喃葡萄糖苷）D-阿拉伯糖醇和 1α，2β，3α，4β- 四羟基 - 去甲莨菪烷（去甲莨菪碱）[6]。DNJ 又名 1- 脱氧野尻霉素，是一种天然糖的类似物，极性很大 [5]。在植物中唯有桑叶含有，是糖苷酶抑制剂，能明显抑制进食后血糖急剧上升现象 [7, 8]。

五、挥发油

现代科学研究证明，桑叶是一种营养结构非常丰富的天然物质，被称为天然植物营养库，含有多种维生素、矿物质、氨基酸、茶多酚、生物碱、粗蛋白、植物纤维、无机盐、挥发油等成分。许多挥发油显示出镇咳、抗菌、消毒、抗微生物、提神、催眠、镇静等作用。据报道。某些挥发油还具有一定的抗肿瘤作用，除用于医药外，挥发油还用于化妆品和烟草行业。桑叶挥发油成分因产地不同而具有明显的差异。孙莲等 [9] 采用水蒸气蒸馏仪提取到了具有特殊气味的淡黄色挥发油，他们用 GS/MS 对鲜桑叶的挥发油进行分析，分析出鲜桑叶的挥发油中含有大量的不饱和醇和酸、多种脂肪酸、烷烃、芳香族、甾醇类、二萜类和杂环类化合物，挥发油占桑叶干重的质量分数为 0.1%。鲜桑叶中含有大量 α-及 β- 乙烯醛、顺式 β- 及 γ- 己烯醇、苄醇、异戊醇、芳樟醇、丁胺、丙酮、苯甲醛、丁香酚等，这可能与挥发油具有特殊的气味有关。丰富的不饱和烯酸、甾醇类及二萜类化合物体现了桑叶具有较高的药用价值，同时生物碱、黄嘌呤在体内具有清除氧自由基的作用。

六、植物甾醇

植物甾醇又称植物固醇，是一类以环戊烷全氢菲为主体骨架、3 位羟基的甾体化合物，具有多种重要生理功能，广泛存在于各种植物油、坚果和植物种子中，也存在于其他植物性食物如蔬菜、水

果中 [10]。桑叶中植物甾醇含量比一般植物高 3~4 倍。由于植物甾醇同胆固醇在乳糜微粒的竞争，使得原本就溶解度不大的胆固醇成为不被吸收的状态，从乳糜微粒中析出，而不能从肠道中进入血液，从而有效地抑制肠道对胆固醇的吸收 [6]。植物固醇还可以促进胆固醇的排泄。Hayes et al. 的研究提示，游离植物固醇能促进沙鼠内源性胆固醇的排泄；Kaneko et al. 认为，植物固醇降低胆固醇的效应至少部分是由于这些化合物转变为肝 X 受体（LXR）激动剂，激活固醇流出转运体基因 ABC 家族，如 ABCG5、ABCG8。然而也有截然相反的结果，例如 Calpe 认为植物固醇抑制胆固醇的吸收与 ABCAl 无关 [11]。植物甾醇作为一种新型的健康食品成分，随着对其降低胆固醇效应及作用机制的深入研究，其在防治心血管疾病方面的应用也会越来越广泛。

七、绿原酸

有报道桑叶中还含有丰富的绿原酸，而绿原酸有清除自由基、抗脂质过氧化、抗菌等多种生物活性。现行药典采用 HPLC 法测定桑叶中芦丁的含量，绿原酸的含量测定也有报道。中医古籍强调"霜桑叶"或"冬桑叶"入药，吴好好等的实验研究也显示冬桑叶中绿原酸和主要黄酮苷成分明显高于其他季节的桑叶，测定桑叶中绿原酸、芦丁和异槲皮素的含量有助于进一步研究桑叶的效应成分及桑叶药材质量的有效控制。由于桑叶中绿原酸、芦丁和异槲皮素的含量受不同的品种、种植基地和采摘时间等多种因素影响，但是其作用因素较为复杂，进一步的研究还在进行中。

此外，桑叶中还含有甾体及三萜类化合物、香豆素、有机酸、Cu-Zn SOD、叶绿素、黄体色素、新胡萝卜素、叶黄素等色素和香精、植物雌激素、松香油等其他功能成分。

第五节　药理与毒理

一、药理作用

据相关文献报道。桑叶中含 N- 糖化合物、芸香苷、槲皮素、挥发油、氨基酸、维生素及微量元素等多种活性化学成分，具有降血糖、降血脂、降血压、抗菌和抗病毒等多种药理作用，具有很高的临床应用价值，是一种天然、价廉物美的药用原料[12]。

（一）降血糖

《神农本草经》中称"桑叶除寒热，出汗"。《本草纲目》载："桑叶乃手足阳明经之药，汁煎代茗能止消渴。"《中药大辞典》桑叶的药理作用："以四氧嘧啶性糖尿病大鼠的空腹血糖、肾上腺素高血糖的测定作指标，桑叶有抗糖尿病作用。"Chen et al. 认为桑叶中的 N-Me-DNT、GAL-DNJ 和 fagomine 生物碱都可显著降低血糖水平，后两者的降糖作用最强，其中 GAL-DNJ 是一种糖苷酶抑制剂。TPM 对四氧嘧啶性糖尿病小鼠有显著的降糖作用，还可提高糖尿病小鼠的耐糖能力。桑叶总黄酮（70% 乙醇提取物）可抑制小鼠小肠双糖酶活性而降低血糖。桑叶能抑制胰岛病变的进展，维持胰岛素分泌，延缓糖尿病进程[13]。据报道，一种抗糖尿病制剂由单细胞的桑作为活性成分，经单细胞生成获得的桑叶活性成分的量比桑叶的醇提物中的含量要大。桑叶的单细胞成分具有胰岛素样作用，有极好的抗糖尿病作用，使用十分安全，单细胞生成率高，可用来治疗糖尿病继发症状，如血糖过高、尿糖过高和白内障等[14]。

（二）降血脂

谢惠萍等[15]通过桑叶提取物降血脂作用的动物实验研究得出结论：桑叶提取物具有较明显的降低血脂的作用，此作用与其含有丰富的活性物质——植物甾醇、黄酮及异黄酮等有关。有研究报道：D1E8F 植物甾醇和黄酮可以抑制肠道内胆固醇的吸收，黄酮还可以降低血液黏度、强化毛细血管、改善心脏及肝脏的功能。桑叶的利水作用既可以排尿，又可以排出细胞中多余的水分。同时将血液中过剩的中性脂肪和胆固醇清除干净，当血液中性脂肪减少时，贮存的脂肪就释放出来。桑叶中含有较多的粗纤维、人体必需氨基酸、维生素和矿物质。因此，桑叶在改善高脂血症的同时，又能预防心肌梗死和脑出血[12]。

（三）镇咳作用

周绍坚等[16]通过桑叶对小白鼠镇咳作用的实验研究发现。桑叶醇提液与复方甘草口服溶液具有相同的药理效应，有一定的镇咳作用。然而其镇咳的有效成分及作用机制有待进一步研究。

（四）降血压

桑叶具有清热散风、降压明目之功效，对高血压患者有良好的降压和保健作用。有文摘记载桑叶浴可以降低血压[17]。因为桑叶中的芸香苷、槲皮素能增加离体及在体蛙心的收缩力与输出量。并减少心率。芸香苷使蟾蜍下肢与兔耳血管收缩，槲皮素可扩张冠状血管、改善心肌循环。γ- 氨基丁酸、芸香苷、槲皮素有降血压作用，其中γ- 氨基丁酸含量高达 226 mg/100 g。有文献报道，从桑叶中分离出多种活性成分如黄酮及其衍生物，证实桑叶具有降血压作用[18]。

（五）抗菌和抗病毒作用

桑叶具有抑菌作用，主要是由于酚类物质破坏了细胞壁及细胞膜的完整性，导致微生物细胞释放胞内成分，引起膜的电子传递、营养吸收、核苷酸合成及 ATP 活性等功能障碍，从而抑制微生物的生长。桑叶中含有多种酚类化合物。主要是黄酮类化合物，如槲皮素、芸香苷等[19]。桑叶水抽提液浓度（31 mg/mL）在体外有抗钩端螺旋体作用，桑叶中的植物防御素有抗微生物作用，鲜桑叶对金黄色葡萄球菌等各种杆菌均有较强的抑制作用[20]。在抗病毒方面，DNJ 是桑叶中的一种生物碱，临床实验证明 DNJ 有显著的抗逆转录酶病毒活性作用，其 IC_{30} 为 1.2~2.5 μg/mL，且随 DNJ 剂量的增加，其抑制能力增强。其抑制机制可能是 DNJ 通过抑制糖苷酶的活性，在肿瘤细胞表面产生未成熟的碳水化合物链，从而削弱了肿瘤的转移能力[19]。

（六）延缓衰老作用

桑叶中所含槲皮素、酚类化合物、维生素 C 等成分能通过抑制或清除自由基来防止细胞氧化损伤。据文献报道，桑叶具有类似人参的补益与抗衰老、稳定神经系统功能的作用，能缓解生理变化引起的情绪激动，提高体内 SOD 酶活性，阻止体内有害物质的产生。减少或消除已经产生并积滞于体内的脂褐质[19]。桑叶可提高清除自由基的酶活力，降低组织中的脂褐质，延缓衰老。桑叶中的 SOD 酶能催化超氧阴离子自由基发生歧化而生成分子氧和过氧化氢，能及时清除自由基，从而能保护机体不受自由基的伤害。在人体抗衰老中起着非常重要的作用[21]。

（七）抗丝虫病作用

利用单味桑叶研制桑叶注射液，该注射液有抗丝虫病的作用。利用桑叶研制桑叶片，用于治疗丝虫性象皮肿和乳糜尿，其作用机制可能是桑叶所含芸香苷、槲皮素、异槲皮素、香豆素、氯原酸等成分而具有抗感染、消肿、软化组织及抗菌等综合作用。

（八）解痉与抗溃疡作用

桑叶中的槲皮素能降低肠、支气管平滑肌的张力。其解痉作用强于芸香苷，芸香苷能降低大鼠的胃运动功能。并能解除氯化钡引起的小肠平滑肌痉挛，皮下注射芸香苷 5~10 mg/kg 能显著减少大鼠因结扎幽门引起的胃溃疡的病灶数[19]。

（九）其他作用

桑叶中的蜕皮激素能促进细胞生长，刺激真皮细胞分裂，产生新的表皮，并促使昆虫蜕变[20]。另外，近年来，有报道证实植物黄酮类抗氧化剂能通过抗氧化机制，降低糖尿病患者的血糖水平，并阻止并发症的发生。能够清除人体中超氧离子自由基、氧自由基、脂质过氧化物、过氧化氢及酶类所不能清除的羟自由基等，具有降血压、抗衰老、防癌、抑制血清脂质增加和抑制动脉粥样硬化形成的作用、改善肝功能、软化毛细血管、改善血液循环系统，有效地防止脑卒中、脑血栓、脑出血等心脑血管疾病，还有抗感染、抗过敏、利尿、解痉、镇咳、降血脂、强心等作用，以及祛风清热、凉血明目、利尿等生理作用[6]。研究报道，桑叶中含有桑皮苷F，对黑色素的生物合成有抑制作用。桑的根皮具有皮肤增白作用，其活性成分白藜芦醇可作为皮肤增白剂。桑叶含丰富的维生素，因此具有导泻通便、减少某些急腹症的发生、保护肠黏膜和减肥等作用。花蕾等[19]证实桑叶汁具有抗氧化作用，无毒，无化学污染，有望成为食品和保健品添加剂。另外，桑叶在日常生活中也有很多应用，有文献报道桑叶还有治疗手足麻木功效，可用于面部痤疮、祛痰、利咽、生发、护发、清肝明目等[22]。

二、毒性机理

有研究表明[23]连续4周给以大鼠混有桑叶粉的饲料进行桑叶的安全性试验，4周后，大鼠未见腹泻及其他异常，进食量、饮水量与对照组比较未见明显差异，体重正常增加，表明桑叶对健康无影响；器官重量以脏器体重比进行比较时无显著差异，解剖和病理组织学检查无异常发现；白细胞总数及分类与对照组比较无显著性差异，表明桑叶对骨髓中白细胞生成无影响，也未引起细菌和寄生虫感染。生化检查中 Na^+、K^+ 值的变化，对雄鼠组有一定影响，而对雌鼠的电解质没有影响。其他指标，个别组有所增减，但与对照组之间无显著性差异，即对肝、肾等器官未引起损伤。上述结果表明，桑叶药用安全，且对健康造成严重影响的可能性很低。

第六节　质量体系

一、标准收载情况

（一）药材标准

《中国药典》（2020 年版）[24]、《台湾中药典》（第三版）、《广西壮药质量标准》（第二卷）。

（二）饮片标准

《中国药典》（2020 年版）、《浙江省中药炮制规范》（2015 年版）、《上海市中药饮片炮制规范》（2018 年版）、《天津市中药饮片炮制规范》（2018 年版）、《湖北省中药饮片炮制规范》（2018年版）。

二、药材性状

（一）《中国药典》（2020年版）

本品多皱缩、破碎。完整者有柄，叶片展平后呈卵形或宽卵形，长 8~15 cm，宽 7~13 cm。先端渐尖，基部截形、圆形或心形，边缘有锯齿或钝锯齿，有的存在不规则分裂。上表面黄绿色或浅黄棕色，有的有小疣状突起；下表面颜色稍浅，叶脉突出，小脉网状，脉上被疏毛，脉基具簇毛。质脆。气微，味淡、微苦涩。

（二）《台湾中药典》（第三版）

本品多卷缩破碎，完整者呈卵圆形，长 8~15 cm，宽 6~12 cm，边缘锯齿状，基部圆形或心形，顶端渐尖，叶面黄绿色或黄棕色，稍带光泽，偶见疣状突起，近叶脉处有细小毛茸。叶背色稍浅，呈浅黄棕色，叶脉交织成网状，向下突起，被短细毛。质脆易碎，气微，味淡，微苦涩。

（三）《广西壮药质量标准》（第二卷）

同《中国药典》（2020 年版）。

三、炮制

（一）《中国药典》（2020年版）

桑叶：除去杂质，搓碎，去柄，筛去灰屑。

（二）《浙江省中药炮制规范》（2015年版）

桑叶：取原药，搓碎，除去杂质和叶柄。筛去灰屑。

炒桑叶：取桑叶饮片，照清炒法炒至表面深黄色，取出，摊凉。

蜜桑叶：取桑叶饮片，照蜜炙法炒至不黏手时，取出，摊凉。

（三）《上海市中药饮片炮制规范》（2018年版）

桑叶：将药材除去杂质，揉碎，去柄，筛去灰屑。

炒桑叶：将桑叶照清炒法炒至微具焦斑，筛去灰屑。

蜜炙桑叶：将桑叶照蜜炙法用炼蜜拌炒，至蜜汁吸尽。

蒸桑叶：将药材除去粗梗等杂质，置蒸具内，照蒸法蒸1 h，取出，晒干，筛去灰屑。

（四）《天津市中药饮片炮制规范》（2018年版）

蜜桑叶：取净桑叶与蜂蜜加热拌炒，炒至蜜不黏手，显深黄色，微有光泽为度，取出放凉。

（五）《湖北省中药饮片炮制规范》（2018年版）

蜜桑叶：取净桑叶，照蜜炙法炒至表面深黄色，微有光泽，不黏手。

四、饮片性状

（一）《中国药典》（2020年版）

为不规则的破碎叶片。叶片边缘可见锯齿或钝锯齿，有的有不规则分裂。上表面黄绿色或浅黄棕色；下表面颜色稍浅，叶脉突出，小脉网状，脉上被疏毛，脉基具簇毛。质脆。气微，味淡、微苦涩。

（二）《浙江省中药炮制规范》（2015年版）

1. 桑叶

为不规则的碎片。两面浅黄棕色或黄绿色，有的有小疣状突起，下表面叶脉上有疏毛，脉腋处有簇毛，小脉呈网状。质轻而脆。气微，味淡、微苦涩。

2. 炒桑叶

表面深黄色，略具焦斑。气微香。

3. 蜜桑叶

表面焦黄色，略具光泽，滋润。味微甘。

（三）《上海市中药饮片炮制规范》（2018年版）

1. 桑叶

为不规则的碎片，长小于 2 cm。黄绿色至棕黄色。上表面有不规则疣点，下表面叶脉隆起，疏生短柔毛。质脆。气微，味淡。

2. 炒桑叶

褐绿色至黄棕色，有的具焦斑，有焦香气。

3. 蜜桑叶

褐绿色至黄棕色，稍滋润，味甜。

4. 蒸桑叶

形如桑叶，颜色加深。

（四）《天津市中药饮片炮制规范》（2018年版）

蜜桑叶：为不规则的碎片，表面暗黄色，有光泽，略带黏性。气微，味甜。

（五）《湖北省中药饮片炮制规范》（2018年版）

蜜桑叶：为不规则的碎片，表面深黄色，微有光泽。叶上表面有的有小疣状突起；下表面叶脉突出，小脉网状。质松软，略带黏性。气微，味甜、微苦涩。

五、有效性、安全性的质量控制

桑叶的有效性、安全性质量控制项目见表9.1。

表9.1　有效性、安全性质量控制项目汇总

标准名称	鉴别	检查	浸出物	含量测定
《中国药典》（2020年版）	药材：1.显微鉴别（粉末）；2.薄层色谱鉴别（以桑叶对照药材为对照）。饮片：同药材	药材：1.水分（不得超过15%）、2.总灰分（不得超过13%）；3.酸不溶性灰分（不得超过4.5%）；饮片：同药材	药材：照醇溶性浸出物测定法（药典通则2201）项下的热浸法测定，用无水乙醇作溶剂，不得少于5%。饮片：同药材	高效液相色谱法（按干燥品计算，含芦丁不少于0.1%）。饮片：同药材
《浙江省中药饮片炮制规范》（2015年版）	桑叶、炒桑叶、蜜桑叶饮片：除显微鉴别外，同《中国药典》（2020年版）桑叶饮片	1.桑叶饮片同《中国药典》（2020年版）；2.炒桑叶、蜜桑叶饮片：总灰分（不得超过14%），水分、酸不溶性灰分同《中国药典》（2020年版）桑叶饮片	1.桑叶、炒桑叶饮片：同《中国药典》（2020年版）桑叶饮片	桑叶同《中国药典》（2020年版桑叶饮片）
《台湾中药典》（第三版）	1.显微鉴别（横切面、粉末）；2.薄层色谱鉴别（以桑叶对照药材为对照）	重金属（砷、镉、汞、铅）应符合通则3007、THP3001的要求；干燥减重（不超过14%）、总灰分（不多于13%）、酸不溶性灰分（不多于5%）、二氧化硫不得超过150%	一	高效液相色谱法（含芸香苷不少于0.1%）

续表

标准名称	鉴别	检查	浸出物	含量测定
《广西壮药质量标准》（2020 年版）（第二卷）	同《中国药典》	—	—	—
《上海市中药饮片炮制规范》（2018 年版）	同《中国药典》（2020 年版）	杂质不得超过 3%，水分、总灰分、酸不溶性灰分同《中国药典》（2020 年版）	同《中国药典》（2020 年版）	—
《天津市中药饮片炮制规范》（2012 年版）	薄层色谱同《中国药典》（2020 年版）	—	—	—
《湖北省中药饮片炮制规范》（2018 年版）	同《中国药典》（2020 年版）	—	—	高效液相色谱法（按干燥品计算，含芦丁不少于 0.08%）

六、质量评价

目前关于桑叶药食用方面的报道逐年增加，曾卫湘等[24]研究了 53 份桑种质桑叶的药用品质，测定了多糖、1-脱氧野尻霉素（1-deoxynojirimycin，DNJ）和总黄酮的含量，结果表明不同品种间多糖、DNJ 和总黄酮含量存在一定的差异。敬成俊等[25]研究了 10 份不同地理来源桑种质资源冬桑叶中的营养与活性成分含量，发现不同地理来源的桑叶中蛋白质、脂肪、多糖、黄酮、多酚和 γ-氨基丁酸含量存在着显著差异。黄金枝等[26]采用 HPLC 法、凯氏定氮法、紫外分光光度法和相关性分析法，对桑叶的多酚、黄酮、多糖、蛋白质、DNJ 及主要酚类物质进行测定分析，结果表明不同桑品种桑叶营养及活性成分存在一定的差异。桑叶的营养品质主要体现在多酚、多糖、黄酮、蛋白质和DNJ等多种营养与生物活性成分的组分和含量上，其中蛋白质为影响桑叶营养品质的主要指标，多酚、多糖、黄酮、DNJ主要影响桑叶的保健品质。陈淑珍等[27]发现，药用桑叶芦丁含量历史检测结果基本都接近限值（药典标准要求≥0.1%），且样品含量不均匀，同一批次抽样检测存在不合格的情况。通过研究4个产地的桑叶，发现芦丁含量7月、11月达到最高，砷含量与采收时间存在一定的相关性，均在11月达到最高值。杨喆等[28]发现桑叶中含有天门冬氨酸、苏氨酸、丝氨酸、谷氨酸、甘氨酸、丙氨酸、胱氨酸、缬氨酸、蛋氨酸、异亮氨酸、亮氨酸、酪氨酸、苯丙氨酸、赖氨酸、组氨酸、精氨酸、脯氨酸、γ-氨基丁酸和鸟氨酸等19种游离氨基酸，其中包括8种必需氨基酸（异亮氨酸、亮氨酸、赖氨酸、苏氨酸、缬氨酸、苯丙氨酸、色氨酸和蛋氨酸）和9种药用氨基酸（谷氨酸、天门冬氨酸、精氨酸、甘氨酸、苯丙氨酸、酪氨酸、蛋氨酸、亮氨酸、赖氨酸）。不同品种的果桑叶叶片和果实中氨基酸含量均存在较大差异，所有品种的叶片中氨基酸含量明显高于果实中氨基酸含量，是果实中氨基酸含量的2~5倍，必需氨基酸和药用氨基酸也存在同样的规律。蔡晓星[29]采用HPLC法测定桑叶中新绿原酸、绿原酸及咖啡酸含量，发现桑叶中3种成分差异性较大，有必要对这3种有机酸类成分进行质量控制，以保证药材质量的稳定性和疗效。麻景梅等[30]选用道地及主产区符合标准的15批桑叶饮片制备桑叶配方颗粒的物质基准，以芦丁、异槲皮苷和紫云英苷作为标志性成分，通过测定其含量，计算标志性成分的转移率，采用UPLC建立特征图谱研究方法，并对其主要成分进行确认。

此外，经霜桑叶一直广受关注，《重订本草徵要》载："桑叶……经霜为上，气质尤纯"，《神农本草经疏》《本草备要》《本经逢原》《本草从新》等本草也最推崇"经霜"桑叶的药用价值[31-39]。曲永胜等[40]分析识别桑叶经霜质量标志物，建立了桑叶经霜前后 HPLC-DAD-MSn 指纹图谱，标记共有峰，以含量变化较大的成分作为标志成分，较为稳定的成分作为内参成分，以标志成分与内参成分峰面积的相对比值为桑叶"经霜"成分特征，实现对桑叶"经霜"的鉴别，并通过 MSn 和对照品进行定性研究。游元元等[41]选取 4 株树龄不同的桑树，采用 LC-MS 法考察不同采收期桑叶化学组分的总体动态变化，发现 4 棵桑树的叶在不同月份采收，HPLC 图谱的总峰面积、绿原酸与 4 种槲皮素苷峰面积均处于动态变化之中，且变化趋势一致。9 月峰面积都降到了最低值，但从 10 月起，总峰面积开始增加，至 11 月时树龄老的桑树叶总峰面积及 5 种化合物的峰面积达最大值，随后快速下降；而树龄年轻的桑树叶 11 月时含黄稍有下降，至 12 月时各峰面积才上升达最大值，验证了桑叶"经霜为上"的合理性和科学性。

第七节　性味归经与临床应用

一、性味

《中国药典》（2020 年版）："甘、苦，寒。"

《日华子本草》："暖，无毒。"

《纲目》："味苦甘，寒，有小毒。"

《医林纂要》："甘酸辛，寒。"

二、归经

《中国药典》（2020 年版）："归肺、肝经。"

《纲目》："手足阳明经。"

《本草经解》："入足太阳膀胱经、手少阴心经、足太阴脾经。"

《本草再新》："入肝、肺二经。"

三、功能主治

《中国药典》（2020 年版）："疏散风热，清肺润燥，清肝明目。用于风热感冒，肺热燥咳，头晕头痛，目赤昏花。"

《本经》："除寒热，出汗。"

《唐本草》："水煎取浓汁，除脚气、水肿，利大小肠。"

《孟诜》："炙煎饮之，止渴，一如茶法。"

《本草拾遗》："主霍乱腹痛吐下，冬月用干者浓煮服之。细锉，大釜中煎取如赤糖，去老风及宿血。"

《日华子本草》："利五脏，通关节，下气，煎服；除风痛出汗，并扑损瘀血，并蒸后罯；蛇虫蜈蚣咬，盐挼敷上。"

《本草图经》："煮汤淋渫手足，去风痹。"

《丹溪心法》："焙干为末，空心米饮调服，止盗汗。"

《本草蒙筌》："煮汤，洗眼去风泪，消水肿脚浮，下气，利关节。"

《纲目》："治劳热咳嗽，明目，长发。"

《本草从新》："滋燥，凉血，止血。"

《百草镜》："治肠风。"

《本草求真》："清肺泻胃，凉血燥湿。"

《本草求原》："止吐血、金疮出血。"

《山东中药》："治喉痛，牙龈肿痛，头面浮肿。"

四、用法用量

《中国药典》（2020 年版）："5～10 g 桑叶。"

《中药大辞典》："内服，煎汤，1.5～3 钱；或入丸、散。外用，煎水洗或捣敷。"

五、注意事项

无特别注意事项。

六、附方

1.治太阴风温，但咳，身不甚热，微渴者

杏仁二钱，连翘一钱五分，薄荷八分，桑叶二钱五分，菊花一钱，苦梗二钱，甘草八分（生），苇根二钱。水二杯，煮取一杯，日二服（《温病条辨》桑菊饮）。

2.治风眼下泪

腊月不落桑叶，煎汤日日温洗，或入芒硝（《濒湖集简方》）。

3.洗天行时眼，风热肿痛，目涩眩赤

铁扇子二张，以滚水冲半盏，盖好，候汤温，其色黄绿如浓茶样为出味，然后洗眼，拭干；隔一、二时，再以药汁碗隔水炖热，再洗，每日洗三、五次（《养素园传信方》）。

4.治肝阴不足，眼目昏花，咳久不愈，肌肤甲错，麻痹不仁

嫩桑叶（去蒂，洗净，晒干，为末）500g，黑胡麻子（淘净）四两，将胡麻擂碎，熬浓汁，和白蜜500g，炼至滴水成珠，入桑叶末为丸，如梧桐子大。每服三钱，空腹时盐汤、临卧时温酒送下（《医级》桑麻丸）。

5.治吐血

晚桑叶，微焙，不计多少，捣罗为细散。每服三钱匕，冷腊茶调如膏，入麝香少许，夜卧含化咽津。只一服止，后用补肺药（《圣济总录》独圣散）。

6.治霍乱已吐利后，烦渴不止

桑叶一握，切，以水一大盏，煎至五分，去滓，不计时候温服（《圣惠方》）。

7.治小儿渴

桑叶不拘多少，用生蜜逐叶上敷过，将线系叶蒂上绷，阴干，细切，用水煎汁服之（《胜金方》）。

8.治大肠脱肛

黄皮桑树叶三升，水煎过，带温罨纳之（《仁斋直指方》）。

9. 治穿掌毒肿

新桑叶研烂盦之（《通玄论》）。

10. 治痈口不敛

经霜黄桑叶，为末敷之（《仁斋直指方》）。

11. 治火烧及汤泡疮

经霜桑叶，焙干，烧存性，为细末，香油调敷或干敷（《医学正传》）。

12. 治咽喉红肿，牙痛

桑叶三至五钱，煎服（《上海常用中草药》）。

13. 治头目眩晕

桑叶三钱，菊花三钱，枸杞子三钱，决明子二钱。水煎代茶饮（《山东中草药手册》）。

14. 治摇头风（舌伸出，流清水，连续摇头）

桑叶一至二钱，水煎服（《江西草药手册》）。

第八节 丽水桑叶资源利用与开发

一、资源蕴藏量

桑原产中国中部和北部，现全国各地都有栽培，以江苏、浙江一带为多，以南部育蚕区产量最大。桑树的叶为桑蚕饲料，木材可制器具，枝条可编笭筐，桑皮可作造纸原料，桑果可供食用和酿酒。桑在本草中是一个大家族，叶、果、嫩枝和根皮都是中医临床的常用药物。

二、基地建设情况

缙云上坪村桑叶种植基地 27.33 hm^2。

三、产品开发

桑叶中含有多种功能成分，具有多种生物功能，利用桑叶资源开发桑叶食品、药品具有广阔前景。

（一）中成药

桑叶在我国具有明显的资源优势，且其作为中药，经常出现在我国的传统医方中，临床应用广泛。桑叶可用于一些医药制剂中，制剂形式主要包括液体制剂、颗粒剂、片剂、冲剂、糖浆剂等，多与菊花、连翘、金银花等配伍使用，如复方桑菊感冒片、桑菊丸、桑菊银翘散、感冒伤风咳茶、小儿咳嗽宁糖浆，此外还有桑叶注射液、桑叶片、桑叶浸膏胶囊、桑叶口服液等。药理研究表明，桑叶具有良好的降血糖作用，目前有许多研究机构正致力于从桑叶中提取降血糖的有效组分，并将其开发成防治糖尿病的临床药品[31]。

（二）食品

桑叶被国家卫生部归入"既是食品又是药品"之列。目前利用桑叶开发的食品很多，如桑茶、桑叶面、桑豆腐、桑叶饼干、桑叶豆奶粉、桑叶酒、桑叶饮料、桑叶火腿肠、桑叶醋、桑叶酱等[31]。

1. 桑茶

桑叶茶（Mulberry-leaf Tea）是通过直接烘干或自然发酵桑叶的方式制成的一种新品种茶，目前桑叶茶品类较为丰富，由桑叶制成的绿茶、乌龙茶、红茶口感香甜醇和，不但保留了桑叶的清单花香，而且还同时具备绿茶、乌龙茶和红茶的独特风味，一般桑叶茶类在研制过程中都作为复合型茶品[35]。

2. 乳制品

桑叶作为药食同源的原料之一，广泛应用于在饮品行业，并且非常适合糖尿病患者应用。饶佳家等使用桑叶和糯米为主要原料，研制出了桑叶米乳，该饮料是营养保健型饮品，采用的特殊工艺成功解决了米乳中淀粉质多且易沉淀的问题[36]。将嗜热链球菌、保加利亚乳杆菌和双歧杆菌接种到含有超细桑叶粉的鲜奶中，可发酵制成桑叶酸奶[32]。

3. 面制品

将桑茶粉或桑茶汁按一定比例加入面粉中，经发酵处理后蒸制或烤制，可制作出色绿、味鲜的桑茶面制品。也可将桑叶茶汁、绿豆汁、红豆汁等按一定比例混合加入一定量的凝胶剂，制得桑茶绿豆糕[32]。桑叶挂面可采用在面条中添加超细桑叶粉而制得[33]。

4. 其他食品

在桑叶中添加辅助配料，通过相应工艺可以制成碳酸饮品[37]。用桑茶汁加入各种食用添加剂，可制作出口感和外形均佳的桑茶保健果冻。利用马铃薯发酵汁与桑叶汁按一定比例配制成一种新型的复合保健低度酒饮料，既有天然发酵的醇香味，又有桑叶的清香味，营养丰富，酒精含量低微，除消暑解渴外，还能促进人体消化，是既可作饮料又能代酒助兴的良好保健饮料[33]。

唐长波[38]以桑叶作为主要添加物之一，研制了一种保健饼干，该饼干呈均匀淡绿色、外形完整不变形、结构细密、口感酥松爽口，并赋有桑叶特有清香，具有良好的营养和保健价值。

在功能食品方面，日本某公司推出的以桑叶为主要成分的健康减肥控热食品，由于其突出的减肥功能而风靡全球。此外，我们还可以对桑叶内的活性物质，如1-脱氧野尻霉素、芸香苷、甾醇、黄酮、多糖、花青素、叶绿素、胡萝卜素等经提取、分离后可作为营养型食品添加剂使用[34]。

（三）保健食品

我国含有桑叶为主成分的保健食品有203种，主要具有调节血糖、血脂、减肥、美容等保健功能，如桑唐饮口服液、葆肤益寿茶、西洋参夏桑菊含片、桑蚕参胶囊等。

（四）动物饲料

桑叶的营养价值比禾本科牧草高80%～100%，比热带豆科牧草高 40%～50%。同时，桑树易种植，产叶量高，桑叶微酸稍甜，作为饲料对大多数畜禽都有很好的适口性，羊和牛在初次接触桑叶时都很容易接受。有研究发现桑叶具有很高的消化率，通常情况下为 70%～90%；动物日粮中添加一定比例的桑叶可明显提高饲料转化率，降低生产成本；在产蛋鸡日粮中添加 6% 的桑叶粉时可以改善蛋黄颜色、提高蛋重和产蛋量，日粮添加桑叶时，蛋清和蛋黄中的维生素 K 和 β- 胡萝卜素的含量也明显增加。从集约化家畜生产和环保的角度看，日粮中添加桑叶粉还能显著降低禽类粪中氨的排放量[31]。

（五）药膳

桑叶还可与其他食材搭配制成具有一定药用价值的膳食，纵横等对桑叶南瓜复合饮料的生产工艺及其保健效果进行了研究，结果表明，当桑叶汁和南瓜汁的体积比为 1∶4，糖酸比为木糖醇 8%、蛋白糖 0.01%、柠檬酸 0.012%，稳定剂为 0.1% 黄元胶和 0.1% CMC-Na，杀菌条件为 121 ℃，15～20 min 时，产品具有显著的降血糖效果[39]。

第九节　总结与展望

目前，回归自然的呼声越来越高，天然植物来源的药物和功能性食品越来越受到人们的重视和欢迎。桑叶为传统中药，现代研究发现其含有黄酮、挥发油等化学成分，具有抗凝、降血压、降血糖、降血脂、抗衰老、抗肿瘤、抑菌等药理作用，应用涉及心脑血管、肝、肾和血液病变等。同时其作为药食两用品，安全性好，无毒副作用。因此，寻找桑叶的多用途开发具有十分重要的意义。

随着人们对桑叶研究及认识的深入，以桑叶为主或以桑叶有效组分为主的药品及功能食品的开发将成为综合利用桑叶资源及提高其产品科技含量的重要发展趋势之一。开发具有滋补、保健作用，能治疗康复、保健养生的药物及食品，一定会受到大众的欢迎；同时桑叶具有较高的营养价值和很好的适口性，为其在非蚕桑饲料领域的应用开辟了新途径，将桑叶用于畜牧业生产，有助于动物生长得更快、更健康，从而可为人类提供更多、更安全的畜产品，桑叶作为一种新的饲料资源具有良好的开发前景 [31]。

此外，桑叶的物质含量丰富，但是不同种类的桑叶之间，它的物质含量不同，而且不同季节所摘取的桑叶，其含量也不同。所以，我们在选用开发利用桑叶时，要考虑桑叶的不同性，根据不同的需要选择合适的桑叶；桑叶内含有多种活性物质。目前研究较多的是 1-脱氧野尻霉素、芸香苷、甾醇、黄酮、多糖等，但是桑叶中可能还含有多种具有生理保健功能的成分，值得我们进一步研究。

综上所述，只有我们加大对桑叶有效成分的研究和开发，进一步开发桑叶的药用潜力，开发出科技含量高的产品，才能使桑叶及其有效成分更好地应用到医药、食品以及化妆品中。推动中医药向现代化和国际化方向发展 [12]。

参 考 文 献

[1]   白华 .《神农本草经》桑叶考证 [J]. 内蒙古中医药，2016，15（1）：
       102-103.

[2]   江苏新医学院 . 中药大辞典 [M]. 上海：上海人民出版社，1977：
       381-383.

[3]   潘晓东 . 桑树标准化栽培技术 [J]. 农业科技通讯，2020，4（1）：
       314-315.

[4]   杨虎，马燮，陈虹，等 . 分光光度法测定桑叶中黄酮总含量的研究
       [J]. 应用化工，2006，35（10）：811-813.

[5]　薛淑萍，张立伟.大孔吸附树脂提取、分离桑叶总黄酮的条件优化 [J].山西中医学院学报，2006，7（1）：5-6.

[6]　王芳，励建荣.桑叶的化学成分、生理功能及应用研究进展 [J].食 品科学，2005，26（1）：111-117.

[7]　彭延古，葛金文.桑叶提取液对凝血机制的影响 [J].湖南中医学院 学报，2002，22（4）：21-23.

[8]　包立军，张剑韵，黄龙金.桑叶中抗凝血活性成分的初步分离与纯 化 [J].蚕业科学，2006，32（3）：418-421.

[9]　孙莲，符继红，张丽静，等.新疆桑叶中挥发油化学成分的 GC， HPLC/MS 分析 [J].中成药，2006，28（6）：860-865.

[10]　冬生，王金华，胡征.桑叶挥发油的成分分析 [J].氨基酸杂志， 2004，26（2）：29-31.

[11]　王欣，王枫.植物固醇的研究新进展 [J].国外医学·卫生学分册， 2007，34（2）：98-101.

[12]　苏方华.桑叶的化学成分及临床应用研究进展 [J].中国医药导报， 2010，7（14）：9-12.

[13]　垣东.桑叶治疗糖尿病 [J].山西中医，2007，23（2）：66.

[14]　陈蕙芳.桑叶治疗糖尿病明 [J].国外药讯，2003（3）：37.

[15]　谢惠萍，刘以农，郭明.桑叶提取物降血脂作用的动物试验研究 [J].中国现代医药杂志，2006，8（11）：48-49.

[16]　周绍坚，苏湘敏，陈华俊，等.桑叶对白鼠的镇咳作用实验研究 [J].右江民族医学院学报，2007，29（5）：697-698.

[17]　李道宗.降压六法 [J].老年教育：长者家园，2007（1）：58.

[18]　徐爱良，熊湘平，文宁，等.桑叶的现代研究进展 [J].湖南中医学 院学报，2005，25（2）：60-62.

[19]　花蕾，张文清，赵显峰.桑叶水提浸膏的抑菌作用研究 [J].上海生 物医学工程，2007，28（1）：16-18.

[20]　黄勇，张林，赵卫国，等.桑树资源综合利用研究进展 [J].江苏蚕

业，2007，29（1）：1-4.

[21] 郭小补 . 桑叶总黄酮的提取及抗氧化与护肝作用研究 [D]. 广州：华
南农业大学，2008.

[22] 晓来 . 桑叶药用小方六则 [J]. 农村百事通，2006（8）：64.

[23] 徐爱良，熊湘平，文宁，等 . 桑叶的现代研究进展 [J]. 湖南中医学
院学报，2005，25（2）：60-62.

[24] 曾卫湘，郑莎，韩冷，等 . 53 份桑种质桑叶的药用品质综合评价
[J]. 蚕业科学，2018，44（6）：905-915.

[25] 敬成俊，代方银，杜木英，等 . 10 份不同地理来源桑种质资源冬
桑叶中的营养与活性成分含量测定 [J]. 蚕业科学，2014，40（2）：
339-343.

[26] 黄金枝，俞燕芳，胡桂萍，等 . 30 份药食用桑叶营养品质评价及相
关性研究 [J]. 食品与发酵工业，2020，46（7）：155-159.

[27] 陈淑珍，谭丽容，金晓敏，等 . 不同生长季节桑叶芦丁含量及砷含
量动态研究 [J]. 南方农业，2020，14（35）：137-142.

[28] 杨喆，陈秋生，张强，等 . 不同品种桑椹与桑叶种氨基酸含量差异
研究 [J]. 食品安全质量检测学报，2018，9（17）：4534-4538.

[29] 蔡晓星 . HPLC 同时测定桑叶中新绿原酸、绿原酸及咖啡酸的含
量 [J]. 中国处方药，2019，18（4）：37-38.

[30] 麻景梅，高乐，田宇柔，等 . 桑叶配方颗粒物质基准研究 [J]. 河北
工业科技，2019，36（6）：429-435.

[31] 李瑞雪，汪泰初，贾鸿英，等 . 桑叶活性成分、生物活性的研究及
其开发应用进展 [J]. 北方蚕业，2009，30（2）：1-8.

[32] 毛红骞，高红林 . 桑叶的主要成分、功能及其在食品中的应用 [J].
江苏调味副食品，2009，26（1）：30-36.

[33] 赵丽珺，齐凤兰，瞿晓华，等 . 桑叶的营养保健作用及综合利用 [J].
中国食物与营养，2004（2）：22-25.

[34] 王储炎，范涛，代君君 . 桑叶的化学成分、生理功能及其在工业中
的应用 [J]. 中国食品添加剂，2008，10（2）：148-151.

[35]　王忠华，吴月燕，张燕忠 . 不同加工工艺制成桑叶茶的感观品质及营养活性成分分析 [J]. 蚕业科学，2011，37（2）：272-277.

[36]　饶佳家，陈柄灿 . 桑叶米乳饮料的生产工艺研究 [J]. 食品工业科技，2004（6）：100-101.

[37]　李林，苏小军，李清明，等 . 桑叶在食品中的应用 [J]. 食品研究与开发，2017，38（13）：217-220.

[38]　唐长波 . 桑叶保健饼干的研制 [J]. 食品研究与开发，2011，32（11）：127-130.

[39]　纵横，纪冬丽 . 桑叶南瓜复合饮料的研制及其降血糖效果的研究 [J]. 饮料工业，2004，7（6）：34-36.

[40]　曲永胜，王亮，郭威 . 基于成分特征的桑叶经霜质量标志物探索 [J]. 中国实验方剂学杂志，2019，25（23）：145-150.

[41]　游元元，万德光 . 桑叶"经霜为上"合理性的 LC-MS 法验证 [J]. 时珍国医国药，2011，22（11）：2596-2598.

第三辑

桑椹

Sangshen

桑　椹 | Sangshen
MORI FRUCTUS

　　本品为桑科植物桑（*Morus alba* L.）的干燥果穗。4—6月果实变红时采收，晒干，或略蒸后晒干[1]。别名：椹（《尔雅》）、桑实（《说文》）、乌椹（《本草衍义》）、文武实（《素问病机保命集》）、黑葚（《本草蒙筌》）、桑枣（《生草药性备要》）、桑椹子（《本草再新》）、桑果（《江苏植药志》）、桑粒（《东北药植志》）、桑藨（《四川中药志》）。

第一节　本草考证与历史沿革

一、本草考证

　　桑椹多次出现在先秦的典籍里，被当作美好之物，甚至认为吃它可以使人变善。在《诗经·鲁颂·泮水》中写道："翩彼飞鸮，集于泮林，食我桑椹，怀我好音。"《本草经疏》载："桑椹，甘寒益血而除热，为凉血补阴之药。消渴由于内热，津液不足，生津故止渴，五脏皆属阴，益阴故利五脏。阴不足则关节之血气不通，血生津满，阴气长盛，则不饥而血气自通矣。热退阴生，则肝心无火，故魂安而神自清宁，神清则聪明内发，阴复则变白不老。时寒除热，故解中酒毒，祛寒而下行利水，故利水气而消肿。"《滇南本草》亦载："桑椹益肝脏而吲精，久服黑发明日。"《随息居饮食谱》载曰："服用桑椹能滋肝肾、充血液、祛风湿、健步履、息虚风、清虚火。"

二、历史沿革

中国人食用桑椹的历史久远，考古发掘表明，在距今 5 000~
6 000 年以前的新石器时代中期，中国民间就已经种桑、养蚕，取
丝织绸，并在用桑叶养蚕的同时食用桑椹。2 000 多年前，桑椹已
是中国帝王御用的补品。2002 年，国家卫生部下发了《卫生部关
于进一步规范保健食品原料管理的通知》，其中包括既是食品又是
药品的桑椹。因桑椹富含维生素、氨基酸、微量元素，与沙棘、悬
钩子等一起被誉为"第三代水果"[2]。

第二节　植物形态与生境分布

一、植物形态

同桑叶。

二、生境分布

主产于江苏、浙江、湖南、四川、河北、山东、安徽、辽宁、
河南、山西等地。

第三节　栽　培

生态环境条件及栽培技术同桑叶。

采收及加工：5—6 月当桑的果穗变红色时采收，晒干或蒸后
晒干。

第四节　化 学 成 分

一、营养成分

成熟的桑椹营养丰富，据测定，鲜桑椹中除含有大量的水分（80%~91%）外，还含有 1.05% 的粗蛋白、1.86% 的游离酸、0.91% 的粗纤维以及各种维生素，其中维生素 B_1（0.07~0.09 μg/g）、维生素 B_2（1.65~1.79 μg/g）的含量远远超过苹果汁，维生素 C（Vc）的含量（154~223 mg/g）与猕猴桃相当，是等量柑橘的 5~6 倍[3, 4]。桑椹中含有的 19 种氨基酸中有 7 种为人体必需氨基酸，总含量达到了 16.59 mg/g，其中天门冬氨酸和谷氨酸的含量相对较高，为人体正常免疫功能的发挥提供了必要的基础[5]。此外，桑椹中还含有大量人体所需的矿物质元素，如 Ca、K、Na、Fe、Mg、Zn 及微量元素 Se 等，其中对人体心脏及免疫系统有治疗和保护作用的 Se 含量较丰富（0.65 μg/g），相当于苹果的 8 倍[4]。

二、桑椹红色素

目前，从桑椹中提取活性成分研究最多的属桑椹红色素，据李辛雷等[6]证实，桑椹红色素属于黄酮类化合物，可能含有黄酮、花青素及其苷等物质。由于色素含量高（达 2.59 mg/g）[7]、稳定性好（耐酸、耐光、耐热等）[8]、安全无毒、易储存等特性，桑椹红色素已列入我国国家标准食品添加剂中的天然色素之一，广泛用于食品、医药保健及化妆品着色，具有广阔的利用前景。目前该领域科研人员的研究仍然集中在如何获得高含量、高纯度的桑椹红色素上，马义虔等[7]总结了前人的提取方法，选用酸性乙醇为提取剂，用超声辅助的方法进行提取，筛选最佳工艺条件为乙醇提取分数 60%、柠檬酸调 pH 值为 2、料液比 1 : 10、温度 53 ℃、时间 35 min，此条件下获得桑椹花青素含量最高，约为 2.59 mg/g。由于桑椹红色素的稳定性极易受到外界条件的影响，因此在提取、纯化的工艺优化技术研究时，需探讨在不同的提取介质及条件下，如何提高桑椹红色素的稳定性、减少损失率。

三、桑椹多糖

多糖是一类有高活性的生命大分子物质，桑椹多糖在桑椹中的含量大于10%，含量非常丰富，其组成成分有鼠李糖、岩藻糖、阿拉伯糖等[9]。研究表明，桑椹多糖具有促进免疫、降血糖及抗衰老等功效，是桑椹具有补益功能的重要物质基础[10]，因此，桑椹多糖的提取纯化技术也成为人们关注的内容之一。冯斌等[11]通过高压脉冲电场辅助对桑椹进行破壁提取的方法，在电场强度40 kV/cm、处理温度90 ℃、料液比12∶1和高压脉冲频率12 000 Hz的条件下，获得了目前最高的桑椹多糖提取得率15.05%，远远高于超声波、微波以及酶解等其他辅助提取方法。

四、桑椹籽黄酮

研究表明，桑椹籽中含有丰富的生物类黄酮、不饱和脂肪酸等有用成分，其中黄酮类物质的含量更是评价一类食品资源营养价值的重要指标[12]。杜青平等[13]分别用乙醇抽提、碱提酸沉及热水-乙醇浸提3种方法提取、测定了桑椹籽中的总黄酮，结果表明，桑椹籽中粗提物含量可达0.581 5 mg/g，黄酮类物质约占粗提物的34.20%，在桑椹籽中黄酮含量约为0.198 9 mg/g。

五、其他有效的活性成分

除以上成分外，桑椹中研究较多的次生代谢产物就是白藜芦醇和生物碱（1-脱氧野尻霉素，1-DNJ），这些次生代谢产物对桑椹药理作用的形成具有关键作用。白藜芦醇作为一种强有力的抗氧化剂，能有效预防心脑血管疾病，保护细胞的脂质过氧化，在桑椹皮中含量高达0.128 mg/g，比葡萄果皮中该物质的含量高5倍[14]。现代药理研究证明，1-DNJ 能够显著降低人体空腹血糖和餐后血糖的峰值，是调节血糖、血脂的一类很好的天然原料，然而，作为 1-DNJ 主要植物来源的桑树中，其桑叶的 1-DNJ 含量也只有 1.54 mg/g[15, 16]，桑椹中 1-DNJ 含量随果实成熟的推移而逐渐减少[17]，但产量十分有限。

第五节　药理与毒理

一、药理作用

国外学者对于桑椹药理的研究多集中在花色苷保护神经元、抗癌、抗氧化等作用及其在体内的作用机制等方面[18]，而国内对其研究表明，桑椹具有较好的促进机体造血功能、增强免疫力、延缓衰老和改善性功能等多种药理作用。

（一）抗疲劳

陶曙等[19]试验表明，桑椹能增强小鼠抗疲劳功能的作用，通过检测卫生部发布的《保健食品功能学评价程序和检验方法规范》中"缓解体力疲劳作用检验方法"中负重游泳试验、血清尿素测定（二乙酰 - 肟法）、肝糖原测定（蒽酮法）和乳酸测定的规定方法执行。表明该试验采用的桑椹粉具有延长小鼠负重游泳时间、降低运动后小鼠血清尿素含量、增加小鼠肝糖原、降低运动小鼠血乳酸等，具有抗疲劳的作用。张林建[20]选择运动耐力试验中的负重游泳试验和肝糖原、血清尿素氮、血乳酸水平 3 项生化指标进行研究，桑椹醇提物能显著延长小鼠的负重游泳时间，显著降低运动后小鼠的血尿素氮含量和血乳酸水平，同时能提高肝糖原含量，这表明桑椹醇提物具有增强小鼠抗疲劳的作用。

（二）对免疫功能的影响

杨海霞等[21]研究表明，桑椹对免疫功能的影响有增加免疫器官重量、增加白细胞、增强巨噬细胞的吞噬功能、对非特异性免疫功能有明显的增强作用、增强细胞免疫功能。对体液免疫既有增强作用亦有抑制作用的报道，有待进一步探讨。桑椹对免疫功能的促进调节作用可能是其补虚作用的药理学基础。最新研究表明，桑椹免疫调节的物质基础为桑椹多糖[22, 23]。

（三）抗氧化及延缓衰老

顾玮蕾等[24]研究桑椹的抗氧化及抑制酪氨酸酶活性，通过从羟自由基清除率、还原力和抑制脂质过氧化能力、酪氨酸酶抑制试验等角度，研究了桑椹水提物、50%乙醇提取物、95%乙醇提取物等的体外抗氧化活性。桑椹粗提物的总黄酮含量为 4.11～15.84 mg/g。结果表明桑椹具有良好的体外抗氧化活性和抑制酪氨酸酶作用，可能与其水溶性成分相关。吕英华等[25]对桑椹色素体外抗氧化能力进行研究，体外试验表明：桑椹色素提取液对脂质过氧化有一定的抑制作用，对·OH、DPPH·和 ABTS$^+$ 均有不同程度的清除效果，表现出较强的抗氧化能力。

（四）防癌抗肿瘤抗突变

桑椹中含有一种叫"白藜芦醇"的物质，具有抗肿瘤的功效，能刺激人体内某些基因发挥作用，抑制癌细胞的生长。白藜芦醇对人体肝癌细胞 SMMC-7721 生长具有抑制作用，使其细胞周期阻滞于 S 期并诱导其凋亡[26]。有报道[27]显示，对桑椹花色苷抗癌细胞转移作用进行了研究，结果发现，桑椹花色苷能有效抑制黑色素癌的转移，此作用与 Ras/PI3K 信号通路有关，并指出桑椹可能成为一种癌细胞转移抑制媒介。桑椹中的花色素 -3- 芸香糖苷和花色素 -3- 葡萄糖苷对高度转移性和浸润性人肺癌细胞 A-549 有抑制作用，并呈剂量相关，且没有毒性。桑椹提取物中含有的大量的花色苷能降低细胞的浸润，这可能在开展癌症的有效治疗方面很有价值。

（五）抗诱变

用小鼠骨髓细胞微核试验方法和小鼠骨髓细胞染色体畸变试验方法观察了新鲜桑椹汁对环磷酰胺（CY）诱发小鼠骨髓嗜多染红细胞微核和染色体畸变的抑制作用，发现新鲜桑椹汁具有抑制 CY 诱发骨髓微核率和染色体畸变率升高的作用，且有明显的剂量反应关系（γ-0194），说明新鲜桑椹汁对一些外来诱变剂的诱变作用可能具有一定的预防效果 [28, 29]。郭伟等 [30] 用 Ames 试验、小鼠骨髓微核试验、SOS 显色反应等方法开展了桑椹水溶性提取液的诱变与抗诱变研究，发现具有明显的抗诱变作用。

（六）降血糖和调血脂

田春雨等 [31] 研究了桑椹多糖对链脲佐菌素（STZ）和高能量饲料诱发的 Ⅱ 型糖尿病（T2 DM）模型大鼠血糖、血脂的影响，发现桑椹多糖治疗组与模型组比较，空腹血糖（FBG）、糖化血红蛋白（HbAlc）、甘油三酯（TG）、总胆固醇（TCH）及低密度脂蛋白（LDL）水平显著降低（$P<0.05$），高密度脂蛋白（HDL）和 Ins 水平显著升高（$P<0.05$）。结果表明，桑椹多糖能有效地降低 T2 DM 模型大鼠的血糖，促进 Ins 分泌，调节血脂。

（七）促进造血细胞生长，改善贫血

有研究 [27] 显示，桑椹能使 CFu-D 产率明显增加，对粒系祖细胞的生长有促进作用。由桑椹等中药组成的补肾活血剂对粒单祖细胞（CFu-GM）、红系祖细胞（CFu-E）等有明显的促进作用。孙伟正等 [32] 采用桑椹为主药的补髓生血胶囊治疗再生障碍性贫血的临床试验发现，该药具有恢复造血干/祖细胞膜 IL-3、IL-6、L-11 受体的作用。表明以桑椹为主药的补髓生血胶囊是通过患者体内调控因子使造血干细胞膜受体改变而起到治疗作用，增加了血细胞的数量。

（八）抗病毒

据报道，桑椹的有效成分 I-deoxynojiklonincin 对抗艾滋病有效[33]。用酶联免疫吸附检测技术筛选中草药抗乙型肝炎病毒表面抗原的试验表明，桑椹具有抗乙型肝炎病毒的作用[34]。

二、毒性机理

未见相关报道。

第六节 质量体系

一、标准收载情况

（一）药材标准

《中国药典》（2020 年版）[24]、《广西壮药质量标准》（第二卷）。

（二）饮片标准

《中国药典》（2020 年版）、《上海市中药饮片炮制规范》（2018 年版）、《北京市中药饮片炮制规范》（2008 年版）、《湖南省中药饮片炮制规范》（2010 年版）、《江西省中药饮片炮制规范》（2008 年版）。

二、药材性状

（一）《中国药典》（2020年版）

本品为聚花果，由多数小瘦果集合而成，呈长圆形，长 1~2 cm，直径 0.5~0.8 cm。黄棕色、棕红色或暗紫色，有短果序梗。小瘦果卵圆形，稍扁，长约 2 mm，宽约 1 mm，外具肉质花被片 4 枚。气微，味微酸而甜。

（二）《广西壮药质量标准》（第二卷）

同《中国药典》（2020 年版）。

三、炮制

（一）《中国药典》（2020年版）

晒干，或略蒸后晒干。

（二）《湖南省中药饮片炮制规范》（2010年版）

取原药材，除去果梗及霉变等杂质，干燥，筛去灰屑。

（三）《上海市中药饮片炮制规范》（2018年版）

将药材除去硬梗等杂质，筛去灰屑。

（四）《北京市中药饮片炮制规范》（2008年版）

除去杂质。

（五）《江西省中药饮片炮制规范》（2008年版）

桑椹：除去杂质及果梗。

酒桑椹：取净桑椹，用酒喷洒拌匀，稍润，用武火蒸 30 min 至转黑褐色，取出，干燥。

四、饮片性状

（一）《中国药典》（2020年版）

同药材。

（二）《上海市中药饮片炮制规范》（2018年版）、《湖南省中药饮片炮制规范》（2010年版）、《北京市中药饮片炮制规范》（2008年版）

同《中国药典》（2020年版）。

（三）《江西省中药饮片炮制规范》（2008年版）

桑椹：同《中国药典》（2020年版）。

酒桑椹：形如桑椹，表面黑褐色，微有酒香气。

五、有效性、安全性的质量控制

桑椹的有效性、安全性质量控制项目见表10.1。

表10.1　有效性、安全性质量控制项目汇总

标准名称	鉴别	检查	浸出物	含量测定
《中国药典》（2020年版）	药材：显微鉴别（粉末）饮片：同药材	药材：1.水分（不得超过18%），2.总灰分（不得超过12%）；饮片：同药材	药材：照醇溶性浸出物测定法（药典通则2201）项下的热浸法测定，用85%乙醇作溶剂，不得少于15%。饮片：同药材	—
《广西壮药质量标准》（2020年版）（第二卷）	同《中国药典》	—	—	—
《上海市中药饮片炮制规范》（2018年版）	显微鉴别同《中国药典》（2020年版）	总灰分、水分同《中国药典》（2020年版）杂质（不得超过2%）	同《中国药典》（2020年版）	—
《湖南省中药饮片炮制规范》（2010年版）	—	—	醇溶性浸出物测定法（药典通则2201）项下的热浸法测定，用70%乙醇作溶剂，不得少于16%	—
《北京市中药饮片炮制规范》（2018年版）	同《中国药典》（2020年版）	总灰分同《中国药典》（2020年版）	同《中国药典》（2020年版）	—
《江西省中药饮片炮制规范》（2008年版）	显微鉴别（粉末）	水分（不得超过13%）、总灰分（不得超过10%）、酸不溶性灰分（不得超过4%）	—	—

六、质量评价

有研究对桑椹药材的质量标准体系进行了更深入的分析和探索，对药材的性状、显微特征进行了鉴定；对药材的水分、总灰分及浸出物进行了检查；同时补充建立了桑椹药材薄层鉴别方法以及桑椹药材活性成分矢车菊 -3-O- 葡萄糖苷及芦丁高效液相色谱法含量测定的方法。在含量测定的基础上对桑椹药材的活性成分的相关性进行研究，包括了不同加工方法的考察、不同保存时间的考察、不同成熟程度的考察以及不同农学品种的考察，发现不同产地的桑椹药材样品中矢车菊 -3-O- 葡萄糖苷和芦丁的含量均存在明显差异，证实不同加工方法、不同保存时间、不同成熟程度对桑椹药材的质量均有不同程度的影响，尤其是对药材中所含活性成分含量的影响。

赵珮等 [35] 系统地开展了桑椹品质特性分析和综合评价，通过对桑椹 10 个综合测定指标的水平分析、因子分析及聚类分析，研究桑椹各个指标之间的关系，分析影响桑椹品质的指标及其权重，发现桑椹花色苷、糖酸比、固酸比、总酸和还原糖的变异系数较大，接近甚至超过 50%；蛋白质、多酚、黄酮和可溶性固形物的变异系数均在 30% 左右；灰分的变异系数最小。固酸比、糖酸比、可溶性固形物和还原糖含量两两之间均呈极显著正相关，多酚、黄酮和花色苷含量两两之间呈极显著正相关；除还原糖和蛋白质，总酸含量与其余指标均呈显著或极显著正相关；灰分和还原糖、可溶性固形物、糖酸比和固酸比均呈极显著负相关。综合风味因子的方差贡献率最高，其次是功能因子，最后是营养因子。通过综合分析，桑椹品质评价指标可简化为 8 个指标，即可溶性固形物、还原糖、总酸、糖酸比、花色苷、多酚、黄酮和蛋白质。

殷浩等 [17] 检测分析了不同果桑品种桑椹中 1- 脱氧野尻霉素（DNJ）、多糖、黄酮类化合物的含量以及随桑椹生长发育过程的动态变化，发现桑椹中含有丰富的 DNJ、多糖和黄酮类化合物等活性物质。随着桑椹的发育成熟，果肉中 DNJ 的含量表现出逐渐降低的趋势，而总多糖和总黄酮的含量总体表现为逐渐增加的趋势，但熟透的桑椹果肉中总多糖和总黄酮的含量则显著下降。成熟桑椹的桑子中 DNJ 的含量较高，而黄酮类化合物较少，并且检测不到多糖。不同果桑品种桑椹果肉中的 3 种活性成分含量存在显著差异。

第七节　性味归经与临床应用

一、性味

《中国药典》（2020 年版）："甘、酸，寒。"

《唐本草》："味甘，寒，无毒。"

《本草衍义》："微凉。"

《滇南本草》："甘酸。"

二、归经

《中国药典》（2020 年版）："归心、肝、肾经。"

《本草从新》："入肾。"

《本草撮要》："入足厥阴、少阴经。"

三、功能主治

《中国药典》（2020 年版）："滋阴补血，生津润燥。用于肝肾阴虚，眩晕耳鸣，心悸失眠，须发早白，津伤口渴，内热消渴，肠燥便秘。"

《唐本草》："单食，主消渴。"

《本草拾遗》："利五脏关节，通血气，捣末，蜜和为丸。"

《本草衍义》："治热渴，生精神，及小肠热。"

《滇南本草》："益肾脏而固精，久服黑发明目。"

《纲目》："捣汁饮，解酒中毒，酿酒服，利水气，消肿。"

《玉楸药解》："治瘰淋，瘰疬，秃疮。"

《本草求真》："除热，养阴，止泻。"

《随息居饮食谱》："滋肝肾，充血液，祛风湿，健步履，息虚风，清虚火。"

《现代实用中药》："清凉止咳。"

《中药形性经验鉴别法》："安胎。"

四、用法用量

《中国药典》（2020 年版）："9～15 g。"

《中药大辞典》："内服，煎汤，3～5 钱；熬膏、生啖或浸酒。外用，浸水洗。"

五、注意事项

《本草经疏》："脾胃虚寒作泄者勿服。"

六、附方

（一）治心肾衰弱不寐，或习惯性便秘

鲜桑椹一至二两，水适量煎服（《闽南民间草药》）。

（二）治瘰疬

文武实，黑熟者二斗许，以布袋取汁，熬成薄膏，白汤点一匙，日三服（《素问病机保命集》文武膏）。

（三）治阴症腹痛

桑椹，绢包风干过，伏天为末。每服三钱，热酒下，取汗（《湃湖集简方》）。

第八节　丽水桑椹资源利用与开发

一、中成药

桑椹除了作为中药材被广泛使用外，在传统中医药理论指导下，还用于中成药以及桑椹膏、桑椹冲剂等单味制剂的生产。2020年版《中国药典》收载含桑椹的中成药有生血宝颗粒、复脉定胶囊、首乌丸、益肾灵颗粒和强肾片等。此外，市场上还有生精胶囊、安眠补脑口服液、二至益元酒、健身长春颗粒、健身宁片、健肾生发丸、还精煎等含桑椹的各种剂型的中成药。如上海中医学院研制的抗衰老药"还精煎"选用桑椹、地黄、菟丝子、首乌等原味中药，在延缓衰老，防治高血压、不育症、黄褐斑等方面取得了可喜的疗效。在5—6月采收充分成熟的桑果（也可用残次落果和其他加工的下脚料），洗净去杂、除去腐烂和损伤部分，用手工或机械方法破碎，可制成桑椹膏。桑椹膏是传统的中成药之一，具有补肝肾、益精血的作用，有治阴虚津少、口渴咽干、眩晕及肠燥便秘之功效 [27]。

二、食品

以前对桑椹资源的利用还比较单一，多为摘叶养蚕，桑椹、桑枝等桑类中药材只作为养蚕业的废弃物，导致了大量桑椹的浪费。近年利用桑椹开发出不少保健产品。如桑椹酒，是一种新兴的果酒，是水果酒中的极品，具有滋补、养身及补血的功效。饮用后，不但可改善女性手脚冰冷的症状，更有补血、强身、益肝、补肾、明目等功效，适应于阴虚水肿、小便不利、关节痛、口渴、发白等症。早晚饮用效果更佳。此外还有桑果蜜，将采摘的桑椹加工成桑果汁，与蜂蜜混合，把桑果中的保健药用成分与蜂蜜结合，生产出"桑果蜜"，使桑椹的保健及药用功效成倍提高。以桑椹为原料，还可制成其他产品，如桑椹罐头、桑椹果醋、桑椹果茶、桑椹酱、桑椹果脯、桑椹露、桑椹色素、桑椹果冻、桑椹冰激凌等。

三、保健食品

我国含有桑椹为主成分的保健食品有 209 种，主要具有调节血糖、血脂、改善睡眠、缓解疲劳、增强免疫力等保健功能，如龟鹿口服液、美朵胶囊、人参鹿茸龟甲酒等。

四、化妆品

桑椹因其具有乌发、生发、滋养毛发功能，桑椹提取液还可用于发用化妆品中，如桑椹发油、桑椹摩丝、桑椹香波、桑椹珠光洗发剂、桑椹生发水、桑椹发乳、桑椹护发素、桑椹染发香波等。

第九节　总结与展望

桑椹作为一种沿用多年的传统中药，具有药食同源的特点。桑椹含有丰富的花色苷，既是一种天然优质的色素资源，又是一种具有多种生理活性的中药材。另外，其所含的白藜芦醇、芦丁、多糖具有非常优良的药理活性，加之我国有丰富的桑树资源，分布于全国各省区，从桑椹资源中开发保健品或具有治疗保健功能的药品必将会有广阔的市场前景。

目前，桑椹的功能性食品的研究开发，已经开发出桑椹营养汁、桑椹膏、桑椹冰酒和桑椹茶等产品，并在不断改进生产工艺，提高产品风味品质，设置不同功能系列产品针对性地满足更多特殊人群的需要，现已初步形成了桑椹产业。但是，由于桑椹季节性过强，不利于储存、运输等问题制约着桑椹产业的发展，再加上目前市场上的各类产品鱼龙混杂，缺乏具有良好口碑的品牌，以及没有严格统一的质量管理标准等难题，这对提升桑椹产业的效益和知名度非常不利。

此外，桑椹红色素是一种具有保健作用、安全无毒的天然色素，在药品、食品领域逐渐得到人们的认识和推广应用，具有广泛的开发前景。采用一些新的技术提高桑椹红色素的稳定性，促进其功能的发挥是桑椹红色素研究的主要方向，尤其是微胶囊化的研究是增加桑椹红色素稳定性的主要手段，但是需要不断地优化其工艺过程，能适应大量生产的条件，从而使桑椹红色素的应用更加广泛、稳定有效，充分发挥桑椹的经济价值[36]。

随着科研人员对桑椹资源药用价值的深入研究和人们对健康生活的不断追求，桑椹作为一种药食同源的水果，通过绿色食品认证和绿色食品生产基地认定，制定相应的生产技术规程，实施品牌战略，带动桑椹深加工产品的开发，推进生态农业、旅游农业的复合型发展，提高经济效益和社会影响力，桑椹产品必将受到更多消费者的青睐，桑椹产业具有极其广阔的发展前景。

参 考 文 献

[1] 国家药典委员会. 中华人民共和国药典 [M]. 2020 年版一部. 北京：中国医药科技出版社，2020：313.

[2] 邹湘月，肖建中，邵元元，等. 桑椹的药用成分及产品开发研究进展 [J]. 中国蚕业，2019，40（3）：55-57.

[3] 梁贵秋，吴婧婧，沈蔚，等. 桑椹鲜果的营养分析与评价 [J]. 食品科学，2011（16）：320-321.

[4] 蔺毅峰. 龙桑果的营养成分分析 [J]. 营养学报，2003，25（2）：159-160.

[5] 张文娜，姚清国，俞龙泉，等. 桑椹化学成分及药理作用研究进展 [J]. 安徽农业科学，2011，39（14）：8371-8373.

[6]   李辛雷，李纪元，范正琪，等. 桑果、杨梅色素成分初步研究 [J].
       上海农业学报，2013，29（5）：101-102.

[7]   马义虔，彭黔荣，杨敏，等. 响应面法优化超声提取桑椹花青素工
       艺的研究 [J]. 中国调味品，2016，41（8）：21-25.

[8]   霍文兰. 桑果红色素的提取及性能 [J]. 食品与生物技术学报，2006，
       25（1）：74-78.

[9]   刘梦，林强. 桑椹多糖的研究进展 [J]. 北京联合大学学报，2016，
       30（4）：63-66.

[10]   薛梅，杜华，王鲁石，等. 桑椹籽多糖的提取及含量测定 [J]. 数理
       医药学杂志，2003，16（6）：19.

[11]   冯斌，朱保昆，廖头根，等. 高效提取桑椹多糖的工艺优化研究 [J].
       食品工业，2014，35（4）：8-10.

[12]   李国章，于华忠，卜晓硬，等. 桑椹籽中黄酮的 CO_2 超临界流体萃
       取及抑菌作用研究 [J]. 现代食品科技，2005，22（2）：86-88.

[13]   杜青平，杨晓兰，袁保红. 桑椹籽粒中黄酮含量的探讨 [J]. 食品工
       业，2001（3）：8-10.

[14]   朱祥瑞，费建明，杨逸文，等. 桑椹和桑枝中白藜芦醇的提取及含
       量测定 [J]. 蚕业科学，2007，33（1）：110-112.

[15]   刘凡，李平平，廖森泰，等. 98 份不同桑树品种资源的桑叶总生物碱
       及卜脱氧野尻霉素含量测定 [J]. 蚕业科学，2012，38（2）：185-191.

[16]   邹湘月，李飞鸣，邵元元，等. 桑叶中卜脱氧野尻霉素（DNJ）研
       究进展 [J]. 安徽农业科学，2015，43（23）：6-8.

[17]   殷浩，佟万红，王振江，等. 桑椹成熟过程中部分活性成分的含量
       变化 [J]. 蚕业科学，2011，37（6）：1106-1110.

[18]   HASSIMOTTO N M, GENOVESE M I, LAJOLO F M. Absorption
       and metabolism of cyanidin-3-glucoside and eyanidin-3-rutinoside
       extracted from wild mulberry（*Morus nigra* L. ）in rats[J]. Nutrition
       research, 2008, 28（3）：198-207.

[19]   淘曙，江月仙. 桑椹抗疲劳作用的实验研究 [J]. 浙江中医杂志，

2007，11（42）：674-675.

[20]　张林建 . 桑椹醇提物对小鼠抗疲劳作用的实验研究 [J]. 江西中医药，
　　　2010，41（11）：66-67.

[21]　杨海霞，朱祥瑞 . 桑椹的药用价值与开发利用 [J]. 桑蚕通报，2003，
　　　34（3）：5-8.

[22]　YANG X Y，PARK G S，LEE M H，et al. Tol-like receptor 4-mediated
　　　im-munoregulation by the aqueous extract of Mori Fructus [J].
　　　Phytotherapy research，2009，23（12）：1713-1720.

[23]　谢志享 . 以初代免疫细胞培养评估不同食材之免疫调节倾向并探讨
　　　桑椹多糖对卵白蛋白致敏小鼠之免疫调节功能 [D]. 台中：台湾中兴
　　　大学，2007.

[24]　顾玮蕾，马跃能，王春丽 . 桑椹抗氧化及抑制酪氨酸酶作用研究 [J].
　　　食品科技，2010，35（7）：48-51.

[25]　吕英华，苏平，那宇，等 . 桑椹色素体外抗氧化能力研究 [J]. 浙江
　　　大学学报（农业与生命科学版），2007，33（1）：102-107.

[26]　李勇，马荣，苏燕燕 . 白藜芦醇对肝癌细胞 SMMC-7721 细胞的抑
　　　制作用 [J]. 安徽农业科学，2010，38（25）：13745-13749.

[27]　翁金月，金利思 . 药食两用桑椹的研究与开发 [J]. 中国药业，2013，
　　　22（2）：88-90.

[28]　姜声扬，庄勋援 . 桑椹对小鼠骨髓细胞诱发突变的抑制作用 [J]. 癌
　　　变·畸变·突变，1998，10（2）：104-106.

[29]　姜声扬，丁斐，李文，等 . 桑椹对环磷酰胺诱发小鼠骨髓细胞微核
　　　的抑制作用 [J]. 南通医学院学报，1997，17（2）：167.

[30]　郭伟，钟承民，付德润，等 . 新疆黑、白桑椹及喀什小藻抗诱变研
　　　究 [J]. 环境与健康杂志，1998，15（1）：18-20.

[31]　田春雨，薄海美，李继安 . 桑椹多糖对实验性 2 型糖尿病大鼠血糖
　　　及血脂的影响 [J]. 中国实验方剂学杂志，2011，5（10）：158-160.

[32]　孙伟正，王祥麒，袁斌华，等 . 补髓生血胶囊治疗慢性再生障碍性贫
　　　血的临床观察 [J]. 中国中西医结合杂志，1997，17（8）：467-469.

[33] SERGUN W. Mutbery roots and seed may be effective in the treatment of AIDS[J]. Med hypotheses，1989，29（1）：75.

[34] 徐燕萍. 酶联免疫吸附检测技术筛选 300 种中草药抗乙型肝炎病毒表面抗原的试验研究 [J]. 江西中医学院学报，1995，7（1）：20.

[35] 赵珮，黄传书，唐小平，等. 桑椹品质评价因子的分析研究 [J]. 蚕学通讯，2019，39（1）：14-21.

[36] 张荷兰，陆鸿奎. 桑椹红色素的开发与应用现状 [J]. 农产品加工，2020，10（1）：96-101.

第三辑

桑白皮

Sangbaipi

桑 白 皮 | Sangbaipi
MORI CORTEX

本品为桑科植物桑（*Morus alba* L.）的干燥根皮。秋末叶落时至次春发芽前采挖根部，刮去黄棕色粗皮，纵向剖开，剥取根皮，晒干[1]。别名：桑根白皮（《本经》）、桑根皮、桑皮（《孟诜》）、白桑皮（《山西中药志》）。

第一节　本草考证与历史沿革

一、本草考证

桑白皮的用药历史悠久，最初以"桑根白皮"之称始载于《神农本草经》，记载："桑根白皮是今桑树根上白皮，常以四月采，或无采时，出见地上名马领，勿取，毒杀人[2]。"《神农本草经》中记载：味甘，寒。主治伤中，虽未对归经明确，从主治来看应以脾、肺为主要作用部位[3]。《名医别录》提出："无毒。主去肺中水气……"，与肺直接相关。《药性论》："使，平。能治肺气喘满……"四气由"寒"变为"平"，作用部位与《别录》记载相似。《新修本草》基本沿用《本经》及《别录》中关于桑白皮的记载。《日华子本草》曰："温，调中，下气。"除对药性中"四气"认为"温"之外，并提出其杀虫，止霍乱吐泻、消痰止咳等功效。可见在《新修本草》前四气的变化较多，而唐以后关于药物"四气"的记载基本无变化。《开宝本草》："味甘，寒，无毒。"《本草衍义》："性微凉。"《药类法象》："气寒，味苦酸。"性味中关于其苦酸认识可能与中药苦"泄"和酸"敛"止血功效有关。《本草品汇精要》："味甘性寒，气之薄者，阳中之阴，腥，……手太阴经。"《本草纲目》："桑白皮专于利小水，乃实则泻其子也，故肺中有水气及肺火有余者，宜之。"《神农本草经疏》："桑根白皮得土金之气，故味甘气寒而无毒。东垣、海藏俱云兼辛。然甘厚辛薄，降多升少，阳中阴也。入手太阴经"，对桑白皮的性味进一步阐释，明确其宜忌。

以上本草考证可以看出，历代医家本草中对桑白皮的性味归经认识基本以"甘、寒；辛、甘，寒，归肺经或脾、肺经"居多，其中亦有提出其他不同观点，如《日华子本草》"温"和金元时期"酸、苦"的认识，尤其在北宋后期及金元时期受理学思想的影响，本草学家用"五味"理论探讨了药味与药物功效之间的联系，相继出现以类相推的药味、气味阴阳薄厚理论等，其中性能中关于其苦酸认识可能与中药苦"泄"和酸"敛"止血功效有关。

在功能主治方面，《神农本草经》："主治伤中，五劳六极，羸瘦，崩中，脉绝，补虚益气。"对桑白皮功效的记载以补虚为主。《名医别录》："主去肺中水气，止唾血，热渴，水肿，腹满，胪胀，利水道，去寸白，可以缝金创。"对其祛邪之功多有阐述，其中关于肺中水气、水肿、利水的论述后世基本沿用。《药性论》："能治肺气喘满，水气浮肿，主伤绝，利水道，消水气，虚劳客热，头痛，内补不足。"关于其"补虚"与"祛邪"之功相结合。《新修本草》基本沿用《本经》及《别录》中关于桑白皮的记载。《大观本草》在所载药物功效的基础上进一步记载药物的具体用途，如小儿口疮、金刃所伤燥痛、金创肠出、生发、产后下血不止、咳嗽甚者或吐血、坠马拗损、蛇咬、蜈蚣及蜘蛛毒、小儿舌上生疮等，基本单味药应用居多。《药性赋》："其用有二：益元气不足而补虚，泻肺气有余而止咳"，在继承前人关于桑白皮功效认识的基础上，明确其补虚和泻肺止咳之功。可见宋金元时期基本沿用药物的以往功效的认识。《本草纲目》："桑白皮专于利小水，乃实则泻其子也，故肺中有水气及肺火有余者，宜之。……泻肺，利大小肠，降气散血。"结合桑白皮方药中的使用及前人论述，对其应用范围、作用特点和使用注意事项提出了看法。

历代本草对桑白皮功效记载基本为补虚、祛邪、补虚兼祛邪等内容，具体临床应用非常广泛，对于桑白皮究竟是"补"是"泻"还是"补中兼泻"，是直接"补"还是通过祛邪间接"补"的不同意见和看法古来有之，现今桑白皮主要以泻肺平喘、利水消肿为主要功效，基本遵循祛邪为主的观点[4]。

二、历史沿革

《金匮要略方论》开始对桑白皮的炮制方法有记载，之后的医学典籍中对桑白皮的炮制方法逐渐增多，主要有炙、烧、炒等，每种方法又有加辅料制或不加辅料制的区别，归纳起来主要有桑白皮炭、炒桑白皮、蜜桑白皮、酒桑白皮、蜜酒制桑白皮、米泔水和豆制桑白皮、蜜麸制桑白皮等，其中最常见并沿用至今的炮炙方法是炒制和蜜制，现代以蜜制为主。

第二节　植物形态与生境分布

一、植物形态

同桑叶。

二、生境分布

全国各地均产桑白皮，原主要分布于河南商丘，安徽阜阳、亳州等地，随着社会经济的发展，其产区也在逐渐转移，除了安徽、河南外，浙江的临安、建德、桐乡，江苏泰兴等地也多产。此外，栽培品主产于四川、河北、湖南、湖北、广东、广西等地，其中产于亳州一带者称亳桑皮，产于浙江者称严桑皮，产于江苏者称北桑皮，各地所产桑白皮的统称桑白皮 [5]。

第三节 栽 培

生态环境条件及栽培技术同桑叶。

采收及加工：多在秋末叶落时至次春发芽前采挖根部，南方各地可冬季挖取，除去泥土和须根，趁鲜刮去黄棕色粗皮，用刀纵向剖开皮部，以木槌轻击，使皮部与木部分离，除去木心，剥取根皮，晒干，扎成小捆，即可 [5]。

第四节 化 学 成 分

近年来，学者们对桑白皮的化学成分、药理活性和药效进行了更加深入的研究和科学评价，并对桑白皮主要有效成分的药物代谢动力学进行了一系列的研究工作 [6]。

一、Diels-Alder型加合物

此类化合物属于桑属植物的特征性成分之一，是由查尔酮及其衍生物与异戊烯基衍生物发生 [2-4] 环加成反应得到的产物 [7, 8]。从桑白皮中分离得到的 Diels-Alder 型加合物主要有：全反型黄铜（kuwanon W）、黄酮醇（guangsangon G）、二氢黄酮（guang sangon M）、二氢黄酮醇（guangsangon D）、查尔酮（kuwanonJ、G）、二苯乙烯（guangsangon B、Y）、苯并呋喃（mongolicin F、O）、顺反

型二氢黄酮（cathayanon E）等。

二、黄酮类化合物

桑属植物是黄酮类化合物的主要来源之一，所含黄酮类化合物大多具有异戊烯基。目前，从桑白皮中分离得到的黄酮类化合物约有 60 个，主要包括：桑素（Mulberrin）、桑色烯（Mulberrochromene）、桑白皮素（Moracenin）C 和 D、桑根白皮素（Morusin）、桑根皮素（Morusin）、桑酮（Kuwanon）A-V、桑酮醇（Kuwanol）、桑黄酮（Kuwanon）A-L、桑根酮（Sanggenon）A-P、桑根酮醇（Sanggenol）、桑根皮醇（Morusi-nol）、环桑素（Cyclomulberrin）、环桑色烯素（Cyclomul-benochromene）、环桑根皮素（Cyclomorusin）、环桑色醇（Mulberranol）；还有羟基二氢桑根皮素（Oxydiphydromorusin）、桑皮根素氢过氧化物（Morusinhydroperoxide）、桑根素 -4- 葡糖糖苷（Morusin-4-glucoside）、Chalomoracin、化合物 A（Compound A）、Moranoline、桑苷 A-D（Moracen-inA-D）、摩查尔酮 A（MorachalconeA）、MoruseninA-B、5，7- 二羟基色酮（5，7-dihydroxychromone）、二氢黄酮类桑根酮（Sanggenone A-P）[7]。

三、芪类化合物

桑属中分离到的芪类化合物主要有二苯乙烯类、2- 苯基苯并呋喃类和芪类低聚物三类。从桑白皮中分离得到的二苯乙烯类化合物主要为白藜芦醇（resveratrol）、氧化白藜芦醇（oxyresveratrol）、4′-prenyloxyresveratrol、oxyresveratrol-3′-O-β-D-glucopyranoside、桑皮苷 A（mulberroside A）、cis-mulberroside A、andalasin A、桑酮 Y、桑酮 Z（kuwanon Y、kuwanon Z）等。

从桑白皮中分离得到的苯并呋喃类化合物主要包括：moracin A-Z，macrourin A，w-hydroxy-moracin N，albafuran A、B、桑皮苷 C、F（mulber-roside C、F），6-dihydrobenzofuran，2-（3，5-dihydroxyphenyl）-5。

从桑白皮中分离得到的芪类低聚物主要包括：alboctalol，macrourin B、D，andalasin B 等。

四、香豆素类化合物

香豆素类化合物主要包括伞形花内酯（Umbellifer-one）、5，7-羟基香豆素（5，7-dihydroxycoumarin）、skimmi、东莨菪素（Scopoletine）、东莨菪内酯（6- 甲氧基 -7 羟基 - 香豆素）。

五、其他类化合物

此外还有多糖类，如黏液素、桑多糖、甲壳素、壳聚糖等；甾体及萜类，如 α- 香树脂醇、13α、17α-7、七叶灵、3β、14β、β- 谷甾醇、24- 二烯 -3- 乙酰羊毛甾醇等；木脂素类，如 Liriodendrin-A、B 等；以及丁醇、桑辛素（A、B、C、D、F、G）、桦皮酸（Betulinic acid）、鞣质和挥发油等。

第五节　药理与毒理

一、药理作用

（一）镇咳、平喘、祛痰作用

王爱洁等[9] 研究表明，生品和蜜炙桑白皮都有较显著的止咳化痰作用，在 1.56~6.24 g/kg 范围内，药效呈现出一定的剂量趋势，且蜜炙桑白皮效果更好。王小兰等[10] 研究表明，桑白皮水煎液具有一定的止咳作用。隋在云等[11] 研究表明，蜜炙和生品桑白皮均可降低血清脂质过氧化物（LPO）、细胞介素 -4（IL-4）含量，升高血清干扰素 -8（IFN-γ），提示桑白皮平喘作用的药理机制可能是清除细胞毒性过氧化物、调节免疫、增强抗病毒能力。有研究发现[12]，桑白皮水提物能够抑制卵清蛋白和气溶胶过敏原引起的小鼠哮喘反应，可能是通过提高 T 淋巴细胞亚群 CD4+、CD25+、Foxp3+ 的比例，同时降低 Th2 相关炎性反应因子 IL-4、IL-5 和 IL-13 的表达，从而起到平喘的作用。

（二）利尿作用

郑晓珂等[13]研究表明，桑白皮水煎液具有显著的利尿作用，且在利尿的同时，肌酐[14]水平没有显著变化，提示桑白皮水煎液在实验中对肾脏功能没有明显损伤。李崧等[15]通过大鼠、家兔利尿实验发现，生桑白皮的利尿作用强于蜜炙桑白皮。徐宝林等[16]通过兔利尿实验发现，桑白皮 60% 乙醇提取物对兔利尿作用最强，并在进一步分离后确认其醋酸乙酯萃取物是桑白皮利尿的有效成分。

（三）降血糖、降血脂和降血压作用

张静等[17]研究表明，桑白皮不同部位均具有一定的降糖、降脂作用，其中桑白皮总黄酮对糖尿病小鼠 FBG（空腹血糖）、TC（血清总胆固醇）、TG（甘油三酯）、LDL-C（低密度脂蛋白胆固醇指标）的改善最为显著。郑晓珂等[18]研究发现，桑白皮水煎液化学拆分组分中桑白皮 30% 乙醇组分和脂肪油组分能够显著改善糖尿病小鼠"三多一少"症状，降低 FBG 水平，调节糖脂代谢紊乱，并对肝损伤状况也有一定的修复保护作用。汝海龙等[19]研究表明，ECM（桑白皮乙酸乙酯提取物）对 KCL、PE 刺激血管环引起的收缩的抑制作用是非内皮依赖性的，是 ECM 中的血管活性物质通过外 Ca^{2+} 内流和内 Ca^{2+} 释放发挥作用而直接作用于血管平滑肌细胞；另外，ECM 的血管舒张作用可能与其直接抑制电压依从性钙通道、电压依赖性钾通道、ATP 敏感性钾通道（KATP）、受体操纵性钙通道、Ca^{2+} 激活钾通道（BKCa），减少细胞内钙释放有关。

（四）镇痛、抗炎作用

Hosek et al.[20]研究发现，桑白皮中黄酮类化合物 cudraflavone

B 能够抑制 COS-2 酶的活性，具有显著的抗炎作用。桑根酮 C 和桑根酮 O 可显著降低 NO 生成量、NF-κB 活性，同时抑制 NO 合成酶的表达，提示桑根酮 C、桑根酮 O 具有潜在的抗炎作用 [21]。俸婷婷等 [22] 通过小鼠扭体法和热板法镇痛实验表明，桑白皮总黄酮具有抗炎作用和一定的外周性镇痛作用。

（五）抗艾滋病病毒（HIV）作用

昆明植物所罗士德等 [23] 研究发现桑白皮具有抗 HIV 活性，并从中分离到 6 个成分：桑根白皮素、桑酮 G、H，以及桑呋喃 D、G、K，测定了它们的体外抗人 HIV 活性，发现其中桑根白皮素、Morusin-4-gluco.side 和桑酮 H 具有较强的抗 HIV 活性。他们对桑根白皮素和桑酮 H 开展了结构修饰和构效关系研究，发明了用桑白皮和其他 4 种中草药组成的治疗艾滋病的药物"复方 SH"，并在泰国进行了为期 1 年的合作研究，以便考察该制剂治疗艾滋病的临床用途，取得了满意的结果：每天试验 5 g SH 对 32% 的艾滋病患者有显著疗效，对 57% 的艾滋病患者有效，总有效率达 89%。

（六）抗肿瘤作用

对桑科植物的黄酮类化合物抗肿瘤作用进行研究，结果证实，桑皮根素、桑呋喃 G、桑酮 G、M 和桑根酮 D 均可抑制十四烷酰佛波醇乙酸酯（TPA）与细胞受体的结合，桑酮 H 和桑根酮 A、D 对促癌因子杀鱼菌素的蛋白激酶 c 有剂量依赖的抑制作用，对促癌因子鸟氨酸脱羧酶（ODC）活性的诱导有抑制作用，有望以桑白皮为原料开发抗肿瘤药物 [24]。

（七）其他药理作用

桑白皮除了上述药理作用外，还有抗菌、抗病毒 [25]、美白 [26]、延缓衰老、抗抑郁 [27] 等功效。桑白皮中的壳聚糖是由甲壳质 [（1，4）-2- 乙酰基 -2- 脱氧 -t3-D- 葡聚糖] 经不同程度的脱乙酰基反应得来，壳聚糖在治疗癌症和心脑血管疾病中，药理作用显著且无毒副作用；有预防与治疗消化道疾病、清除体内过多的自由基、延缓衰老、抗艾滋病的活性；能够通过多种途径抑制血糖的升高，已在医学、生物工程、食品和化妆品等领域得到广泛深入的研究[24]。

二、毒性机理

桑白皮经石油醚、乙醇、乙醚、醋酸酐、水、乙酸乙酯等反复处理，所得黄色粉末，给小鼠静脉注射的半数致死量为 32.7 mg/kg。而正丁醇提取物或水提取物给小鼠灌胃或腹腔注射 10 g/kg，或静脉注射 5 g/kg 均未引起死亡。醇提取物无论是 1 次大量或多次小量给药，对实验动物均未表现出不良影响，可认为该药毒性较小。

第六节　质量体系

一、标准收载情况

（一）药材标准

《中国药典》（2020 年版）[1]、《台湾中药典》（第三版）、《香港中药材标准》（第三期）、《湖南省中药材标准》（2009 年版）。

（二）饮片标准

《中国药典》（2020 年版）、《浙江省中药炮制规范》（2015 年版）、《上海市中药饮片炮制规范》（2018 年版）、《黑龙江省中药饮片炮制规范》（2012 年版）、《北京市中药饮片炮制规范》（2008 年版）、《甘肃省中药炮制规范》（2009 年版）。

二、药材性状

（一）《中国药典》（2020年版）

本品呈扭曲的卷筒状、槽状或板片状，长短宽窄不一，厚 1～4 mm。外表面白色或淡黄白色，较平坦，有的残留橙黄色或棕黄色鳞片状粗皮；内表面黄白色或灰黄色，有细纵纹。体轻，质韧，纤维性强，难折断，易纵向撕裂，撕裂时有粉尘飞扬。气微，味微甘。

（二）《台湾中药典》（第三版）

本品呈扭曲的卷片或板片，厚1.5~4 mm。外表面乳白色，平坦，偶有残留红棕色栓皮斑块；内表面黄白色或淡黄棕色，有细纵纹。质坚硬，折断面乳白色，粗纤维性，纤维层易成片撕裂。味稍甜。

（三）《香港中药材标准》（第三期）

本品呈卷筒状，槽状，板片状或切成段，长短宽窄不一，厚1~4 mm。外表面具橙黄色或黄棕色鳞片状粗皮；内表面黄白色或棕黄色，有细纵纹。体轻，质韧，纤维性强，难折断，易纵向撕裂，撕裂时有粉尘飞扬。气微，味微甘。

（四）《湖南省中药材标准》（2009年版）

呈扭曲的筒状，槽状或板片状，长短宽窄不一，厚1~4 mm。外表面橙黄色或淡棕褐色，有粗糙的鳞片状栓皮，横长皮孔样疤痕和须根痕。除去粗皮者表面呈黄白色或灰白色，较平坦。皮孔样疤痕色较浅，微隆起或不隆起，有金黄色鳞片状栓皮残留；内表面黄白色或灰黄色，有细纵纹。体轻，质韧，纤维性强，难折断，易纵向撕裂。气微，味微甘。

三、炮制

（一）《中国药典》（2020年版）

桑白皮：桑白皮洗净，稍润，切丝，干燥。

蜜桑白皮：取桑白皮丝，照蜜炙法炒至不黏手。

（二）《浙江省中药炮制规范》（2015年版）

桑白皮：取原药，除去杂质，刮去粗皮，清水洗净，晒至表面略干时，切丝，干燥。

炒桑白皮：取桑白皮饮片，照清炒法炒至表面微黄色，微具焦斑时，取出，摊凉。

（三）《上海市中药饮片炮制规范》（2018年版）

桑白皮：将药材除去杂质，洗净，过软者略晒，切丝，干燥，筛去灰屑。

炒桑白皮：取桑白皮，照清炒法炒至微具焦斑，筛去灰屑。

蜜桑白皮：取桑白皮，照蜜炙法炒至蜜汁吸尽，不黏手。

（四）《黑龙江省中药饮片炮制规范》（2012年版）

桑白皮：取原药材，除去杂质，刮去残留粗皮，洗净，稍润，切丝，干燥。

蜜桑白皮：取炼蜜，用沸水适量稀释后，加入桑白皮饮片，拌匀，稍润，待蜜水吸尽，用文火加热，炒至不黏手时，取出，摊凉。

（五）《北京市中药饮片炮制规范》（2008年版）

桑白皮：取原药材，除去杂质，迅速洗净，闷润 2~4 h，至内外湿度一致，切窄丝，干燥，筛去碎屑。

蜜桑白皮：取炼蜜，加适量沸水稀释，淋入桑白皮丝中，拌匀，闷润 2~4 h，置热锅内，用文火炒至表面深黄色，不黏手时，取出，晾凉。

（六）《甘肃省中药炮制规范》（2009年版）

桑白皮：取原药材，刮去残留粗皮，清水洗净，沥干，摊晒至表面略干，及时切丝，干燥。筛去灰屑。

蜜桑白皮：取炼蜜，加适量开水稀释，加入净桑白皮，拌匀，闷润至蜜液被吸尽，稍晾，置锅内，用文火加热，炒至表面呈黄色，不黏手为度，出锅，摊开，放凉。

四、饮片性状

（一）《中国药典》（2020年版）

桑白皮：本品呈丝条状，外表面白色或淡黄白色，有的残留橙黄色或棕黄色鳞片状粗皮；内表面黄白色或灰黄色，有细纵纹。体轻，质韧，纤维性强。气微，味微甘。

蜜桑白皮：本品呈不规则的丝条状。表面深黄色或棕黄色，略具光泽，滋润，纤维性强，易纵向撕裂。气微，味甜。

（二）《浙江省中药炮制规范》（2015年版）

1. 桑白皮

为曲直不一的丝条，厚1~4 mm。外表面白色或黄白色，有的有黄棕色粗皮残留，内表面黄白色灰黄色，切面纤维性，撕裂时有白色粉尘飞扬，质韧，气微，味微甘。

2. 炒桑白皮

表面微黄色，微具焦斑。

（三）《上海市中药饮片炮制规范》（2018年版）

桑白皮：本品呈条片状，稍弯曲，长短不一，长者约4 cm，皮厚0.1~0.4 cm。外表面白色或淡黄白色，有的残留橙黄色或棕黄色鳞片状外皮。内表面黄白色或灰黄色，有细纵纹。切面黄白色。质韧，纤维性强，易纵向撕裂。气微，味微甘。

炒桑白皮：本品淡棕黄色，有的具焦斑，有焦香气。

蜜桑白皮：本品表面深黄色或棕黄色，略具光泽，有滋润感，味甜。

（四）《黑龙江省中药饮片炮制规范》（2012年版）

桑白皮：呈不规则丝条状。外表面白色或淡黄白色，较平坦。内表面黄白色或灰黄色，有细纵纹。质韧，切面纤维性强，易纵向撕裂，撕裂时有粉尘飞出。气微，味微甘。

蜜桑白皮：为不规则丝条状，表面深黄色或棕黄色，质滋润，略有光泽，纤维性强，易纵向撕裂。气微，味甜。

（五）《北京市中药饮片炮制规范》（2008年版）

桑白皮：呈丝状，略卷曲。外表面白色或淡黄白色，较平坦，偶见残留橙黄棕色栓皮。内表面黄白色或灰黄色，有细纵纹。切面纤维性。体轻，质韧。气微，味微甘。

蜜桑白皮：呈丝状，略卷曲。表深黄色，略带黏性。气微，微甜。

（六）《甘肃省中药炮制规范》（2009年版）

桑白皮：呈丝状，厚厚 0.1~0.4 cm，宽 2~3 mm。表面白色或淡黄白色，较平坦，内表面黄白色或灰黄色，有细纵纹。纤维性强，撕裂时有白色粉末飞出，气微，味微甘。

蜜桑白皮：形如桑白皮，呈深黄色，质滋润，略有光泽，味甜。

五、有效性、安全性的质量控制

桑白皮的有效性、安全性的质量控制项目见表 11.1。《香港中药材标准》（第九期）农药残留限量标准见表 11.2。

表11.1 有效性、安全性质量控制项目汇总

标准名称	鉴别	检查	浸出物	含量测定
《中国药典》（2020年版）	药材：1.显微鉴别（横切面、粉末）；2.薄层色谱鉴别（以桑白皮对照药材为对照）。饮片：桑白皮同药材、蜜桑白皮（除横切面外）同药材	药材：水分（不得超过10%），饮片：同药材	—	—
《浙江省中药饮片炮制规范》（2015年版）	桑白皮、炒桑白皮饮片：除显微鉴别外，同《中国药典》（2020年版）桑白皮饮片	—	—	—
《台湾中药典》（第三版）	1.显微鉴别（横切面、粉末）；2.薄层色谱鉴别（以桑白皮对照药材、桑根皮素对照品为对照）	重金属（砷、镉、汞、铅）应符合通则3007、THP3001的要求；干燥减重（不超过14%）、总灰分（不多于12%）、酸不溶性灰分（不多于2%）、二氧化硫不得超过150 mg/kg	—	—

续表

标准名称	鉴别	检查	浸出物	含量测定
《香港中药材标准》（第三期）	1. 显微鉴别（横切面、粉末）；2. 薄层色谱鉴别（以桑根皮素对照品为对照）；3. 指纹图谱鉴别（供试品色谱图中应有与对照品谱纹图谱相对保留时间范围内一致的4个特征峰，供试品中桑根皮素峰的保留时间相差应不大于2%）	杂质不得超过1%、水分（不超过9%）、总灰分（不超过10%）、酸不溶性灰分（不多于1.5%）、二氧化硫不得超过150 mg/kg	水溶性（热浸法）浸出物（不得少于17%）、醇溶性（热浸法）浸出物（不得少于16%）	高效液相色谱法［按干燥品计算，含桑根皮素（$C_{25}H_{24}O_6$）不少于0.1%］
《湖南省中药材标准》（2009年版）	薄层色谱鉴别（以桑白皮对照药材为对照）	—	—	—
《上海市中药饮片炮制规范》（2018年版）	1. 显微鉴别（粉末）；2. 薄层色谱鉴别（以桑白皮对照药材为对照）	—	—	—

续表

标准名称	鉴别	检查	浸出物	含量测定
《黑龙江省中药饮片炮制规范》（2012年版）	1. 显微鉴别（粉末）；2. 薄层色谱鉴别（以桑白皮对照药材为对照）	水分（桑白皮不超过10%；蜜桑白皮不超过12%）、总灰分（不多于9%）、酸不溶性灰分（不多于1%）	桑白皮：醇溶性浸出物，用稀乙醇作溶剂，不得少于5%	—
《北京市中药饮片炮制规范》（2008年版）	显微鉴别（粉末）	—	—	—
《甘肃省中药炮制规范》（2009年版）	1. 显微鉴别（粉末）；2. 薄层色谱鉴别（以桑白皮对照药材为对照）	—	—	—

表11.2　《香港中药材标准》（第九期）农药残留限量标准　单位：mg/kg

有机氯农药	限度（不多于）
艾氏剂及狄氏剂（两者之和）	0.05
氯丹（顺 - 氯丹、反 - 氯丹与氧氯丹之和）	0.05
滴滴涕（4，4′-滴滴依、4，4′-滴滴滴、2，4′-滴滴涕与4，4′-滴滴涕之和）	1.00
异狄氏剂	0.05
七氯（七氯、环氧七氯之和）	0.05
六氯苯	0.10
六六六（α，β，δ 等异构体之和）	0.30
林丹（γ-六六六）	0.60
五氯硝基苯（五氯硝基苯、五氯苯胺与甲基五氯苯硫醚之和）	1.00

六、质量评价

（一）质量研究

肖璇等[28]对10批桑白皮生品及蜜炙饮片的总灰分、酸不溶性灰分、水溶性浸出物、醇溶性浸出物等进行研究，发现不同产地桑白皮饮片各个指标均有一定差异，尤其是浸出物含量差异较大。

袁婷等[29]前期通过高效液相色谱 - 质谱联用（HPLC-MS）法对桑白皮药材甲醇提取物进行分析，鉴定出7个化合物，选择其中5个含有量较高的中药标志物（绿原酸、二氢桑色素、氧化白藜芦醇、桑辛素O、桑根酮C）进行测定，建立HPLC法同时测定其含量，发现其桑白皮的厚度与二氢桑色素、桑辛素O含量呈显著正相关，与桑根酮C含量呈极显著正相关，表明药材厚度与化学成分之间存在一定相关性。二氢桑色素、桑辛素O、桑根酮C可作为桑白皮质量控制指标成分，其含量分别不低于0.12 mg/g、0.05 mg/g、0.31 mg/g。

刘一涵等[30]收集了来自7个省的85批有确定产地及生源的桑白皮，对其水分、总灰分、酸不溶性灰分、浸出物及薄层鉴别等方面进行了研究，同时，以桑皮苷A为指标性成分进行定量测定，建立了相应的标准，并对不同产地、不同生源的桑白皮进行了差异评价，其采用的薄层色谱方法可检出桑白皮中桑皮苷A、桑辛素和桑酮G共3种成分，斑点清晰且操作简便、快速，可作为桑白皮药材的定性鉴别方法。此外，以水为溶剂、热浸法提取的浸出物最多，热浸法所得的水溶性浸出物质量分数为19.36%～40.57%，平均31.61%。

曹斯琼等[31]建立了桑白皮饮片UPLC指纹图谱，确立了14个共有峰。各共有峰的相对保留时间符合程度较好，但相对峰面积差别较大，相似度评价和聚类分析2种不同方法进行分析，2种分析方法得到的结果可互相认证。

（二）混伪品

1. 构树

构树（Paper Mulberry）为桑科（Moraceae）构树属（Broussonetia）落叶乔木，别名褚桃（Broussonetia papyrifera），为落叶乔木树高10～20 m，主要分布于黄河流域以南地区，树皮暗灰色，小枝密生柔毛，是一种多功能综合性树种，广泛应用于造纸、饲料、医药等行业。构树根皮呈扭曲的筒状，两边常向内卷曲，长短宽窄不一，厚1～2 mm，栓皮根少除去，外表面黄褐色或黄棕色，具纵向裂纹，可见多数突起的横向线形褐色皮孔，长短不一；内表面黄棕色，光滑，具极细纵纹，体轻，质柔，很难折断。易纵向片状撕裂，有白色粉末飞扬，纤维性强，有绵软感。气微，味淡，微涩。

王雪萍等[28]发现，构树根皮横切面木栓层由数列切向延长的长方形淡黄色木栓细胞组成，微木质化，木栓形成层不明显，皮层窄，薄壁细胞椭圆形，切向延长，有大量草酸钙簇晶分布。皮层石细胞较少，单独散在或数个成群。韧皮部宽广，石细胞少见；乳汁管较多；韧皮纤维成束或单个散在，可见颓废的筛管群；韧皮薄壁细胞内含少量草酸钙簇晶和方晶。韧皮射线 1~4 列细胞，细胞长方形或长条形，波状弯曲。

2. 柘树根皮

柘树根皮为桑科构棘属植物 [*Cudrania tricuspidata* (Carr.) Bur.] 的根皮，柘树又名柘桑、刺钉、黄疸树，国内分布较广，各地区均有生长。柘树的法定用药部位是根皮，根皮的功效主要是清热凉血，舒筋活络，用于妇人崩中结、疟疾、咯血、腰腿疼痛、跌打痨伤等。民间用于消化道肿瘤治疗。柘树根皮呈片状，两边内卷，常扭曲，有时为半筒状，长短宽窄不一，厚 1~2.5 mm。外表面橙黄色或棕褐色，皮孔横向椭圆形或长条形，黄棕色。除去栓皮者为黄棕色。内表面黄棕色，光滑，有极细纵纹。体轻，质坚韧，可折断，断面不平整，稍带纤维性，易纵向撕裂，撕裂时有粉尘飞扬。气微，味苦涩。

王雪萍等 [32] 发现，柘树根皮横切面具栓皮部分横切面（厚 1.8 mm），木栓层由数列切向延长的长方形黄棕色木栓细胞组成，木质化，有的内含草酸钙方晶，木栓形成层不明显。栓内层几乎为石细胞带占有，其间夹有含草酸钙方晶的厚壁细胞，含晶厚壁细胞壁较厚，木质化。韧皮部宽广，约占横切面的 5/6，有乳管分布，管口椭圆形或三角形，直径 25~50 μm，韧皮纤维单个散在或成束，不木质化或微木质化，韧皮部内侧纤维分布少，韧皮部中、上部分有厚壁细胞分布，有的胞腔内含草酸钙方晶。韧皮部下方常可见到由木栓细胞形成的木栓环，木栓环的中央有数个厚壁细胞，胞腔内有的含草酸钙方晶。韧皮射线常弯曲，1~3 列细胞组成，向外扩展为宽喇叭口形。薄壁细胞内含淀粉粒和草酸钙方晶。

张敏娟等 [33] 采用薄层色谱法鉴别桑白皮、构树、枳树，发现构树、枳树呈现的荧光斑点 Rf 值与桑白皮有明显不同，是鉴别桑白皮及其伪品的有效方法之一。

此外，桑白皮的混伪品还有蒙桑（*Morus mortgolica* Schneid.）、鸡桑（*Morus australis* Poir.）、华桑（*Morus cathayana* Hemsl.）、小构树（*Broussonetia kazinoki* Sieb. et Zucc）等。孙静芸 [34] 根据外光谱指纹谱的特点，对不同来源的 10 省 20 批商品药材 16 批家种或野生药材和 6 个混淆品种进行了红外光谱分析，归纳其指纹特征，结果表明红外光谱指纹谱可反映中药材所含有的化学成分官能团的特征吸收峰群，特别是指纹区的指纹谱，可以作为鉴别不同来源、不同品种药材的方法。

熊永兴等 [35] 运用 ITS2 序列 DNA 条形码技术对桑白皮及其常见混伪品进行分析，结果表明 ITS2 条形码可有效鉴别桑白皮药材与其混伪品。

第七节　性味归经与临床应用

一、性味

《中国药典》（2020 年版）："甘，寒。"

《神农本经》："甘，寒。"

《别录》："无毒。"

《药性论》："平。"

《医学启源》："气寒，味苦酸。"

二、归经

《中国药典》（2020 年版）："归肺经。"

《汤液本草》："入手太阴经。"

《雷公炮制药性解》："入脾、肺二经。"

《药品化义》："入肺、大肠二经。"

三、功能主治

《中国药典》（2020 年版）："泻肺平喘，利水消肿。用于肺热喘咳，水肿胀满尿少，面目肌肤浮肿。"

《神农本经》："主伤中，五劳六极羸瘦，崩中，脉绝，补虚益气。"

《别录》："去肺中水气，唾血，热渴，水肿，腹满胪胀，利水道，去寸白，可以缝金疮。"

《药性论》："治肺气喘满，水气浮肿，主伤绝，利水道，消水气，虚劳客热，头痛，内补不足。"

《滇南本草》："止肺热咳嗽。"

《纲目》："泻肺，降气，散血。"

《本草求原》："治脚气痹挛，目昏，黄疸，通二便，治尿数。"

《贵州民间方药集》："治风湿麻木。"

四、用法用量

《中国药典》（2020 年版）："6～12 g。"

《中药大辞典》："内服，煎汤，2～5 钱；或入散剂。外用，捣汁涂或煎水洗。"

五、注意事项

肺虚无火，小便多及风寒咳嗽忌服。

《本草经集注》："续断、桂心、麻子为之使。"

《本草经疏》："肺虚无火，因寒袭之而发咳嗽者勿服。"

《得配本草》："肺虚，小便利者禁用。"

六、附方

1. 治小儿肺盛，气急喘嗽

地骨皮：桑白皮（炒）各一两，甘草（炙）一钱。锉散，入粳米一撮，水二小盏，煎七分，食前服（《小儿药证直诀》泻白散）。

2. 治咳嗽甚者，或有吐血殷鲜

桑根白皮一斤。米泔浸三宿，净刮上黄皮，锉细，入糯米四两，焙干，一处捣为末。每服米饮调下一、二钱（《经验方》）。

3. 治水饮停肺，胀满喘急

桑根白皮二钱，麻黄、桂枝各一钱五分，杏仁十四粒（去皮），细辛、干姜各一钱五分。水煎服（《本草汇言》）。

4. 治小便不利，面目浮肿

桑白皮四钱，冬瓜仁五钱，葶苈子三钱。煎汤服（《上海常用中草药》）。

5. 治卒小便多，消渴

桑根白皮，炙令黄黑，锉，以水煮之令浓，随意饮之；亦可纳少米，勿用盐（《肘后方》）。

6. 治糖尿病

桑白皮四钱，枸杞子五钱，煎汤服（《上海常用中草药》）。

7. 治传染性肝炎

鲜桑白皮二两，白糖适量。水煎，分二次服［《福建中医药》（1961年）］。

8. 治产后下血不止

炙桑白皮，煮水饮之（《肘后方》）。

9. 治小儿尿灶丹，初从两股起，及脐间，走阴头，皆赤色者

水二升，桑皮（切）二升，煮取汁，浴之（《千金方》）。

10.治石痈坚如石，不作脓者

蜀桑根白皮，阴干捣末，烊胶，以酒和敷肿（《千金方》）。

11.治蜈蚣毒

桑根皮捣烂敷或煎洗（《湖南药物志》）。

12.治坠马拗损

桑根白皮五斤。为末，水一升，煎成膏。敷于损处（《经验后方》）。

第八节　丽水桑白皮资源利用与开发

一、中成药

桑白皮在我国临床应用广泛，制剂形式主要包括液体制剂、颗粒剂、片剂、冲剂、糖浆剂等，资料显示有 171 个中成药中含有桑白皮，主要用于解热润肺，化痰止咳等。

二、食品

桑白皮风干，切碎，煮沸浸泡，其碎渣再加适量烧酒蒸煮，蒸煮渣用浸泡液浸泡，最后的浸泡液再加食用酒精和适量香精即成桑根酒。挖掘桑根，在暗处放置 2~3 个月，切成小段，干燥、烘干后可制成桑茶成品。桑树根茶长期饮用对降压有特效，并且有清脂减肥功能。

三、保健食品

我国含有桑白皮为主成分的保健食品有 16 种，主要具有调节血糖、血压、清咽、祛痤疮等保健功能，如黄芪玄参茶、血糖康片、益清胶囊等。

四、日用化妆品

桑白皮煮沸，冷却，加乙醇，过滤，于滤液中加适量香精可制成护发素。

第九节　总结与展望

桑白皮在历代本草中均有记载，既是中医临床常用药，又是中药宝库中不可或缺的一味良药。现代药理学研究表明，桑白皮具有多种药理活性，主要包括镇咳、平喘、利尿、降血压、降血脂、降血糖、镇痛、抗炎、抗病毒、抗肿瘤、舒张血管、松弛气管平滑肌等功效。镇咳、平喘、利尿是桑白皮重要的药理作用和主要的中医临床功用。随着研究人员不断研究发现，桑白皮中新的药用成分和生物活性，其更多的鉴定、药理作用及机制、质量评价方法等也被揭示。但就目前研究而言，桑白皮的质量标准还不尽完善，《中国药典》2020年版中缺乏浸出物、含量测定等方法的控制，中药标志物虽有文献报道，但数量不多。此外，有报道显示：桑白皮具有美白活性，但目前未见关于桑白皮应用于美妆领域的产品。桑白皮还可用来提取果胶，变废为宝。除药物开发外，桑白皮蕴含着巨大的开发潜力，对其进一步研发具有重要价值。

参 考 文 献

[1] 国家药典委员会. 中华人民共和国药典 [M]. 2020 年版一部. 北京：中国医药科技出版社。2020：311.

[2] 鲁兆麟. 马王堆医书 [M]. 沈阳：辽宁科学技术出版社，1995：22.

[3] 顾观光. 神农本草经 [M]. 杨鹏举，校注. 北京：学苑出版社，

2007：183.

[4] 冯志毅，王小兰，匡学海，等．桑白皮性能功效的本草考证 [J]. 世界科学技术．2015，17（3）：471-474.

[5] 李妍芃，刘春生．药材桑白皮研究进展 [C]// 第十二次中药鉴定学术会议暨中药资源保护与产业化发展学术交流会论文集．重庆：2014：13-16.

[6] 李墨灵，张晗，夏庆梅．桑白皮的化学、药理与药代动力学研究进展 [J]. 西部中医药．2017，30（2）：137-139.

[7] 南京中医药大学．中药大辞典：下册 [M]. 上海：上海科学技术出版社，2006：2786-2787.

[8] 谭永霞．长穗桑化学成分和生物活性研究 [D]. 北京：北京协和医学院药物研究所，2009.

[9] 王爱洁，隋在云，李群．蜜炙对桑白皮止咳祛痰作用的影响 [J]. 时珍国医国药，2015，26（5）：1131-1133.

[10] 王小兰，郝金丽，张国顺，等．桑白皮水煎液及化学拆分组分止咳祛痰平喘作用研究 [J]. 世界科学技术-中医药现代化，2014，16（9）：1951-1956.

[11] 隋在云，王爱洁，李群．生品和蜜炙桑白皮对哮喘大鼠血清 NO，LPO，IL-4 和 IFN-γ 的影响 [J]. 中国实验方剂学杂志，2015，21（7）：95-98.

[12] KIM H J，LEE H J，JEONG S J，et al. Cortex mori radicis extract exerts antiasthmatic effects via enhancement of CD4（＋）CD25（＋）Foxp3（＋）regulatory T cells and in-hibition of Th2 cytokines in a mouse asthma model[J]. J ethnopharmacol，2011，138（1）：40-46.

[13] 郑晓珂，李玲玲，曾梦楠，等．桑白皮水煎液及各化学拆分组分利尿作用研究 [J]. 世界科学技术-中医药现代化，2014，16（9）：1946-1950.

[14] 刘素格，邢云萍．探讨血肌酐值在慢性肾病肾功能评价中的应用 [J]. 中国医药指南，2013，11（14）：496-497.

[15] 李崧，王澈，贾天柱，等．炮制对桑白皮止咳平喘、利尿作用的影响 [J]. 中成药，2004，26（6）：471-473.

[16] 徐宝林，张文娟，孙静芸．桑白皮提取物平喘、利尿作用的研究 [J]. 中成药，2003，25（9）：758-760.

[17] 张静，高英，罗娇艳，等．桑白皮不同部位对实验性高脂糖尿病小鼠的影响 [J]. 中药新药与临床药理，2014，25（2）：159-164.

[18] 郑晓珂，袁培培，克迎迎，等．桑白皮水煎液及化学拆分组分降糖作用研究 [J]. 世界科学技术 - 中医药现代化，2014，16（9）：1957-1967.

[19] 汝海龙，林国华，沈礼．桑白皮乙酸乙酯提取物的舒血管作用及其机制初探 [J]. 健康研究，2012，32（5）：321-324.

[20] HOSEK J，BARTOS M，CHUDIK S，et al. Natural compound cudraflavone B shows promising anti-inflammatory properties in vitro[J]. J nat prod，2011，74（4）：614-619.

[21] DAT N T，BINH P T，QUYNHLE T P，et al. Sanggenon C and O inhibit NO production，iNOS expression and NF-kappaB activation in LPS-induced RAW264 7 cells[J]. Immu-nopharmacol immunotoxicol，2012，34（1）：84-88.

[22] 俸婷婷，谢体波，林冰，等．桑白皮总黄酮的镇痛抗炎药理作用研究 [J]. 时珍国医国药，2013，24（11）：2580-2582.

[23] 罗士德，宁冰梅．桑白皮中抗人艾滋病病毒（HIV）成分研究 [J]. 云南植物研究，1995，17（1）：89-95.

[24] 吴志平，谈建中，顾振轮．中药桑白皮化学成分及药理活性研究 [J]. 中国野生植物资源，2004，23（5）：10-16.

[25] PARK S H，CHI G Y，EOM H S，et al. Role of autophagy in apoptosis duction by methylene chloride extracts of Mori cortex in NCI-H460 human lung carcinoma cell[J]. Int j oncol，2012，40（6）：1929-1940.

[26] PARK K T，KIM J K，HWANG D，et al. Inhibitory effect of mulberroside A and its derivatives on melanogenesis induced by

ultraviolet B irradiation[J]. Food chem toxicol, 2011, 49（12）: 3038-3045.

[27] LEE M S, PARK W S, KIM Y H, et al. Antidepressant-like effects of Mori cortex radicis extract via bidirec-tional phosphorylation of glucocorticoid receptors in the hippocampus[J]. Behav brain res, 2013, 236（1）: 56-61.

[28] 肖璇, 王建科, 李妍, 等. 桑白皮生品及蜜炙品质量标准研究 [J]. 贵州科学, 2019, 37（6）: 40-43.

[29] 袁婷, 郑甜碧, 谢鲁灵枫, 等. HPLC 法同时测定桑白皮种 5 种成分 [J]. 中成药, 2019, 41（7）: 1606-1611.

[30] 刘一涵, 田云刚, 郭洪伟, 等. 桑白皮药材的品质检测及质量标准 [J]. 吉首大学学报, 2019, 40（5）: 45-51.

[31] 曹斯琼, 魏梅, 黄丹丹, 等. 不同产地桑白皮饮品的 UPLC 指纹图谱及聚类分析研究 [J]. 中国现代中药, 2019, 21（11）: 1564-1568.

[32] 王雪萍, 赵翔, 赵晶, 等. 桑白皮的混淆品——构树、枳树根皮生药学鉴定研究 [J]. 中国医药科学, 2016, 6（1）: 39-42.

[33] 张敏娟, 孟科旭, 丁晴. 桑白皮与伪品构树枳树的薄层层析鉴别 [J]. 时针国医国药, 2002, 13（11）: 666.

[34] 孙静芸. 桑白皮与易混淆品种红外光谱指纹谱的分析 [J]. 中草药, 2002, 33（4）: 355-358.

[35] 熊永兴, 陈科力, 刘义梅, 等. 桑白皮及其混伪品的 DNA 条形码鉴定研究 [J]. 世界科学技术, 2013, 15（3）: 393-396.

白花蛇舌草

Baihuasheshecao

白花蛇舌草 | Baihuasheshecao
HEDYOTIS DIFFUSAE HERBA

本品为茜草科植物白花蛇舌草（*Hedyotis diffusa* Willd.）的干燥全草。夏季、秋季采收，除去杂质，晒干。别名：名蛇舌草、蛇刺草、矮脚白花蛇利草、蛇舌癀、蛇总管等。

第一节　本草考证与历史沿革

一、本草考证

白花蛇舌草因其叶似蛇舌而得名，在早期没有明确的科属、形态记载时，只要叶似蛇舌便将其药用，所以出现许多混淆品。草药师为纠正这种偏向，要求以"开白花"入药，而名"白花蛇舌草"。此外，正品的蛇舌草，还须具有："圆梗，叶对坐，白花结单珠（果实）"等特征。文献以唐·《新修本草》卷第廿，有名"蛇舌"为最早记载，这与福建漳州的"蛇舌草"相吻合。《千金翼方·卷四》更详细地记载其性味、功能曰："味酸，平，无毒，主除留血，惊气，蛇痫，生大水之阳，四月采华，八月采根。"近代记载白花蛇舌草的文献如《广州植物志》其名称出处，引自《潮州志·物产》（20世纪20—30年代）载："茎、叶榨汁饮服，治盲肠炎有特效，又可治一切肠病。"《新修本草论文集·唐本草药物、品属及类别的研究》把蛇舌列在草木类。从上述资料考证，白花蛇舌草是蛇舌草开白花的，其药用经验在民间是世代相传而流传至海外；最早记载当推《新修本草》，因当时福建属江南东道而邻近广东这岭南边陲，但与唐朝联系密切。韩愈有："夕贬潮阳（潮州府治）路八千"可见地域广阔，或许因缺乏原标本，资料不全而被列入有名无用。通过一千多年的民间应用及发扬祖国医药遗产，白花蛇舌草已从"有名无用"的蛇舌发掘出来了。

二、历史沿革

白花蛇舌草民间应用始于清朝末年的中国厦门、汕头一带，其后大量出口至东南亚地区[1]。20世纪60年代以来，白花蛇舌草逐渐由民间草药转型成为中成药原料药，是目前中国白花蛇舌草药材商品中的主流品种。

白花蛇舌草具有清热解毒、利尿消肿、活血止痛等功效，临床主要用于治疗恶性肿瘤、呼吸系统感染、肝炎、阑尾炎、妇科等疾病，外用治疗毒蛇咬伤、疮肿热痛等。白花蛇舌草为民间常用草药。近年来，由于其具有抗肿瘤和抗菌消炎等药理作用而引起了社会广泛的关注，不仅开展了大量研究，而且常将其用于治疗肿瘤的中药方剂中。但《中国药典》（2020年版）仅收载了包含白花蛇舌草的复方制剂，如花红片、益肺清化膏等，并未收载其原料药材。白花蛇舌草来源广泛，又为全草入药，易与其他药材混淆，因此建立其质量标准是十分必要的。目前，白花蛇舌草已被列入《广东省中药材标准》《广西中药材标准》《福建省中药材标准》《湖南省中药材标准》《四川省中药材标准》《山东省中药材标准》《北京市中药材标准》《上海市中药材标准》等省（自治区、直辖市）的地方标准。

第二节　植物形态与生境分布

一、植物形态

一年生无毛纤细披散草本，高 20～50 cm；茎稍扁，从基部开始分枝。叶对生，无柄，膜质，线形，长 1～3 cm，宽 1～3 mm，顶端短尖，边缘干后常背卷，上面光滑，下面有时粗糙；中脉在上面下陷，侧脉不明显；托叶长 1～2 mm，基部合生，顶部芒尖。花 4 数，单生或双生于叶腋；花梗略粗壮，长 2～5 mm，罕无梗或偶有长达 10 mm 的花梗；萼管球形，长 1.5 mm，萼檐裂片长圆状披针形，长 1.5～2 mm，顶部渐尖，具缘毛；花冠白色，管形，长 3.5～4 mm，冠管长 1.5～2 mm，喉部无毛，花冠裂片卵状长圆形，长约 2 mm，顶端钝；雄蕊生于冠管喉部，花丝长 0.8～1 mm，花药突出，长圆形，与花丝等长或略长；花柱长 2～3 mm，柱头 2 裂，裂片广展，有乳头状凸点。蒴果膜质，扁球形，直径 2～2.5 mm，宿存萼檐裂片长 1.5～2 mm，成熟时顶部室背开裂；种子每室约 10粒，具棱，干后深褐色，有深而粗的窝孔。花期春季 [2]。

二、生境分布

我国广泛分布于广东、广西、福建、安徽，以及长江以南的其他地区。

第三节　栽　　培

陈文霞 [3] 在总结江苏昆山、镇江和泰州传统种植经验的基础上，对白花蛇舌草药材标准操作规程进行了深入、细致的研究，使白花蛇舌草药材生产（种植）符合国家《中药材生产质量管理规范》（GAP）的要求，确保白花蛇舌草药材产品质量安全、有效、稳定和可控。

一、环境条件

海拔 440~700 m，种植地土壤为石底黄砂土，耕作层平均 12 cm，耕作亚层平均 7 cm，淀积层平均 26 cm，有机质含量为 10~35 g/kg、全氮量为 0.8~1.7 g/kg、全磷为 0.25~1 mg/kg、碱解氮为 50~210 mg/kg、速效磷为 3~4 mg/kg、速效钾为 50~96 mg/kg、pH 值 5.6；水稻田土，pH 值 7 左右。亚热带季风气候，年平均气温 15~15.7 ℃。年平均降水量 1 073~1 221.4 mm。年平均日照时数 2 073~2 125.8 h。无霜期为（238±8）d。大气环境符合国家《环境空气质量标准》（GB 3095—82）中的二级标准，需检测总悬浮颗粒、二氧化硫、氮氧化物和氟化物。灌溉水质达到《农田灌溉水质标准》（GB 5084—92）的二级标准，需检测 pH 值、汞、镉、砷、铅、铬、氯化物、氟化物、氰化物；中药加工用水要达到生活用水标准，除检测以上项目外，还要检测细菌总数、大肠菌数。土壤环境质量要符合《土壤环境质量标准》（GB 15618—1995）中的二级标准，主要检测汞、镉、砷、铅、六六六、滴滴涕等残留量。

二、栽培技术

（一）种子选择

以种子繁殖，种子质量应符合白花蛇舌草栽培品标准见表 12.1。

表12.1　种子质量标准

品种指标	绝对千粒重/g	室内恒温种子发芽率/%	含水量/%	净度/%	形态
栽培品	0.015 9	52	6.81	3.074 4	不规则多面体，长 0.29~0.42 mm，直径 0.21~0.29 mm，深褐色，似胶质状，有光泽，表面不光滑，具有深而粗的窝孔，胚乳肉质

续表

品种指标	绝对千粒重/g	室内恒温种子发芽率/%	含水量/%	净度/%	形态
野生品	0.005 1	49.5	7.78	0.986 1	长卵形，长 0.26~0.39 mm，直径 0.2~0.27 mm，棕黄色，表面不光滑，具皱褶状窝点，胚乳肉质

（二）栽培管理

1. 繁殖方法的规定

采用种子直播繁殖。

2. 种子的采集

秋季 9 月下旬至 10 月上旬，当蒴果由青色变黄色，种子呈黄棕色时，割取留种地白花蛇舌草的地上部分，摊放于牛皮纸或白布上，置通风干燥处后熟晾干。然后放晒场上拍打搓出种子，除去杂质，晒干，装袋置通风、阴凉干燥处贮存备用。

3. 选地

选靠近水源地块，要求土质疏松肥沃、排水良好、富含腐殖质的砂质壤土。周围无污染源。

4. 整地

每 667 m² 施入腐熟厩肥 3 000 kg，饼肥 50 kg，均匀撒于地面。深耕 25 cm 左右，耙细整平，作宽 1.2 m 的高畦，畦沟宽 30~45 cm。

5. 播种操作

播种前将种子按 2∶1 的比例与洁净细砂及细肥土拌匀，直播。

6. 田间管理

由于白花蛇舌草的苗较细弱，宜在其展叶初期进行人工除草，禁用化学除草剂。苗高 5~7 cm 时，第 1 次中耕除草，采用人工除草，禁用化学除草剂，并以株距 5 cm 间苗，除弱留壮。苗高

8~10 cm 时第 2 次中耕除草，进行定苗，株距 15 cm 左右。第 1 次中耕除草，每 667 m² 薄施人畜粪水 1 000 kg，尿素 10 kg，促进幼苗的生长。第 2 次追肥每亩薄施人粪尿 1 500 kg，饼肥水 50 kg。封行前每 667 m² 追施腐熟厩肥 2 000 kg、过磷酸钙 30 kg。天旱时采用灌喷的方法进行灌溉，7—8 月气温偏高时，可适当遮阴。少量病毒病，得病概率小，采用多菌灵浸种可有效预防。

7. 采收

9 月下旬果实变黄后，采收全草。用小刀铲连根掘起，抖掉泥土。用自来水冲掉泥土。摊铺晒干。加工场地必须整洁、干净，加工用具、晒垫必须清洁，加工用水必须符合规定，周围无污染源。加工人员必须经过培训，身体健康，无皮肤病及传染病，讲究个人卫生。

第四节　化学成分

白花蛇舌草主要包括萜类、蒽醌类、黄酮类、甾醇类、多糖类、挥发油、微量元素等几大类。

一、萜类

萜类是白花蛇舌草的主要有效成分，主要包括环烯醚萜类和三萜类，据纪宝玉等[4]统计，分离出来的白花蛇舌草主要化学成分有萜类约 20 多种，其中环烯醚萜类是本药材的主要萜类成分，具有抗肿瘤活性，常以苷的形式存在，主要有车叶草苷[5]、鸡屎藤次苷甲酯、（E）-6-O- 香豆酰鸡屎藤次苷甲酯、（Z）-6-O- 阿魏酰鸡屎藤苷次甲酯、水晶兰苷酯[6]。三萜类化合物有齐墩果酸、熊果酸、双香豆酸、异山柑子醇等[7]。

二、蒽醌类

蒽醌类主要以茜素型为主，也有少量属于大黄素型[8, 9]。最早由国外学者报道有 2,3- 二甲氧基 -6- 甲基蒽醌、2- 甲基 -3- 羟基 -4- 甲氧基蒽醌、2- 甲基 -3- 甲氧基蒽醌和 2- 甲基 -3- 羟基蒽醌 4 种[10]。随着分离纯化及鉴别技术的不断发展，不断有学者发现新的蒽醌类化合物。曾永长等将白花蛇舌草 90% 乙醇提取物通过大孔树脂、硅胶柱、TLC、HPLC 分离纯化得到 2- 羟基 -7- 甲基 -3- 甲氧基蒽醌和 1- 甲醛 -4- 羟基蒽醌，体外抗肿瘤发现 2 种新的天然化合物对 CNE1、HT-29 细胞具有一定抑制作用[11]。于亮等[12]采用硅胶柱色谱、SephadexLH-20 凝胶柱色谱和薄层色谱对白花蛇舌草氯仿部位化合物进行分离纯化，首次分离得到化合物 2- 羟基 -3- 羟甲基蒽醌。此外，刘艳群等[13]采用 HPLC 方法，同时测定白花蛇舌草药材中 2 种蒽醌化合物 2- 羟基 -3- 甲氧基 -7- 甲基蒽醌（蒽醌 I）和 2- 羟基 -1- 甲氧基蒽醌（蒽醌 I）的含量；曹广尚等[14]建立 HPLC-DAD 测定白花蛇舌草药材中 2 个蒽醌类成分 2- 甲基 -3- 甲氧基蒽醌（蒽醌 I）、2, 3- 二甲氧基 -6- 甲基蒽醌（蒽醌 I）含量的方法。

三、黄酮类

现代药理学研究发现黄酮类化合物是白花蛇舌草的主要药效成分之一，目前从白花蛇舌草中分离出的黄酮类化合物有十几种，主要是山柰酚、槲皮素及其苷类。曾永长等[11]从白花蛇舌草中分离得到 9 种天然产物，其中槲皮素 -3-O-[2″-O-（E-6′-O- 阿魏酰基）β-D- 葡萄糖］β-D- 葡萄糖苷为首次从该植物中分离得到；张秋梅等[15]采用硅胶色谱柱、LH-20 色谱柱、重结晶等方法，从白花蛇舌草中分离纯化得到槲皮素、山柰酚，其中槲皮素 -3-0-[2″-O-（E-6″-O- 阿魏酰基）β-D- 葡萄糖］β-D- 葡萄糖苷为首次从该植物中分离得到。目前已从白花蛇舌草中分离得到的黄酮类化合物有山柰酚 -3-

O-β-D- 吡喃葡萄糖苷 [16]、槲皮素 -3-O-（2″-O-β-D- 葡萄糖基）-O-β-D- 吡喃葡萄糖苷 [16]、槲皮素 -3-O-2-O-（6-O-E- 芥子酰基 -β-D- 吡喃葡萄糖基 -β-D- 吡喃葡萄糖苷 [17]、山奈酚 -3-O-[2-O-（6-O-E- 阿魏酰基）-β-D- 吡喃葡萄糖基]-β-D- 吡喃葡萄糖 [18] 等。

四、甾醇类

甾醇类主要包括 β- 谷甾醇、豆甾醇、β- 谷甾醇 -D- 葡萄糖苷、6- 羟基豆甾 -4，22- 二烯 -3- 酮、3- 羟基豆甾 -5，22- 二烯 -7- 酮等。以 β- 谷甾醇、豆甾醇、胡萝卜苷含量较高 [19]。张秋梅等采用硅胶柱色谱等方法从白花蛇舌草中分离纯化得到化合物 β- 谷甾醇 [15]。张硕等 [20] 从白花蛇舌草中提取出豆甾醇，其纯度达 83.57％。谭宁华等 [21] 从其中分离出豆甾醇 -5，22- 二烯 -3β，7α- 二醇、豆甾醇 -5，22- 二烯 -3β，7β- 二醇。

五、多糖类

多糖类主要包括鼠李糖、葡萄糖、半乳糖、阿拉伯糖和甘露糖组成的杂多糖，其中以葡萄糖含量最多。宝炉丹等 [22] 采用微波提取法对多糖组成进行研究，发现白花蛇舌草多糖是由鼠里糖、葡萄糖、半乳糖、阿拉伯糖及甘露糖组成的杂多糖。马河等 [23] 通过超滤技术分离纯化白花蛇舌草总多糖，得到 1 个单一多糖组分 ODP-1，柱前衍生化 HPLC 分析其单糖组成为甘露糖—鼠李糖—半乳糖醛酸—葡萄糖—半乳糖—阿拉伯糖。

六、其他成分

白花蛇舌草中尚含有一定数量的微量元素、氨基酸、挥发油等，王亚茹等采用电感耦合等离子体质谱（ICP-MS）法测定锰、铬、锶、锌、硼、镍、铜、硒等 14 种人体必需微量元素 [24]。周诚等 [25] 用氨基酸分析仪测定 3 个产区白花蛇舌草中氨基酸含量，发现其中含有苯丙氨酸、赖氨酸、亮氨酸、异亮氨酸等人体必需氨基酸，这些活性物质可补充人体所必需的营养元素，当身体患病期间可协同其他活性物质治疗疾病，可加速身体康复。

第五节　药理与毒理

一、药理作用

（一）抗菌消炎

白花蛇舌草并不具备广泛的、显著的抗菌作用，而是只对金黄色葡萄球菌和痢疾杆菌具有一定的抑制作用。白花蛇舌草的高浓度水煎剂能够有效抑制变形杆菌、伤寒杆菌和绿脓杆菌的生长。并且动物实验结果表明，白花蛇舌草对兔阑尾炎具有良好的治疗作用。但是白花蛇舌草对常见的多种致病菌并不具备抑制作用[26]。而在大鼠急性肾盂肾炎模型治疗中，白花蛇舌草冲剂能够很好地控制热势，在短时间内快速控制大鼠的炎性病理状态，有效抑制细菌在大鼠体内的生长，结果表明白花蛇舌草具有良好的抗炎作用[27]。白花蛇舌草的作用靶点多，抗炎机制复杂，主要与增强机体免疫力有关，大致可以分为以下几类[28]：一是刺激淋巴网状系统的增生；二是增强巨噬细胞的吞噬能力；三是对炎性细胞因子的调节作用。

（二）抗肿瘤

目前的研究显示白花蛇舌草对肠癌、肺癌、肝癌、乳腺癌、胃癌、前列腺癌等各种癌症均有一定的抑制作用。

1. 消化系统肿瘤

魏丽慧等[29]研究白花蛇舌草乙醇提取物（EEHDW）体外对大肠癌淋巴管新生的抑制作用，发现 EEHDW 能抑制 SW 620 细胞的活力、迁移和蛋白 VEGF-C、VEGF-D 的表达；同时，也可抑制人淋巴内皮细胞（HLEC）的细胞迁移能力和管腔形成能力，且具有剂量依赖效应。靳祎祎等[30] 研究表明，EEHDW 明显抑制大肠癌 HCT-8 细胞的生长，显著降低 HCT-8 的细胞活力，抑制 HCT-8 细胞的迁移、侵袭，可通过抑制 TGF-β/Smad 信号转导通路活化而抑制大肠癌细胞上皮细胞 EMT 的发生。江静等[31] 基于 Caspase 信号通路探讨了白花蛇舌草对胃癌凋亡的影响，实验结果显示：白花蛇舌草 80 mg/L 组的药血清对于人胃癌 SGC-7901 细胞的诱导凋亡作用最强，可能在 S 期发挥作用，通过阻止细胞分裂进入 G_2/M 期，从而抑制细胞增殖。白花蛇舌草加速肿瘤细胞凋亡进程，可能通过上调控制细胞凋亡的主要影响因子 Caspase-8 的方式，从而使得下游执行蛋白 Caspase-3 的表达增加。孙超等[32] 观察白花蛇舌草有效成分 2- 羟基 -3- 甲基蒽醌（HMA）对人肝癌 Hep G_2 细胞生长的抑制作用，结果显示 HMA 能下调凋亡基因 *Bcl-2* mRNA 的表达，上调促凋亡基因 *Bax* 和 *Caspase*-9 mRNA 的表达，从而促进 Hep G_2 细胞凋亡，其机制可能与抑制 IL-6/STAT-3 信号通路有关。

2. 肺癌

郭洪梅等[33] 研究发现白花蛇舌草水提物对人肺癌细胞株 A549 和 PC-9 细胞具有显著的剂量依赖的增殖抑制，促进细胞凋亡。荷瘤裸鼠实验表明白花蛇舌草水提物有显著的延缓肿瘤生长活性，且毒副作用较弱。白花蛇舌草水提物促进肺癌细胞凋亡及抑制肿瘤的生长和侵袭作用机制，可能与抑制促分裂素原活化蛋白激酶（MAPK）通路中关键分子 ERK、jnk、p38 的磷酸化表达有关。

3. 泌尿系统肿瘤

南锡浩等[34, 35] 将白花蛇舌草提取物加入在膀胱癌 EJ 细胞株、T24 细胞株，利用 MTT 法测定细胞的增殖抑制作用，发现白花蛇舌草对 2 种细胞株均具有明显抑制细胞增殖作用，对 EJ 细胞株作用机制与降低端粒酶的含量有关，抑制人膀胱癌 T24 细胞株生长繁殖的作用机制是通过干扰细胞分化、增殖及凋亡调控的主要途径 JAK2/STAT3 来实现的。

4. 神经系统肿瘤

张焱等[36, 37] 采用不同浓度的白花蛇舌草含药培养基处理胶质瘤 U87 细胞株，观察发现一定浓度白花蛇舌草处理后 U87 细胞凋亡率明显增加，其发挥作用的机制可能与白花蛇舌草干扰线粒体途径，能显著上调促凋亡蛋白 *Caspase*-3、*Bax* 基因的表达，并降低抗凋亡蛋白 Bcl-2/Bax 比率有关，且白花蛇舌草中黄酮等抗肿瘤有效成分能通过血脑屏障，使得应用于胶质瘤临床治疗成为可能。

5. 妇科肿瘤

王信林等[38] 观察白花蛇舌草醇提物对乳腺癌细胞株 MCF-7 增殖的影响，与空白对照组比较，白花蛇舌草醇提物与半枝莲醇提物配伍组能不同程度地抑制 MCF-7 细胞的增殖，且呈现明显剂量效应关系。

6. 血液系统肿瘤

陈智等[39] 观察白花蛇舌草中对香豆酸组合物（TCHDW）对急性髓系白血病 Kasumi-1 细胞株生长抑制作用。与空白组比较，$0.02 \sim 0.1$ mg/mL 的 TCHDW 可使 Kasumi-1 细胞存活率明显降低（$P<0.01$），Kasumi-1 细胞核内凋亡小体随着药物浓度的增加逐渐增多，其抑制增殖诱导凋亡的机制与干扰 Caspase 家族蛋白、Bcl-2 家族蛋白和 IAPs 家族蛋白表达，以及 MAPKs 信号通路的激活相关。

（三）抗氧化作用

现代药理学经过研究证实，白花蛇舌草中所含的乙醇、丙酮、氯仿、石油醚、水、乙醚等提取物都具有作用较强的抗氧化活性成分，并且白花蛇舌草中所提取出来的羟基蒽醌、黄酮类化合物、萜类及分类化合物均具有显著的抗氧化作用，是白花蛇舌草发挥抗氧化作用的主要活性物质。

（四）抗化学诱变作用

通过染色体突变试验结果表明，白花蛇舌草具有非常显著的抗化学诱变活性，同时这种抗化学诱变作用具有明显的量效关系[21]。

（五）神经保护作用

国外有学者研究指出，白花蛇舌草能够分离出 5 种具有黄酮醇苷类的化合物和 4 种环烯醚萜苷类化合物，以上几种化合物均具有减弱谷氨酸盐诱导的神经毒性的作用，从而对神经系统产生保护作用。

二、毒性机理

白花蛇舌草的安全性评价结果[40]显示，白花蛇舌草的小鼠急性经口最大耐受量（MTD）>10 g/kg·BW，达到实际无毒级标准；3 项遗传毒性试验结果均为阴性，表明该样品无遗传毒性。大鼠 90 d 喂养实验结果显示 1.33 g/kg·BW、4 g/kg·BW 和 8 g/kg·BW 剂量组动物体重增重较对照组略低，且随剂量增加，体重增重降低越明显，但差异无统计学意义。8 g/kg·BW 剂量组雌雄动物食物利用率下降，与对照组比较差异均有统计学意义（$P<0.01$），这可能与体重改变有关。

白花蛇舌草的人体推荐摄入量（每人 5 g/d）较大，8 g/kg·BW 剂量组动物排便量增多，且大便稀软，体重轻微降低，而进食量反而有所增加，从而导致食物利用率降低，这种现象未见相关报道，其具体机理还有待选择敏感指标进一步研究。白花蛇舌草对 90 d 喂养实验其他指标，包括血液学、血生化、脏器系数、病理组织检查等主要指标均无明显影响，即未见明显的剂量—反应关系，测定值在文献报道的正常范围内。因此，根据亚慢性毒性研究结果，初步认为白花蛇舌草在雌雄动物未观察到有毒害作用水平为 8 g/kg·BW。

第六节　质量体系

一、标准收载情况

（一）药材标准

《江苏省中药材标准》（2016 年版）、《陕西省药材标准》2015 年版、《山东省中药材标准》（2012 年版）、《四川省中药材标准》（2010 年版）、《湖南省中药材标准》（2009 年版）、《福建省中药材标准》（2006 年版）、《广东省中药材标准》（第一册）（2004 年版）、《台湾中药典》（第三版）（2018 年版）、《香港中药材标准》（第九期）。

（二）饮片标准

《安徽省中药饮片炮制规范》（第三版）（2019 年版）、《天津市中药饮片炮制规范》（2018 年版）、《上海市中药饮片炮制规范》（2018 年版）、《山西省中药材中药饮片标准》（第一册）（2017 年版）、《浙江省中药炮制规范》（2015 年版）、《四川省中药饮片炮制规范》（2015 年版）、《福建省中药饮片炮制规范》（2012 年版）、《湖南省中药饮片炮制规范》（2010 年版）、《北京市中药饮片炮制规范》（2008 年版）、《江西省中药饮片炮制规范》（2008 年版）。

（三）超微配方颗粒

《湖南省中药饮片炮制规范》（2010 年版）。

二、药材性状

（一）《江苏省中药材标准》（2016年版）

扭缠成团，灰绿色至灰褐色。主根细长，表面灰褐色，直径 1.5~4 mm。茎纤细，圆柱形，微扁，具细纵棱，基部多分枝。叶对生；无柄；叶片多破碎，完整者展平后呈条形或条状披针形，长 1~4 cm，宽 1~3 mm，全缘，先端渐尖，边缘反卷；托叶膜质，长 1~2 mm。蒴果单生或对生于叶腋，扁球形，直径 2~3 mm，两侧各有 1 条纵沟，宿萼顶端 4 裂。种子细小，黄棕色。气微，味淡。以色灰绿、茎叶完整、无杂质者为佳[41]。

（二）《陕西省药材标准》（2015 年版）

常缠结成团，灰绿色至灰棕色。茎纤细，多分枝，直径约 1 mm，基部圆柱形，上部略呈方柱形，有细纵棱。叶对生，无柄，叶片多卷缩，破碎或脱落，完整者展平后呈线形或线状披针形，长 1~3.5 cm，宽 1~3 mm，全缘；有托叶，托叶长 1~2 mm。花细小，白色，多脱落，单生或对生于叶腋，具短柄或近无柄。蒴果双生，扁球形，直径 2~2.5 mm；两侧各有 1 条纵沟；花萼宿存，顶端四齿裂。种子细小，黑棕色。气微，味淡[42]。

（三）《山东省中药材标准》（2012 年版）

常缠绕成团状，灰绿色或灰棕色，主根单一，须根纤细。茎细而卷曲，圆柱形，或类方形，质脆易折断，中央有白色髓，叶对生，多破碎，完整叶片呈条形或条状披针形，长 1~3 cm，宽 1~3 mm，顶端渐尖。托叶长 1~2 cm。花腋生，多具梗。气微，味淡。蒴果扁球形，直径 2~3 mm，两侧各有 1 条纵沟[43]。

三、炮制

（一）《安徽省中药饮片炮制规范》（第三版）（2019 年版）

取原药材，除去杂质，清水洗净，稍晾，切段，干燥，晒去灰屑[44]。

（二）《浙江省中药炮制规范》（2015 年版）

取原药，除去杂质，喷潮，润软，切段，干燥。或取白花蛇舌草饮片，称重，压块[45]。

四、饮片性状

（一）《安徽省中药饮片炮制规范》（第三版）（2019 年版）

本品为不规则的段，根、茎、叶、花、果实混合。根纤细，淡灰棕色。茎细，质脆，易折断，断面中央有白色的髓。叶对生，无柄，多破碎，极皱缩，完整者呈线形或线状披针形。花细小，白色，单生或成对生于叶腋，多具短花梗。蒴果扁球形。气微，味淡。

（二）《山西省中药材中药饮片标准》（第一册）（2017年版）

鲜白花蛇舌草：长10~60 cm，全体无毛，根圆柱形，须根多，细长。茎呈方形或圆柱形，纵棱明显，纤弱，多分枝，直径约1 mm、叶对生，近膜质，无柄，叶片条形或线状披针形，长1~3.5 cm，宽1~3 mm，顶端渐尖，基部渐窄，托叶2片，基部合生。花白色，单生或对生于叶腋，花梗长2~4（10）mm，花筒顶端有开展的4裂齿，花冠筒状，顶部4深裂，雄蕊4，子房下位，2室，蒴果扁球形，直径2~3 mm，两侧各1条纵沟、萼齿宿存，顶端室背开裂，种子细小，淡棕黄色，花期7—9月，果期8—10月，气微，味微苦[46]。

干白花蛇舌草：本品常缠结成团，灰绿色或灰褐色。主根单一，须根多。茎纤细，有分枝，圆柱形或类方形、具纵棱；质脆，易折断，断面中部有白色髓。叶对生，无柄，叶片多卷缩。完整叶片展平后呈条形或线状披针形，顶端渐尖，边缘略反卷，托叶长1~2 mm。花偶见，细小，单生或对生于叶腋，具短柄，蒴果扁球形，两侧均有一条纵沟，花萼宿存，顶端四齿裂，气微。味微苦。

（三）《浙江省中药炮制规范》（2015年版）

呈段状。茎纤细，具纵棱，淡棕色或棕黑色。叶对生：叶片线形，棕黑色；托叶膜质，下部连合，顶端有细齿。花通常单生于叶腋，具梗。蒴果扁球形，顶端具4枚宿存的萼齿。种子深黄色，细小，多数。气微，味微涩。压块者特定形状的块。浸泡、润软、完全展开后同白花蛇舌草饮片。

五、有效性、安全性的质量控制

白花蛇舌草的有效性、安全性质量控制项目见表12.2。

表12.2 有效性、安全性质量控制项目汇总

标准名称	鉴别	检查	浸出物	含量测定
《江苏省中药材标准》（2016年版）	药材：1.显微鉴别（粉末）；2.薄层色谱鉴别（以白花蛇舌草对照药材为对照）	药材：1.水分（不得超过12.5%）；2.总灰分（不得超过11%）；3.酸不溶性灰分（不得超过3%）	药材：热浸法，用50%乙醇作溶剂，不得少于12.5%	药材：高效液相色谱法，含齐墩果酸和熊果酸的总量不得少于0.25%
《香港中药材标准》（第三期）[47]	药材：1.显微鉴别（横切面、粉末）；2.薄层色谱鉴别（以车叶草苷对照品为对照）；3.高效液相指纹图谱（以车叶草苷对照品为指标成分，供试品色谱图中应有与对照指纹图谱相对保留时间范围内一致的5个特征峰）	药材：重金属（当白花蛇舌草经煎煮后以汤剂形式服用，镉的限度不得多于5 mg/kg）、农药残留、霉菌毒素、二氧化硫残留量均应符合标准附录要求、杂质（不多于10%）、总灰分（不多于12.5%）、酸不溶性灰分（不多于3%）、水分（不多于12%）	药材：水溶性浸出物（冷浸法，不少于15%）；醇溶性浸出物（冷浸法，不少于7%）	药材：高效液相色谱法，含车叶草苷不得少于0.09%
《浙江省中药饮片炮制规范》（2015年版）	—	饮片：1.水分（不得超过13%）、2.总灰分（不得超过12%）	—	—
《山西省中药材中药饮片标准第一册》（2017年版）	鲜白花蛇舌草饮片、干白花蛇舌草饮片：1.显微鉴别（茎横切面、粉末）；2.薄层色谱鉴别（以白花蛇舌草对照药材）	干白花蛇舌草饮片：1.水分（不得超过10%）；2.总灰分（不得超过15%）；3.酸不溶性灰分（不得超过9%）	干白花蛇舌草饮片：热浸法，用乙醇作溶剂，不得少于5%	干白花蛇舌草饮片：高效液相色谱法，含对香豆酸不得少于0.06%

续表

标准名称	鉴别	检查	浸出物	含量测定
《湖南省中药饮片炮制规范》（2010年版，超微配方颗粒）[48]	超微配方颗粒：薄层色谱鉴别（以白花蛇舌草对照药材为对照）	超微配方颗粒：1.水分（不得超过7%）；2.其他应符合中药超微饮片检验通则的有关规定	超微配方颗粒：热浸法，用乙醇作溶剂，不得少于12%	—

六、质量评价

有研究对白花蛇舌草与伞房花耳草的来源、性状、显微指标方面进行了比较鉴别。

发现两者来源不同[49]，性状、显微指标各异。在性状方面：花（果）的排列方式上，既有相似之处，又有差异，花轴的有无及花轴与茎的不同点是鉴别白花蛇舌草与伞房花耳草的关键之处；在显微指标方面：茎横切面特征上，茎的形状具有明显的差异。详见下表12.3。

表12.3　白花蛇舌草与其伪品的主要区别[49]

鉴别要点	白花蛇舌草	伞房花耳草
来源	茜草科植物白花蛇舌草（*Hedyotis diffusa* Willd.）的干燥全草	茜草科植物伞房花耳草［*Hedyotis corymbosa*（L.）Lam.］的干燥全草，又习称水线草
性状	灰绿、灰褐或灰棕色。茎扁圆柱形，具细小纵条纹。叶顶端渐尖。花（果）梗0.2~0.8 cm，无花轴。花（果）排列方式为单生或双生于叶腋	灰绿、灰褐或灰棕色。茎具2条深纵沟，形成明显四棱形。叶顶端渐尖。花（果）梗0.6~2 cm，有花轴。花（果）排列方式为花序腋生，2~4朵排列成伞房花序

续表

鉴别要点	白花蛇舌草	伞房花耳草
茎横切面	茎扁圆柱形，皮层细胞长圆形，内皮层细胞类圆形或类方形，髓部淀粉粒众多，草酸钙针晶束较少	茎四棱形，皮层细胞类圆形，内皮层类长方形，髓部淀粉粒较少，草酸钙针晶束较多

许虎等[50]以白花蛇舌草对照药材为对照建立了正品和伪品伞房花耳草的薄层色谱鉴别方法，结果可以明显看出伪品伞房花耳草在色谱图相应位置上没有呈现主要的蓝色斑点。该方法可以很好地将伪品与正品进行区分。白花蛇舌草中的（E）-6-O-阿魏酰鸡屎藤次苷甲酯、（Z）-6-O-香豆酰鸡屎藤次苷甲酯，可作为与伞房花耳草鉴别的特征性成分。上述 2 种成分都是环烯醚萜类化合物，实验中蓝色的斑点应该是该类化合物遇酸水解成的苷元进一步缩合形成的。

李敏等[51]建立了白花蛇舌草及其伪品伞房花耳草中齐墩果酸和熊果酸的检测方法，结果发现正品和伪品中均可检出上述 2 种成分，含量范围存在重叠，正品含量均值高于伪品。

此外，同属植物水线草（*Herba hedyotidis* var *corymbosae*）、纤花耳草（*Herba hedyotidis* var. *tenelliflorae*）等在华南、云南一些地区代或混作白花蛇舌草药用，这是错误的，必须予以纠正。由饮片性状上鉴别[52]，白花蛇舌草茎呈圆柱形或略扁，花（或果）单生或双生于叶腋，花梗长约 5 mm，蒴果扁球形，直径 2~3 mm，两侧各有一条纵沟。气微，味微苦；水线草茎呈四棱形，花（或果）2~5朵集成腋生伞房花序，花梗纤细，长 0.5~1.5 cm，蒴果球形；纤花耳草全株黑色，叶薄革质，花无梗，2~3（5）朵生于叶腋，蒴果卵形。掌握以上鉴别特征，容易辨别白花蛇舌草及其混淆品水线草、纤花耳草。

第七节　性味归经与临床应用

一、性味

《浙江省中药炮制规范》（2015 年版）："甘、淡、凉。"

《福建中草药》："微苦，凉。"

《安徽中草药》："性微寒、味微甘。"

二、归经

《浙江省中药炮制规范》（2015 年版）："归胃、大肠、小肠经。"

《广西中药志》："入心、肝、脾三经。"

三、功能主治

《浙江省中药炮制规范》（2015 年版）："清热解毒、消肿止痛。用于阑尾炎，气管炎，尿路感染，毒蛇咬伤，肿瘤，肠风下血。"

《广西中药志》："治小儿疳积，毒蛇咬伤，癌肿。外治白泡疮，蛇癞疮。"

《闽南民间草药》："清热解毒，消炎止痛。"

四、用法用量

《浙江省中药炮制规范》（2015 年版）："9～15 g。"

五、注意事项

《广西中药志》："孕妇慎用。"

六、附方

1. 治痢疾、尿道炎

白花蛇舌草一两。水煎服（《福建中草药》）。

2. 治黄疸

白花蛇舌草一至二两。取汁和蜂蜜服。

3. 治急性阑尾炎

白花蛇舌草二至四两，羊蹄草一至二两，两面针根三钱。水煎服（广东《中草药处方选编》）。

4. 治小儿惊热，不能入睡

鲜蛇舌草打汁一汤匙服（《闽南民间草药》）。

5. 治疮肿热痛

鲜蛇舌草洗净，捣烂敷之，干即更换（《闽南民间草药》）。

6. 治毒蛇咬伤

鲜白花蛇舌草一至二两。捣烂绞汁或水煎服，渣敷伤口（《福建中草药》）。

第八节　丽水白花蛇舌草资源利用与开发

一、中成药

《中国药典》（2015年版）和《卫生部药品标准》共收录含白花蛇舌草的中成药仅有30种，但却可以用于50种以上疾病的治疗或预防[53]。不论是在泌尿系统疾病、胃肠道疾病、感染性疾病还是妇科、男科、儿科等均有所应用，尤其是在抗肿瘤治疗中的应用更为广泛。已上市销售以白花蛇舌草为主药的中成药有碧云砂乙肝颗粒（清肝解毒，理气活血。用于治疗乙型病毒性肝炎属肝胆湿热证）、天芝草胶囊（活血祛瘀，解毒消肿，益气养血。用于血瘀证之鼻咽癌，肝癌的辅助治疗）、肝康宁片（热解毒，活血疏肝，健脾祛湿。用于急慢性肝炎，湿热疫毒蕴结、肝郁脾虚证候所见胁痛腹胀、口苦纳呆、恶心、厌油、黄疸日久不退或反复出现，小便发黄、大便偏干或黏滞不爽、神疲乏力等症）、美诺平颗粒（清热解毒，凉血散瘀。用于肺热血瘀所致寻常型痤疮，症见：皮疹红肿，或有脓疱结节，用手挤压有小米粒样白色脂栓排出，伴有颜面潮红，皮肤油腻，大便秘结，舌质红，苔薄黄，脉弦数）、肾舒冲剂（清热解毒，利水通淋。用于尿道炎，膀胱炎，急、慢性肾盂肾炎）。

二、医院制剂

复方白花蛇舌草方为广西中医药大学第一附属医院用于肝癌、肺癌辅助治疗的临床验方，由白花蛇舌草、半枝莲、小叶金花草、白英、山豆根、石上柏、紫草、八月札、蒲葵子、防己、白花丹、人参、龙血竭、蟾蜍等20味药材组成[54]。其临床使用剂型为汤剂，为方便患者服用和携带，研究组拟将其开发为胶囊剂，除人参、龙血竭和蟾蜍等5味药材以生粉入药外，其余15味药材拟采取水提醇沉法进行制备。结果最佳醇沉工艺为：水提取液比重为1.15~1.2，乙醇含量为70%，醇沉时间为48 h。优选出的醇沉工艺具有易操作、可控性好、重复性好的特点，可为复方白花蛇舌草胶囊的开发提供依据。

三、保健食品

康道神芝牌孢子粉胶囊（山西康道保健产品有限公司生产），由灵芝孢子粉、灵芝、白花蛇舌草、灰树花、冬虫夏草组成，具有免疫调节、抗突变的保健功能。

四、保健酒

袁利维等发明（CN 105395916 A）并公开了一种滋补保健酒，其特征在于：以金钗石斛、银杏叶、金银花、茯苓、黄芪、沙苑子、茅草根、丹参、鸡血藤、续断、白花蛇舌草、桑螵蛸、补骨脂、白术、甘草、蜂蜜、冰糖为原料，按照常规白酒浸泡方式制成，以重量份数计，各组分的重量份数为：金钗石斛15~25份；银杏叶15~25份；金银花25~35份；茯苓10~20份；黄芪10~15份；沙苑子10~15份；茅草根10~20份；丹参10~20份；鸡血藤10~20份；续断10~20份；白花蛇舌草10~25份；桑螵蛸10~20份；补骨脂10~20份；白术10~15份；甘草5~10份；蜂蜜5~10份；冰糖20~40份；40~55度白酒300~500份。该药酒可以虚实同治、标本兼顾，又能促进人体的生态平衡，具有去燥降火多病同治和保健作用，同时具有清肺润肺以及通便润肠等功效，还可以降高血糖、预防高血压和冠心病。

五、茶饮料

很多年前，有些农村地区就有制作白花蛇舌草凉茶的习惯。在白花蛇舌草成熟的夏秋时期，农民于田间将其全株采下，用鲜叶或者干燥全草与井水一同熬制成汤，掺加少许白砂糖后饮用，于暑热天气清热解毒效果甚好。有研究对以白花蛇舌草、杭白菊为原料研制白花蛇舌草复合饮料[55]。具体工艺：加入质量分数为0.1%的β-环状糊精，处理8 h使白花蛇舌草浸提液脱苦涩，白花蛇舌草浸提液和杭白菊浸提液体积比为60∶20，柠檬酸添加量为0.1%，白砂糖添加量为8%，其中白砂糖添加量对复合饮料口感影响极显著，其次为白花蛇舌草浸提液∶杭白菊浸提液，影响最小的为柠檬酸添加量。在此工艺下生产的白花蛇舌草复合饮料无苦涩味，具有明亮的黄色，色泽清透，质地均匀，既能品尝到白花蛇舌草复合饮料的清新，又保有杭白菊的花香。目前，市面上的白花蛇舌草产品种类单一，创新性不高，工艺技术不完善。白花蛇舌草药用价值很高，保健功能明显，杭白菊也是优良的"药食同源"原料，将两者结合制成植物饮料，具有很大的市场潜力。白花蛇舌草复合饮料的研究既丰富了市场，又为白花蛇舌草的开发利用提供了参考。

第九节　总结与展望

白花蛇舌草是丽水极具开发成多功能食品的一味药材。丽水民间素来有以白花蛇舌草为原料制备解暑饮料的习俗。随着植物饮料加工工艺的进步，制作带有白花蛇舌草特有清香的饮料，风味浓郁、清香宜人，保健效果更为理想。在当今茶饮料繁荣发展时期，天然健康的茶饮料已备受消费者青睐。要根据不同消费群体的需求，因时、因地制宜地发展多种形式、功能的产品，给消费者更多选择。比如，借鉴六大茶类杀青、揉捻、干燥等加工工艺，制作袋泡茶、速溶茶、茶胶囊饮品等。同时注重品牌建设，对产品的研发和市场进行精准定位，提高白花蛇舌草茶饮料品牌的知名度和影响力[56]。

此外，为充分解析白花蛇舌草药用价值，应尽量减少含白花蛇舌草中成药的组成中药数目，将白花蛇舌草进行针对性利用；就毒理研究而言，可将白花蛇舌脂溶性成分用于中成药的制作中，重点研究存在严重不良反应的药物，排除威胁；将白花蛇舌草中成药单独应用于临床研究，剔除西药以及其他疗法的影响等都是医学领域应该突破的短板。此外，增加含白花蛇舌草中成药的新剂型，如滴丸剂、咀嚼片等，发现含白花蛇舌草中成药的临床新药、临床外用药以及其在食疗方面的应用都需广大医学工作者重视，并付诸行动与努力。

参 考 文 献

[1]　程琪庆，程春松，刘智祖，等. 白花蛇舌草和水线草的鉴别与药用进展比较 [J]. 中草药，2017，48（20）：4328-4338.

[2]　中国科学院中国植物志编辑委员会. 中国植物志：第 71 卷：第 1册 [M]. 北京：科学出版社，1999：75.

[3] 陈文霞. 白花蛇舌草 GAP 栽培的基础研究 [D]. 南京：南京中医药大学，2007.

[4] 纪宝玉，范崇庆，裴莉昕，等. 白花蛇舌草的化学成分及药理作用研究进展 [J]. 中国实验方剂学杂志，2014，20（19）：235-240.

[5] NISHIHANA Y, MASUDA K, YAMAKAI M, et al. Three new iridoids glueossides from Hedyotis diffuse[J]. Planta medica, 1981, 43 : 28-33.

[6] 李晨阳. 两种岭南中药的化学成分研究 [D]. 沈阳：沈阳药科大学，2010 : 78-90.

[7] 张创峰，杨友亮，刘普，等. 白花蛇舌草化学成分和药理作用研究进展 [J]. 西北药学杂志，2012，27（4）：379-382.

[8] 侯山岭. 中药白花蛇舌草化学成分及药理作用研究进展 [J]. 中医临床研究，2018，10（6）：140-141.

[9] 李梓盟，张佳彦，李菲，等. 白花蛇舌草抗肿瘤化学成分及药理作用研究进展 [J]. 中医药信息，2021，38（2）：74-79.

[10] 李波. 白花蛇舌草的化学成分和药理作用研究进展 [J]. 天津药学，2016，28（5）：75-78.

[11] 曾永长，梁少瑜，吴俊洪，等. 白花蛇舌草化学成分及其抗肿瘤活性 [J]. 中成药，2018，40（8）：1768-1772.

[12] 于亮，姜洁，刘勇，等. 白花蛇舌草氯仿部位的化学成分研究 [J]. 中国药房，2017，28（3）：390-393.

[13] 刘艳群，殷文杰，左琳，等. HPLC 同时测定白花蛇舌草中 2 种蒽醌类化合物的含量 [J]. 中国实验方剂学杂志，2014，20（4）：42-44.

[14] 曹广尚，杨培民，张加余，等. HPLC-DAD 同时测定白花蛇舌草中 2 个活性蒽醌类成分 [J]. 中国实验方剂学杂志，2014，20（20）：54-56.

[15] 张秋梅，孙增玉. 白花蛇舌草化学成分研究 [J]. 中药材，2014，837（12）：2216-2218.

[16] 张海娟，陈业高，黄荣，等. 白花蛇舌草黄酮成分的研究 [J]. 中药材，2005，28（5）：385-387.

[17] 任风芝，刘刚叁，张丽，等．白花蛇舌草黄酮类化学成分研究 [J]. 中国药学杂志，2005（7）：502-504.

[18] LU C M，YANG J J，WANG P Y，et al. A new acylated flavonol glycoside andantioxidant effects of Hedyotis diffusa[J]. Planta medica，2000，66（4）：374.

[19] 于亮，王芳，郭琪，等．白花蛇舌草的化学成分及其药理活性研究进展 [J]. 沈阳药科大学学报，2017，34（12）：1104-1114.

[20] 张硕，王宏韬，石振艳，等．应用基因芯片技术研究白花蛇舌草豆甾醇抑制人肝癌细胞体外生长的靶基因调控 [J]. 现代生物医学进展，2007，7（8）：1181-1183.

[21] 谭宁华，王双明，杨亚滨，等．白花蛇舌草的抗肿瘤活性和初步化学研究 [J]. 天然产物研究与开发，2002，14（5）：33-36.

[22] 宝炉丹，徐国防，马郑，等．柱前衍生化 HPLC 分析白花蛇舌草多糖中单糖组成 [J]. 中成药，2008，30（3）：406-408.

[23] 马河，程艳林，张金杰，等．白花蛇舌草总多糖的分离纯化、结构鉴定及初步免疫活性分析 [J]. 中国实验方剂学杂志，2012，18（22）：37-40.

[24] 王亚茹，李雅萌，周柏松，等．ICP-MS 法测定白花蛇舌草与水线草中的人体必需微量元素 [J]. 特产研究，2018，40（1）：26-31.

[25] 周诚，王丽，冯小映．白花蛇舌草与水线草中氨基酸的含量测定 [J]. 中药材，2002，25（7）：480-481.

[26] 林圣云，叶宝东，胡美薇，等．白花蛇舌草提取物诱导 U937 细胞凋亡的实验研究 [J]. 中国现代应用药学杂志，2007，24（2）：89-92.

[27] 张硕，宋衍芹，周三，等．白花蛇舌草总黄酮抑制人肝癌细胞的靶基因调控 [J]. 世界华人消化杂志，2007，15（10）：1060-1066.

[28] 何枝华，彭朦媛，王颖芳．白花蛇舌草抗炎有效成分及其机制的研究进展 [J]. 广东药科大学学报，2018，34（5）：661-663.

[29] 魏丽惠，林明和，杨弘，等．白花蛇舌草乙醇提取物抑制大肠癌淋巴管新生的作用研究 [J]. 康复学报，2018，28（5）：30-36.

[30] 靳祎祎，林珊，杨弘，等．白花蛇舌草调控 TGF-β/Smad 信号通路介导的 EMT 抑制大肠癌细胞转移的研究 [J]．世界中西医结合杂志，2018，13（8）：1090-1094．

[31] 江静，肖刚，侯俊明．基于 CASPASE 信号通路探讨白花蛇舌草调控胃癌凋亡的影响 [J]．四川中医，2018，36（3）：65-67．

[32] 孙超，吴铭杰，江泽群，等．白化蛇舌草有效成分 2- 羟基 -3- 甲基蒽醌通过 IL-6/STAT3 信号通路诱导肝癌细胞凋亡作用机制 [J]．中华中医药杂志，2018，33（12）：5346-5350．

[33] 郭洪梅，赵丹，曹琳，等．白花蛇舌草水提物通过抑制 MAPK 通路致肺癌细胞的凋亡 [J]．药学与临床研究，2019，27（1）：5-9．

[34] 南锡浩，于峰，田河，等．白花蛇舌草对膀胱癌 EJ 细胞株的增殖抑制作用及其机制 [J]．中外医疗，2018，37（1）：1-3．

[35] 南锡浩，于峰，田河，等．白花蛇舌草通过 JAK2/STAT3 通路途径诱导膀胱癌 T24 细胞凋亡机制 [J]．中国处方药，2018，16（3）：31-32．

[36] 张炎，祝新根，程祖珏，等．白花蛇舌草诱导人胶质瘤细胞凋亡的作用及机制 [J]．中华实验外科杂志，2012，29（11）：2222-2224．

[37] 张炎，邢细红，谢蕊繁，等．白花蛇舌草对人胶质瘤细胞增殖及凋亡的影响及其机制 [J]．中华实验外科杂志，2010，27（11）：1693-1695．

[38] 王信林，宋哥，王艳新，等．白花蛇舌草与半枝莲配伍对乳腺癌细胞 MCF-7 增殖的影响 [J]．泰山医学院学报，2019，40（1）：31-33．

[39] 陈智，林圣云，蒋剑平，等．白花蛇舌草对香豆酸组合物对急性髓系白血病细胞 Kasumi-1 生长抑制作用 [J]．中国中西药结合杂志，2017，37（9）：1089-1094．

[40] 张静，唐慧，张艳美，等．白花蛇舌草的毒理学安全性研究 [J]．毒理学杂志，2014，28（3）：249-252．

[41] 江苏省食品药品监督管理局．江苏省中药材标准 [S]．2016 年版．南京：江苏凤凰科学技术出版社，2016：150-157．

[42] 陕西省食品药品监督管理局．陕西省药材标准 [S]．2015 年版．西安：

陕西科学技术出版社，2015：3-4.

[43] 山东省食品药品监督管理局.山东省中药材标准[S].2012年版.济南：山东科学技术出版社，2012：57-61.

[44] 安徽省药品监督管理局.安徽省中药饮片炮制规范[S].2019年版.合肥：安徽科学技术出版社，2019：91.

[45] 浙江省食品药品监督管理局.浙江省中药炮制规范[S].2015年版.北京：中国医药科技出版社，2015：201.

[46] 山西省食品药品监督管理局.山西省中药材中药饮片标准：第一册[S].2017年版.北京：科学出版社，2017：40.

[47] 中华人民共和国香港特别行政区卫生署香港中药材标准：第三期[S].香港：中华人民共和国香港特别行政区卫生署，2010：161-174.

[48] 湖南省食品药品监督管理局.湖南省中药饮片炮制规范[S].2010年版.长沙：湖南科学技术出版社，2010：518.

[49] 苏学秀，杨丽，杨世琴，等.白花蛇舌草及其伪品伞房花耳草的比较鉴别[J].中国民族民间医药，2020，29（8）：24-26.

[50] 许虎，葛建华，朱琳，等.白花蛇舌草质量标准研究[J].海峡药学，2020，32（10）：45-49.

[51] 李敏，齐红，于姗姗，等.市售白花蛇舌草正品及伪品中齐墩果酸和熊果酸的含量测定[J].中国药物经济学，2020，15（7）：49-52.

[52] 孔增科，胡双丰，章新建.白花蛇舌草与水线草及纤花耳草的鉴别与合理应用[J].河北中医，2007，29（11）：1035-1037.

[53] 彭孟凡，白明，苗明三.含白花蛇舌草中成药的应用与分析[J].湖南中医药大学学报，2018，38（7）：829-833.

[54] 刘源焕，李清平，何天富，等.正交试验法优选复方白花蛇舌草胶囊醇沉工艺[J].广西中医药大学学报，2018，21（4）：46-49.

[55] 胡永乐，洪淑婷，黄薇，等.白花蛇舌草复合饮料的工艺研究[J].新乡学院学报，2020，37（12）：17-21.

[56] 詹少芸，曹藩荣.白花蛇舌草茶饮料的研究与展望[J].广东茶叶，2019（2）：2-4.

第三辑

楤木

Congmu

（百鸟不歇）

楤木（百鸟不歇）

Congmu
RADIX EX CORTEX
ARALIAE CHINESIS

为五加科植物楤木（*Aralia chinensis* L.）或棘茎楤木（*Aralia echinocaulis* Hand.-Mazz.）的干燥茎、根、根皮。别名：鸟不宿、红楤木、白百鸟不歇。为畲族习用药材，畲药名：楤木称白百鸟不歇、老虎吊；棘茎楤木称红百鸟不歇、红老虎吊、红楤木、红楤头刺[1, 2]。

第一节　本草考证与历史沿革

一、本草考证

楤木始见于《千金方》，有："又方截取檐头尖少许，烧灰，水和服，当作孔出脓血取愈"的记载，表明楤木之药用始见于唐朝初期。《本草拾遗》载："取根白皮煮汁服之，一盏当下水。如病已困，取根捣碎，坐取其气，水自下。又能烂人牙齿，齿有虫者，取片子许大，内孔中，当自烂落……生江南山谷，高丈许，直上无枝，茎上有刺，山人折取头茹食之，亦治冷气，一名吻头"，这是现存资料中关于楤木性状、分布最早的记载。《滇南本草》在介绍楤木时说："刺脑苞，又名刺老苞、鹊不踏。味苦辛、性凉。入脾、肾二经。治风湿痛、胃痛、跌打损伤。骨折，用鲜根捣碎，酒炒热敷。"《本草纲目》载："今山中亦有之，树顶丛生叶，山人采食，谓之鹊不踏，以其多刺而无枝故也。"以上形态描述与楤木相近，除楤木外可能还包括楤木属的多种植物 [3]。

二、历史沿革

楤木作为药物使用至少已有 1 000 年的历史了，它始载于《本草拾遗》中。由于有"小毒"，所以未被历代医家高度重视。民间用楤木根皮水煎服用，治疗关节疼痛、风湿病、水肿、头昏、体虚等证，也有炖肉服作补益品者。《闽东本草》记载楤木有"补腰膝、壮筋骨"的作用。苏联学者报道龙芽楤木根中提得的楤木苷有兴奋强壮剂的作用，被列调养药或强壮药，王林生[4]研究表明楤木含有与龙芽楤木相同的苷类成分。

楤木的现代研究在我国起步于 20 世纪 60 年代。楤木属是最接近人参属的一群植物，到目前为止世界已发现的楤木属植物有 55 种，主要分布在亚洲和北美洲，我国地大物博，森林资源丰富，有 40 种以上，约占楤木属种类的 3/4，其中约有半数在民间药用。

楤木是中国传统的食药两用山野菜，营养价值和保健功能极高，食用的嫩芽中含有多种维生素和矿物质，食之味道鲜美，深受广大人民群众的喜爱，是目前开发利用价值较高的绿色保健食品。还具有除湿活血、安神祛风、滋阴补气、强壮筋骨、健胃利尿等功效，用于治疗风湿性关节炎、胃痛、坐骨神经痛、跌扑损伤、糖尿病等众多疾病。

第二节　植物形态与生境分布

一、植物形态

楤木：灌木或乔木，高 2~5 m，稀达 8 m，胸径 10~15 cm；树皮灰色，疏生粗壮直刺；小枝通常淡灰棕色，有黄棕色茸毛，疏生细刺。叶为二回或三回羽状复叶，长 60~110 cm；叶柄粗壮，长可达 50 cm；托叶与叶柄基部合生，纸质，耳郭形，长 1.5 cm 或更长，叶轴无刺或有细刺；羽片有小叶 5~11，稀 13，基部有小叶 1 对；小叶片纸质至薄革质，卵形、阔卵形或长卵形，长 5~12 cm，稀长达 19 cm，宽 3~8 cm，先端渐尖或短渐尖，基部圆形，上面粗糙，疏生糙毛，下面有淡黄色或灰色短柔毛，脉上更密，边缘有锯齿，稀为细锯齿或不整齐粗重锯齿，侧脉 7~10 对，两面均明显，网脉在上面不甚明显，下面明显；小叶无柄或有长 3 mm 的柄，顶生小叶柄长 2~3 cm。圆锥花序大，长 30~60 cm；分枝长 20~35 cm，密生淡黄棕色或灰色短柔毛；伞形花序直径 1~1.5 cm，有花多数；总花梗长 1~4 cm，密生短柔毛；苞片锥形，膜质，长 3~4 mm，外面有毛；花梗长 4~6 mm，密生短柔毛，稀为疏毛；花白色，芳香；萼无毛，长约 1.5 mm，边缘有 5 个三角形小齿；花瓣 5，卵状三角形，长 1.5~2 mm；雄蕊 5，花丝长约 3 mm；子房 5 室；花柱 5，离生或基部合生。果实球形，黑色，直径约 3 mm，有 5 棱；宿存花柱长 1.5 mm，离生或合生至中部。花期 7—9 月，果期 9—12 月 [5]。

棘茎楤木：小乔木，高达 7 m；小枝密生细长直刺，刺长 7~14 mm。叶为二回羽状复叶，长 35~50 cm 或更长；叶柄长 25~40 cm，疏生短刺；托叶和叶柄基部合生，栗色；羽片有小叶 5~9，基部有小叶 1 对；小叶片膜质至薄纸质，长圆状卵形至披针形，长 4~11.5 cm，宽 2.5~5 cm，先端长渐尖，基部圆形至阔楔形，歪斜，两面均无毛，下面灰白色，边缘疏生细锯齿，侧脉 6~9 对，上面较下面明显，网脉在上面略下陷，下面略隆起，不甚明显；小叶无柄或几无柄。圆锥花序大，长 30~50 cm，顶生；主轴和分枝有糠屑状毛，后毛脱落；伞形花序直径约 1.5 cm，有花 12~20 朵，稀 30 朵；总花梗长 1~5 cm；苞片卵状披针形，长 10 mm；花梗长 8~30 mm；小苞片披针形，长约 4 mm；花白色；萼无毛，边缘有 5 个卵状三角形小齿；花瓣 5，卵状三角形，长约

2 mm；雄蕊 5，花丝长约 4 mm；子房 5 室；花柱 5，离生。果实球形，直径 2~3 mm，有 5 棱；宿存花柱长 1~1.5 mm，基部合生。花期 6—8 月，果期 9—11 月 [5]。

二、生境分布

楤木分布广，北自甘肃、陕西、山西、河北，南至广东、广西，西起云南，东至海滨的广大区域，均有分布。丽水各县（县级市、区）野生资源丰富，生于森林、灌丛、林缘或路边，垂直分布从海滨至海拔 2 700 m。产于浙江各地，但平原地区较少。

棘茎楤木分布于浙江、江西、四川、云南、贵州、广西、广东、福建、湖北、湖南、安徽等地。丽水分布于各县（县级市、区），莲都、云和、遂昌、龙泉、庆元、景宁等地农户村前屋后种植较多，生于山坡疏林中或林缘、山谷灌丛较阴处，垂直分布海拔可达 2 600 m。

第三节 栽 培

一、生态环境条件

楤木产于全国各地，生于向阳坡、沟谷中、林缘或路边空旷地、灌丛、海拔 250~1 000 m 的杂树林、阔叶林、阔叶混交林或次生林中。耐寒，但在阳光充足、温暖湿润的环境下生长更好，空气湿度在 30%~60%，喜肥沃而略偏酸性的土壤。楤木属于喜阴、怕阳、怕水植物，因此选择背风、背阳、土壤通透性好的沙壤土上种植，多选择偏坡地进行种植。楤木适宜种植于海拔 1 200~2 500 m 的地区。如果种植区没有荫蔽树，要种植荫蔽树，防止阳光直射、过多照射。

丽水市属于中亚热带季风气候带，在区位上临近东海，受海洋影响较大，具有较明显的中亚热带海洋性季风气候。地势上多中山丘陵地貌，具有较显著的山地立体气候特征。中亚热带海洋性季风气候与丘陵山地立体气候的叠加造就丽水优越的气候环境，是中国气候养生之乡。丽水气候的总体特征为"四季分明、冬暖春早，降水丰沛，雨热同步，垂直气候、类型多样"。全市常年年平均气温为 17.9 ℃，全市年平均降水量 1 599 mm，全市常年的年平均日照时数 1 635.1 h，檫木适应了当地气候条件，且丽水地区的野生檫木资源丰富，丽水可以规模化种植。

二、苗木繁殖方法

1. 根系繁殖

檫木根系分生能力较强，根系繁殖是扩大繁殖的一种途径。一般在 3 月中下旬，选择生长健壮、无病虫害的壮苗，在母株 30 cm 以外挖取，选择粗度 1 cm 以上、长度 15~20 cm 的主侧根作为扦插材料，将其剪成 3~4 cm 的根段，埋入沙床中催芽，保持沙床湿润。20 d 左右根段大部分出芽，即可移入大田中。

2. 枝条扦插繁殖

檫木枝条扦插是人工栽培扩大繁殖的重要方法。扦插时间以 3 月为好，扦插时枝条长约 20 cm，用 2‰生根粉水浸泡 3~4 h。在畦内按 40 cm 行距开沟，沟深 7~8 cm，株距 20 cm。将枝条大头向下，刺尖向上 30° 斜插，枝条露出地平面 2 cm，及时覆土，整平畦面，并灌水。为了增温保墒，覆盖农膜，插后 30~40 d 发芽。

3. 种子繁殖

（1）选种及种子处理。檫木种子一般在 10 月中下旬成熟，此时应及时收集与处理种子。具体技术要求如下：①筛除种子杂质；②用 35 ℃ 的清水浸泡 5~7 d；③除去果皮和果肉；④将种子与细沙按照 1∶5 的比例拌匀，并进行沙藏处理，湿度保持在 50%~60%，温度控制在 5~10 ℃，埋入土坑中，上面盖草帘或秸秆，之后培土填平，3—4 月后挖出。

（2）育苗处理。①育苗地的选择。选择背风向阳、耕层深厚、土质疏松、排水良好和通气性好的酸性或微酸性土壤，离水源较近、具有灌溉条件的地块。尽量选择偏坡地，少选平整的大田进行育苗（如果用大棚育苗可以选择）。②播种。播种前要先将苗床或地块浇透水，待水分充分下渗到土壤中便可采用条播或撒播方式，播种后镇压将种子压入土中，之后可覆盖细土，以盖住整个种子为宜。有条件的可覆盖地膜，提温保湿，种子出土时揭膜。种子播种量为 15~30 kg/hm^2。③及时除草及灌溉。当苗圃地有杂草时，应及时组织人员进行人工除草，建议不要使用除草剂等农药除草，楤木苗细嫩，易灼伤。苗圃地缺水时，要及时喷灌，保持地面潮湿即可，不可进行大面积灌水。④及时施肥。在楤木育苗期，根据幼苗生长情况，及时施肥，每 667 m^2 追施水溶性复合肥 30~45 kg，保证幼苗生长有充足的养分 [6，7]。

三、栽培管理

1. 选地与整地

应选择偏酸性土壤（适宜 pH 值 5.5~8），并且疏松肥沃，排水良好的沙壤或壤土地。种植前，深耕 20~25 cm，开沟集中施腐熟有机肥 30 000 kg/hm^2 左右或撒施三元复合肥 375 kg/hm^2，整平后做成 2 m 宽的畦备用。

2. 适时栽植

楤木树或大苗可分春、冬 2 季进行移栽。冬栽，在叶片全部落完后的 11 月旬至 12 月上旬；春栽，在萌芽前的 3 月初。新育的小苗在 4 月中旬定植。

3. 栽植密度

按照苗的大小、粗细进行分级。大行距 80 cm，小行距 50 cm。定植深度为 15~20 cm。栽后覆土、压实、扶正，及时浇水。

4. 田间管理

（1）及时灌溉排水。定植后需要保持土壤湿润，确保成活率。楤木茎髓心很大，秋季木质化不良，极易造成生理干旱现象，造成主茎枯死，而由根蘖苗代之，因此要保持土壤湿润。楤木不耐涝，遇雨水量较多的时候一定要注意排涝，做到内水不积、外水不侵。

（2）除草、松土。第 1 年楤木还未长大成树，很容易受到杂草的侵害，所以必须防除杂草。如果采取人工除草，必须注意不要伤害根系。松土以防止土壤板结，改善土壤通气条件，有利于幼苗的生长，刚开始宜浅不宜深，以免伤害幼苗的嫩根、嫩芽，之后可逐次加深，但要做到不伤根、不压苗。

（3）适时追肥。楤木一般不需要追肥，如遇土壤贫瘠，可在楤木的生长旺期追施 1~2 次复合肥，用量 150~225 kg/hm^2，施肥后要及时培土、浇水，也可施用腐熟的人粪尿。

（4）病虫害防治。楤木是一种极具开发价值的蔬菜兼药用植物，有较强的抗病虫能力，目前的病虫害还较少，一般情况下不发生。

（5）整枝。楤木有很强的顶端优势，幼苗期分枝能力很差，多呈单一主干，每年只有 1~2 个枝条发育形成，而作为采收嫩芽食用的植物，这必将会限制其发育，从而影响其产量。为了尽快培育多头树冠，可将楤木的顶芽摘除，做到掰主芽、留侧芽；也可采取截枝的方法，即对栽植第 2 年的植株在距地面 20 cm 处截干，对 3 年以上的植株春季采芽后截去主干的 1/3，经过这样几年的反复操作，可以增加楤木的枝条数量，达到增产的目的。

四、采收加工

嫩芽采收：楤木一般于 4 月下旬萌芽，到 5 月上旬即可长到 10~15 cm，此时是采收嫩叶芽的最佳时期，侧芽萌发稍晚，采收时要注意留下一定的侧芽，使长成枝条，以供树体生长和来年采收嫩叶芽。嫩叶芽可鲜食或盐渍。鲜食可用沸水焯一下，再用清水浸泡片刻，即可炒食、做汤、蘸酱或用盐渍。其质地脆嫩甘香，风味独特。药材采收：栽种 2~3 年的植株，秋冬季节采集茎，切断晒干。

第四节　化学成分

从 20 世纪 60 年代开始，国内外相继对楤木属植物的化学成分进行了研究，分离和鉴定了一系列化合物，楤木属许多植物中含有三萜皂苷、齐墩果酸和多糖等，是一些药物的有效成分。近年来，从该属植物中分离出了三萜皂苷、有机酸、聚炔烯、黄酮、香豆素、木脂素、苯丙烯类、生物碱、挥发油、芳香化合物和甾醇等单体化合物达数百种之多，此外，还有许多微量元素等[3, 8, 9]。

一、皂苷类

楤木中含量较多的活性成分是皂苷，苷元主要是齐墩果酸及其衍生物，大量存在于楤木属植物的根、叶之中。它们经常在 28 位或者 3 位与糖连接形成苷，所连接的糖主要有 D- 葡萄糖醛酸、D- 葡萄糖、D- 半乳糖、D- 木糖以及鼠李糖及其衍生物。楤木属植物中的皂苷含量在不同产区、不同采收时期以及不同部位，皂苷含量不同。齐墩果酸为楤木中含量较高的组分，也是楤木皂苷中的主要苷元。通过对楤木药用部位的皂苷成分进行了提取分离和鉴定，发现楤木皂苷元为五环三萜类的齐墩果酸，戚欢阳等[10]采用硅胶柱色谱等方法分离纯化，利用各种波谱技术（NMR）及理化性质确定化学结构分离到齐墩果酸、齐墩果酸 -3-O-β-D- 葡萄糖醛酸甲酯苷等多种化学成分；多位学者对齐墩果酸含量进行了测定，余华丽等[11] 使用高效液相色谱法对楤木（畲药名老虎吊）中的齐墩果酸进行了含量测定。

二、黄酮类

戚欢阳等[10] 从楤木中分离得到山柰酚、山柰酚 -7-α-L- 鼠李糖苷、山柰酚 -3-7-O-α-L- 二鼠李糖苷等黄酮成分。系华丽等[11] 从楤木中提取分离发现其中含有黄酮类化合物，并对其进行了分离。刘存菊等[12] 对飞天蜈蚣七（楤木）中黄酮提取的动力学研究，为黄酮提取工艺条件的优化和深层次研究奠定理论基础。裴凌鹏等从刺老苞（棘茎楤木或白背叶楤木）根皮中提取出总黄酮并确定刺老苞根皮总黄酮含量为 0.92%。

三、多糖类

蔡静[13] 检测了多种楤木类植物的根皮、茎皮中多糖的含量，发现根皮中多糖含量较高在 8% 左右。刘存菊等[14] 对飞天蜈蚣七（楤木）中多糖提取的动力学研究，研究得到的动力学模型可为飞天蜈蚣七多糖提取的工艺条件优化和深层次研究奠定理论基础。蔡静等[15] 研究飞天蜈蚣七多糖提取纯化工艺、结构及抗氧化性研究，采用多种现代分析检测手段，对飞天蜈蚣七纯化多糖进行分子量、单糖组成分析及结构解析，得到其是一种以（1 → 4）Gal 为主链，鼠李糖、阿拉伯糖为分支的水溶性多糖，其分子量约为 1.28×10^6 g/mol。

四、氨基酸及挥发油

王忠壮等[16] 对楤木属植物食用土当归、黄毛楤木、棘茎楤木、辽东楤木以及楤木中总游离氨基酸进行测定，结果表明 5 种植物均以天冬氨酸、丝氨酸、脯氨酸、谷氨酸、丙氨酸、组氨酸和精氨酸等成分含量较高，种间氨基酸含量差异较大。王忠壮等[17]对楤木根皮挥发油研究发现楤木根皮含有27种挥发油，其中β-榄香烯含量最高，为66.02%。

五、微量元素

楤木属植物的生长环境决定它含有较多的微量元素，主要微量元素有 K、Mg、Ca、Zn、Cu、Fe、Mn、P 等。楤木属植物中不同部位以及不同采摘季节，其微量元素或宏量元素含量有差异。这为楤木属植物药用资源的开发利用提供了参考。

六、其他成分

从楤木属植物中分离得到甾醇，主要有 β-谷甾醇、豆甾醇、菜油甾醇、豆甾-4-烯-3-酮、胡萝卜苷及胡萝卜苷-6-棕榈酸酯等。从楤木中分得一种香豆素类化合物 esculetindi-Me ether；从楤木中分离到刺囊酸等。

第五节　药理与毒理

一、药理作用

楤木的药理作用包括镇痛抗炎、降糖、保肝、抗肿瘤、骨质疏松症、修复胃溃疡等[3, 8]。

1. 镇痛、抗炎

楤木总皂苷有明显的镇痛作用；能显著抑制小鼠自发活动，对抗苯丙胺的中枢兴奋作用，但不能对抗戊四唑所致惊厥和咖啡因的毒性，与戊巴比妥、氯丙嗪配伍，可出现协同中枢抑制效应，表明大剂量楤木总皂苷有中枢神经抑制及镇痛作用。肖本见等人报道，刺茎楤木根皮提取物可明显抑制巴豆油致小鼠耳郭肿胀及角叉菜胶引起的大鼠足跖肿胀，能明显抑制大鼠棉球肉芽肿的增重及2，4二硝基氯苯（DNCB）致小鼠迟发型超敏反应（DTH），增强吞噬功能，表明刺茎楤木根皮有明显的抗炎、镇痛和免疫调节作用。任美萍等[18]研究表明，楤木皂苷可抑制二甲苯致小鼠耳肿胀和蛋清致大鼠足肿胀，减少醋酸致小鼠扭体反应的次数，说明楤木皂苷有抗炎镇痛作用。

2. 调节血脂、降血糖作用

中国、日本等很早就把楤木作为一种治疗糖尿病的药物。Yoshikawa et al. 从辽东楤木根皮中得到的 Elatoside E，通过小鼠口服糖耐量实验，证实其可抑制血浆葡萄糖水平的升高；后来从果实中分离到的 Elatoside G、H、I 也有降血糖作用，并证实 3-O-monodemoside 为降血糖所必备的结构。赵博等[19]研究了中国楤木总皂苷对糖尿病大鼠血糖、血脂的影响，结果表明中国楤木总皂苷能够降低糖尿病大鼠血糖，调节糖尿病大鼠血脂代谢紊乱。王一峰等[20]研究了中国楤木水煎剂对糖尿病模型大鼠血糖、血脂及抗氧化能力的影响，结果表明中国楤木水煎剂能有效改善糖尿病模型大鼠糖脂代谢，提高机体的抗氧化能力和血清胰岛素水平。

3. 保肝、护肝作用

由于许多楤木属植物含有三萜皂苷，并且苷元主要为齐墩果酸型及其衍生物。动物实验表明，齐墩果酸有降低转氨酶的作用，对四氯化碳引起的大鼠急性肝损伤有明显的保护作用，可用于治疗急性黄疸型肝炎。任美萍等[21]采用四氯化碳诱导大鼠肝纤维化为模型，用楤木皂苷给药8周，研究发现楤木皂苷可降低血清转氨酶及LN、COI-Ⅲ、COI-Ⅳ的含量，表明楤木皂苷有抗肝纤维化作用。

4. 抗肿瘤、调节免疫力作用

任美萍等[22]研究了楤木皂苷的体内外抗肿瘤作用，结果发现楤木皂苷体外抗肿瘤活性弱，但体内抗肿瘤活性较强。李蓉等[23]研究了楤木总皂苷的体内抗肿瘤活性及对荷瘤小鼠免疫细胞功能的影响，结果表明楤木总皂苷具有一定的体内抗肿瘤活性，且能增强荷瘤小鼠的免疫细胞功能。王状忠等[24]研究表明，楤木提取物对实体性肝癌抑制率达30%，楤木水煎液对实验型小鼠肉瘤AK的抑制率为30%～40%，对实体脑癌抑制率在30%左右。

5. 强壮骨骼的作用

楤木属植物用于跌打损伤由来已久，《滇南本草》中介绍了楤木可治跌打损伤，骨折用鲜根捣碎，酒炒热敷。在土家族地区主要使用棘茎楤木的根皮治疗跌打损伤和骨折。已证实从刺老苞（棘茎楤木或白背叶楤木）根皮中提取的刺老苞黄酮可以使破骨细胞数量和TRAP活性降低，增加成骨细胞OPG的表达，阻止破骨细胞的形成和分化，从而抑制骨吸收，达到治疗骨质疏松症的目的。2009—2012年中央民族大学中国少数民族传统医学研究院裴凌鹏等的研究结果表明，棘茎楤木根皮黄酮类化合物可能通过增加成骨细胞OPG的表达来抑制破骨细胞的分化和成熟，从而抑制骨吸收，达到治疗骨质疏松症的目的；棘茎楤木根皮黄酮可以预防或降低MC3 t3-E1成骨细胞的氧化损伤影响；棘茎楤木根皮黄酮可以改善大鼠胫骨骨折骨代谢状况，有利骨折愈合修复；棘茎楤木根皮黄酮对骨关节炎软骨细胞的氧化损伤及炎性有逆转作用，有效调控兔骨性关节炎软骨细胞代谢，增强细胞活性，延缓细胞凋亡，具有研发成为骨性关节炎治疗药物的潜能；棘茎楤木根皮黄酮类化合物对泼尼松致大鼠骨质疏松的对抗作用，缓解骨质疏松症发生与发展的进程；棘茎楤木根皮黄酮类化合物可以抑制体外培养的破骨细胞分化，有助于延缓骨吸收过程；棘茎楤木根皮黄酮类化合物可以改善骨质量，抑制大鼠去卵巢骨质疏松的发生，具有类雌激素的效应；棘茎楤木虽在疗效方面逊色于西药芬必得，但仍能减轻膝关节骨性关节炎患者局部症状、体征，恢复关节功能，并能改善患者其他并发症（如血脂、血糖水平等）且服用安全性好，可为老年骨性关节炎患者的治疗提供新的可能。

6.对消化系统的作用

楤木根煎剂，对幽门结扎性胃溃疡的抑制率为 52.5%，对应激性胃溃疡的抑制率为 36.7%，对利血平诱发胃溃疡的抑制率为 29.7%，对慢性胃溃疡的抑制率为 55%~60.5%，相同剂量对 SC 吲哚美辛诱发胃溃疡的抑制率为 62.9%。上述溃疡发病机制各不相同，表明楤木根煎剂可能通过多种机制发挥其治疗胃溃疡的作用，楤木煎剂可使离体大鼠胃条收缩，表明其还有促进胃运动的作用。另外，楤木对放射线损伤还有保护作用，抗菌、利尿、缓泻作用。

二、毒性机理

古本草记载楤木有小毒。研究显示，急性毒性实验给药后动物活动减少，慢慢趋于静止，呼吸深而慢，随剂量增大会出现深度呼吸抑制并死亡。楤木、太白楤木、辽东楤木、黄毛楤木总皂苷，小鼠 LD_{50} 分别为 724 mg/kg、1104 mg/kg、1171 mg/kg、821 mg/kg，说明皂苷为楤木类药材的毒性成分之一[21]。

楤木根皮水提取物 10~20 g/kg，小鼠抽搐死亡，蓄积毒性试验中，小鼠 1/10 LD_{50} 总苷，未见不良反应，1/32~1/2 LD_{50} 剂量对微核试验及 1/45~1/5 LD_{50} 剂量对显性致死性试验均未发现致突变作用，1/50~1/5 LD_{50} 剂量对小鼠睾丸精细胞染色体无致畸变作用 0.001 6~16 mg/mg 的 Ames 试验结果阴性。有报道小鼠楤木总皂苷，LD_{50} 为 9.25 g/kg。

第六节 质量体系

一、收载情况

（一）药材标准

《贵州省中药材民族药材质量标准》（2003 年版）、《湖南省中药材标准》（2009年版）、《陕西省药材标准》（2015年版）。

（二）饮片标准

《浙江省中药炮制规范》（2015年版）、《安徽省中药饮片炮制规范（第二版）》（2005年版）、《湖南省中药饮片炮制规范》（2010年版）。

二、药材性状

（一）《贵州省中药材民族药材质量标准》（2003年版）

茎皮或根皮：本品呈卷筒状、槽状或片状。外表面粗糙不平，灰褐色、灰白色或黄棕色，有纵皱纹及横纹，有的散有刺痕或断刺；内表面淡黄色、黄白色或深褐色。质坚脆，易折断，断面纤维性。气微香，味微苦，茎皮嚼之有黏性。

（二）《湖南省中药材标准》（2009年版）

根或根皮：本品根呈圆柱形，弯曲，粗细长短不一；表面淡棕黄色，具不规则纵皱纹，外皮向外翘起，并有横向棱状、一字状或点状皮孔，有的具支根痕。体轻，质坚硬，不易折断，断面稍呈纤维状，皮部较薄，暗棕黄色，木质部淡黄色或类白色，具细密放射状纹理；老根木质部中央空洞状，有的呈朽木状。根皮呈扭曲的卷筒状，槽状或片状，长短不一，厚1～3 mm。外表面灰褐色或黄棕色，粗糙，栓皮呈鳞片状，易剥落，剥落处显黄褐色。内表皮呈淡黄色至深褐色，偶可见黄褐色油脂状物。体轻，质脆，易折断，断面略整齐，黄褐色。气微香，味微苦涩。

（三）《陕西省药材标准》（2015年版）

根皮：本品呈卷筒状、槽状或片状，长短不等，厚1～3 mm。外表面灰褐色，粗糙，栓皮易成鳞片状剥落；内表面黄白色至灰黄色，有细纵纹。质坚脆，易折断，断面不平坦，纤维性。气微香，味微甘而后苦、辛。

三、炮制

（一）《浙江省中药饮片炮制规范》（2015年版）

取原药，除去叶柄、刺尖等杂质及直径在 2.5 cm 以上者，水浸，洗净，润软，切厚片，干燥。

（二）《安徽省中药饮片炮制规范》（第二版）（2005年版）

取原药材，除去杂质，洗净，润软，切段，干燥，筛去碎屑。

（三）《湖南省中药饮片炮制规范》（2010年版）

取原药材，除去杂质，洗净，润透，切短段片，干燥，筛去灰屑。

四、饮片性状

（一）《浙江省中药饮片炮制规范》（2015年版）

鸟不宿：为类圆形的厚片。表面灰白色，疏生皮孔及粗短皮刺的残基。切面皮部极狭；木部棕黄色，有年轮；髓白色，海绵质，嫩茎的较大，老茎的较小。

质轻。气微，味微苦、微辛。

红楤木：表面红棕色或棕褐色，密生细长皮刺的残基。

（二）《安徽省中药饮片炮制规范》（第二版）（2005年版）

楤木根：为圆柱形的小段，长 1~1.5 cm。外表面淡棕黄色或灰褐黄色，具不规则纵皱纹，外皮向外翘起，并有横向棱状、一字状或点状皮孔，有的具支根痕；切面皮部较薄，暗棕黄色，木部淡黄色或类白色，具细密放射状纹理及数轮环状纹理，有的中央具空洞，或呈现朽木状。体轻，质坚硬，不易折断，断面稍呈纤维状。气微，味微苦。

（三）《湖南省中药饮片炮制规范》（2010年版）

根及根皮：呈扭曲的卷筒状，槽状或较平的短段片，厚 1~3 mm。外表面灰褐色或黄褐色，粗糙，栓皮呈鳞片状，易剥落，剥落处显黄褐色；内表皮呈淡黄色至深褐色，有细纵纹，偶可见黄褐色油脂状物。断面略整齐，黄褐色。体轻，质脆，易折断。气微香，味微苦涩。

五、有效性、安全性的质量控制

楤木的有效性、安全性的质量控制标准见表 13.1。

表13.1 常用标准汇总

标准名称	鉴别	检查	浸出物	含量测定
《贵州省中药材民族药材质量标准》（2003年版）	薄层色谱法（以齐墩果酸对照品为对照）	—	—	高效液相色谱法，按干燥品计算，含齐墩果酸（$C_{30}H_{48}O_3$）计，不得少于1%
《湖南省中药材标准》（2009年版）	薄层色谱法（以楤木对照药材为对照）	水分不得超过14%	—	—
《陕西省药材标准》（2015年版）	药材：1.显微鉴别粉末；2.薄层色谱法（以齐墩果酸对照品为对照）。饮片：同药材	药材：水分不得超过12%；总灰分不得超过7%；酸不溶性灰分不得超过3%。饮片：同药材	药材：水溶性热浸法（不得少于30%）。饮片：同药材	—
《浙江省中药炮制规范》（2015年版）	—	—	—	—
《安徽省中药饮片炮制规范》（第二版）（2005年版）	—	—	—	—
《湖南省中药饮片炮制规范》（2010年版）	薄层色谱鉴别（以楤木对照药材为对照）	—	—	—

六、质量评价

丽水市食品药品检验所畲药研究团队对丽水地产百鸟不歇药材开展持续研究，并起草《浙江省中药炮制规范》（2015 年版）百鸟不歇质量标准，标准研究内容可较全面的评价百鸟不歇药材的质量。

1. 性状

根据中国畲族医药学中鸟不宿的性状特征的描述，本品为不规则的段或块片。表面淡棕黄色，具不规则纵皱纹，外皮向外翘起，并有横向棱状、一字状或点状皮孔，有的具支根痕。体轻，质坚硬，不易折断，断面稍呈纤维状，皮部较薄，暗棕黄色，木质部淡黄色或类白色，具细密放射状纹理；老根木质部中央空洞状，有的呈朽木状。气微香，味微苦。

2. 鉴别

（1）本品粉末浅土灰色。树脂道多以破碎，分泌细胞内含滴状分泌物。草酸钙簇晶多见，角钝，散在或数个排列成行。石细胞淡黄色，长椭圆形，类圆形或类方形，单个或成群，壁木化增厚。木栓细胞成块，细胞为长方形、多角形，壁厚，排列整齐。网纹导管、具缘纹孔导管多数，直径 30～150 μm，淀粉粒甚多，单粒类球形、不规则多角形，直径 2～10 μm，脐点点状、"一"字形、"八"字形；复粒由 2～5 粒组成（图 13.1）。

（2）取本品粉末 0.5 g，置具塞锥形瓶中，加水 10 滴使湿润，加水饱和正丁 10 mL，振摇 10 min，放置 2 h，离心，取上清液，加 3 倍量以正丁醇饱和的水，振摇，放置使分层，取正丁醇层，蒸干，残渣加甲醇 1 mL 使溶解，作为供试品溶液。另取楤木对照药材，同法制成对照药材溶液。照薄层色谱法（通则 0502）试验，吸取上述 2 种溶液各 5 μL，分别点于同一硅胶 G 薄层板上，以正丁醇-乙酸乙酯-甲醇-甲酸-水（5：10：0.5：0.3：3.5）的上层溶液为展开剂，展开，取出，晾干，喷以 10% 硫酸乙醇溶液，在 105 ℃

加热至斑点显色清晰，置紫外光灯（365 nm）下检视。供试品色谱中，在与对照药材色谱相应的位置上，显相同颜色的荧光斑点（图13.2）。

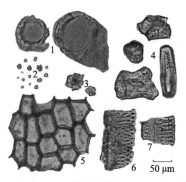

1——树脂道；2——淀粉粒；3——草酸钙簇晶；4——石细胞；5——木栓细胞；6——具缘纹孔导管；7——网纹导管

图13.1 显微特征图

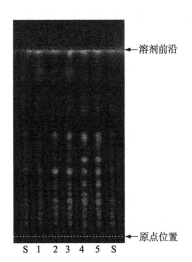

图13.2 薄层色谱图

注：S为楤木对照药材，1~5为供试品。

3. 检查

水分不得超过 12%（通则 0832 第二法）；

总灰分不得超过 8%（通则 2302）。

4. 浸出物

照醇溶性浸出物测定法（通则 2201）项下的热浸法测定，用乙醇溶液为溶剂，不得少于 7.0%。

5. 含量测定

照高效液相色谱法（通则 0512）测定。

色谱条件与系统适用性试验以十八烷基硅烷键合硅胶为填充剂；流动相：乙腈 -0.3% 磷酸（67∶33），流速 1 mL/min；柱温：30 ℃；检测波长：208 nm；理论板数按齐墩果酸峰计应不得少于 5 000。

对照样品溶液的制备：取齐墩果酸对照品适量，精密称定，加甲醇制成 1 mL 含齐墩果酸约 0.25 mg 的溶液，即得。

供试样品溶液的制备：药材粉碎，过二号筛，取约 0.2 g，精密称定，置具塞锥形瓶中，精密加入乙醇 - 盐酸（10∶1）溶液 50 mL，密塞，称定重量，加热回流提取 3 h，放冷至室温，再称定重量，用乙醇 - 盐酸（10∶1）溶液补足减失的重量，摇匀，过滤，精密量取 25 mL 置蒸发皿中，蒸干，加甲醇溶解，转移至 10 mL 量瓶中，加甲醇至刻度，摇匀，用 0.45 μm 微孔滤膜滤过，取续滤液，即可。

测定法：分别精密吸取对照样品溶液和供试样品溶液各 10 μL，注入液相色谱仪，测定，即得。

本品按干燥品计算，含齐墩果酸不得少于（$C_{30}H_{48}O_3$）不得少于 1%（图 13.3）。

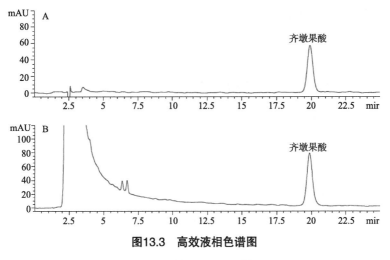

图13.3　高效液相色谱图

注：A为对照样品；B为供试样品。

6. 性味与归经

阳药。味辛、苦，性平。归肝、脾、肾经。

7. 功效与主治

祛风除湿，活血散瘀，消肿止痛。主治风痛，骨折，跌打损伤，胃痛。

8. 用法用量

内服煎汤 15～30 g。外用适量。

9. 贮藏

置干燥阴凉处，防潮。

第七节　性味归经与临床应用

一、性味

《浙江省中药炮制规范》（2015 年版）："味微苦，温。"

《本草拾遗》:"味辛,平。小毒。"

《滇南本草》:"味苦、辛,性凉。"

《草木便方》:"味苦,微寒。"

《贵阳民间药草》:"味甘,寒,无毒。"

二、归经

《浙江省中药炮制规范》(2015 年版):"归肝、心、肾经。"

《滇南本草》:"入脾、肾二经。"

三、功能主治

《浙江省中药炮制规范》(2015 年版):"祛风湿,活血止痛。用于关节炎,胃痛,坐骨神经痛,跌扑损伤。"

《本草拾遗》:"主水癥,取根白皮,煮汁服之,一盏,当下水,如病已困,取根捣碎,坐,其取(取其)气,水自下。又能烂人牙齿,齿有虫者,取片子许大,纳孔中,当自烂落。"

《滇南本草》:"治风湿疼,胃疼,跌打损伤。骨折,用鲜根捣烂,酒炒热敷。"

《草木便方》:"解毒,散热,除风痰。治瘰疬,疮烂,鼻衄,牙痛,痔疾,痢疾,疯狗咬伤。"

《贵州民间方药集》:"解热,祛风,镇咳。治妇女红崩,男子淋浊。"

《四川中药志》:"除湿解毒,散瘀积,消痈肿,除寒热。"

《江西草药》:"活血行瘀;疏风祛湿。"

《陕西中草药》:"消肿止痛,健脾利水。治风湿性关节炎,急慢性肝炎,跌打损伤,骨折,虚肿,无名肿毒。"

四、用法用量

根 9~15 g。

五、注意

孕妇慎用，《全国中草药汇编》："孕妇忌服"。

六、附方

1. 治关节风气痛

楤木根白皮五钱。加水一碗，黄酒半碗，煎成一碗，早晚各服一剂，连服数天，痛止后再服三天（《浙江民间常用草药》）。

2. 治肾炎水肿

楤木根一至二两。酌加水煎，日服二次（《福建民间草药》）。

3. 治糖尿病

楤木根一两，银杏四两。酌加水煎服（《福建民间草药》）。

4. 治肝硬化腹水

楤木根四两，瘦猪肉四两。水炖，服汤食肉（《江西草药》）。

5. 治虚肿

楤木根皮一两。炖肉，不放盐食（《云南中草药》）。

6. 治胃痛、胃溃疡、糖尿病

楤木根皮三至五钱。水煎，连服数日（《南京地区常用中草药》）。

7. 治遗精

楤木根皮一两。水煎去渣，加猪瘦肉炖服（《江西草药》）。

8. 治淋浊

刺老包根一两。煮水服（《贵阳民间药草》）。

9. 治红崩白带

刺老包根四两。水二大碗，煎至一中碗，去其滓，甜酒为引，煎服（《贵阳民间药草》）。

10. 治痔疮

刺老包根四两（干的用五钱）。炖猪肉半斤，分三次服（《贵阳民间药草》）。

11. 治跌打损伤，骨折

楤木根、马尾松根、杜衡根、青木香根（均鲜）各适量。捣烂外敷（《江西草药》）。

12. 治腰椎挫伤

鲜楤木根皮一至二两，猪蹄一只。水炖，服汤食肉。另用楤木根适量，煎水外擦（《江西草药》）。

13. 丽水民间用法

（1）血瘀头痛。将其根部剁细配酒蒸服。

（2）风湿性及类风湿性关节炎。楤木15 g，酒水各半煎服；或多花勾儿茶、鸡血藤、莨芝、锦鸡儿等酒水各半煎服。

（3）腰背挫伤疼痛。楤木30~60 g，炖猪蹄服。

（4）胃、十二指肠溃疡及慢性胃炎。楤木15 g，南五味子根、乌药、枳壳各9 g，甘草3 g，水煎服。

（5）糖尿病。楤木9 g，鸭跖草30 g，水煎服，宜久服。

（6）肾炎水肿。楤木60 g，水煎服。

第八节　丽水楤木（百鸟不歇）资源利用与开发

一、资源蕴藏量

楤木在浙江丽水各地均有分布，野生资源丰富，因楤木全株有刺，不好砍伐，保护了自身资源，野生资源成片生长。丽水现今未规模化种植。

二、基地建设及产业发展情况

丽水市食品药品检验所李水福所长的畲药研究团队，对丽水野生楤木植物资源的调查，发现丽水各个县的楤木野生资源丰富，畲族人民应用较多。采集野生品并进行加工炮制，对药材性状、理化性质、含量测定、功能主治等方面进行了研究，通过研究数据的考证，畲药楤木入编 2015 年版《浙江省中药炮制规范》楤木项下。为楤木的临床应用和开发奠定了法定基础。与浙江丽水市众益医药有限公司合作，申报了发明专利，名称：楤木提取物在制备药物中的应用，申请时间为 2017 年 6 月 7 日，申请号：CN 201710424092.X，发明人：王子厚、陈昌红、马领弟、朱洁、李水福、周益成、丁莉梅、叶茂华、范蕾、朱晓龙、郑伟霞、余华丽、余乐。本发明公开了楤木提取物在制备药物中的应用，具体涉及楤木提取物，楤木提取物的制备方法，含有楤木提取物的制剂，以及楤木植物和楤木提取物在抗微生物感染和抗炎的药物中的应用。所述的微生物包括病毒和细菌；所述的细菌包括幽门螺旋杆菌、结核杆菌、耐药致病菌等；所述的病毒选自流感病毒、肠道病毒、疱疹病毒等；所述的提取方法包括水提、醇提和超临界萃取。

三、产品开发

楤木是中国传统的食药两用山野菜，营养价值和保健功能极高，食用的嫩芽中含有多种维生素和矿物质，还具有除湿活血、安神祛风、滋阴补气、强壮筋骨、健胃利尿等功效，用于治疗风湿性关节炎、胃痛、坐骨神经痛和糖尿病等众多疾病。

（一）食用（嫩叶）

楤木几乎没有什么病虫害，除了极少量的蚜虫危害嫩茎外，到目前为止，还没发现其他的寄生性病虫危害，因此作为一种蔬菜作物，不需要使用任何农药，可谓是绿色环保。楤木叶含有丰富的维生素 A 和维生素 C。其食用方法是春季采摘楤木的嫩茎叶，开水烫后加调味品凉拌食用；或加其他荤素菜炒食也可。有一菜叫"吻头炖肉"，就是以猪肉和楤木叶为主的原料做成的，它的具体做法是：猪肉 250 g，切块，加水适量，先用小火炖 1 h，放入鲜楤木叶

60 g，继续炖至极熟，便可食用。楤木根泡酒饮用，有强身健体的功效，农村有以楤木代替五加皮食用的习惯。

（二）保健食品的开发

楤木含较多的楤木皂苷，研究证明，楤木皂苷具有调节中枢神经系统机能，促进心肌收缩力，加强和提高机体免疫功能等多种生理和药理功能，提取楤木皂苷为原料研制保健品。如以蜂王浆为原料，添加楤木皂苷研发而成兴奋大脑神经作用的保健品；以灵芝、远志、阿胶、柏子仁、五味子为原料，添加楤木皂苷研制宁心安神功能的保健品，以 DHA、EPA、卵磷脂等为原料再辅以楤木皂苷加以研制提高记忆力的保健品；以杜仲、灵芝、黄芪、芹菜、花粉、大枣为载体，添加楤木皂苷研制降低血压的保健品；以芝麻、黑木耳、大枣、叶酸为原料，添加楤木皂苷研制补血的保健品；以人参、灵芝、花粉、蜂胶、啤酒酵母为载体，添加楤木皂苷研制增强免疫力的保健品；还可以楤木皂苷为添加剂，开发滋补型营养食品与饮料，如面包、饼干、果酱、果酒、果汁等产品。

（三）医院制剂

《浙江省医疗机构制剂规范》（2005 年版）收载的《软癥散结合剂》（ZJ-ZB-0090-2005）由楤木等 21 味药组成，主治功能为软癥散结、理气止痛、降逆止呕，用于消化道肿瘤的辅助治疗。

（四）中成药

已查询到 6 个上市中成药，其中 5 个组方中楤木均占主导地位。3 个方剂用于胃及消化道，其他分别作用于肝、心脾和骨伤。

楤芝片：益气健脾，宁心安神。用于心脾两虚所致的失眠，心悸，气短，乏力等症。平眩胶囊：滋补肝肾，平肝潜阳。用于肝肾不足，肝阳上扰所致眩晕，头昏，心悸耳鸣，失眠多梦，腰膝酸软。治伤软膏：具有散瘀、消肿、止痛。用于跌打损伤局部肿痛。楤木胃痛颗粒：理气和胃，清热止痛。用于胃炎、胃及十二指肠溃疡引起的疼痛和隐性出血，属气滞血瘀、胃中积热证者。和胃降逆胶囊：活血理气，清热化瘀，和胃降逆。用于慢性浅表性胃炎、慢性萎缩性胃炎及伴有肠腺上皮增生、非典型增生属气滞血瘀证者。保胃胶囊：散寒止痛，益气健脾。用于中焦虚寒所致的胃脘疼痛，喜温喜按，以及胃和十二指肠溃疡见上述证候者。

（五）观赏价值的应用

楤木的生长速度较快，农村的房前屋后种植较多见，在一些允许生长的城镇庭院，具有适合楤木生长的条件，可以充分利用这些地段，大力发展庭院栽植和楤木的四旁造林。楤木的树型不高，树皮灰色，疏生粗壮直刺，小枝通常淡灰棕色，有黄棕色茸毛，二回或三回羽状复叶，花淡黄色，由多数小伞形花序聚合成圆锥形大花序，具有观赏价值，也为美化环境的观赏树种。楤木具有很好的绿化作用，它是城市园林绿化理想的树种。楤木叶片大，光合作用强，对于净化空气具有良好的效果。经观察，楤木病虫害极少，在生长季除了有少量的蚜虫为害嫩茎外，还未发现有其他的病虫害，作为园林绿化树，不需要打药防治病虫，减少了城市空气污染。

第九节　总结与展望

由于楤木芽富含人体需要的多种氨基酸以及 16 种以上无机营养元素，素有"山野菜之王""天下第一珍"等美誉。在我国早就有食用楤木嫩芽的习俗，随着人民生活水平的提高，作为绿色保健食品的楤木芽更是日益受到人们的青睐，对其需求量也日将增长。在国外，如日本每年都需大量进口盐渍楤木芽以满足本国主市场的需要。由于楤木经济价值较高，它的开发与利用无疑对山区人民的脱贫致富，丰富城区人民的菜篮子，满足人民生活的需要具有重要的现实意义。

　　楤木在治疗胃痛、胃溃疡疾病方面有良好的作用，特别是在治疗胃癌、肠癌的处方中常见。楤木在治疗癌症的处方中起到什么作用呢？在中医看来，癌症的治疗一般是根据"祛邪"和"扶正"的原则，而楤木属五加科，与人参、三七属同族兄弟恰好符合这2个原则，既能祛风除湿，又有一定的补益作用，在抑制肿瘤生长的同时可提高身体的免疫功能。另外以前畲民大都居住在湿气较重的山区，因它有祛风湿、活血通络的作用，畲民会用它泡酒作保健酒饮用。而且在民间长期的实践应用中，发现"红百鸟不歇"效果比"白百鸟不歇"要好，所以红楤木在民间百姓中应用更广泛。

　　随着生活方式的改变以及老龄化加速，我国糖尿病的患病率呈快速不断攀升趋势，已经成为日益明显的流行病，逐渐发展为严重的公共卫生问题。目前，市场上治疗糖尿病的药物主要是化学合成药，虽然短期疗效显著，但常伴有不同程度的副作用，如心血管疾病、过敏反应等，促使人们寻找安全、高效的降血糖天然活性成分。楤木作为我国传统中药，近年来在治疗糖尿病方面也取得了良好效果。在今后的研究中，可从楤木水煎剂、粗多糖、总皂苷药效研究入手，确定其降血糖有效成分，为糖尿病的药物治疗提供新的理论依据，对研发治疗糖尿病的新药物、新剂型具有重要意义。

参 考 文 献

[1]　浙江省食品药品监督管理局 . 浙江省中药炮制规范 [S]. 2015 年版 . 北京：中国医药科技出版社，2015：328.

[2]　雷后兴，李建良 . 中国畲药学 [M]. 北京：人民军医出版社，2014：173-174.

[3]　赵博，王华东，王一峰，等 . 楤木主要化学成分及药理活性研究进展 [J]. 中兽医医药杂志，2015（2）：77-80.

[4]　王林生.椛木研究信息[J].中医药信息，1985（2）：33.

[5]　中国科学院中国植物志编辑委员会.中国植物志：第54卷[M].北京：科学出版社，1978：155，159.

[6]　陈丽萍，韩明里，赵根，等.椛木大田栽培技术[J].宁夏农林科技，2013，54（1）：22-29.

[7]　杨健春.规模化椛木种植技术[J].乡村科技，2020（12）：106-107.

[8]　郑玲玲，裴凌鹏.椛木属植物研究进展[J].中国民族医药杂志，2010，6（6）：57-59.

[9]　吴玫涵，马剑文.飞天蜈蚣七药材的气相色谱-质谱分析[J].药物分析杂志，1996（4）：256-258.

[10]　戚欢阳，陈文豪，师彦平，等.椛木化学成分及抑菌活性研究[J].中草药，2010，41（12）：1948-1950.

[11]　余华丽，王伟影，陈张金，等.HPLC法测定畲药老虎吊中齐墩果酸的含量[J].中国药师，2014，17（11）：1963-1964.

[12]　刘存菊，赵立党，李稳宏，等.飞天蜈蚣七中黄酮提取的动力学[J].化工进展，2012，31（6）：1302-1305.

[13]　易骏，吴锦忠，赖应辉.贵州省五加科六种植物糖类含量比较[J].贵州农业科学，1993（1）：58-60.

[14]　刘存菊，李稳宏，雏羽，等.飞天蜈蚣七中多糖提取的动力学研究[J].化工工程，2012，40（7）：1-5.

[15]　蔡静.飞天蜈蚣七多糖提取纯化工艺、结构及抗氧化性研究[D].西安：西北大学，2011.

[16]　王忠壮，郑汉臣，苏中武，等.椛木属主要药用种的总游离氨基酸分析[J].西北药学杂志，1993，8（3）：112-114.

[17]　王忠壮，郑汉臣，苏中武，等.椛木的生物学研究和挥发油成分分析[J].中国药学杂志，1994，7（4）：201-204.

[18]　任美萍，刘艳，李蓉，等.椛木皂苷抗炎、镇痛作用的实验研究[J].泸州医学院学报，2012，35（2）：133-135.

[19]　赵博，王一峰，侯宏红，等. 中国槭木总皂苷对糖尿病大鼠血糖、血脂的影响 [J]. 生命科学研究，2015，19（2）：137-140.

[20]　王一峰，赵博，侯宏红，等. 中国槭木水煎剂改善糖尿病大鼠脂代谢及抗氧化作用 [J]. 中成药，2015，37（8）：1664-1668.

[21]　任美萍，郭庆喜，傅秀娟，等. 槭木皂苷抗肝纤维化的实验研究 [J]. 青岛医药卫生，2013，45（6）：404-405.

[22]　任美萍，刘明，华陈怡，等. 槭木皂苷抗肿瘤活性研究 [J]. 时珍国医国药，2009，20（10）：2417-2418.

[23]　李蓉，张潇，任美萍，等. 槭木总皂苷对荷瘤小鼠肿瘤生长和细胞因子的影响 [J]. 时珍国医国药，2011，22（9）：2199-2200.

[24]　王状忠，万鲲，胡晋红. 槭木属药用植物的药理活性研究 [J]. 中国药学杂志，2002，37（2）：86-90.

鳖甲

Biejia

鳖 甲 | Biejia
TRIONYCIS CARAPAX

本品为鳖科动物鳖（*Trionyx sinensis* Wiegmann）的背甲。全年均可捕捉，以秋季、冬季为多，捕捉后杀死，置沸水中烫至背甲上的硬皮能剥落时，取出，剥取背甲，除去残肉，晒干[1]。别名：团鱼（《纲目》）、甲鱼（《随息居饮食谱》）。

第一节　本草考证与历史沿革

一、本草考证

鳖甲始载于《神农本草经》，因质硬，有腥臭味，自古便须炮制后使用，至今其炮制方法约有25种之多。《重修政和经史证类备用本草》《太平圣惠方》《普济方》中均为去裙后使用。唐代《外台秘要》捣为末，明代《本草蒙筌》："入臼中柞细成霜等炮制法。"南北朝《雷公炮炙论》："凡使，与头醋下火煎之，尽三升醋为度，乃去裙并筋骨了，方炙干，然入药用。"《太平惠民和剂局方》："醋炙为粗末，水煎服；凡使先用醋浸三日，去裙，慢火中反复炙，令黄赤色为度。"苏颂《图经本草》："醋炙令黄捣末，醋浸二宿，去裙，用火炙令黄色，取末，醋淬炙黄，醋淬五七次。"《世医得效方》《药性论》："鳖甲一两（汤泡洗净、米醋浸一宿、火上炙干，再淬再炙；用童子小便煎尽一斗二升，乃去裙留骨，石臼捣粉，以鸡肫皮裹之，取东流水三升，阁于盆上一宿，取用，力有万倍也。"《重修政和经史证类备用本草》明《本草纲目》："小便酒醋各一升。"李中梓《雷公炮炙药性解》："童便浸一宿，滤起酥炙用。"
《肘后备急方》："烧鳖甲，服方寸匕。"《外台秘要》："烧灰捣筛为
散。"《本草述》："去裙襕，净洗过，烧灰存性，研为细末。"《博
济方》："炙令赤。"《医宗必读》："酒浸一宿，炙黄。"《济总录》：
"到作片子，蛤粉相和，于铫内炒香黄色[2-3]。"

二、历史沿革

2020 年版《中国药典》（一部）规定：取净鳖甲，照烫法用砂
烫制表面淡黄色，取出醋淬、干燥[1]。1995 年《山东省中药炮制规范》
规定，将砂子翻炒较滑利后，投入净鳖甲块，翻炒至表面呈黄色
时，迅速取出，筛去砂子，趁热投入醋中浸淬，捞出，干燥粉碎[4]。

热烘干醋淬法：将净制鳖甲分档平铺于电热恒温干燥箱的方盘
中，待温度上升至 230 ℃时恒温 5 min 取出，趁热投入醋液中稍浸，
捞出，干燥，用时捣碎，每 100 kg 鳖甲用醋 20 kg[5]。

干热蒸法：将净鳖甲置锅形铁筛上，然后将铁筛置烧烫的铁锅
中，覆以隔热盖，约 4 min，醋淬，如此重复 1 次即可[2]。

酶解法胰脏净制法[6]：取 0.5% 的猪胰脏溶液，用 $NaCO_3$ 调
pH 值在 8~8.4，水浴加热至 40 ℃，每隔 3 h 搅拌 1 次，残皮和
残肉能全部脱离，捞起鳖甲，晒干至无臭味。酵母菌法鳖甲用约
23 ℃水浸泡 2 d，去水，加入酵母菌加水盖过药材，盖严，10 d 后
捞出，晒干。

灰水浸泡法：将鳖甲用 20% 的石灰水浸泡 1 周余，取出。用
手抹除其皮肉，清水漂洗。焖法将鳖甲投入沸水中煮沸后立即熄
火，焖 2 h，趁热用铁刨子刨去腐肉及鳞皮，用水洗净，日晒夜露 1
周。石头串剥法在剥离皮肉的工序上采用小石头与鳖甲共串筛动，
使皮肉脱落去除[2]。

鳖甲的传统炮制方法从古代最早的捣筛为散、制炭烧末，经历
了净制、生用、醋炙、童便炙、酒制、酥制等，发展成为今天的砂
烫醋淬法的药典方法等。

第二节 动物形态与生境分布

一、原动物形态

体呈椭圆形，背面中央凸起，边缘凹入。腹背均有甲。头尖，颈粗长，吻突出，吻端有 1 对鼻孔。眼小，瞳孔圆形。颈基部无颗粒状疣；头颈可完全缩入甲内。背腹甲均无角质板而被有软皮。背面橄榄绿色，或黑棕色，上有表皮形成的小疣，呈纵行排列；边缘柔软，俗称裙边。腹面黄白色，有淡绿色斑。背、腹骨板间无缘板接连。前肢 5 指，仅内侧 3 指有爪；后肢趾亦同。指、趾间具蹼。雄性体较扁，尾较长，末端露出于甲边；雌性相反。

二、生境分布

生活于湖泊、小河及池塘旁的沙泥里。6—7 月产卵。分布很广，由东北地区至海南岛以及湖北、安徽、四川、云南、陕西、甘肃等地均有。主产湖北、安徽、江苏、河南、湖南、浙江、江西等地。此外，四川、福建、陕西、甘肃、贵州也产。以湖北、安徽产量最大。

第三节 养 殖

一、生存环境

鳖的体色随栖息的环境而变化，呈保护色。主要用肺呼吸，营水陆两栖生活，在水中产歇浮到水表面交换空气。性胆怯，喜安静，在风和日丽的天气，常爬到岸上晒背，杂食性，但喜食动物的饵料，如鱼虾及其他动物的内脏等。水温在 25~33 ℃时，摄食旺盛，生长迅速，水温低于 15 ℃时停止摄食，低于 12 ℃时，伏于水底泥中冬眠。

二、养殖

产卵和孵化鳖为雌雄异体，夏季是鳖的繁殖季了，交配后每年 5—8 月为产卵期。雌鳖常于晚上在岸边的松软泥沙滩上掘穴产卵，然后用沙覆平，每穴 7~30 枚。自然孵化期 50~60 d。可人工采卵孵化，温度控制在 26~36 ℃，湿度在 75%~85%，则孵化期缩短为 40~50 d 孵化率高达 90%。

饲养管理。鳖有自相残食的习性，因此按大小分级饲养，饲养密度不可过大。稚鳖期饲料要求营养丰富，易消化，以蚯蚓、熟蛋黄、动物下脚料为好。池水 3~5 d 换 1 次。幼鳖、成鳖期摄食量大，5—10 月每日投饵 2 次。成鳖按雌雄 4∶1 或 3∶1 放养，加强秋后的营养，有利于提前发情、交配、产卵[7]。

（一）选种

选种是中华鳖人工养殖的基础，品种的好坏直接影响农户的养殖效果。其要求包括：用于养殖的稚鳖必须是体格健壮，体表完整且有光泽，背、腹及四肢腋窝处没有白点或白斑的，活动自如，稚鳖腹部朝向上放在手掌上，能立刻翻转，用手拉后脚能有力缩回；各稚鳖应规格均匀，个体大小在 3 g/只以上；不同批次的鳖苗应该分级饲养，实现同池同规格，避免以大欺小、以强欺弱而造成的损伤。

（二）稚鳖饲养

刚孵化出壳至体重 50 g 的稚鳖，体质都比较娇嫩，适应能力较差，易生病死亡，故需要精心饲养。

1. 放养

刚出壳的稚鳖体重 3~6 g，必须在室内大塑料盆暂养 2~3 d。选择大小一致、体色一致、活动能力强、体形丰润有光泽的个体，放养入池之前，用青霉素溶液浸洗稚鳖 30 min，以增强稚鳖的免疫力，然后再放入事先清整好的稚鳖池内，水深保持在 30 cm 左右，放养密度为 50 只 /m²，且要求以一次放足为宜。饲养 30 d 后，个体体重可达到 10 g 左右，这时的放养密度以 20~30 只 /m² 为宜。

2. 投喂

稚鳖出壳 2~3 d 后，卵黄囊吸收完毕，开始摄食，起初可投喂一些蚯蚓、水蚤等，并将饲料投放于搭置好的饲料台上；饲养 14 d 后，以配合饲料为主，辅以 10% 的鲜鱼和 2% 的青饲料，对其进行强化培育，可将鲜活饲料打成浆后掺入配合饲料中揉成团挂在饲料台上进行驯化。由于稚鳖池体积小，放养密度较大，饲料投喂较多，养殖水质容易变坏而引起稚鳖发病死亡。因此，稚鳖池中必须按时注入新水，每天未吃完的饲料应清除干净，以免恶化水质。池水应有一定的肥度，水体透明度以 20~25 cm 能见度为宜。

（三）幼鳖饲养

稚鳖在经过 100 d 左右的饲养，大多数达到体重 50 g 以上，一般的体重 50~250 g 的中华鳖被称为幼鳖。将越冬后的稚鳖经过分级转入幼鳖池饲养，放养密度为 10 只 /m²，刚开始摄食时以投喂人工配合饲料为主，以鲜活饵料为辅，逐渐调整至 2 个月后全部摄食鲜活饵料，日投饵率应从 5% 增加到 10%。经过 1 年的饲养，幼鳖体重可达 80~100 g。

（四）成鳖养殖

选择标准：成鳖均选自经过前 2 个阶段培育的幼鳖，要求体态好、体薄、圆形、裙边宽厚、背部青灰色并有小黑点，腹部为纯白底，行动灵活、敏捷，无伤残、畸变。

选择规格：250 g/ 只左右的幼鳖，并要求其规格整齐、均匀。

（五）日常管理

饲料以鲜活的饵料为主，搭配一些植物性饵料，主要种类包括：螺蛳、小杂鱼、动物内脏、麸类、饼类、南瓜等，也可投喂人工配合饲料，在水温上升到 18 ℃ 以上时开始投喂，日投喂量为鳖体总重量的 3%～6%，每天投喂 1～2 次，具体的投喂量视水温、天气等情况而定。投喂的同时，可搭配使用少量的光合细菌等微生物制剂，一般情况下不使用颗粒饲料，禁止使用含激素类添加剂和有残留的药物。日常管理中，应注意对每口养殖池塘建立档案，做好记录。

（六）病害防治

鳖的生命力强，野生中华鳖的病情并不严重，但是人工养殖时因密度过大和饲料、药物等原因，可致病而危害其生产。因此，防病、治病也是鳖养殖生产中的重要环节。

1. 病害预防

一是养殖池消毒，无论哪种规格的鳖养殖池在放养前都必须进行清整、消毒、晒池，可用生石灰或漂白粉兑水向全池泼洒。二是种苗消毒，鳖种苗在落池前都必须用 0.6% 的粗盐水或 0.025% 的高锰酸钾溶液浸洗消毒 10 min 左右，然后再放入养殖池中养殖。三是采取一些预防措施，包括：定期消毒池水，坚持每隔 15 d 用 20～30 g/m³ 生石灰向全池泼洒 1 次，既可对池水消毒又可提高池水的 pH 值，若池水呈偏碱性，可在高温季节定时使用水质改良剂对水体进行消毒，饲料消毒就是对所有新鲜小杂鱼、福寿螺肉在投喂前一定要用 3% 的食盐水浸泡消毒 15 min 左右；树叶沤水，日常用松树枝叶或桉树枝叶每 10～15 kg 捆成一把，每 667 m² 水面平均为 1 m 深时用 40～50 kg，放入进水口附近的池中沤水，可起到预防病害的作用；饲料中拌入药物制成药饵进行投喂，如每隔 15 d 在饲料中拌入大蒜素制成药饵投喂 3～5 d，每 50 kg 饲料中拌入大蒜头 250 g 制成团状药饵投喂于饲料台上，但应保持饲料新鲜，不投喂腐败变质的饲料。

2. 病害治疗

仿野生中华鳖养殖的主要病害有白斑病、红脖子病、赤斑病、腐皮病、疖疮病等，治疗时应对症下药，千万不能盲目地使用硝酸亚汞、孔雀石绿、氯霉素等禁用的药物。对于红脖子病，应经常注意保持水质的清新，防止鳖体受伤，或用土霉素拌饵进行投喂，第 1 天的药量为 0.2 g/kg 鳖体体重，第 2 天至第 5 天的药量减半，或用病鳖病变组织做成疫苗进行腹腔注射。对于赤斑病，每 500 g 病鳖用 5 万 IU 硫酸链霉素和 10 万 IU 青霉素配制成 2 mL 溶液进行腹腔注射，1 周后即可基本痊愈。对于腐皮病，发现病鳖时要及时隔离治疗，用抗生素浸泡病鳖 48 h，对其有一定疗效。对于疖疮病，首先要将疖疮挤出，然后用 2%~3% 的盐水将病鳖浸泡 15 min。对于白斑病，可用 10 mg/kg 漂白粉浸洗病鳖 3~5 h，也可用 1 mg/kg 的高锰酸钾溶液向全池泼洒 2~3 次，隔天再用 2 次。对于敌害生物，主要是鼠、蛇最为严重，主要危害稚鳖和幼鳖，应采取有效措施严加防范。

第四节　化学成分

一、氨基酸类

凌笑梅等 [8] 用氨基酸分析仪从生鳖甲和醋制鳖甲提取物中测得 16 种氨基酸：门冬氨酸、苏氨酸、丝氨酸、谷氨酸、脯氨酸、甘氨酸、丙氨酸、缬氨酸、蛋氨酸、异亮氨酸、亮氨酸、酪氨酸、苯丙氨酸、赖氨酸、组氨酸和精氨酸。2 种提取物中氨基酸含量生鳖甲略高。缪华蓉等 [9] 用 PICO·TAGTM 方法对鳖甲内的氨基酸成分进行了分析，其中脯氨酸含量最高（27%），其次是甘氨酸（17%）。高浓度的脯氨酸和甘氨酸是鳖甲中氨基酸的特征，可作为鳖甲质量检定的参考指标。邹全明等 [10] 从鳖甲超微细粉中测得 18 种氨基酸，总量为 452.86 mg/g，其中甘氨酸含量最高（25%），测出了存在于胶原蛋白中的羟脯氨酸。

二、多糖类

凌笑梅等[8] 从生鳖甲和醋制鳖甲提取物中测得氨基半乳糖、氨基葡萄糖、甘露糖、半乳糖醛酸、半乳糖、葡萄糖、葡萄糖醛酸和戊糖，其中含量最高的半乳糖在生鳖甲和醋鳖甲中分别为 2.76 和 3.06 mg/g。醋制鳖甲提取物中的多糖高于生鳖甲提取物。

三、微量元素

张桂英等[11] 对中华鳖、鳖甲及鳖甲提取物中的微量元素进行测定，结果表明含量最高的依次是 Ca、P 和 Mg。邹全明等[10] 从鳖甲超微细粉测得的钙含量极丰富（231.4 mg/g），超过富含钙质的牛奶和大豆，鳖甲超微细粉中镁含量达到 7.128 mg/g。刘焱文等[12] 从鳖甲及其炮制品中用等离子发射光谱仪测定 Cr、Cu、Zn、Fe、Ca、Mg、P、K 和 Na 等，用原子吸收光谱仪测定 As、Be、Cd、Pb 和 Hg 等，结果表明微量元素、常量元素含量较为丰富，而 Pb、Hg 和 Cd 等有毒元素含量甚微，鳖甲炮制品所含无机元素及人体所需微量元素普遍高于生品。

四、其他成分

鳖甲中尚含动物胶、角质蛋白、碘合物、维生素 D 等[13]。

第五节　药理与毒理

一、药理作用

鳖甲具有抗肝纤维化、抗肺纤维化以及抗肿瘤和调节免疫力等作用，现代药理研究也多集中在这些方面[14-15]。

（一）抗肝纤维化作用

研究表明[16-17]，鳖甲煎口服液对实验性肝纤维化有一定的治疗作用，对大鼠实验性肝纤维化具有明显的保护作用，早期应用可以预防或延缓肝纤维化的形成和发展。以鳖甲为主的中药复方制剂与秋水仙碱对大鼠肝纤维化的治疗效果进行比较，治疗组在生化、肝脏形态方面优于对照组秋水仙碱，临床观察患者的腹胀、恶心、肝区疼痛等症状得到改善，血中透明质酸、层黏蛋白含量有所下降，尿中羟脯氨酸值有一定提高，结果优于秋水仙碱对照组[18]。梁润英等[19]在鳖甲煎丸抗肝纤维化的基础上，对鳖甲煎丸原方进行了调整，组成鳖甲抗纤方，在抑制胶原合成、防治肝纤维化的作用方面优于鳖甲煎丸和秋水仙碱，而且其预防效果好于治疗效果。杨艳宏等[20]的研究表明，复方鳖甲软肝片具有抗肝纤维化和抗脂肪病变作用。周光德等[21]探讨了复方鳖甲软肝片（FFBJRGP）抗人体肝纤维化的作用机制，结果表明，与治疗前穿刺肝组织比较，FF-BJRGP治疗后的肝纤维化程度均有明显改善（$P<0.01$），肝组织内活化肝星状细胞（HSC）数量明显减少，而凋亡的活化 HSC 数量则显著增加（$P<0.01$）。提示抑制 HSC 活化、促进活化 HSC 凋亡可能为 FFB-JRP 抗肝纤维化的作用机制之一。而赵景民等[22]则认为，FFBHRGP 可能通过多靶点影响肝纤维化逆转及形成环节产生抗肝纤维化的效果。任映等[23]最近的研究结果表明，加味鳖甲煎丸对 CCl_4 所致肝纤维化大鼠有较好治疗作用，使 CCl_4 造模大鼠血清 AST、ALT、TBIL、IV-C、LN、HA 明显降低。而谢世平等[24]的研究表明，鳖甲煎丸能够从多个环节抑制肝脏纤维化病理改变，明显抑制 $TNF-\alpha$ 基因的表达，其作用接近或优于秋水仙碱。

（二）对肺纤维化的影响

试验表明[25]，复方鳖甲软肝方可降低肺纤维化大鼠Ⅰ、Ⅲ胶原，层粘连蛋白及透明质酸的含量，减轻肺组织纤维性增生，这可能是通过降低肺纤维化大鼠细胞外基质含量而发挥治疗肺纤维化作用。张东伟等[26]在研究复方鳖甲方对盐酸博莱霉素致大鼠肺纤维化的治疗作用中发现：复方鳖甲方可能是通过影响肺结构而对肺纤维化大鼠有一定程度的治疗作用。又有实验显示[27]，复方鳖甲方能改善肺纤维化大鼠的 HTCT 影像，降低肺组织纤维性病变，这可能是通过影响肺结构而对肺纤维化大鼠有一定程度的治疗作用。另一实验也表明[28]，复方鳖甲片可降低肺纤维化大鼠血清Ⅲ -C、Ⅳ -C、LN 及 HA 的含量，减少肺组织纤维性增生。付敏等[29]研究显示，复方鳖甲软肝方能从蛋白水平上调节 TGF-B1 的分泌，从而发挥治疗肺纤维化的作用，这是复方鳖甲软肝方抗肺纤维化的机制之一。

（三）抗癌作用

鳖甲提取液对小鼠 S180 腹水肉瘤细胞、小鼠 H22 肝癌细胞和小鼠 Lewis 肺癌细胞体外生长有抑制作用[30]。王慧铭等[31]的实验结果表明，鳖甲多糖能明显抑制 S180 荷瘤小鼠肿瘤的生长，其作用机制可能是增强了荷瘤小鼠的非特异性免疫功能和细胞免疫功能。人参鳖甲丸具有保护肝细胞、抗肝纤维化、抑制肝细胞异常增生的作用，并能使癌组织周围表达低下的 TGF-β Ⅰ、TGF-βII R 含量显著增加[32]。鳖甲浸出液对肠癌细胞能起到抑制生长作用，降低了肠癌细胞的代谢活性，损伤或破坏了肠细胞线粒体结构，干扰了细胞功能，影响了细胞内 ATP 的合成，当增高鳖甲浓度时，进一步破坏了细胞核，影响 DNA 的合成，从而抑制了细胞增殖[33]。最新研究结果表明，鳖甲煎丸化裁能明显抑制肝癌 22 荷瘤小鼠肿瘤的生长，其作用机制可能是增强荷瘤小鼠的体液免疫功能和细胞免疫功能[34]。

（四）增强免疫作用

从鳖甲中提取出来的生物活性物质，具有抗肿瘤、抗辐射及提高免疫功能等作用[30]，鳖甲多糖能明显提高 S180 荷瘤小鼠的非特异性免疫功能和细胞免疫功能[31]。徐桂珍等将鳖甲提取物

（TSWE）给小鼠口服 3 d，于末次给药 24 h 后全身 1 次 6 gy X 射线照射，观察受照后 3 d 小鼠免疫器官和免疫功能的影响，结果显示：口服鳖甲提取物能显著提高受照小鼠的免疫功能[35]。张大旭等[36]的研究结果还表明，TSWE 能显著提高小鼠细胞免疫功能，其原因可能与鳖甲中含量丰富的锌、铁等微量元素有关。杨珺等[37]通过 5 个功能学实验结果表明，鳖甲超微细粉能提高小鼠溶血素抗体积数水平及提高小鼠巨噬细胞、乔噬细胞数量。可以确定鳖甲超微细粉具有免疫调节作用。以鳖甲为主药的青蒿鳖甲汤对急性髓系白血病缓解期患者的免疫功能具有调节作用[38]。王慧铭等[39]研究表明，鳖甲多糖能提高免疫抑制小鼠的非特异性免疫功能，且有浓度—剂量效应。

（五）对血脂的影响

复方鳖甲软肝片有明显降低全血高切及低切黏度的作用[40]。段斐等[41]研究结果发现，复方鳖甲软肝片高、中、低 3 种剂量均能够降低高脂饲料大鼠血中总胆固醇水平，升高高密度脂蛋白水平，减少脂肪的吸收，促进脂肪的代谢。

（六）其他作用

鳖甲提取物（TSWE）能显著增加小鼠乳酸脱氢酶（LDH）活力，有效清除剧烈运动时机体的代谢产物，能延缓疲劳的发生，也能加速疲劳的消除。此外，高、中剂量 TSWE 还能增加小鼠的耐缺氧能力[42]。张大旭等[36]的研究也表明，TSWE 能提高机体对负荷的适应性。韩琳等[43]研究表明，鳖甲煎丸能够明显上调肾间质纤维化大鼠肾脏 ADM 蛋白及 mRNA 的表达，对肾脏起到保护作用。杨珺等[44]报道鳖甲超微细粉具有增加骨密度的功能，在钙表观吸收率和提高股骨骨密度及股骨骨钙含量方面优于碳酸钙。

二、毒性机理

鳖甲为鳖科动物鳖的背甲，其肉可以食用，其甲作为药材用于临床，未发现鳖甲长期服用的毒副作用[45-53]。熊婧等[54]对鳖甲制剂的长期安全性进行了评价，动物实验连续给药6个月后观察相关指标，结果显示：各指标与空白对照组相比没有统计学意义，病理组织切片显示两组的各指标没有变化，血常规、生化指标、脏器指数等无明显影响，未发现靶器官毒性，提示该类制剂长期服用安全性良好。鳖多糖口服100 g/kg，给药后14 d，未见有死亡，解剖动物，肉眼未见有病理变化。

第六节　质量体系

一、标准收载

（一）药材标准

《中国药典》（2020年版）、《台湾中药典》（第三版）。

（二）饮片标准

《中国药典》（2020年版）、《浙江省中药炮制规范》（2015年版）、《北京市中药饮片炮制规范》（2008年版）、《上海市中药饮片炮制规范》（2018年版）、《湖南省中药饮片炮制规范》（2010年版）、《广西中药饮片炮制规范》（2007年版）、《安徽省中药饮片炮制规范》（第三版）、《江西省中药饮片炮制规范》（2008年版）、《陕西省中药饮片标准》（第二册）。

二、药材性状

（一）《中国药典》（2020年版）

本品呈椭圆形或卵圆形，背面隆起，长10～15 cm，宽9～14 cm。外表面黑褐色或墨绿色，略有光泽，具细网状皱纹和灰黄色或灰白色斑点，中间有1条纵棱，两侧各有左右对称的横凹纹8

条，外皮脱落后，可见锯齿状嵌接缝。内表面类白色，中部有突起的脊椎骨，颈骨向内卷曲，两侧各有肋骨 8 条，伸出边缘。质坚硬。气微腥，味淡。

（二）《台湾中药典》（第三版）

本品呈椭圆形或卵圆形，背面隆起，长 10~15 cm，宽 9~14 cm。外表面黑褐色或黑绿色，略有光泽，具细网状皱纹及灰黄色或灰白色斑点，中间有 1 条纹棱，可见椎板 7~8 枚，两侧各有左右对称的横凹纹 8 条，外皮脱落后，可见锯齿状衔接缝。内表面类白色，中部有突起的椎骨，颈骨向内卷曲，颈骨板两端呈翼状，两侧各有肋骨 8 条，伸出边缘。质坚硬。气微腥，味淡。

三、炮制

（一）《中国药典》（2020年版）

鳖甲：置蒸锅内，沸水蒸 45 min，取出，放入热水中，立即用硬刷除去皮肉，洗净，干燥。

醋鳖甲：取净鳖甲，照烫法用砂烫至表面淡黄色，取出，醋淬，干燥。用时捣碎。

（二）《浙江省中药炮制规范》（2015年版）

鳖甲：取原药，置适宜容器内，蒸 45 min，取出，投入热水中，立即用硬刷刷去残留皮肉，洗净，干燥，砸成小块。

醋鳖甲：取鳖甲饮片，照砂烫法烫至表面淡黄色至淡黄棕色时，取出，筛去沙子，趁热投入醋中，淬至酥脆，取出，漂净，干燥。

（三）《湖南省中药饮片炮制规范》（2010年版）

鳖甲：取原药材，用清水浸泡，春冬 5~7 d，夏秋 3~5 d（每天换水），捞出，立即用硬刷除去皮肉，洗净，晒干。

醋鳖甲：取净鳖甲，照烫法用砂烫至表面淡黄色，取出，醋淬，干燥。用时捣碎。

（四）《北京市中药饮片炮制规范》（2008年版）

鳖甲：取原药材，置蒸锅内，蒸 45 min，至皮膜、残肉易于除去时，取出，放入热水中，立即用硬刷除净皮肉，洗净，干燥，加工成块。

醋鳖甲：取河砂，置热锅内，用武火 180~220 ℃炒至灵活状态，加入净鳖甲，烫至表面黄色，取出，筛去河砂，趁热投入米醋中浸淬，取出，干燥。

（五）《上海市中药饮片炮制规范》（2018年版）

生鳖甲：将药材置水中，照烂法浸泡烂去残肉，洗净，捣碎，日晒夜露至无臭气，或将药材置蒸锅内，沸水蒸 45 min，取出，放入热水中，立即用硬刷除去皮肉，洗净，干燥。

醋鳖甲：取生鳖甲，照砂炒法，用砂炒至表面淡黄色，质酥脆，取出，醋淬，干燥。

（六）《广西中药饮片炮制规范》（2007年版）

鳖甲：将鳖甲用温水浸洗，去净皮肉，洗净，日晒夜露至无臭气，用时捣碎。

醋鳖甲：先将砂子置锅内炒热，加入生鳖甲，用武火炒至表面淡黄色至棕黄色，取出，筛去砂子，将烫制过的鳖甲趁热倒入醋内淬之，待吸透后，取出，晾干。

（七）《安徽省中药饮片炮制规范》（第三版）

鳖甲：取原药材，放入热水中，立即用硬刷除去皮肉，干燥；或置蒸锅内，沸水蒸 45 min，取出，洗净，日晒夜露至无臭气，干燥，打成碎块。

（八）《江西省中药饮片炮制规范》（2008年版）

鳖甲：置蒸锅内，沸水蒸 45 min，取出，放入热水中，立即用硬刷除去皮肉，洗净，干燥。或取原药材，用清水浸润 1 周至皮肉易与背甲分离，刮去残余皮肉，洗净，干燥，打成碎块。

醋鳖甲：取净鳖甲，照烫法用砂烫至表面淡黄色，取出，醋淬，干燥，用时捣碎。或取净鳖甲，用砂炒至酥泡，取出，趁热投入醋液中，淬酥，干燥。

（九）《陕西省中药饮片标准》（第二册）

鳖甲：置蒸锅内，沸水蒸 45 min，取出，放入热水中，立即用硬刷除去皮肉，洗净，干燥。必要时捣碎。

醋鳖甲：取净鳖甲，照烫法用砂烫至表面淡黄色，取出，醋淬，砸碎，干燥。

四、饮片性状

（一）《中国药典》（2020年版）

鳖甲：同药材。

醋鳖甲：表面淡黄色，其余同药材。

（二）《浙江省中药炮制规范》（2015年版）

鳖甲：多为长方形片块，大小不一，两端微向内曲。外表面具细网状皱纹；内表面光滑，中间有一条脊状隆起；两侧呈细齿状。一端不整齐突起，另一端有一枚钝齿状突出。质坚硬，断面中间有细孔。气微腥，味淡。

醋鳖甲：表面淡黄色至淡黄棕色，质酥脆。

（三）《湖南省中药饮片炮制规范》（2010年版）

鳖甲：多为大小不等的碎块。外表面黑褐色或墨绿色，略有光泽，具细网状皱纹及灰黄色或灰白色斑点。内表面类白色。气微腥，味淡。

醋鳖甲：形同鳖甲，表面深黄色，质酥脆，略具醋气。

醋鳖甲超微配方颗粒：浅黄色至黄棕色的颗粒；气微腥，味淡。

（四）《北京市中药饮片炮制规范》（2008年版）

鳖甲：为长方形块片。外表面具细网状皱纹及灰黄色或灰白色凹凸的斑点；内表面类白色，具肋骨，并伸出边缘，两侧边缘均具细锯齿。质坚硬。气微腥，味淡。

醋鳖甲：长方形的块片。表面黄色。质酥脆，略有醋酸气。

（五）《上海市中药饮片炮制规范》（2018年版）

生鳖甲本品为长方形的块片，两端微向内曲，长4~7 cm，宽0.8~1.8 cm。上表面灰黄色至淡青灰色，具细网状皱纹。内表面黄白色至淡黄色，较光滑，中间有1条脊状隆起。一端突出呈矛头状，另一端稍扁而翘离，两侧边缘均具细锯齿。质坚硬，不易折断。断面可见细孔。气微腥，味淡。

醋鳖甲棕黄色至黄棕色，质坚酥脆，略具焦臭和醋气。

（六）《广西中药饮片炮制规范》（2007年版）

生鳖甲：同《中国药典》（2020年版）。

醋鳖甲：呈淡黄色至棕黄色，质酥脆，略有醋气，无腐皮肉，无杂质。

（七）《安徽省中药饮片炮制规范》（第三版）（2019年版）

为不规则的碎片，大小不一，类白色。外表面隆起，具细网状皱纹。内表面中部有突起的脊椎骨，边缘呈齿状突起。质坚硬。气腥，味淡。

（八）《江西省中药饮片炮制规范》（2008年版）

鳖甲：为不规则的碎片，大小不一。外表面隆起，黑褐色或墨绿色。具细网状皱纹及灰黄色或灰白色斑纹。内表面类白色，中部有突起的脊椎骨，边缘呈齿状突起。质坚硬。气微腥，味淡。无虫蛀。

醋鳖甲：形如鳖甲，表面深黄色，质酥脆，微具醋香。

（九）《陕西省中药饮片标准》（第二册）

鳖甲：同《中国药典》（2020年版）。

醋鳖甲：呈不规则的碎片，微凹，有的边缘细锯齿状，有的凹面可见突起的脊椎骨，颈骨向内卷曲，有的可见伸出边缘的肋骨。表面深黄色，质酥脆。略具醋香气，微腥，味淡，微酸。

四、有效性、安全性的质量控制

鳖甲的有效性、安全性质量控制项目见表 14.1。

表14.1　有效性、安全性质量控制项目汇总

标准名称	鉴别	检查	浸出物	含量测定
《中国药典》（2020年版）	—	药材：水分（不得超过12%）	照醇溶性浸出物测定法（药典通则2201）项下的热浸法测定，用稀乙醇作溶剂，不得少于5%	—
《台湾中药典》（第三版）（2018年版）	—	重金属（砷、镉、汞、铅）应符合通则 3007、THP3001 的要求；干燥减重（不超过11%）、酸不溶性灰分（不多于12%）、二氧化硫不得超过150 mg/kg	—	—
《北京市中药饮片炮制规范》（2008年版）	—	—	照醇溶性浸出物测定法项下的热浸法测定，用稀乙醇作溶剂，鳖甲不得少于5%，醋鳖甲不得少于7%	—
《陕西省中药饮片标准》（第二册）	—	—	照醇溶性浸出物测定法项下的热浸法测定，用稀乙醇作溶剂，鳖甲不得少于4%，醋鳖甲不得少于5%	—

续表

标准名称	鉴别	检查	浸出物	含量测定
《湖南省中药饮片炮制规范》（2010年版）	超微配方颗粒：薄层鉴别（以丙氨酸对照品为对照）	超微配方颗粒：水分（不得超过7%）	饮片：醇溶性浸出物测定法项下的热浸法测定，用70%乙醇作溶剂，不得少于4.5%。超微配方颗粒：醇溶性浸出物测定法项下的热浸法测定，用稀乙醇作溶剂，不得少于5%	—
《上海市中药饮片炮制规范》（2018年版）		水分（不得超过12%）	同《中国药典》（2020年版）	
《广西中药饮片炮制规范》（2007年版）		—	同《中国药典》（2020年版）	—

五、质量评价

由于产地的生态环境、养殖、炮制方法等的差异，不同产地、不同炮制条件的鳖甲药材在性状上具有较明显的差别。卢先明等[49]对所收集到的8种样品中能够定种的中华鳖（*Trionyx sinensis Wiegmann*）、平鳖（*Dogania subplana*）、斑鳖（*Rafetus swinhoei*）和缘板鳖（*Lissemys punctata Sctttata*）4种鳖的背甲进行了性状、薄层、紫外鉴别，为鉴别鳖甲的品种状况提供了依据。王红霞等[50]依据形态学特征对湖北、安徽、浙江、江苏等不同产地鳖甲药材进行鉴别，发现不同产地的鳖甲药材的显微特征比较近似，主要区别是毛毛虫样结构、半月牙样结构、含棕褐色色素碎块的大小及紫外光谱特征[51]。

在分子鉴别方面，不同种源的鳖甲在生药形态学上有明显区别，蛋白电泳表明不同种源的鳖甲具有不同的特征，结果与形态学上区别吻合，据此提出生药形态学结合蛋白电泳实验可作为鳖甲品种的鉴定方法。刘忠权等[52]根据中华鳖和鳖甲混淆品原动物的12S rRNA 基因片段的序列数据库，找出中华鳖及其他鳖科动物有明显区别的特异性位点，设计了一对能特异性鉴别中华鳖的引物，利用鳖甲中残存的 DNA，通过 PCR 扩增，可以准确鉴别鳖甲。

《中国药典》规定鳖甲醇溶性浸出物[1]不得少于 5%。采用紫外光谱法测定吸收度，采用药典法测定鳖甲的水分、灰分、酸不溶性灰分及水溶性浸出物含量，建立鳖甲生片的质量标准，建立的方法准确可行，重复性好。刘林增[5]考察了鳖甲醇溶性浸出物的含量，指出鳖甲炮制品醇溶性浸出物的含量应在 6.9% 以上，为有效控制鳖甲炮制品的内在质量提供了依据。以往经常有食用后收集的残甲板供药用，往往浸出物含量不达标。比较了野生和人工养殖鳖甲的药用价值，野生品优于养殖品，在临床应用养殖品时，可考虑适当加大剂量。鳖甲与食用后鳖甲的质量，两者在形态学上有明显区别，但所含游离氨基酸种类相同，经炮制后，两者水浸出物的含量基本一致，因此认为食用后鳖甲可以入药[53-54]。丁元晶[55]认为，鳖甲炮制应控制温度、时间以充分煎出有效成分为宜，鳖甲随炮制温度升高，炮制时间延长有效成分煎出率高，所以控制炮制温度和时间，是充分发挥鳖甲药效的有效途径。

周后恩等[46]对鳖甲的微观结构进行了研究，发现鳖甲是一种不完全钙化的骨质结构[47]，目前普遍认为骨是天然有机-无机复合材料，主要由水（约 10%）、有机物（约 65%）和无机盐（约 24%）组成，其中，有机物中约 90% 是胶原蛋白，还有少量的非胶原蛋白、多糖和酯类等，无机盐中磷酸钙类矿物占骨质量的60%~70%，最主要的是羟基磷灰石，此外还存在非晶磷酸钙、磷酸钙和二水磷酸氢钙等，它们被认为是磷灰石的前体相而存在，骨的主体骨架是胶原纤维结构[48]。甲肋板外密质层外层中相互交替存在4小层按不同方向明显定向排列的细小棒状羟基磷灰石晶体和4小层片层状羟基磷灰石晶体，内密质层含平行于肋骨方向排列的丝状胶原纤维[46]。

目前，关于鳖甲的化学成分研究较少，鳖甲的活性成分尚无定论，尤其对于鳖甲作用于阴虚发热、劳热骨蒸、虚风内动等症的药效学还需要深入研究；部分鳖甲药材是由餐饮后的废弃物中集中收集，加工方法和传统要求差异太大，质量难以保证，能否临床应用尚无定论；在质量标准考察方面，研究者大多采用浸出物量及蛋白质、微量元素或氨基酸含量为指标，这些指标都只反映了鳖甲质量的某一部分，且选择控制质量的指标不同，得出的结论也不同。中药作用的特点是多成分的整体性，在其质量方面依靠单一成分来控制已经不能满足中药现代化的要求，这就要求传统中药的质量控制方法也要更加完善和现代化，只有这样才能达到"安全、有效、可控"的要求。因此，结合鳖甲药理活性成分的研究，同时使用综合量化的色谱鉴别手段，达到鉴别真伪、评价原药材、半成品和成品质量均一性和稳定性的目的，是目前鳖甲研究领域的当务之急[51]。

第七节　性味归经与临床应用

一、性味

《中国药典》（2020年版）："咸，微寒。"

《本经》："味咸，平。"

《别录》："无毒。"

《本草从新》："咸，寒。"

二、归经

《中国药典》（2020 年版）："归肝、肾经。"

《纲目》："厥阴肝经。"

《雷公炮制药性解》："入肝、脾二经。"

《本草汇言》："入足厥阴、少阴经。"

三、功能主治

《中国药典》（2020 年版）："滋阴潜阳，退热除蒸，软坚散结。用于阴虚发热，骨蒸劳热，阴虚阳亢，头晕目眩，虚风内动，手足瘛疭，经闭，癥瘕，久疟疟母。"

《本经》："主心腹症瘕坚积、寒热，去痞、息肉、阴蚀，痔（核）、恶肉。"

《别录》："疗温疟，血瘕，腰痛，小儿胁下坚。"

《药性论》："主宿食、症块、痃癖气、冷瘕、劳瘦，下气，除骨热，骨节间劳热，结实壅塞。治妇人漏下五色羸瘦者。"

《日华子本草》："去血气，破症结、恶血，堕胎，消疮肿并扑损瘀血，疟疾，肠痈。"

《本草衍义补遗》："补阴补气。"

《医学入门》："主劳疟、老疟，女子经闭，小儿痢疾。"

《纲目》："除老疟疟母，阴毒腹痛，劳复，食复，斑疽烦喘，妇人难产，产后阴脱，丈夫阴疮，石淋；敛溃痈。"

《江西中药》："治软骨病。"

四、用法用量

《中国药典》（2020 年版）："9～24 g，先煎。"

《中药大辞典》："内服，煎汤，3～8 钱，熬膏或入丸、散。外用，研末撒或调敷。"

五、注意事项

脾胃阳衰，食减便溏或孕妇慎服。

《本草经集注》："恶矾石。"

《药性论》："恶理石。"

《本草经疏》："妊娠禁用，凡阴虚胃弱、阴虚泄泻、产后泄泻、产后饮食不消、不思食及呕恶等证咸忌之。"

《本经逢原》："肝虚无热，禁之。"

《得配本草》："冷劳症瘕人不宜服，血燥者禁用。"

六、附方

1. 治男女骨蒸劳瘦

鳖甲一枚，以醋炙黄，入胡黄连二钱，为末。青蒿煎汤服方寸匕（《千金要方》）。

2. 治骨蒸夜热劳瘦，骨节烦热，或咳嗽有血者

鳖甲一斤（滚水洗，去油垢净），北沙参四两，怀熟地、麦门冬各六两，白茯苓三两，陈广皮一两。水五十碗，煎十碗，渣再煎，滤出清汁，微火熬成膏，炼蜜四两收。每早晚各服数匙，白汤调下（《本草汇言》）。

3. 治热邪深入下焦，脉沉数，舌干齿黑，手指但觉蠕动，急防痉厥

炙甘草六钱，干地黄六钱，生白芍六钱，阿胶三钱，麦冬五钱（去心），麻仁三钱，生牡蛎五钱，生鳖甲八钱。水八杯，煮取八分三杯，分三次服（《温病条辨》二甲复脉汤）。

4. 治老疟久不断者

先炙鳖甲，捣末，方寸匕，至时令三服尽（《补缺肘后方》）。

5. 治温疟

知母，鳖甲（炙）、常山各二两，地骨皮三两，竹叶一升（切），石膏四两。上以水七升，煮二升五合，分温三服。忌蒜、热

面、猪、鱼（《补缺肘后方》）。

6. 治疟母

鳖甲十二分（炙），乌扇三分（烧），黄芩三分，柴胡六分，鼠妇三分（熬），干姜三分，大黄三分，芍药五分，桂枝三分，葶苈一分（熬），石苇三分（去毛），厚朴三分，牡丹五分（去心），瞿麦二分，紫葳三分，阿胶三分（炙），蜂蜜四分（炙），赤硝十二分，蜣螂六分（熬），桃仁二分，半夏一分，人参一分，䗪虫五分（熬）。上二十三味，为末，取煅灶下灰一斗，清酒一斛五斗，浸灰，候酒尽一半，着鳖甲于中，煮令泛烂如胶漆，绞取汁，纳诸药煎为丸，如梧子大，空腹服七丸，日三服（《金匮要略》鳖甲煎丸）。

7. 治癥癖

鳖甲、诃黎勒皮、干姜末。等分为丸，空心下三十丸，再服（《药性论》）。

8. 治心腹癥瘕血积

鳖甲一两（汤泡洗净，米醋浸一宿、火上炙干，再淬再炙，以甲酥为度，研极细），琥珀三锅（研极细），大黄五钱（酒拌炒）。上共研细作散。每早服二钱，白汤调下（《甄氏家乘方》）。

9. 治妇人月水不利，腹胁妨闷，背膊烦疼

鳖甲二两（涂醋炙令黄，去裙襴），川大黄一两（锉，微炒），琥珀一两半。上药捣罗为末，炼蜜和丸，如梧桐子大。以温酒下二十丸（《圣惠方》鳖甲丸）。

10. 治妇人漏下五色，羸瘦、骨节间痛

鳖甲烧令黄，为末，酒调服方寸匕，日三（《肘后方》）。

11. 治吐血不止

鳖甲一两（锉作片子），蛤粉一两（鳖甲相和，于铫内炒香黄色），熟干地黄一两半（暴干）。上三味捣为细散。每服二钱匕，食后腊茶清调下，服药讫，可睡少时（《圣济总录》鳖甲散）。

12. 治卒腰痛不得俯仰

鳖甲一枚（炙，捣筛）。服方寸匕，食后，日三服（《补缺肘后方》）。

13. 治石淋

鳖甲杵末，以酒服方寸匕，日二、三，下石子瘥（《肘后方》）。

14. 治上气喘急，不得睡卧，腹胁有积气

鳖甲一两（涂醋炙令黄，去裙襕），杏仁半两（汤浸，去皮、尖，麸炒微黄），赤茯苓一两，木香一两。上药捣筛为散，每服五钱，以水一中盏，入生姜半分，灯心一大束，煎至六分，去滓，不计时候，温服（《圣惠方》）。

15. 治阴虚梦泄

鳖甲烧研，每用一字，以酒半盏，童尿半盏，葱白七寸同煎，去葱，日晡时服之，出臭汗为度（《医垒元戎》）。

16. 治产后早起中风冷，泄痢及带下

鳖甲如手大，当归、黄连、干姜各二两，黄柏长一尺、广三寸。上五味细切，以水七升，煮取三升，去滓，分三服，日三（《千金方》鳖甲汤）。

17. 治小儿痫

鳖甲炙令黄，捣为末，取一钱，乳服，亦可蜜丸如小豆大服（《子母秘录》）。

18. 治肠痈内痛

鳖甲烧存性，研，水服一钱，日三（《传信方》）。

19. 治痈疽不敛，不拘发背一切疮

鳖甲烧存性，研掺（《怪证奇方》）。

20. 治痔，肛边生鼠乳，气壅疼痛

鳖甲三两（涂醋炙令黄，去裙襕），槟榔二两。上药捣细罗为散，每于食前，以粥饮调下二钱（《圣惠方》鳖甲散）。

21. 治丈夫阴头痛肿

鳖甲一枚，上一味，烧焦末之，以鸡子白和敷之（《千金翼方》）。

22. 治牙痛

鳖甲。焙干轧成细末，贮于干燥器皿内备用。临用时，取鳖甲粉 0.5 g 放在烟斗内烟叶的表面上，点燃当烟吸（《全展选编·五官科》）。

第八节　丽水鳖甲资源利用与开发

一、资源蕴藏量

野生资源较少，只供少数高端食用，很少供药用。

二、基地建设情况

对丽水来讲，以松阳县养龟鳖最多，以松阳县农业农村局下属的农场龟鳖场为龙头企业，量大、品种多、质量好，已有 20 多年的养殖历史，领衔人物是叶泰荣研究员，他是松阳唯一一个农业系统的研究员，还有松阳中得甲鱼科技开发有限公司，荣获许多市县科技成果奖，在龟鳖养殖方面取得较大成绩；松阳县龟鳖养殖集中在上河村水乡，老书记带头全村发展龟鳖养殖产业；还有新兴赤首等地也有养殖龟鳖的大户。据初步估计松阳龟鳖至少有数十万只，龟的品种较多，除食用外还有供观赏的宠物。松阳龟鳖除大量供应丽水市场外，大宗商品多是运往广东、上海等地食品厂，收集食用后取龟鳖甲和板供药用。

三、产品开发

（一）中成药

目前有 60 种中成药中含有鳖甲，如养血愈风酒、青蒿鳖甲片、乌鸡白凤丸、调经至宝丸等，主要用于滋阴养血、活血化瘀、祛风除湿等 [23]。

（二）食品

1. 药膳罐头

鳖甲肉清蒸、清炖或红烧都具有滋阴补血、增强体质之功效，经常食用可治伤中益气、补不足，还可防治肺结核、发烧、久痢、妇女崩漏和颈淋巴结核等；以鳖甲肉为主料，乌骨鸡为配料，并用龙眼、大枣、山药、枸杞子、莲子等为辅料，制得色香味俱佳、营养更为丰富的药膳罐头 [56]。

2. 鳖甲胶

鳖甲的药用价值广泛，内含动物胶、角质蛋白、碘合物、维生素 D 等成分，有滋阴潜阳、退虚热、软坚散结、消痞、益肾骨等功效，还能散淤血、通月经、消脾肿、除痨热等。以鳖甲熬胶，并以白芷、肉桂、香附、木香、砂仁、甘草配伍，散风除湿、散寒止痛、活血通经，调经止痛，理气健脾。

3. 各类酒产品

鳖血也是重要的中药材，据中医理论记载：鳖血能治口眼歪斜、虚劳潮热等；鳖血兑酒服用，能补血强身，对心脏病、头晕眼花、肠胃病、小儿疳积潮热、肺结核潮热、食欲不振、消化不良等有疗效。鳖血，常作为补血剂为人体所吸收，经常少量地饮用一点儿低度的鳖血酒可软化血管，对贫血和供血不足引起的四肢发凉、体质虚弱、脑神经衰弱等症，有一定的食疗作用。鳖胆味辛，能开聋瞽、除症瘕痞积息肉、恶阴蚀痔核、通窍尤捷。鳖胆酒有祛火降热、利肝解毒、清肺止咳的功效。可以生食用。此外，以鳖甲为主要原料，加入谷物和中药材为原料蒸熟后加入酒曲或酵母，恒温密闭发酵，蒸馏出原酒，可制成一种全原料发酵酿制而成的中华鳖酒精饮料。其酒体清澈透明，酒味芳香醇厚，口感宜人，实为高档滋补佳酒。

（三）保健食品

我国含有鳖甲为主成分的保健食品有 17 种，主要具有延缓衰老、增加骨密度、增强免疫力等保健功能，如金丝地甲胶囊、力康片、鹿龟鳖酒等。以鳖甲冻干粉为主原料，配伍 DHA 微胶囊、银杏叶提取物与乳酸锌，具有提高人体免疫力与改善记忆力双重功能。此外，鳖甲还可以作为原料，制备中华鳖胚胎素 [57] 和多肽产品，以鳖甲为主要原料，分子量分布在 10 000 Da 以内（其中 140~1 000 Da 分子量范围占 50% 以上），包括口服液和干粉等 [58]。

（四）其他

鳖甲的脂肪与植物性脂肪一样为不饱和脂肪酸，因此对健康极有益处。鳖脂煎成油，对治疗痔疮有特效，还可以治疗皮炎、皮肉溃烂、湿疹、烫伤等疾病。取鳖甲腹脂，去残肉，洗净，锅中加少量水，入甲鱼腹脂煎煮，煮毕，将油盛入容器冷凝，冷凝后装入小瓶包装。鳖脂用文火烤油后，涂抹于被烫伤或被蚊虫叮咬的患处，有消肿止痛的功效 [56]。

第九节　总结与展望

自古以来，中华鳖作为药食同源药材，具有较高的食用和药用价值，受到人们的普遍青睐。近年来，在鳖甲的化学成分、药理药效等研究方面有很大进展，现代医学研究揭示了中华鳖具有抗肿瘤、提高免疫力以及延缓衰老等保健功效，复方临床应用广泛。但现阶段，鳖甲的有效成分尚不完全明确，对其提取纯化工艺等研究也相对较少，在有效成分、提取纯化工艺及如何分离和提取相关活性因子等方面仍须进行深入研究。

目前，中华鳖成为国内重要的水产养殖经济动物之一，人工养殖业发展非常迅速。丽水松阳、云和等地都有养殖，但养殖基地普遍规模不大，且缺乏系统科学规范的管理。现阶段丽水地区没有本土的药品及食品加工生产企业，养殖户仅提供整只龟鳖原料发往外地。作为食用、药用皆佳的药材，应进一步探究食用、药用部位的分离、加工技术，建立科学完善的食用、药用质量标准体系，确保质量稳定可控。在深加工方面，鳖全身可综合利用，国内鳖甲产品总的来说以鳖的肌肉为原料，开发有粉、液、酒、胶囊等营养保健品类，冷冻和真空包装的熟食等产品。鳖的血、甲、卵、胆等具有很高的药用价值，而其生理活性成分和含量及相应的提取纯化工艺有待深入研究开发。目前从事鳖甲系列产品精深加工的企业数量较少，大多数企业规模小，产量低，没有形成规模效应，产品开发仍停留在粗加工层面为主，该产业迫切需要加强中华鳖深加工及综合利用的研究，提高其产品附加值，增加养殖户的收入，规避市场的风险。目前，中华鳖加工产品主要有粉、液、酒、胶囊等营养保健品类，冷冻和真空包装的即食产品等多种形式。这些产品既全面保留中华鳖的营养价值，又方便消费者食用，而且提取浓缩其生理活性物质，成为深受百姓喜爱的保健产品。下一步，加工品市场有待进一步细化。可以从原料档次、产品类型、品牌的营造、系列产品深加工等方面着手，研发生产更多风味独特、有营养、保健和医疗作用的产品，大大提高鳖的附加值。

参 考 文 献

[1]   国家药典委员会 . 中华人民共和国药典 [M]. 2020 年版一部 . 北京：

中国医药科技出版社，2020：402.

[2]　刘林增.鳖甲炮制传统工艺沿革与现状 [J] 山东医学高等专科学校学报，2012，34（6）：430-431.

[3]　葛洪.肘后备急方 [M].天津：天津科学技术出版社，2000：50-61.

[4]　山东省卫生厅.山东省中药炮制规范 [S].济南：山东科学技术出版社，1991：22.

[5]　刘林增.鳖甲醇溶性浸出物含量测定 [J].山东医药工业，2001，20（4）：11-12.

[6]　龚千锋.中药炮制学 [M].北京：中国中医药出版社，2003：70.

[7]　黄倩，程羽.中华鳖的人工养殖技术 [J].农业经济，2011，5（1）：7.

[8]　凌笑梅，张娅婕，张桂英，等.鳖甲提取物中氨基酸、微量元素及多糖含量的测定 [J].中国公共卫生，1999，15（10）：939.

[9]　缪华蓉，沈耀明.鳖甲内氨基酸成分的研究 [J].中成药，1995，17（12）：37-38.

[10]　邹全明，杨珺，赵先英，等.中华鳖甲超微细粉中氨基酸及钙、镁元素分析 [J].中药材，2000，23（1）：6-7.

[11]　张桂英，凌笑梅，张娅捷，等.中华鳖、鳖甲及鳖甲提取物中微量元素的测定 [J].吉林中医药，1995（5）：38.

[12]　刘焱文，刘生友.龟板、鳖甲微量元素测定及其滋补作用探析 [J].微量元素与健康研究，1994，11（1）：44-45.

[13]　江苏新医学院.中药大辞典：下册 [M].上海：上海科学技术出版社，1986：2723.

[14]　温欣，周洪雷.鳖甲化学成分和药理药效研究进展 [J].西北药学杂志，2008，23（2）：44-45.

[15]　李彬，郭力城.鳖甲的化学成分和药理作用研究概况 [J].中医药信息，2009，26（1）：25-27.

[16]　姚立，姚真敏，余涛.鳖甲煎 13 服液对大鼠肝纤维化的影响 [J].中药药理与临床，2002，18（6）：5-7.

[17] 李信梅，王玉芹，张德昌，等 . 两种不同的鳖甲抗肝纤维化作用的比较 [J]. 基层中药杂志，2001，15（2）：19-20.

[18] 王英凯，王丹，唐彤宇 . 鳖甲为主的中药治疗肝纤维化的实验室和临床研究 [J]. 临床肝胆病杂志，2002，18（4）：253-254.

[19] 梁润英，路嵘 . 鳖甲抗纤方抗肝纤维化作用的实验 [J]. 中国中医药科技，2004，11（1）：16-18.

[20] 杨艳宏，陈祥明，朱善济 . 复方鳖甲软肝片对大鼠 CC 肝纤维化模型疗效研究 [J]. 中国感染控制杂志，2003，2（4）：249-251.

[21] 周光德，李文淑，赵景民，等 . 复方鳖甲软肝片抗肝纤维化机制的临床病理研究 [J]. 解放军医学杂志，2004，29（7）：563-564.

[22] 赵景民，周光德，李文淑，等 . 复方鳖甲软肝片抗肝纤维化机制的实验研究 [J]. 解放军医学杂志，2004，29（7）：560-562.

[23] 任映，宋崇顺，尹军祥，等 . 加味鳖甲煎丸对四氯化碳所致肝纤维化大鼠的治疗作用 [J]. 北京中医药大学学报，2007，30（1）：48-50.

[24] 谢世平，李志毅 . 鳖甲煎丸影响免疫性肝纤维化大鼠 *TNF-a* 基因表达的研究 [J]. 河南中医，2007，27（3）：32-34.

[25] 张东伟，王继峰，牛建昭，等 . 复方鳖甲软肝方对肺纤维化大鼠细胞外基质的影响 [J]. 中国中药杂志，2004，29（1）：62-66.

[26] 张东伟，王继峰，牛建昭，等 . 复方鳖甲方对肺纤维化大鼠高分辨率 CT 影响的实验研究 [J]. 北京中医药大学学报，2003，29（5）：26-30.

[27] ZHANG D W, WANG J F, NIU J Z, et al. Experimental study on effect of compound biejia Ruangan Prescription（复方鳖甲软肝方）on high resolution computerized tomographic images in bleomyein induced pulmonary fibrosis rats[J]. Cjim, 2003, 9（4）：270-275.

[28] 张东伟，王继峰，牛建昭，等 . 复方鳖甲片预防肺纤维化大鼠细胞外基质过度形成的实验研究 [J]. 中草药，2004，35（5）：545-548.

[29] 付敏，张东伟，王继峰，等 . 复方鳖甲软肝方对肺纤维化大鼠肺组织转化生长因子——B1 的影响 [J]. 中草药，2006，37（10）：1545-

1547.

[30] 凌笑梅，刘娅，张娅婕，等. 鳖甲提取对 S180 肿瘤细胞的杀伤作用 [J]. 长春中医学院学报，1995，11（49）：45.

[31] 王慧铭，潘宏铭，项伟岚，等. 鳖甲多糖对小鼠抗肿瘤作用及其机理的研究 [J]. 中华现代内科学杂志，2005，2（7）：634-635.

[32] 王育群，季光，曹承楼，等. 人参鳖甲丸对癌前大鼠肝组织 *TGF-βI* 基因、*TGF-βII R* 基因表达的影响 [J]. 中国中医药科技，2004，7（4）：215-216.

[33] 钱丽娟，许沈华，陈旭峰，等. 鳖甲浸出液对人肠癌细胞（HR-8348）的毒性作用研究 [J]. 中国肿瘤临床，1995，22（2）：146-149.

[34] 王丹. 鳖甲煎丸化裁对肝癌 22 荷瘤小鼠抗肿瘤作用的实验研究 [J]. 中华中医药学刊，2007，25（3）：582-584.

[35] 徐桂珍，凌秀梅，张娅婕，等. 鳖甲提取物对大剂量照射小鼠免疫功能的保护作用 [J]. 中国公共卫生学报，1996，15（3）：170-171.

[36] 张大旭，张娅婕，甘振威，等. 鳖甲提取物抗疲劳及免疫调节作用研究 [J]. 中国公共卫生，2004，20（7）：834.

[37] 杨珺，邹全明，王东昕. 鳖甲超微细粉免疫调节功能实验研究 [J]. 食品科学，2000，21（3）：40-42.

[38] 黄礼明，胡莉文，陈怡宏，等. 青蒿鳖甲汤对急性髓系白血病缓解期免疫功能的影响 [J]. 辽宁中医杂志，2005，32（3）：193-194.

[39] 王慧铭，孙炜，项伟岚，等. 鳖甲多糖对小鼠免疫调节作用的研究 [J]. 中国中药杂志，2007，32（12）：1245-1247.

[40] 段斐，牛建昭，陈占良，等. 复方鳖甲软肝片对高脂性脂肪肝大鼠全血黏度的影响 [J]. 中华实用中西医杂志，2004，4（17）：2565-2566.

[41] 段斐，陈冬志，牛建昭，等. 复方鳖甲软肝片对高脂性脂肪肝大鼠血脂的影响 [J]. 中华中医药杂志，2005，20（6）：375-376.

[42] 张娅婕，凌笑梅，甘振威，等. 鳖甲提取物抗疲劳及耐缺氧作用的

研究 [J]. 长春中医学院学报，2004，20（2）：38-39.

[43]　韩琳，陈志强，范焕芳，等．鳖甲煎丸对肾间质纤维化模型大鼠肾脏的保护作用 [J]. 北京中医药大学学报，2007，30（4）：260-263.

[44]　杨珺，邹全明．鳖甲超微细粉增加大鼠骨密度的研究 [J]. 食品科学，2001，22（3）：86-88.

[45]　周爱香，田甲丽，郭淑英，等．不同品种鳖甲的主要药效学比较 [J].1998，21（4）：197-201.

[46]　周后恩，王家俊，刘亚平，等．鳖甲的显微结构与成分分析 [J].2012，29（2）：277-281.

[47]　史海涛．中国的龟类 [J]. 生物学通报，2004，39（5）：13-17.

[48]　马云海，闫久林，佟金，等．天然生物材料结构特征及仿生材料的发展趋势 [J]. 农机化研究，2009，8（8）：6-10.

[49]　卢先明，刘咏松．鳖甲的品种与鉴别研究 [J]. 四川中医，2005，23（2）：35-36

[50]　王红霞，赵冰．不同产地鳖甲药材的鉴定 [J]. 沈阳药科大学学报，2007，24（7）：438-444.

[51]　乔建卫，王慧铭．鳖甲的药用现状 [J]. 浙江中西医结合杂志，2009，19（1）：45-46.

[52]　刘忠权，王义权．中药材鳖甲的位点特异性 PCR 鉴定研究 [J]. 中草药，2001，32（8）：736-738.

[53]　崔璀，吕颖捷．鳖甲及其配伍药对现代药理学研究与临床引用述评 [J]. 中医药学报，2018，46（3）：114-116.

[54]　熊婧，李霞，曾凡波，等．鳖甲煎丸对大鼠长期毒性的实验研究 [J]. 医药导报，2014，33（1）：20-23.

[55]　丁元晶．野生与人工养殖鳖甲的两用研究 [J] 山东医学高等专科学校学报，2006，28（6）：86-88.

[56]　腾瑜，张双灵，王彩理．中华鳖系列产品的研究开发 [J]. 农产品加工，2012，4（4）：119-121.

[57] 黄佰钦．甲鱼胚胎素的加工法及成品：201010619523. 6 [P]. 2010-12-31.

[58] 方燕，过世东．中华鳖肌肉和裙边基本品质的研究 [J]. 食品工业科技，2007（7）：25-28.

第三辑

车
前草

Cheqiancao

车 前 草 | Cheqiancao
PLANTAGINIS HERBA

本品为车前科植物车前（*Plantago asiatica* L.）或平车前（*Plantago depressa* Willd.）的干燥全草。别名：车前草、蛤蟆衣、猪耳草、车轱辘菜、地胆头、白贯草、鸭脚板、马蹄草等。

第一节　本草考证与历史沿革

一、本草考证

车前作药用始于《神农本草经》载："车前子味甘，寒，无毒。治气癃，止痛，利水道小便，除湿痹，久服轻身耐老。"《名医别录》记载车前子："味咸，无毒，主男子伤中，女子淋沥，不欲食，养肺，强阴，益精，令人有子，明目，治赤痛。"并增加叶及根的性味功效为："味甘，寒。主治金疮，止血，衄鼻，瘀血，血瘕，下血，小便赤，止烦，下气，除小虫。"《本草纲目》记载："气味甘、寒、无毒。主治气癃止痛，利水道小便，除湿痹。久服轻身耐老。男子伤中，女子淋沥不欲食，养肺强阴益精，令人有子，明目治赤痛。祛风毒，肝中风热，毒风中眼，赤痛障翳，脑痛泪出，压丹石毒，去心胸烦热。养肝，治妇人难产，导小肠热，止暑湿泻痢。"

《中国药典》（1963 年版）收载车前子，性味功效为："性味甘、寒。功能为利水、清热、名目，主治气癃五淋，暑湿泻痢，目赤障翳。"《中国药典》（1977 年版）收载车前子为："性味甘、寒。功能与主治为清热、利尿、名目、祛痰。用于小便黄少，暑湿泄泻，尿路感染，目赤涩痛，痰多咳嗽。"车前草为："性味甘、寒。功能与主治为清热、利尿、凉血、祛痰。用于小便黄少，尿路感染，暑湿泄泻，痰多咳嗽。"其后历版《中国药典》关于车前子和车前草性味均保持未变，二味功效略有调整，至《中国药典》（2015 年版）收载车前子功能与主治为："清热利尿通淋，渗湿止泻，明目，祛痰。用于热淋涩痛，水肿胀满，暑湿泄泻，目赤肿痛，痰热咳嗽。"车前草为："清热利尿通淋，祛痰，凉血，解毒。用于热淋涩痛，水肿尿少，暑湿泄泻，痰热咳嗽，吐血衄血，痈肿疮毒。"车前子与车前草两者药用部位不同，在功能主治方面有所偏倚，车前子强于疏肝滋肾兼有明目作用；车前草强于清热解毒兼有清血热作用 [1]。

二、历史沿革

车前草最早见于《诗经·周南·芣苢》篇，该诗描绘了古人采集车前草叶及种子的劳动过程，"芣苢"即车前。《尔雅》中释作"芣苢，马舄"，马舄即车前，"苢"为"苡"之古字，陆机《疏》云："此草好生道边及牛马迹中，故有车前、当道、马舄，牛遗之名"，"舄"，意为足迹。车前子作药用始载于《神农本草经》，将其列为上品，"车前子，一名当道"。车前叶及根入药始见《名医别录》，曰："一名芣苢，一名蛤蟆衣，一名牛遗，一名胜舄。"《本草经集注》云："人家路边甚多，其叶捣取汁服，疗泻精甚验"，其后诸本草多收录。《本草纲目》云："幽州人谓之牛舌草，蛤蟆喜藏伏于下，故江东称为蛤蟆衣。"由此可见古代车前异名较多，而多以其生长环境命名 [1]。

第二节 植物形态与生境分布

一、植物形态

车前草：一年生或二年生草本。直根长，具多数侧根，多少肉质。根茎短。叶基生呈莲座状，平卧、斜展或直立；叶片纸质，椭圆形、椭圆状披针形或卵状披针形，长 3~12 cm，宽 1~3.5 cm，先端急尖或微钝，边缘具浅波状钝齿、不规则锯齿或牙齿，基部宽楔形至狭楔形，下延至叶柄，脉 5~7 条，上面略凹陷，于背面明显隆起，两面疏生白色短柔毛；叶柄长 2~6 cm，基部扩大成鞘状。花序 3~10 个；花序梗长 5~18 cm，有纵条纹，疏生白色短柔毛；穗状花序细圆柱状，上部密集，基部常间断，长 6~12 cm；苞片三角状卵形，长 2~3.5 mm，内凹，无毛，龙骨突宽厚，宽于两侧片，不延至或延至顶端。花萼长 2~2.5 mm，无毛，龙骨突宽厚，不延至顶端，前对萼片狭倒卵状椭圆形至宽椭圆形，后对萼片倒卵状椭圆形至宽椭圆形。花冠白色，无毛，冠筒等长或略长于萼片，裂片极小，椭圆形或卵形，长 0.5~1 mm，于花后反折。雄蕊着生于冠筒内面近顶端，同花柱明显外伸，花药卵状椭圆形或宽椭圆形，长 0.6~1.1 mm，先端具宽三角状小突起，新鲜时白色或绿白色，干后变淡褐色。胚珠 5 个。蒴果卵状椭圆形至圆锥状卵形，长 4~5 mm，于基部上方周裂。种子 4~5 粒，椭圆形，腹面平坦，长 1.2~1.8 mm，黄褐色至黑色；子叶背腹向排列。花期 5—7 月，果期 7—9 月。

二、生境分布

车前草主要分布于黑龙江、吉林、辽宁、内蒙古、河北、山西、陕西、宁夏、甘肃、青海、新疆、山东、江苏、河南、安徽、江西、湖北、四川、云南、西藏。模式标本为德国柏林植物园栽培植物。

第三节 栽 培

一、生态环境条件

车前草主要生于草地、河滩、沟边、草甸、田间及路旁，丽水各县（市）的乡下分布非常广泛。车前草根生于短缩茎上，发根力强，有多数须根，入土深达 40~50 cm，主要分布在 15~25 cm 土层，吸水、吸肥能力强，耐寒、耐瘠，根茎短缩。叶片密集丛生，直立或展开，叶柄长；花为无限花序，穗状，每株有穗 3~7 根，多者 10 余根，自叶丛的叶腋中抽出，花冠管卵形，花柱有毛，开花受精后，雄蕊凋萎，雌蕊柱头仍然突出，结长椭圆形淡绿色蒴果，在一根穗上，自上而下先后成熟，成熟期 20~30 d。种子细小呈椭圆形，每个蒴果有 4~9 粒，淡黄褐色或黑褐色，一面较凸起，一面较扁平，近胚端有 1 小圆斑，千粒重 1.2~1.6 g。

车前草适应性强，在温暖、潮湿、向阳、砂质沃土上能生长良好。20~24 ℃种子发芽较快，5~28 ℃范围内茎叶能正常生长，气温超过 32 ℃，则地上部的幼嫩部分首先凋萎枯死，叶片逐渐枯萎直至整株死亡。车前草苗期喜欢潮湿环境，耐涝，抗旱性强，进入抽穗期因根系吸收功能旺盛，受渍后容易枯死。土壤以微酸性的砂质冲积壤土较好。

二、栽培技术

精整苗床，适时播种在搞好犁耙、施足腐熟底肥的基础上，做成宽 1.3 m，长 8 m 的苗床。苗床要求土坯全部打碎，底土要压实，

畦面要求整平，苗床土壤要浇湿透，以利于播种育苗。每栽 667 m²
大田，需用种 50~70 g，需 10 m² 苗床面积。播种时间视当地气候
而定，北方 3 月底至 4 月中旬或 10 月中下旬播种；南方 3—4 月
或 9—10 月播种。为确保成苗率，可采取以下措施：其一，种子
消毒，每 50~70 g 种子可用 25% 多菌灵粉剂 50 g 拌种消毒。在拌
种的细沙中加入辛硫磷 100~150 g，同时撒在苗床上，以杀死地下
害虫；其二，播种前苗床要浇透水，实行细沙拌种，每 50~70 g
种子拌细沙 2 kg，把拌沙种子分成 2 份，来回 2 次，交叉播种，做
到播稀播匀，播后用细土覆盖种子 0.3~0.5 cm，再盖草遮阴保湿，
以利于发芽。

三、栽培管理

1. 育苗

车前草育苗处在秋旱或春旱期间，在播种后 1 个星期内，必须
坚持每天浇水 1 次，保持床土湿润。出芽后要及时揭开盖草，以
防长成高脚苗。出现第 2、第 3 片真叶时，要间苗除草 2 次，使每
10 cm² 留苗 1 株，并除净苗床间的杂草。间苗后，根据幼苗长势合
理施肥，同时注意预防虫害。车前草幼苗长至 6~7 片叶 13~17 cm
高时可采收作为菜用。

2. 移栽及定植管理

移栽前，每 667 m² 应施腐熟厩肥 5 000 kg 作底肥，加复合肥
15~25 kg，或加碳酸氢铵 15 kg、磷肥 25~30 kg、氯化钾 10 kg、
硼砂 0.5~1 kg。越冬栽培一般在立冬前后，出现第 5、第 6 片真
叶时移栽。起畦栽植，行距约 30 cm，株距 20~23 cm，移栽密度
1 万株/hm² 左右。苗床起苗前 1 d 浇透水，以减少起苗对根的伤害，
幼苗带泥土较多可提高成活率。移栽后要浇 1 次缓苗水，水中可掺
一些稀薄肥水，以利于早发。移栽后每隔 8 d 左右进行 1 次中耕，
目的是除草、松土，共 2 次。同时要结合抗旱薄施 1 次提苗肥，每

667 m² 用硝酸铵 5 kg 或硫酸铵 5 kg 或碳酸氢铵 7.5 kg 兑水浇施。进入幼穗分化阶段，部分幼穗从叶腋抽出，要控氮补磷、钾、硼肥与激素等，为开花结子创造条件。瘦地、弱苗可用 0.5% 尿素叶面喷施。车前草抽穗期必须及早疏通排水沟，防止积水烂根，封垄后切勿中耕松土，否则会伤根及土壤渍水造成烂根。

四、采收加工

车前草果穗下部果实外壳开始变淡褐色，中部果实外壳初转黄色，上部果实膨大，穗顶已收花，此时即可收获。宜在早上或阴天收获，以防裂果落粒。要做到早熟穗早收，边熟边收，每隔 3~5 d 割穗 1 次，半个月内将穗割完。对于后熟的果穗，将其运到晒场旁边堆成高不超过 1 m 的穗堆，使其后熟。一般堆放 3~7 d 后趁晴天晒穗裂果、脱果，裂脱下来的种子和蒴果要放在晒垫上再晒几天，使裂果脱粒完全，加晒 1~2 d，用风车清扬，即可得到车前子和车前果壳。全草的收割宜在旺长后期和黏穗期前收割，这时穗已经抽出与叶片等长且还未开花，药效较高。具体方法是：把全草连根拔起，洗净泥沙和污物再放于干净晒场晒 2~3 d，待根颈部干燥后收回室内再自然回软 2~3 d，然后捆绑出售。

第四节 化 学 成 分

车前草中有许多有效成分：车前子含有车前子胶、黄酮及其苷类、环烯醚萜类、苯乙酰咖啡酰糖醋、三萜类、正三十一烷、β-谷甾醇、β-谷甾醇棕酸酯等主要成分。桃叶珊瑚苷（Aucubin Ⅳ，Ⅶ）、8-epiloganicacid（Ⅹ）和梓醇（catapol ⅩⅢ）[2]。木犀草素为首次从车前中分离得到的已知成分，胡萝卜苷和 8-epiloganicacid 为首次从车前科中分离得到的已知成分 [3]。

一、多糖类成分

车前含大量黏液质 —— 车前子胶，属多糖类成分，其中含有 L- 阿拉伯糖（20%）、D- 半乳糖（28%）、D- 葡萄糖（6%）、D- 甘露糖（2%）、L- 鼠李糖（4%）、D- 葡萄糖酸（31%）及少量 D- 木糖和炭藻糖，主要以 β-1，4 连接为主链，2 位和 3 位含侧链。

二、黄酮及其苷类

如木犀草素、高车前苷（Homoplantagin）、Plantagoside、车前苷（Plantagin）为黄芩素 -7 葡萄糖等。

三、环烯醚萜类

环烯醚萜类成分：有桃叶珊瑚苷（aucubin），京尼平苷酸（genipo2sidicacid）等。另有 2 个新的环烯醚萜类化合物 3，4- 二经基桃叶珊瑚苷和 6-O-β 葡萄糖桃叶珊瑚苷，梓醇等。

四、三萜及甾醇类

包括熊果酸、乌苏酸、齐墩果酸、β- 谷甾醇等。

五、微量元素

车前草含有 Ca、Mn、Zn、Fe、Mg、P、Cu 等多种微量元素，其中含量较为丰富的有 Ca、Mn、Fe、Zn 元素 [2]，这些微量元素在人体内具有广泛的重要生理功能。

六、挥发油

从车前草中提取出 20 多种挥发油成分，包括 D- 苎烯、桉叶油素、2- 莰酮、3- 叔丁基 -4- 羟基茴香醚等 [4]。

七、其他成分

从车前草中提取出的其他成分：生物碱、小分子的酸性物质、β- 谷甾醇苷、多糖类 [5]、可溶性膳食纤维 [6]、无机盐 [7]。

第五节　药理与毒理

一、药理作用

（一）对泌尿系统的影响

可促进水、氯化钠、尿素与尿酸的排泄[8, 9]。用于治疗各种水肿。车前草乙醇提取物可抑制马肾脏 Na-K-ATP 酶活性，并呈剂量依赖性。50% 抑制 Na-K-ATP 酶活性的量为 16 μg/mL[10]，车前草水提醇沉液以 0.5 g 生药 /kg 给犬静注，显著引起尿量增多，并使输尿管蠕动频率增加输尿管上端腔内压力升高，压力变化为蠕动性、短时紧张性压力和长时紧张性压力升高，几个功能方面协同，利于输尿管结石的下移[11]。车前子提取液 0.6 g 生药 /kg 给大鼠灌胃，连续灌胃 13 d，结果显示，车前子有一定程度上降低尿草酸浓度及尿石形成的作用，肾钙含量显著性下降，说明其有较强的抑制肾脏草酸钙结晶沉积的作用[12]。可能是车前利尿排石通淋作用机制之一。

（二）清除氧自由基作用

车前草水煎液对氧自由基有显著的清除作用[9]，许多病理生理现象如衰老、肿瘤、炎症及脑缺血等都与氧自由基过多有密切关系，车前草抗氧自由基的药理作用可大力开发利用。

（三）对眼睛的影响

车前子对实验性晶状体氧化损伤所致晶体上皮细胞（U、C）凋亡及其凋亡小体形成的影响显示，车前子可明显抑制 LEC 凋亡，其显著抑制 LEC 凋亡的作用可能是其防止和延缓白内障发生与发展的分子生物学机制，这为车前子明目作用做出解释[13]。

（四）抗抑郁作用

Xu et al.[8] 应用获得性无助动物模型研究车前草石油醚提取物

的抗抑郁效果，发现给予车前草提取物的小鼠逃跑失败的个数明显减少，表明车前草具有显著的抗抑郁效果，克服了合成抗抑郁药物副作用大的缺点，为临床合理使用车前草作为抗抑郁药提供了科学基础。

（五）镇咳、平喘与祛痰作用

通过对大鼠和猫的实验，车前草及车前子煎剂均显示较强的镇咳与去痰作用，研究发现，黄酮类成分——车前苷是其作用的有效成分。

（六）抗衰老作用

车前子提取液给小鼠灌胃，能明显延长小鼠游泳时间、常压缺氧存活时间及亚硝酸钠中毒性组织缺氧存活时间，能明显增加SOD的活性，减少过氧化脂质 LPO 的生成而延缓衰老。利用邻苯三酚自氧化体系产生超氧阴离子自由基及邻二氮菲体系产生羟自由基（·OH），采用分光光度法研究鲜车前草和干车前草水煎液对氧自由基的清除作用。鲜车前草及干车前草水煎液对和·OH 均有显著的清除作用（$P<0.01$）。鲜车前草和干车前草水煎液对氧自由基清除作用无显著差异（$P>0.05$）[9]。车前草抗氧自由基的药理作用可能是其抗衰老的机制之一。

（七）缓泻作用

车前子胶能吸收水分而增加体积，可以做容积性泻药，其润滑作用，用于多种便秘的治疗[14]。

（八）对动物关节囊的作用

5%车前子液注入家兔膝关节腔内，有促使家兔关节囊膜结缔组织增生，使松弛了的关节囊恢复原有紧张度。

（九）抗炎作用

车前子水提醇沉液给小鼠灌胃，对二甲苯致耳壳肿胀、蛋白清致足跖肿胀有明显的抑制作用，能降低皮肤及腹腔毛细血管的通透性及红细胞膜的通透性。

（十）对心血管系统作用

小剂量车前苷能使家兔心跳变慢，振幅加大，血压升高，大剂量可引起心脏麻痹、血压降低。

（十一）抗病原微生物作用

体外抑菌试验表明，车前草水浸剂对同心性毛癣菌、羊毛状小芽孢癣菌、星形奴卡氏菌等有不同程度的抑制作用，且金黄色葡萄球菌对本品高度敏感，醇提取物可杀灭钩端螺旋体。

（十二）降血脂作用

车前中具有降血脂活性物质基础主要是氧化单萜类挥发油（PAEO）成分，主要含有芳樟醇（达 82.6%）。PAEO 对体外培养的肝细胞 HepG2 没有明显毒性，能够抑制其 LDL 受体的表达，降低 HMG-CoA 还原酶活性；对正常 C57BIM6 小鼠给予 PAEO，对营养性肥胖小鼠给予 PAEO 中分离的化合物 A（芳樟醇），均可降低血浆总胆固醇和甘油三酯，抑制 LDL 受体与 HMG-CoA 还原酶的表达；采用免疫组化的方法进一步研究表明，芳樟醇可直接下调胆固醇调节元件结合蛋白 -2 基因的表达，从而使 HMG-CoA 还原酶的表达受到抑制。

（十三）肝损伤保护作用

车前草（市售）水提取物可显著降低四氯代碳和 D- 氨基半乳糖胺致急性肝损伤小鼠血清中 ALT 和 AST 的活性；大车前甲醇提取物注射给药，可明显降低四氯代碳致肝损伤大鼠 ALT 和 AST 的水平，并有助于恢复受损的肝组织。此外，毛平车前草中分离出的芹菜素、木犀草素、大车前草苷、齐墩果酸、角胡麻苷、高车前素等化合物，对 CCl 致体外培养的肝细胞损伤均具有不同程度的保护作用，其中大车前草苷活性最强。

（十四）降血尿酸作用

分别利用次黄嘌呤灌胃给药建立小鼠和大鼠急性高尿酸血症模型，研究车前草（市售）醇提液降血尿酸作用，均可显著降低模型大、小鼠血尿酸的水平。

（十五）造血作用

大车前地上部分的水提取与醇提物均可使体外培养的 CDI 鼠骨髓细胞与脾细胞明显发生增殖，提示大车前具有一定的造血活性。

（十六）糖基化抑制作用

据报道，车前的甲醇提取物及其主要成分大车前苷均具有极强的抑制糖生成作用，且呈剂量依赖性变化，在相同剂量下，该活性较氨基胍更为明显，提示其具有潜在的抗糖尿病作用。

（十七）其他

车前子能促使肝脏丢失胆固醇，具有增强消胆胺降低仓鼠胆固醇的作用。还有一定的抗肿瘤作用和护肝作用等。

二、毒性机理

大车前草水提物的亚急性毒性试验中，小鼠的体质量未见任何变化，仅部分动物出现反应，眼刺激作用亦未观察到明显的影响。采用体细胞突变和重组试验评价大车前的遗传毒性作用，未发现大车前水提物具有遗传毒性。从车前中提取出大车前苷后进行亚急性毒性和致染色体突变的研究，结果表明，实验期间未观察到小鼠死亡或者异常体征，实验结束后未发现生理与生化指标异常，在遗传毒性体外试验中，大车前苷对细胞的毒性很低。此外，土耳其有外用大车前致急性接触性皮炎的 2 个病例报告，但发病机制方面的深入研究尚未见报道。

车前草是中医中药中属于清热利尿、渗湿通淋药，常用于水肿胀满，热淋涩痛病症。全草含车前草苷、桃叶珊瑚苷、乌苏酸等成分物质 [15]。目前还未见车前草中毒引起急性肾衰竭的报道。其在短时间内用量过大是造成中毒引起肾损害的主要原因。车前草是否含有对肾脏有害成分，需进一步研究。

第六节 质量体系

一、标准收载情况

（一）药材标准

《中国药典》（2020 年版）。

（二）饮片标准

《中国药典》（2020 年版）、《浙江省中药炮制规范》（2015 年版）、《贵州省中药饮片炮制规范》（2005 年版）、《江西省中药饮片炮制规范》（2008 年版）、《上海市中药饮片炮制规范》（2018 年版）。

二、药材性状

车前：根丛生，须状。叶基生，具长柄；叶片皱缩，展平后呈卵状椭圆形或宽卵形，长 6~13 cm，宽 2.5~8 cm；表面灰绿色或污绿色，具明显弧形脉 5~7 条；先端钝或短尖，基部宽楔形，全缘或有不规则波状浅齿。穗状花序数条，花茎长。蒴果盖裂，萼宿存。气微香，味微苦。

平车前：主根直而长。叶刀较狭，长椭圆形或椭圆状披针形，长 5~14 cm，宽 2~3 cm。

三、炮制

（一）《中国药典》（2020年版）

取原药材，除去杂质，洗净，切断，干燥。

（二）《浙江省中药炮制规范》（2015年版）

取原药，除去杂质，喷潮，润软，切成中段，干燥，筛去灰屑。

（三）《贵州省中药饮片炮制规范》（2005年版）

取原药材，除去杂质，洗净，切断，干燥。

（四）《江西省中药饮片炮制规范》（2008年版）

除去杂质，清水洗净，切段，干燥。

（五）《上海市中药饮片炮制规范》（2018年版）

将药材除去杂质，快洗，略晒，切短段，干燥。筛去灰屑。

四、饮片性状

（一）《中国药典》（2020年版）

本品为不规则的段。根须状或直而长。叶片皱缩，多破碎，表面灰绿色或污绿色，脉明显。可见穗状花序。气微，味微苦。

（二）《浙江省中药炮制规范》（2015年版）

本品呈段状。根丛生，须状。叶片呈卵状椭圆形或宽卵形，表面灰绿色或污绿色，具明显弧形脉5~7条，先端钝或短尖，基部宽楔形，全缘或有不规则波状浅齿。穗状花序紧密。蒴果盖裂，萼宿存。气微，味微苦。

（三）《贵州省中药饮片炮制规范》（2005年版）

本品呈不规则段状，根、叶、花混合。根须状。叶皱缩，破碎，表面灰绿色或污绿色，全缘或不规则波状浅齿。穗状花序。蒴果盖裂。气微香，味微苦。

（四）《江西省中药饮片炮制规范》（2008年版）

本品为不规则的段，根、叶、花混合。根丛生，须状或顺直。叶片皱缩，破碎，表面灰绿色或污绿色，纵脉明显。穗状花序。蒴果盖裂。气微香，味微苦。无虫蛀。

（五）《上海市中药饮片炮制规范》（2018年版）

本品为段状。根丛生，须状，直径不足0.1 cm，棕褐色，根头部膨大，直径0.3~0.7 cm，棕色，残留须状根和叶基，或主根较粗。叶片多皱缩和破碎，灰绿色至黑绿色，展平后，可见叶脉弧形，周边近全缘，或具有波状浅齿，可见穗状花序，花小，宿存花萼4深裂，淡黄绿色到暗绿色，果实盖裂，种子细小，质脆，气微，味微苦。

五、有效性、安全性的质量控制

车前草的有效性、安全性质量控制项目见表 15.1。

表15.1 有效性、安全性质量控制项目汇总

标准名称	鉴别	检查	浸出物	含量测定
《中国药典》（2020 年版）	药材：显微鉴别粉末；薄层色谱鉴别（以车前草对照药材、大车前苷为对照品）饮片：同药材	药材：水分（不得超过 13%）；总灰分（不得超过 15%）；酸不溶性灰分（不得超过 5%）饮片：同药材	水溶性热浸法（不得少于 14%）	药材：高效液相色谱法测定，按干燥品计算，含大车前苷 $C_{29}H_{36}O_{16}$ 不得少于 0.1%
《浙江省中药炮制规范》（2015 年版）	同《中国药典》（2020 年版）	同《中国药典》（2020 年版）	同《中国药典》（2020 年版）	同《中国药典》（2020 年版）
《贵州省中药饮片炮制规范》（2005 年版）	显微鉴别（粉末）	—	—	—
《江西省中药饮片炮制规范》（2008 年版）	显微鉴别（粉末）	水分（不得 13%）；总灰分（不得超过 14%）；酸不溶性灰分（不得超过 4%）	—	—
《上海市中药饮片炮制规范》（2018 年版）	同《中国药典》（2020 年版）	杂质（不得超过 8%）；水分（不得超过 13%）；总灰分（不得超过 14%）；酸不溶性灰分（不得超过 4%）	同《中国药典》（2020 年版）	同《中国药典》（2020 年版）

六、质量评价

（一）不同产地或基原对车前草的质量评价

由于《中国药典》（2020 年版一部）主要以大车前苷的含量控制车前草药材的质量。由于车前与平车前基原不同，两者的化学成分组成及含量存在较大差异，仅靠单一的大车前苷含量难以真正评价其质量，且不同基原车前草植物形态和药材特征比较相似，药材采收加工后叶片皱缩破裂，仅靠《中国药典》中的含量测定方法无法准确鉴别。钟春琳等 [16] 采用 UPLC 法建立车前草药材的特征图谱和大车前苷、木犀草苷、车前草苷 D 和毛蕊花糖苷等 4 种指标成分定量测定分析方法，能快速、准确地鉴别车前与平车前，可综合控制和评价 2 种基原车前草药材的质量。结果显示车前和平车前有着显著性的差异，大车前苷和木犀草苷为车前和平车前共有成分，车前的大车前苷含量明显高于平车前，2 个基原样品木犀草苷含量差异较小；而车前草苷 D 成分只在车前中检出，毛蕊花糖苷成分只在平车前中检出；相似度评价结果则显示不同产地同一基原的车前草表现出良好的相似度，聚类分析可以将 2 种基原区分开。

刘淑梅等 [17] 采用 HPLC 法，针对 5 个不同产地的车前草作为研究对象，建立其指纹图谱。结果显示产地不能作为评价车前草药材质量的唯一标准，药材质量还受采收时间、土壤、降水量、温度等其他因素影响，需要综合整体化学成分的含量特征进行质量评价。通过 PLS-DA 分析找出影响车前草分类的 5 个差异性成分，并确定出其中 4 个影响较大的化学成分，即大车前苷、毛蕊花糖苷、芹菜素、木犀草苷，提示车前草药材中这 4 个成分受生长环境的影响较大，大车前苷和毛蕊花糖苷为车前草主要活性物质，芹菜素、木犀草苷为其黄酮类成分，具有良好的抗菌、抗炎、抗氧化等生理活性，为车前草主要有效成分，因此在判断车前草药材真伪和优劣时应对上述 4 个成分重点考察。

（二）不同部位的质量评价

纪玉华等[18]对不同部位的车前草成分分析，研究表明江苏、江西产地样品中成分总体较高；车前草样品叶中的大车前苷、木犀草苷、车前草苷 D 含量均高于全草、穗、茎，其中叶中 3 种成分的含量为全草含量的 1~2 倍，这可能与原产地气候、地形、光照强度等因素有关。江苏、江西产地的车前草中药效成分含量较高，叶是车前草药效成分的主要富集部位，其次是穗和茎。

崔琳琳等[19]对车前草不同药用部位抗炎、抗肿瘤、抗氧化的活性研究。数据显示，在相同的作用时间以及药物浓度下，车前草的 4 个药用部位均有较好的药理活性，其中车前叶的抗炎、抗肿瘤及抗氧化活性均最高，表明车前叶具有很好的药理活性。车前草剩余部位和车前叶具有相似的成分及药理药效活性，但药效活性较车前叶低。车前根与车前子相比，车前子的抗炎和抗肿瘤活性较弱，但其抗氧化活性大于车前根。因此，车前草除有利尿缓泻作用外，其抗炎、抗肿瘤、抗氧化也有较好的药理活性。

（三）混伪品鉴别

邬兰等[20]针对车前草同科同属近缘植物车前属的卵叶车前 [*Plantago ovata* Forssk.（P. Ovata）] 芹叶车前（*Plantago coronopus* L.）大车前（*Plantago major* L.）以及兰科植物青天葵 [*Nerviliafordii*（Hanee）Schltr.] 的外形较为相似，容易混淆的情况。他们采用 DNA 条形码 ITS2 序列片段的方法，结果显示车前草及其混伪品的 ITS2 二级结构，都存在 4 个螺旋区域，各螺旋彼此间的夹角，以及螺旋上茎环的位置和大小存在明显的不同，也说明 ITS2 二级结构有助于鉴定车前草及其混伪品。因此，应用 ITS2 条形码序列能够正确鉴定中药材车前草与其混淆品，该方法对其他中药材的 DNA 分子鉴定也具有重要的参考价值。

任瑶瑶等[21]用 DNA 条形码技术，证明 ITS2 序列可以准确地识别和鉴定车前属植物，这为车前属药用植物质量标准进一步提高与完善提供了科学依据，为其安全用药及合理开发利用提供了保障。

第七节　性味归经与临床应用

一、性味

《中国药典》（2020 年版一部）："车前草，甘、寒。"

《神农本草经》："车前子，味甘、寒，无毒。"

《本草纲目》："车前草，味甘、寒，无毒。"

《名医别录》："车前草，味甘、寒。车前子，味咸，无毒。"

《滇南本草》："车前草，性微寒，味苦咸。"

二、归经

《中国药典》（2020 年版一部）："车前草，归肝、肾、肺、小肠经。"

《得配本草》："车前草，入手太阳、阳明气分。"

《本草再新》："车前草，入肝、脾二经。"

三、主治

《中国药典》（2020 年版一部）："车前草，清热利尿通淋，祛痰，凉血，解毒。用于热淋涩痛，水肿尿少，暑湿泄泻，痰热咳嗽，吐血衄血，痈肿疮毒。"

《名医别录》："车前草，主金疮、止血，衄鼻，瘀血血瘕下血，小便赤。止烦，下气，除小虫。"

陶弘景："车前草，疗泄精。"

《药对》："车前草，主阴癀。"

《药性论》："车前草，治尿血。能补五脏，明目，利小便，通五淋。"

《滇南本草》："车前草，清胃热，利小便，消水肿。"

《本草汇言》："车前草，主热痢脓血，乳蛾喉闭。能散，能利，能清。"

《本草正》："车前草，生捣汁饮，治热痢，尤逐气癃，利水。"

《本草备要》："车前草，行水，泻热，凉血。"

《生草药性备要》："车前草，治白浊。"

《医林纂要》："车前草，解酒毒。"

《贵州民间方药集》："车前草，外治毒疮，疔肿。"

《湖南药物志》："车前草，祛痰止咳，滑胎，降火泻热，除湿痹，祛膀胱湿热，散血消肿。治火眼，小儿食积，皮肤溃疡，喉痹。"

四、用法用量

车前草 9~30 g。

五、注意事项

《本经逢原》："车前叶捣汁温服，疗火盛泄精甚验，若虚滑精气不固者禁用。"

六、附方

1. 治小便不通

生车前草捣取自然汁半钟，入蜜一匙调下（《摄生众妙方》）。

2. 治尿血

车前草、地骨皮、旱莲草各三钱，汤炖服（《闽东本草》）。

3. 治白带

车前草根三钱捣烂，用糯米淘米水兑服（《湖南药物志》）。

4. 治热痢

车前草叶捣绞取汁一盏，入蜜一合，同煎一、二沸，分温二服

（《圣惠方》）。

5. 治泄泻

车前草四钱，铁马鞭二钱，共捣烂，冲凉水服（《湖南药物志》）。

6. 治黄疸

白车前草五钱，观音螺一两，加酒一杯炖服（《闽东本草》）。

7. 治衄血

车前叶生研，水解饮之（《本草图经》）。

8. 治高血压

车前草、鱼腥草各一两，水煎服（《浙江民间常用草药》）。

9. 治目赤肿痛

车前草自然汁，调朴硝末，卧时涂眼胞上，次早洗去（《圣济总录》）。

10. 治火眼

车前草根三钱，青鱼草、生石膏各二钱，水煎服（《湖南药物志》）。

11. 治喉痹乳蛾

蛤蟆衣、凤尾草。擂烂，入霜梅肉、煮酒各少许，再研绞汁，以鹅翎刷患处（《养疴漫笔》）。

12. 治痄腮

车前草一两三钱，煎水服，温覆取汗（《湖南药物志》）。

13. 治百日咳

车前草三钱，水煎服（《湖南药物志》）。

14. 治痰嗽喘促，咳血

鲜车前草二两（炖），加冬蜜五钱或冰糖一两服（《闽东本草》）。

15. 治惊风

鲜车前根、野菊花根各二钱五分。水煎服（《湖南药物志》）。

16. 治小儿痫病

鲜车前草五两绞汁，加冬蜜五钱，开水冲服（《闽东本草》）。

17. 治湿气腰痛

蛤蟆衣连根七科，葱白须七科，枣七枚。煮酒一瓶，常服（《简便单方》）。

18. 治金疮血出不止

捣车前汁敷之（《千金方》）。

19. 治疮疡溃烂

鲜车前叶，以银针密刺细孔，以米汤或开水泡软，整叶敷贴疮上，日换二至三次。有排脓生肌作用（《福建民间草药》）。

第八节　丽水车前草资源利用与开发

车前草药理作用多，副作用小，有效成分如多糖、黄酮类、高车前苷类等均具有较高的医疗和保健价值，在我国应用广泛。

（一）中成药

车前草在临床上主要用于小便不利，淋漓涩痛，尿路感染，急慢性肾炎和泌尿道感染等，也配伍其他中药，用于减肥，降脂等。以车前草为配方的中成药有近50种，如泌淋胶囊、尿路康颗粒、前列舒乐颗粒等。

（二）保健食品

以车前草为主要原料的保健食品有2个，如益咽含片、车前草蒲公英片，前者主要用于清咽和增强免疫力，后者则主要对胃黏膜损伤有辅助保护功能。

（三）化妆品

车前草提取物已经用于化妆品领域，如含有车前草提取物成分的面膜等。

第九节 总结与展望

近年来，有关车前草鉴别、活性成分提取、含量测定、药理作用及临床应用等进行很多研究，以上综述证明车前草具有诸多药理上的效果，如今市场上抗抑郁的药物大多数有副作用，会影响人的神经系统，在大量长期服用时会引起记忆力减退等症状，而在研究车前草的毒性机理时并没有发现其有明显的毒副作用，此证明车前草安全性较高，故可以研究如何让车前草发挥其抗抑郁作用，从而研究出新的药物及合适的剂型。

车前草具有广泛的临床用途、药源丰富、廉价易得、很大的开发价值，逐渐引起国内外学者的重视。目前，大车前、车前和平车前的现代研究均比较丰富多样，但是《中国药典》（2020 年版）只收载的后 2 种药材，其毒性方面的深入研究鲜有报道，建议参考大车前进行深入的毒性研究，并比较研究这 3 种车前草有效成分与药理活性的差异。据报道，车前草中具有镇咳、祛痰和平喘作用的有效部位是黄酮类与苯乙基苷类成分；三萜皂苷类有对抗大肠杆菌和金黄色葡萄球菌作用，是车前草的主要抗菌部位，其后续研究尚未见报道。目前，车前草仍主要以全草或粗提物入药，仍未见质量可控的有效部位新药制剂上市销售，因而有待进一步研究与开发。

参 考 文 献

[1]   姚闽，王勇庆，白吉庆，等 . 车前草与车前子应用历史沿革考证及资源调查 [J]. 中医药导报，2016，22（17）：36-39.

[2] 莫凤珊，陈杰，李尚德．车前草的微量元素含量分析 [J]．广东微量元素科学，2007，14（7）：33-35.

[3] 董杰明，袁昌鲁．车前草及芒苞车前草化学成分及其形态学研究 [J]．辽宁中医学院学报，2002，4（3）：229-230.

[4] 回瑞华，侯冬岩，李铁纯，等．中国车前草挥发性化学成分分析 [J]．分析试验室，2004，23（8）：85-87.

[5] 李官浩，杨咏洁，南昌希．车前草多糖的提取及纯化工艺研究 [J]．食品科技，2008，33（10）：156-159.

[6] 张建民，肖小年，易醒，等．车前草可溶性膳食纤维的提取及其对自由基清除能力的研究 [J]．天然产物研究与开发，2007，19（4）：667-670.

[7] 朴光春，元海丹，崔炳漠．车前草中的无机盐成分分析 [J]．延边大学医学学报，2004，27（2）：100-102.

[8] XU C，LUO L，TAN R X. Antidepressant effect of three traditional Chinese medicines in the learned helplessness model[J]. Journal of ethnopharmacology，2004，91（2/3）：345-349.

[9] 王晓春，龙苏，徐克前，等．车前草水煎液对氧自由基清除作用的研究 [J]．实用预防医学，2002，9（2）：139-140.

[10] 国家中医药管理局．中华本草 [M]．上海：上海科学技术出版社，1999：517-524.

[11] 莫刘基，邓家秦，张金梅，等．几种中药材输尿管结石排石机理的研究 [J]．新中医，1985，18（2）：133-137.

[12] 陈志强，章咏裳，周四维，等．单味中药提取液预防肾结石形成的实验研究 [J]．中华泌尿外科杂志，1993，14（2）：155-157.

[13] 王勇，祁明信，黄秀榕，等．车前子对晶状体氧化损伤所致 LEC 凋亡抑制作用的实验研究 [J]．现代诊断与治疗，2003，14（4）：199-202.

[14] 董而博．三种车前缓泻作用的研究 [J]．辽宁中医杂志，1995，22（3）：138.

[15] 梅多喜，毕焕新．现代中药药理学手册 [M]．北京：中国中医药出版

社，1998：355-356.

[16]　钟春琳，曹斯琼，孙冬梅，等 . 基于 UPLC 特征图谱的不同基原车前草差异成分研究 [J]. 广东药科大学学报，2021，37（2）：40-46.

[17]　刘淑梅，阳建军，李梦阳 . 不同产地车前草 HPLC 指纹图谱及化学模式识别研究 [J]. 食品与药品，2021，23（1）：29-34.

[18]　纪玉华，魏梅，李国卫，等 . 不同部位车前草 HPLC 特征图谱的建立及多指标成分含量测定 [J]. 中药材，2020，43（3）：660-664.

[19]　崔琳琳，包永睿，王帅，等 . 车前草不同药用部位抗炎、抗肿瘤、抗氧化的活性研究 [J]. 世界科学技术 - 中医药现代化，2019，21（3）：395-400.

[20]　邬兰，刘义梅，熊永兴，等 . 中药材车前草及其混伪品的 ITS2 序列鉴定 [J]. 时珍国医国药，2013，24（12）：2920-2921.

[21]　任瑶瑶，江南屏，刘睿颖，等 . 应用 ITS2 序列鉴定四川车前、平车前、大车前 [J]. 江苏中医药，2017，49（5）：57-60.

重　楼 Chonglou
PARIDIS RHIZOMA

本品为百合科植物云南重楼［*Paris polyphylla* Smith var. *yunnanensis*（Franch.）
Hand. -Mazz.］或华重楼（七叶一枝花）［*Paris polyphylla* Smith var. *chinensis*
（Franch.）Hara］的干燥根茎。别名：七叶一枝花、蚤休。

第一节　本草考证与历史沿革

一、本草考证

（一）种质沿革与变迁

重楼原名"蚤休"，始载于《神农本草经》[1-2]。历代本草典籍
对重楼的形态及产地有详细描述，部分典籍中还附有精美的绘图，
结合古籍中描述的形态、产地及附图，部分典籍的记载可以明确
考证出其具体种质（表 16.1）。宋朝之前，重楼（蚤休）一直是指
重楼属植物中根茎较为肥厚的类型，即"根似紫参""根似肥姜"
者，可能来源于除了北重楼组之外的百合科重楼属植物。至宋，重
楼有时是指某些具体的植物，如"上有金丝垂下者"为七叶一枝
花（*Paris polyphylla* var. *chinensis*），"根如肥大菖蒲"者应是多叶
重楼（*Paris polyphylla*）。至明代，重楼的种质增加了 2 种情况，
有时是指"滇南"产者，可能来源于滇重楼（*Paris polyphylla* var.
yunnanensis）；有时是指"有金丝蕊，长三四寸"者，应是多叶重
楼（*Paris polyphylla*）或狭叶重楼（*Paris polyphylla* var. *stenophylla*）。

至清代，重楼的种质资源更为多样，有时是指某些具体性状的重楼属植物，如"其根老横纹粗皱如虫形"者；有时是指某些产地的重楼属植物，如"江西、湖南""广西、交趾"产者；有时是指某种生境下的重楼属植物，如"生于痾石之上"者，由于信息较少，难以判断其具体种质，但都是百合科重楼属植物。

表16.1　历代本草描述及来源推测

朝代	本草名称	记载内容	推测来源
宋	《本草图经》	蚤休……六月开黄紫花，蕊赤黄色，上有金丝垂下；秋结红子；根似肥姜，皮赤肉白 [3]	七叶一枝花
明	《本草蒙筌》	川谷俱有，江淮独多。不生傍枝，一茎挺立。茎中生叶，叶心抽茎……上有金线垂下，故又名金线重楼，俗呼七叶一枝花也 [4]	七叶一枝花
清	《本草详节》	生山谷。一茎独上，无旁枝，茎中生叶，叶心抽茎……上有金线垂下，故名金线重楼，俗呼七叶一枝花也 [5]	七叶一枝花
宋	《嘉祐补注本草》	根似紫参，皮黄肉白 [6]	多叶重楼
宋	《日华子本草》	根如尺二蜈蚣，又如肥紫菖蒲 [6]	多叶重楼
清	《本草便读》	蚤休，其苗一茎直上，每层七叶，至顶而花，根如菖蒲之根 [5]	多叶重楼
唐	《新修本草》	根如肥大菖蒲，细肌脆白 [6]	多叶重楼
明	《本草纲目》	蚤休……重楼金线处处有之……一茎独上，茎当叶心。叶绿色似芍药，凡二三层，每一层七叶。茎头夏月开花，一花七瓣，有金丝蕊，长三四寸 [7]	多叶重楼或狭叶重楼

续表

朝代	本草名称	记载内容	推测来源
明	《本草原始》	根如紫参（拳参），皮黄肉白[8]	多叶重楼或七叶一枝花
明	《滇南本草》	一名紫河车，一名独脚莲。味辛、苦、微辣，性微寒。俗云：是疮不是疮，先用重楼解毒汤。此乃外科之至药也。主治一切无名肿毒。攻各种疮毒痈疽，发背痘疗等症最良，利小便。（单方）治妇人乳结不通，红肿疼痛与小儿吹着。重楼三钱，水煎，点水酒服[9]	滇重楼不排除来源于同属其他植物
清	《植物名实图考》	蚤休……江西、湖南山中多有，人家亦种之。滇南谓之重楼、一支箭，以其根老横纹粗皱如虫形，乃作虫蒌字 滇南……亦有一层六叶者，花仅数缕，不甚可观，名逾其实，子色殷红。滇南（今云南省）土医云：味性大苦大寒，入足太阴。治湿热瘴疟、下痢。与《本草》书微异。滇多瘴，当是习用药也[10]	七叶一枝花多叶重楼或滇重楼及同属其他植物
清	《本草求原》毒草部	此草三层，每层七叶，一茎直上，一花七瓣。根似肥姜，皮赤、肉白……蕊，赤黄，长三、四寸，上有金丝垂下[11]	多叶重楼或狭叶重楼

续表

朝代	本草名称	记载内容	推测来源
清	《本草求原》山草部	七叶一枝花，紫背黄根节生窪；每节一窝求真，一寸九节者上，每从甘石山头上，日出昆仑是我家；生高山上，得太阳之气。大抵谁人寻得着，万两黄金不换它……出广西、交趾（今越南北部）皮黄质重者上，皮黑质轻者次[11]	七叶一枝花或狭叶重楼及同属其他根茎较粗的植物
宋	《本草衍义》	无旁枝，止一茎，挺生高尺余，颠有四五叶……中心又起茎，亦如是生叶，惟根入药用[11]	泛指重楼属中根茎肥厚的类群
清	《生草药性备要》	七叶一枝花，紫背黄根人面花。问它生在何处是，日出昆仑是我家。大抵谁人寻得着，万两黄金不换它，此药生于疳石之上，一寸九节者佳[11]	该地区根茎较粗的重楼属植物

《中国药典》（1977 年版）始载重楼，收载来源于云南重楼（*Paris yunnanensis* Franch.）或七叶一枝花（*Paris chinensis* Franch.），至《中国药典》（1990 年版）药典，其植物来源不变，但学名有变，规定了重楼的基原为云南重楼［*Paris polyphylla* Smith var. *yunnanensis*（Franch.）Hand. -Mazz.］或七叶一枝花［*Paris polyphylla* Smith var. *chinensis*（Franch.）Hara］的干燥根茎并沿用至 2020 年版《中国药典》[12]。但同属其他植物作为地方习用品一直在流传，一部分载入了地方标准，如《浙江省中药炮制规范》（2015 年版）收载的浙重楼来源于狭叶重楼（*Paris polyphylla* Smith var. *stenophylla* Franch.）[13]，《甘肃省中药材标准》所载灯台七（蚤休）[14]来源于狭叶重楼（*Paris polyphylla* var. *stenophylla*）或宽叶重楼（*Paris polyphylla* var. *latifolia*），《陕西中药志》所载重楼[15]、

《陕西中草药》所载螺丝七[16]，虽记载其来源为金线重楼（*Paris chinensis* Franch.），但根据其文字与附图，可判断其来源应是多叶重楼（*Paris polyphylla*）。

谢宗万先生考证认为："历代本草所载重楼，其原植物均属重楼（七叶一枝花）类型"，其中七叶一枝花和滇重楼作为重楼使用"自汉魏六朝以来历时 2 000 年品种延续不断"[17]。另外，谢宗万先生对地方习用品梳理后认为："重楼属品种甚多，均以粗根茎的南重楼组中的一些种类作重楼入药"，所以除了七叶一枝花和滇重楼以外，各地尚有以下植物的根茎同等入药：短梗重楼（*Paris polyphylla* Sm. var. *appendiculata* Hara）和长药隔重楼［*Paris polyphylla* Sm. var. thibetica（Franch）Hara］，二者被李恒修订为黑籽重楼（*Paris thibetica*）[18]，多叶重楼、狭叶重楼、宽叶重楼、球药隔重楼（*Paris fargesii* Franch.）和长柄重楼（*Paris fargesii* var. *petiolata*），它们作为地区习惯用药，多自产自销[17]。《中华本草》[19]收载的蚤休来源于七叶一枝花、滇重楼和多叶重楼，同时还有同属另外 5 个种（变种）也作重楼入药。需要强调的是，重楼的种质在历代本草中有时是指七叶一枝花等特定的种，有时是包括多个种在内的多基原药材，都来自百合科重楼属，但不包括北重楼组植物。

（二）产地的沿革与变迁

随着历史的变迁，药材的产地、道地产区也相应地发生变迁[20-22]。重楼首载于《神农本草经》，至魏晋时期《名医别录》始载产地："生山阳（今河南）川谷及冤句（今山东）"，即黄淮地区。此后，产地逐渐向南拓展，至宋《本草图经》："今河中（今山西永济）、河阳（今河南焦作）、华（今陕西华县）、凤（今陕西凤县）、文州（今甘肃文县）及江淮间亦有之"[3]，此时的重楼主要分布在秦岭和江淮之间。到了明代，由《滇南本草》可知重楼的产地增加了云南省，但是，从《本草纲目》的"处处有之"和《本草原始》沿用《本草图经》的产地可知，此时重楼的产地仍以长江以北者为主，其中《本草品汇精要》以安徽滁州为道地[23]。清朝时期，重楼的产地记载则仅包括长江及以南地区，如江西、湖南、云南和广西，以及越南北部，可见此时重楼的产地已经转移到了长江以南地区。近现代，重楼的产地以云南为主。所以，古代本草中对重楼产区的记载是一个由北向南逐渐转移的过程。重楼属植物分布以西南居多，如陕西分布 4 种（以下均包括变种）、甘肃 5 种、河南 5 种、广西 7 种、湖南 10 种、贵州 15 种、云南 24 种，因此古代重楼产地由北向南的变化，也伴随着种类增多的趋势。

二、历史沿革

重楼是我国传统的中药材之一，是著名的中成药——云南白药、季德胜蛇药片等国家保护中药的主要组成药物。中国是重楼资源最丰富的国家，也是重楼资源消费的大国，重楼消费量大于野生重楼储存量的总和，导致重楼资源濒临枯竭，各种重楼的繁衍受到不同程度的威胁，生存状况堪忧。国产 30 种重楼中，属于 I 级（濒危）9 种、II 级（稀有）1 种、III 级（渐危）20 种。而目前《中华人民共和国药典》仅将云南重楼（滇重楼）、七叶一枝花 [*Paris polyphylla* var. *chinensis*（Franchet）H. Hara] 的干燥根茎列为法定的国家药品，即滇重楼和七叶一枝花才是法定意义上的重楼正品，除此之外的 28 种国产重楼都是非药典药材。

第二节　植物形态与生境分布

一、植物形态

重楼属：多年生草本；根茎肉质，圆柱状，细长或粗厚，生有环节。茎直立，不分枝，基部具 1~3 枚膜质鞘。叶通常 4 至多枚，极少 3 枚，轮生于茎顶部，排成 1 轮，具 3 主脉和网状细脉。花单生于叶轮中央；花梗似为茎的延续；花被片离生，宿存，排成 2 轮，每轮（3）4~6（10）枚；外轮花被片通常叶状，绿色，极少花瓣状，呈白色或沿脉具白色斑纹，披针形至宽卵形，有时基部变狭成短柄，开展，很少反折；内轮花被片条形，很少不存在；雄蕊与花被片同数，1~2 轮，极少 3 轮；花丝细，扁平；花药条形或短条形，基着，向两侧纵裂，药隔突出于花药顶端或不明显；子房近球形或圆锥形，4~10 室，顶端具盘状花柱基或不具，花柱短或较细长，分枝 4~10 条。蒴果或浆果状蒴果，光滑或具棱，具 10 余颗至几十颗种子。

云南重楼 [*Paris polyphylla* Smith var. *yunnanensis* (Franch.) Hand. -Mazz.]：叶（6）8~10（12）枚，厚纸质、披针形、卵状矩圆形或倒卵状披针形，叶柄长 0.5~2 cm。外轮花被片披针形或狭披针形，长 3~4.5 cm，内轮花被片 6~8（12）枚，条形，中部以上宽达 3~6 mm，长为外轮的 1/2 或近等长；雄蕊（8）10~12 枚，花药长 1~1.5 cm，花丝极短，药隔突出部分长 1~2（3）mm；子房球形，花柱粗短，上端具 5~6（10）分枝。花期 6—7 月，果期 9—10 月。

七叶一枝花 [*Paris polyphylla* Smith var. *chinensis* (Franch.) Hara]：叶 5~8 枚轮生，通常 7 枚，倒卵状披针形、矩圆状披针形或倒披针形，基部通常楔形。内轮花被片狭条形，通常中部以上变宽，宽 1~1.5 mm，长 1.5~3.5 cm，长为外轮的 1/3 至近等长或稍超过；雄蕊 8~10 枚，花药长 1.2~1.5（2）cm，长为花丝的 3~4 倍，药隔突出部分长 1~1.5（2）mm。花期 5—7 月，果期 8—10 月。

二、生境分布

云南重楼：产于福建、湖北、湖南、广西、四川、贵州和云南。生于海拔（1 400）2 000～3 600 m 的林下或路边。

七叶一枝花：产于江苏、浙江、江西、福建、台湾、湖北、湖南、广东、广西、四川、贵州和云南。生于林下或沟谷边的草丛中，海拔 600～1 350（2 000）m。

我国植物学家李恒根据植物形态特征及演化趋势，确定了新的分类系统，包括 8 个组，24 个种，12 个变种，2 个变型（表 16.2）。

表16.2　重楼属植物种类及资源分布[18]

组别	种名	拉丁名	分布
海南组	海南重楼	*Paris dunniana*	贵州贵定、海南
蚤休组	凌云重楼	*Paris cronquistii*	云南东南部、广西西南部、贵州南部
	西畴重楼	*Paris cronquistii* var. *xichouensis*	云南西畴县
	南重楼	*Paris vietramensis*	广西西南部、西部，云南东南部、南部和西部
	缅甸重楼	*Paris birmanica*	缅甸掸邦
	金钱重楼	*Paris delavayi*	云南东北部、四川南部、湖南西部、湖北西部、贵州梵净山
	卵叶重楼	*Paris delavayi* var. *petiolata*	云南东北部至东南部、贵州（毕节）、四川、广西（龙山）
	大理重楼	*Paris daliensis*	云南大理
	多叶重楼	*Paris polyphylla*	西藏南部、云南、四川、贵州、广西、广东等
	滇重楼	*Paris polyphylla* var. *yunnanensis*	云南、四川、贵州
	七叶一枝花	*Paris polyphylla* var. *chinensis*	云南、四川、贵州、江苏、浙江等
	矮重楼	*Paris polyphylla* var. *nana*	四川宜宾

续表

组别	种名	拉丁名	分布
蚤休组	白花重楼	*Paris polyphylla* var. *alba*	云南（大理）、贵州（惠水）、湖北（鹤丰）
	狭叶重楼	*Paris polyphylla* var. *stenophylla*	西藏、云南、四川、陕西、江苏等
	宽叶重楼	*Paris polyphylla* f. *latifolia*	山西、陕西、甘肃、湖北等
	长药隔重楼	*Paris polyphylla* var. *pseudothibetica*	云南东北部经四川南部、贵州至四川东部和湖北西部
	大萼重楼	*Paris polyphylla* f. *macrosepala*	云南东北部、四川、贵州（遵义）
	卷瓣重楼	*Paris undulatis*	四川峨眉山
	毛重楼	*Paris mairei*	云南西北部、西部至东北部，四川西部至南部，贵州西部
花叶组	花叶重楼	*Paris marmorata*	西藏南部、云南、四川、重庆南川
	禄劝花叶重楼	*Paris luquanensis*	四川南部、云南（禄劝、屏边）
球药隔组	球药隔重楼	*Paris fargesii*	四川东部、湖北西部、贵州、云南
	宽瓣球药隔重楼	*Paris fargesii* var. *latipetala*	贵州贵定
	短瓣球药隔重楼	*Paris fargesii* var. *brevipetalata*	云南、四川、贵州、广西、湖南等
黑籽组	黑籽重楼	*Paris thibetica*	西藏南部、云南西北部至西部、四川西部、甘肃南部
	无瓣黑籽重楼	*Paris thibetica* var. *apetala*	西藏南部、云南西北部、四川西南部

续表

组别	种名	拉丁名	分布
五指莲组	五指莲	*Paris axialis*	四川西部和南部、云南东南部、贵州西北部
	红果五指莲	*Paris axialis* var. *rubra*	贵州水城县
	平伐重楼	*Paris vaniotii*	贵州贵定和惠水、湖南衡山
	长柱重楼	*Paris forrestii*	西藏东南部、云南西北部和西部
	皱叶重楼	*Paris rugosa*	云南贡山县独龙江江中下游河谷
	独龙重楼	*Paris dulongensis*	云南贡山县独龙江江中下游河谷
北重楼组	巴山重楼	*Paris bashanensis*	四川宝兴、茂文等,湖北鹤丰、兴山
	北重楼	*Paris verticillata*	黑龙江、吉林、辽宁、陕西、甘肃等
	日本四叶重楼	*Paris tetraphylla*	萨哈林岛(库页岛)南部至北海道、本州、四国
	无瓣重楼	*Paris incompleta*	高加索山脉
	四叶重楼	*Paris quadrifolia*	斯堪的纳维亚至地中海
日本重楼组	日本重楼	*Paris japonica*	日本本州北部和中部高山

第三节 栽 培

古来已久,重楼繁育方式为种苗繁育。重楼种子成熟时易剥离且产量大,理论上种子的有性繁殖可以提供大量种苗,但由于重楼种子具有"二次休眠"的生理特性，具有胚后熟、生长周期长和对环境要求高的特性，且重楼种子红皮含抑制植物生长的化合物，不利于种子萌发，这些都增加了重楼种植的难度且出苗率极低，导致大量种子在漫长的休眠期内丧失了生命力[24, 25]。因此目前重楼的种苗繁育方法主要有种子繁殖、根茎切块繁殖和组织培养，其中重楼种子的休眠机制决定了目前我国规范化生产种植重楼的基地实际上主要使用的种苗繁育方法仍以种子与根茎快速繁殖为主，其中由于种子繁殖周期较长，又常常是直接以根茎或带顶芽切段繁殖为主，目前该技术方法成熟稳定，可以保证种植的重楼经济效益良好。

一、选地

重楼种植的选地十分重要，重楼种植的环境不仅要具有荫蔽的条件，而且还要有一定光照。可以选择光照时间短、排水良好、有一定坡度的地段种植，土质选用酸性红壤土或者腐殖质含量高的土壤。

二、种子繁殖

（一）苗床

选择地势高、排水好、土质肥沃、荫蔽且有一定光照的空地作为苗床。翻耕苗床深度达到 13～15 cm，除去杂草，用作苗床。

（二）选种

选取成熟、饱满、无病害、未受伤、未发霉的种子，将选取的种子与细沙按比例混合，除去外种皮，进行处理后等待种子生根播种，处理期间保持种子的湿度。采取合理措施打破休眠是重楼种子快速育苗的关键。重楼植物在果实成熟时种子的胚发育不全，胚芽、胚轴、胚根和子叶都还未形成，外加胚乳坚硬、内种皮表层角质化等原因，其种子存在形态后熟和生理休眠特性，需要经过胚的形态建成和种子内源抑制物解除 2 个过程才能萌发[26-29]。研究表明，滇重楼种子内种皮与胚乳不存在吸水障碍[26, 30]，外种皮及胚乳均含有抑制种子萌发及幼苗生长的物质，胚乳抑制作用强于外种皮[30-32]，种子种胚休眠解除是抑制物质（ABA）减少与促萌物质（GA₃）增加和积累的结果[33]。谭秋生等人[34]研究硫酸、超声波和赤霉素（GA₃）联合处理后恒温层积对华重楼种子萌发的影响发现硫酸和 GA₃ 浸泡对华重楼种子休眠解除、促进萌发均有一定作用，10% 硫酸 10 min+ 超声 +400 mg/L GA₃ 组合萌发效果最好，萌发率为 96.67%。

（三）播种

种子可以散播、条播和点播。播入土下的种子用厚度 1.5 cm 左右的土覆盖，再盖 1 层碎草保持水分。

三、根茎切块繁殖

将整体长态良好，无病害、虫害的重楼地下茎切割（约 2 cm），为防止不出苗情况的发生，切割茎块时要注意切割不能过短，在切割伤口处涂抹草木灰。带有顶芽的切块可以直接种植，不带顶芽的需要注意隔开种植，种植后需用碎草覆盖，保证土壤湿度（65%）。

四、组织培养繁殖

当前重楼的组织培养研究进展较缓慢，由于其自身的组织细胞脱分化能力较低、细胞分裂速度慢，同时在组织培养过程中还存在条件（外植体的选择、消毒及培养基的筛选等）限制，使得该技术还未能在实际种植中得到广泛应用[25]。最新的研究进展表明，徐梅珍等[35]研究发现重楼的幼苗生长迅速，是组织培养快繁的最佳原材料，且得到最佳的壮苗及生根培养基是 MS+1.25 mg/L 6-BA+0.25 mg/L NAA+0.8% 琼脂 +3% 蔗糖，重楼幼苗在该培养基上植株生长旺盛，能满足大量快繁的要求，可为重楼的人工栽培提供优质的种苗。

五、移栽

重楼移栽需在出苗 2～3 年后进行，重楼移栽要注意根系状态，重楼根系有换根的特点，只有新根达到一定数量，才能保证吸水、吸肥效果，移栽后才可存活。新根对温度、湿度的要求较高，最适生长温度为 15～18 ℃，湿度 50%～60%。每年 10 月的温度、湿度对于重楼新根的生长十分合适，所以 10 月进行重楼移栽效果最佳。

六、无纺布容器栽培

程筵寿等人 [36] 实现了用无纺布容器栽培七叶一枝花的技术。采用带顶芽根茎直接繁殖方式，选用健康、无病虫害的七叶一枝花根茎作为繁殖材料，将根茎沿纵向切成数个小块，保证切开的每小块根茎均有顶芽，并用草木灰拌撒在切口表面进行消毒，以防病菌从切口侵入感染 [37]。

1. 无纺布容器种植

七叶一枝花选在地上部未长出、根茎和根系生长适期的 11—12 月进行种植。因为在地上部植株已出土时进行移植，地上部植株易折断，切段较易感染与腐烂，成活率较低。

2. 种植方法

种植时先将黑山泥（如当地土壤腐殖质含量丰富，可就地取材，以节约成本）与有机质肥料（经高温杀菌发酵农家肥）充分搅拌均匀后装入无纺布容器，装满填实后在林下或露天均匀地摆放；然后将经 50% 多菌灵 500 倍液处理的根茎栽在无纺布容器内，顶芽芽尖向上；1 个无纺布容器种植 1 块根茎，再覆盖 2～3 cm 的松土，浇透水后覆盖松针、碎草或枯枝落叶等透风、保湿材料，使容器内部保持一定湿度，以及泥土不会被雨水直接冲刷，同时起到防杂草的作用。

3. 栽后管理

七叶一枝花的无纺布容器栽培和裸地栽培栽后管理技术基本相

同，主要是发现枯苗、缺苗及时补苗，每隔 10~15 d 应及时浇水 1次，使土壤水分含量保持在 30%~40%，根据植株生长情况适当追施氮磷钾肥，及时摘蕾和开展病虫害防治工作。与裸地栽培栽后管理不同，一是无纺布容器栽培除草工作量小，对于容器内杂草如果不影响苗木生长则可以不用清除；二是采收比较方便，选择晴天，割除干黄枯萎的茎叶后倾倒无纺布容器内泥土，就可摘取块茎。

七、人工种植重楼的田间管理及注意事项

（一）中耕除草、松土

1. 中耕除草

重楼生长过程需要及时清理与其争夺养分的植物，故除草工作是田间管理的重要项目之一。重楼根茎生长的时候需浅耕，注意不要伤到重楼根部。重楼幼苗长出后，需及时处理田间杂草，为不伤害幼根一般用手除草，草的根系要拔除干净，以避免二次生长。

2. 松土

在多雨的季节土壤会出现结块现象，从而影响重楼生长，因此保证土壤的通透性，可以减少此现象的发生，故需对重楼进行及时的松土。

（二）施肥

重楼施肥分为基肥、春肥、冬肥。基肥以有机肥为主，其中包括充分腐熟的农家肥草、作物秸秆、木灰、家畜粪便等。每年重楼苗长出后需要施春肥，以施腐熟的农家肥为主。重楼幼苗破土3 cm 左右时进行追肥，追肥是为保证重楼生长过程中营养的充分，施肥时间在 5 月中旬和 8 月末。在 11 月下旬至 12 月上旬施冬肥，在土上铺 1 层肥料，在肥料上再覆盖 1 层细泥土。

（三）排水与灌水

重楼生长期间对土壤湿度要求较高。在种植重楼的田地四周挖好深度 30~35 cm 的排水沟，用于排水。重楼出苗前水不宜过多，

水过多容易烂根，重楼出苗后水分要充足。雨季前，及时浇水；雨季后，注意排水。

（四）病虫害防治

重楼在生长的过程中容易出现的病害包括根腐病、猝倒病、炭疽病、黑斑病、立枯病等。虫害常见的有金龟子、地老虎。为减少病虫害对重楼生长的影响，种植人员应对重楼病虫害的产生有基本了解，在对田间管理时提前做好预防，制定好病虫害发生及时处理的措施，以确保重楼的良好生长。

1. 根腐病

重楼的根腐病是从染病部位逐渐腐烂。随着腐烂程度增加，根部的吸水、吸养分的能力逐渐下降，最终根部全部腐烂，植株逐渐枯死。发病原因主要是由于6—7月雨季田间有积水，并且重楼根茎部有创伤所导致的。

2. 猝倒病

从茎部感染，病势快速扩展，重楼从茎中部倒贴于地面，发病部位有臭味，染病部分不变色或呈黄褐色。幼苗时发病，发病主要原因是土壤带菌，有积水。

3. 炭疽病

重楼炭疽病是由炭疽菌引起的，在叶片上出现不规则形状褐色病斑，若不及时治疗，病变不断增加，病斑连片致植株枯黄死亡。炭疽病菌生命力顽强，容易存活，第二年重楼生长时，病菌借助风、雨侵染健康植株。

4. 虫害防治

地老虎和金龟子为重楼的主要虫害。地老虎啃食重楼的根茎，导致重楼倒地，根茎被啃食出孔洞。金龟子吃重楼叶片，如不及时杀虫，叶片会被吃光，只留下叶脉，进而影响重楼生长发育。

八、生物因子对重楼生长的影响

由于市场需求巨大导致野生资源日趋濒危，寻求合适的栽培技术以提高滇重楼产量和质量迫在眉睫。除集中在施肥、光照、水分等非生物因子对重楼甾体皂苷进行环境调控之外，研究学者们逐渐增加对生物因子的研究。

（一）丛枝菌根（AM）真菌

丛枝菌根（AM）真菌是土壤微生物区系中分布最为广泛的一类菌根真菌，能与滇重楼根系形成良好的互生共生体，外源接种AMF在提高药用植物的移栽成活率、增强药用植物抵抗病虫害的能力、增加药用植物根的营养吸收功能、改善药用植物的产量和品质等方面发挥着重要的作用；可通过调节其生理代谢过程可增强植物的抗逆性，直接或间接地影响植物的次生代谢过程，从而提高其入药品质。

许凌峰等人[38]采用蒽酮硫酸比色法和色谱分析法研究不同丛枝菌根真菌对滇重楼根茎内多糖类和总氨基酸含量的影响，发现滇重楼在生育进程中因接种不同的AMF，根茎内多糖含量逐渐升高，而总氨基酸含量逐渐降低，其中双紫盾巨孢囊霉（Sdi）和异配盾孢囊霉（Dh）均显著提高了滇重楼根茎内的多糖和总氨基酸含量，是培育滇重楼菌根苗的优良备选菌株。黎海灵等人[38]研究发现，不同混合AM真菌能与滇重楼根系形成良好的共生关系，提高菌根生活力，增强滇重楼对外界不利环境的抗逆性，促进滇重楼的生长发育以及提高根茎品质。从综合接种效应来看，S5、S8、S9组的AM真菌组合效果最佳，为滇重楼菌根生物技术的应用提供了参考。

（二）重楼内生细菌

研究发现，植物内生菌具有促进宿主植物生长和药用物质合成的作用。重楼以块状根为主要入药部分，一般需5年以上才可入药，但叶和茎为一年生，资源丰富，可作为根的替代资源开发皂苷类药物。张鹏等人[39]通过分离滇重楼茎组织的可培养内生细菌以及分析各种内生细菌的 16S rDNA 序列，初步揭示出其茎组织中内生细菌多样性、菌群结构及其优势类型；并通过与小麦幼苗的共培养筛选促生菌，为利用内生菌改良重楼种植技术的研究提供了菌种资源。如此，利用内生菌促进重楼不同组织部位有效成分的积累，使重楼种植资源得到更高效的利用。

分析重楼不同组织的内生菌多样性以及从中筛选促生菌株，有助于揭示内生菌对宿主生长发育的影响，以及利用内生菌改良重楼种植技术。

第四节　化学成分

重楼含有多种化学成分，目前已从该属植物中分离纯化得到 241 个化合物。主要包括甾体皂苷类、黄酮类、甾醇类等成分。

一、甾体皂苷类

甾体皂苷类化合物广泛存在于重楼属植物中，是其主要活性成分，由螺甾烷类化合物与糖结合而成，按螺甾烷结构中 C-25 的构型和 F 环的环合状态，可分为螺甾烷醇型（spirostanol）、异螺甾烷醇型（isosprirostanol）、呋甾烷醇型（furostanol）和变形螺甾烷醇型（pseudospirostanol），上述化学成分在重楼属植物中均存在。

（一）异螺甾烷醇型

目前已从重楼属植物中分离纯化得到 93 个异螺甾烷醇型化合物，为该属植物主要的活性物质基础。

重楼的主要有效成分为甾体皂苷类，目前已从重楼属植物中分离纯化得到 93 个异螺甾烷醇型化合物，苷元多为薯蓣皂苷元、偏诺皂苷元，一般在 5（6）双键、3β、7β、17β 位有羟基取代，糖基有 D- 葡萄糖、L- 鼠李糖、L- 阿拉伯糖等，主要为异螺甾烷醇类的薯蓣皂苷元、偏诺皂苷元、24α- 羟基偏诺皂苷元、27- 羟基偏诺皂苷元、呋甾烷醇类皂苷、25S- 异纽替皂苷元、纽替苷元以及 C21 甾类皂苷元等共计 15 种苷元的 50 余种甾体皂苷[40]。其中以薯蓣皂苷类、偏诺皂苷类和原型皂苷类为主，约占化合物总含量的 80%[41-43]。《中国药典》规定，薯蓣皂苷类化合物重楼皂苷 I（$C_{44}H_{70}O_{16}$）、重楼皂苷 II（$C_{51}H_{82}O_{20}$）及偏诺皂苷类化合物重楼皂苷 VI（$C_{39}H_{62}O_{13}$）、重楼皂苷 VII（$C_{51}H_{82}O_{21}$）作为重楼药用价值的指标，总量不得少于 0.60%[44]。

除此之外，Kang et al.[45] 从四叶重楼（*Paris quadrifolia* L.）中分离提取出 parisyunnanoside G~I 共 3 个甾体皂苷，具有抗人类急性淋巴细胞白血病细胞 CCRF 的作用。Wu et al.[46] 从滇重楼中分离出 pariposides A~D 共 4 个甾体皂苷，具有抗人类鼻咽癌肿瘤细胞（CNE）增殖的作用。

（二）螺甾烷醇型

从重楼属植物中提取分离得到 8 个螺甾烷醇型化合物。其中 Sun et al.[47] 从北重楼（*Paris verticillata* M. -Bieb）地上部位中分离得到 parisverticoside A。Qin et al.[48] 从滇重楼茎叶中分离得到 3 个螺甾烷醇型化合物，其甾体苷元均是 25 S- 异纽替皂苷元（isonautigenin）。在滇重楼、七叶一枝花、宽叶重楼、北重楼中均存在该类化合物。

（三）呋甾烷醇型

从重楼属植物已分离得到 22 个呋甾烷醇型化合物。呋甾烷型甾体皂苷是一类 F 环开裂，形成 OCH_3 产物。通常认为呋甾烷型甾体皂苷常是螺甾烷型甾体皂苷的前体化合物[49]。呋甾烷型甾体皂苷一般无抗菌、细胞毒等生物活性。

（四）变型螺甾烷醇型

重楼属植物中共含有 13 个变型螺甾烷醇型甾体皂苷，其苷元均为纽替皂苷元（nautigenin），都是从滇重楼茎叶中分离得到的。这类化合物也是重楼属地上部位所特有的成分，目前没有从重楼根茎中分离得到过。这类纽替皂苷元在 3、7、17、26 位有羟基取代。Qin et al.[48] 从滇重楼的茎叶中分离出 chonglouside SL-9 ~ SL-15、abutiloside L、nuatigenin-3-O-Rha-（1 → 2）-Glc 等化合物，其中部分化合物具有强烈的抗人肝癌 HepG2 细胞和人胚胎肾细胞 HEK293 增殖的作用。

二、胆甾烷类

有研究报道从重楼属植物共分离得到 6 个胆甾烷类化合物，这类化合物在分离过程中处于极性较大的部位。其中化合物 parispolyside E、parispseudoside A ~ D、parispolyside F 具有诱导血小板凝集的作用，它们存在于长药隔重楼（*Paris polyphylla* var. *pseudothibetica* H. Li）、滇重楼和北重楼中。

三、C21 甾体化合物

从重楼属植物中分离出的 C21 甾体化合物共 13 个，其中地上部位目前共分离得到 6 个。Qin et al.[48] 从滇重楼的茎叶中共分离鉴定了 5 个 C21 甾体化合物，包括 2 个孕甾烷类皂苷和 3 个 C22- 甾类内酯皂苷。Dumoside、chonglouoside SL-7、chonglouoside SL-8 是重楼属植物中首次分离得到的 C22 甾类内酯皂苷类化合物，从北重楼地上部位中也分离得到了 1 个 C21 孕甾烷类皂苷类化合物。

四、植物甾醇类

重楼属植物中含有的植物甾醇类化合物有 8 个，主要有胡萝卜苷、β- 谷甾醇、豆甾醇、α- 菠甾醇、pariposide E 和 pariposide F 等，它们在重楼的多个种中均存在。植物甾醇具有很高的营养价值和生理活性，可降低胆固醇，减少患者心血管疾病的风险。

五、昆虫变态激素

该属植物含有 β- 蜕皮激素、5- 羟基蜕皮甾酮和 calonysterone 昆虫变态激素类化合物。现已从滇重楼、四叶重楼（*P. quadrifolia* L.）等 15 个重楼种中分离得到或检测到 β- 蜕皮激素。

六、五环三萜类

目前已从滇重楼、毛重楼（*Paris mairei* Lévl）和金线重楼（*Paris delavayi* Franch）中分离纯化得到 23 个五环三萜类化合物，除 2 个化合物为羽扇豆烷型，其他均为齐墩果烷型。

七、黄酮类

黄酮类成分在该属植物中广泛分布，具有脂溶性成分，其主要结构类型是黄酮醇类，多数具有生物活性，目前已从该属植物分离纯化得到 22 个黄酮类化合物。其苷元有山奈酚、槲皮素等，苷元主要在 C-3 位与糖基相连成苷，具有抗氧化作用。

八、其他成分

该属植物中除上述成分外，还含有丝氨酸、β- 氨基异丁酸、天冬氨酸、γ- 氨基丁酸、谷氨酸、丙氨酸等氨基酸类化合物，十六烷酸、十七碳烯酸甘油三酯等肪酸类化合物，heptasaccharide、octasaccharide 等糖类化合物，没食子酸、vanillin 等芳香族化合物，以及生物碱类、苯丙素类、醌类、微量元素等化合物 [49, 50]。

第五节　药理与毒理

重楼属植物药理作用主要有抗肿瘤、抗菌消炎、抗心肌缺血、抗氧化、免疫调节、止血、驱虫、镇静止痛以及其他药理活性 [24]。

一、抗肿瘤

抗肿瘤是重楼皂苷的主要作用之一。现代药理研究表明，重楼属植物可用于治疗鼻咽癌、肺癌、胃癌、肝癌、乳腺癌、子宫肌瘤、白血病等疾病，其抑制肿瘤细胞的机制可能与调节细胞凋亡相关蛋白的表达、改变与肿瘤细胞生长的相关蛋白活性、抑制肿瘤细胞生长周期、抑制肿瘤细胞相关血管生成及其内皮细胞的迁移和毛细血管形成等有关。

（一）提取物

Cheng et al.[51] 利用蛋白质分析技术研究了重楼总皂苷抑制肝癌细胞 Hep G2 的作用，用基质辅助激光解吸电离时间质谱（MALDI-TOF-MS）对 15 个缩氨酸蛋白质进行分析鉴定，发现 6 个表达上调和 6 个表达下调的蛋白质，说明这些蛋白质与肿瘤细胞的形成、生长和繁殖有密切联系。Man et al.[52] 发现重楼总皂苷可诱导肿瘤细胞凋亡、影响基质金属蛋白酶抑制剂（TIMP-2）和基质金属蛋白酶（MMP-2 和 MMP-9）的表达，抑制实验小鼠肺转移瘤的生长。杨福冬[53] 研究表明，滇重楼茎叶总皂苷在一定程度上能够抑制荷人胃癌裸鼠移植性肿瘤的生长，250 mg/kg 剂量组的抑瘤率高达 83.23%。其机制可能是通过下调肿瘤细胞 Bcl-2 蛋白的表达，增加 Bax 蛋白表达，进而促进肿瘤细胞凋亡而发挥抑瘤作用，也可能与其下调或阻断瘤组织中 VEGF 蛋白表达有关。贾科等[54] 研究重楼总皂苷对胃癌细胞株 MGC-803 生长的抑制作用，结果表明重楼总皂苷可显著抑制 MGC-803 细胞生长，并呈时间 - 剂量依赖关系，可阻滞细胞于 S 期，诱导细胞凋亡率的升高，其机制可能与下调 Eph A2 和 survivin 的表达以及促进 caspase-3 的表达有关。张珂等[55] 研究表明重楼不同醇提物能够阻滞胃癌 SGC7901 细胞在 S 期，促进细胞凋亡。龙剑文等[56] 发现重楼皂苷 I 对 HaCaT 细胞的增殖具有抑制作用，且其抑制作用具有时间 - 浓度依赖性。许新恒等[57]从滇重楼地上茎叶提取到总皂苷处理肝癌 Hep G2 细胞，结果表明滇重楼茎叶总皂苷提取物能呈时间 - 剂量依赖性地抑制肝癌细胞的增殖，使细胞周期阻滞于 S 期，并诱导细胞凋亡。李菊等[58]发现重楼地上和地下部分的总皂苷体外与体内均可呈剂量 - 时间依赖性地抑制人宫颈癌细胞株（HeLa）、人乳腺癌细胞株（MCF-7）和小鼠胃癌细胞株（MFC）3 种癌细胞的生长，但滇重楼地上根茎部分总皂苷的抗肿瘤活性弱于地下部位。倪璐[59]以转基因斑马鱼为模型，研究重楼的不同提取物对斑马鱼血管生成活性的影响，结果表明重楼水提物与醇提物均具有抗斑马鱼血管生成的活性，且醇提物的抑制作用更强，进一步研究发现，重楼醇提物抑制转基因斑马鱼肠下血管和异种移植的人源肝癌肿瘤细胞的生成，且其抑制效果呈浓度依赖性。

（二）单体化合物

近年来，重楼皂苷 I、II、VI、VII、H 以及纤细薯蓣皂苷等活性单体抗肿瘤作用的研究逐渐增多，主要是从活性化合物的分离提取和药理作用机制 2 个方面进行。Chan et al.[60]对重楼皂苷 D 抑制血管内皮细胞和血管生成进行了研究，发现其在浓度为 0.1~0.4 μmol/L 时，可抑制人微血管内皮细胞的生长，在浓度为 0.3 μmol/L 和 0.4 μmol/L 时，可抑制内皮细胞的迁移和毛细血管的形成，从而抑制肿瘤细胞生长。Xiao et al.[61]研究表明重楼皂苷 II 可抑制子宫肌瘤，作用机制与其提高凋亡分子的表达、减少细胞外信号调节激酶磷酸化和抗凋亡基因 *Bcl-2* 的表达有关。Wu et al.[62]研究了滇重楼根茎中的三萜皂苷类成分，发现 3β-ol-oleane-12-en-28-oic acid-3-O-Glc（1 → 2）-Ara、3β-ol-oleane-12-en-28-oic acid-3-O-Glc（1 → 2）-Xyl、3β-ol-oleane-12-en-28-oic acid-3-O-Xyl 能显著抑制人类鼻咽癌肿瘤细胞（CNE）增殖，其半数抑制浓度（IC_{50}）分别为 16.53 μmol/L、16.77 μmol/L、16.69 μmol/L。姜福琼[63]研究发现，重楼皂苷 I、II 均具有抗膀胱癌细胞（EJ、

BIU87、T24）增殖活性，使 *Cyt C*、*Caspase-3*、*Bax* 表达水平增高，*Bcl-2* 和 *Caspase-9* 的表达水平降低。Zhang et al.[64] 研究了重楼皂苷Ⅶ诱导肝癌 Hep G2 细胞凋亡机制，结果发现其可增加 Bax/Bcl-2 表达水平，促进 Cyt C、Caspases-3、Caspases-8、Caspases-9 蛋白表达和应激活化蛋白激酶（JNK）、细胞外调节蛋白激酶（ERK）和 p38 蛋白磷酸化，抑制 p53 和人第 10 号染色体缺失的磷酸酶及张力蛋白同源基因（PTEN）蛋白表达。Qin et al.[49] 从滇重楼茎叶中分离得到 25 个化合物，并研究其对人癌症细胞系 Hep G2 和 HEK293 的细胞毒性，发现其中纽替皂苷元 -3-O-α-L- 鼠李吡喃糖基（1→2）-β-D- 葡萄吡喃糖和 abutiloside L 这 2 种化合物有显著的癌细胞毒性。

重楼皂苷Ⅰ能促进结肠癌细胞及其耐药细胞凋亡，对结肠癌细胞和耐奥沙利铂细胞均有良好的抗肿瘤活性作用，其抗肿瘤作用是通过介导结肠癌细胞凋亡实现的 [65]。重楼皂苷Ⅵ可通过降低基质金属蛋白酶 MMP-2 和 MMP-9 的表达与活性，抑制结肠癌细胞 LoVo 的迁移，从而发挥抗肿瘤作用 [66]。重楼皂苷Ⅶ可以通过线粒体和死亡受体途径诱导 SW-480 细胞凋亡，将 SW-480 细胞周期阻滞于 G_1 期，是通过上调 P21 的表达，抑制 Cdk-4、Cdk-6 与 Cyclin D1 周期调控蛋白的表达，从而起到抑制人结肠癌的作用 [67]。

此外，重楼皂苷Ⅰ在卵巢癌细胞的体外生长过程中起到明显抑制作用，并且能通过干扰细胞周期、诱导细胞凋亡，从而影响卵巢癌细胞的生长，发挥抗肿瘤作用 [68]。重楼皂苷Ⅱ能有效促进人卵巢癌细胞 SKOV3 的凋亡，并且作用时间越长、剂量越大，细胞凋亡率越高 [69]。

二、抗白血病

王方方 [70] 从滇重楼茎叶中分离并提取出皂苷Ⅰ、Ⅱ、Ⅲ、Ⅳ，并进行抑制白血病细胞生长的研究，结果表明这 4 种皂苷均

能有效抑制人白血病细胞的增殖，其中单体皂苷Ⅱ诱导白血病细胞
（K562、HL60细胞）凋亡的活性较稳定且细胞毒作用较强，并表明
滇重楼茎叶皂苷Ⅱ诱导K562细胞凋亡的机制可能与Bcl-2蛋白低表
达有关。张颜[71]建立了BALB/C-Nu鼠K562细胞白血病模型以及
BALB/C-Nu鼠K562细胞移植瘤模型，用于观察滇重楼茎叶总皂苷
抗白血病效应，结果显示滇重楼茎叶总皂苷有明显的体内抗肿瘤活
性，能抑制荷人白血病裸鼠移植性肿瘤的生长，125 mg/kg剂量抑瘤
率可达到63.6%。随后，闵沙东[72]的试验表明滇重楼茎叶总皂苷
可诱导髓系人白血病祖细胞凋亡。Kang et al.[73]对从多叶重楼中提
取出甾体皂苷类成分进行活性测定，发现重楼皂苷Ⅰ、dichotomin、
原纤细薯蓣皂苷、pseudoproto-Pb、parisyunnanoside A能够抑制急
性淋巴细胞白血病细胞，其IC_{50}为0.97~85.34 μmol/L。张华[74]
研究发现滇重楼茎叶总皂苷能抑制K562白血病细胞的增殖和生长，
其机制可能是抑制K562细胞中β-catenin mRNA和蛋白水平的表
达，抑制wnt信号通路，进而抑制白血病细胞增殖，促进白细胞
凋亡。

三、抗菌作用

重楼属提取物抗菌作用机制与其植物体内内生真菌及其代谢物
能有效抑制人体内病原微生物有关。Deng et al.[75]研究了滇重楼中
抗真菌皂苷，发现pennogenin-3-O-Rha（1→2）[Xly（1→5）-Ara
（1→4）]-Glc、重楼皂苷Ⅶ、重楼皂苷H对白色念珠菌的最低抑
菌浓度（MIC）分别是25 μg/mL、50 μg/mL、100 μg/mL。重楼总
皂苷在各实验浓度对灭活大肠杆菌诱导的大鼠巨噬细胞释放TNF-α
和IL-1β均具有显著的抑制作用，从而起到消炎作用[76]。Xuan et
al.[77]从滇重楼中分离出的内生真菌及其代谢物能有效抑制人体内
细菌的生长。此外，重楼提取物能够治疗支原体引起的女性生殖
道感染，临床疗效优于对照组曼舒林，可克服由于长期使用抗生

素带来的副作用和耐药性[78]。Qin et al.[79] 从滇重楼的茎叶中分离并提取出 chonglouoside SL-2、chonglouoside SL-3、chonglouoside SL-6、重楼皂苷 A、重楼皂苷 V、薯蓣皂苷 III、pennogenin-3-O-Rha（1→4）-Rha（1→4）-Glc、重楼皂苷 VII 和 hypoglaucin H，这些提取物抑制丙酸杆菌的 MIC 分别是 62.5 μg/mL、62.5 μg/mL、3.9 μg/mL、16.5 μg/mL、17.2 μg/mL、39.0 μg/mL、17.2 μg/mL、31.3 μg/mL 和 62.5 μg/mL。Qin et al.[80] 在后续的研究中又从滇重楼茎叶中分离得到 3 个 C22- 甾类内酯糖苷类化合物，其中 chonglouoside SL-7 和 dumoside 有抗痤疮丙酸杆菌活性，它们的 MIC 分别为 31.3 μg/mL 和 3.9 μg/mL。蒲秀瑛等[81] 采用 MTT 比色法测定重楼皂苷 I、重楼皂苷 II、重楼皂苷 VI 和重楼皂苷 VII 的细胞毒性，并检测其体外对 IAV 的直接灭活作用、对 IAV 吸附和侵入细胞的阻断作用以及对 IAV 在靶细胞内增殖的抑制作用，结果表明重楼皂苷 II、重楼皂苷 VI 和重楼皂苷 VII 在体外具有较好的抗 IAV 活性。王奇飙等[82] 研究表明，重楼总皂苷对痤疮丙酸杆菌（*Propionibacterium* acnes）NCTC737、ATCC6919，表皮葡萄球菌（*Staphylococcus* epidermidis）ATCC12228，金黄色葡萄球菌（*Staphylococcus* aureus）ATCC6538 有抗菌作用，最低抑菌浓度（MIC）分别为 2.5 mg/mL、5 mg/mL、5 mg/mL、1.25 mg/mL，重楼皂苷 I、II、III、VII、H 对 4 种痤疮病原菌的 MIC 为 0.6~10 mg/mL，其中重楼皂苷 I 的作用效果最强。陆克乔[83] 发现，重楼皂苷提取物对白色假丝酵母菌标准株 SC5314 以及临床菌株的最低抑菌质量浓度（MIC）范围为 32~128 μg/mL，表明其对白色假丝酵母菌具有较强的抑制作用，且抑菌效果强于阳性对照氟康唑。

四、抗心肌缺血和抗氧化

重楼提取物可抗心肌细胞局部缺血，其机制可能是重楼提取物能增加细胞内钙离子外流，降低 Na^+、K^+ 和 Ca^{2+} 离子通道的三磷酸腺苷酶（ATPase）活性[84]。高云涛等[85]研究表明，重楼总皂苷具有清除光诱导细胞内自由基·OH 和 O_2·，抑制细胞膜的脂质过氧化作用，降低丙二醛（MDA）的形成和积累。重楼皂苷可保护 H_2O_2 造成的 ECV304 细胞的氧化损伤，减轻高脂血动脉内皮细胞损伤，减少内皮细胞合成和释放内毒素，从而起到防止动脉粥样硬化和高血压病的作用[86]。Shen et al.[87] 采用响应面法优化滇重楼叶中多糖的提取工艺，并分析多糖的体外抗氧化活性，结果表明，重楼叶多糖对 DPPH 自由基、羟自由基和超氧阴离子均有较明显的清除效果，最大清除率分别为 84.73％、79.04％ 和 76.09％，其 IE_{50} 分别为 0.25 mg/mL、0.31 mg/mL 和 0.35 mg/mL。韦蒙等[88] 采用响应面法优化滇重楼茎叶中总皂苷的提取工艺，并研究了总皂苷的体外抗氧化活性，结果表明重楼茎叶总皂苷对 DPPH 自由基、羟自由基和超氧阴离子也均有较好的清除效果，最大清除率分别为 98％、58％ 和 64％，其 IC_{50} 分别为 2.223 mg/mL、6.782 mg/mL 和 4.638 mg/mL，由此表明滇重楼地上部位提取到的多糖以及总皂苷类成分均具有较好的体外抗氧化活性。

五、免疫调节作用

重楼提取物及活性成分免疫调节作用表现在激活免疫细胞、抑制免疫活性物质、杀死病毒等方面。Zhang et al.[89] 研究从多叶重楼中分离提取的具有免疫激活作用的薯蓣皂苷，发现重楼皂苷 II、重楼皂苷 V 和薯蓣皂苷元能够激活小鼠巨噬细胞，诱导细胞发生"呼吸爆发"和产生氮氧化合物，从而起到免疫调节的作用。周满红等[76] 研究表明重楼总皂苷对热灭活大肠杆菌诱导大鼠腹腔巨噬细胞分泌肿瘤坏死因子 -α（TNF-α）和白细胞介素 -1β（IL-1β）具有显著的抑制作用。重楼 95％ 醇提物可促进免疫活性物质 IL-6 释放，杀灭病毒 EV71 和 CVB3，抑制病毒的复制达到免疫调节的目的[90]。胡文静等[91] 发现重楼复方可明显增强 ICR 雄性小鼠体内细胞毒性

T 淋巴细胞（CTL）的活性，可以促进 CTL 细胞杀伤靶细胞，达到免疫调节作用。

六、止血作用

重楼提取物及其活性成分止血作用与血小板聚集和血管收缩有关。Sun et al.[92] 研究北重楼地上部分的甾体皂苷止血作用，结果表明分离提取的重楼皂苷Ⅶ在质量浓度为 300 μg/mL 时，血小板凝聚率达到 62%。丛悦等[93] 研究了重楼皂苷 H 诱导血小板聚集效应，重楼皂苷对血小板聚集有直接诱导效应，且随着剂量的增加作用强度越大，主要是依赖血小板激活后二磷酸腺苷（ADP）的释放和血栓素（TX）A_2 的生成，推测其可能机制是诱导血小板聚集依赖于血小板激活后 ADP 的释放和血栓烷素 A2（TXA2）的生成。罗刚等[94] 研究重楼皂苷 C（2）的止血机制推测可能在于促进内源性凝血系统功能，诱导血管收缩。王羽[95] 研究表明重楼属植物中化合物 parispolyside E、parispseudoside A~D、parispolyside F 具有诱导血小板凝集的作用。卜伟等[96] 研究了滇重楼地上部分和地下部分总皂苷对小鼠尾尖出血时间的影响，结果表明地上部分茎、叶及果实中总皂苷同样具有止血作用，但其止血作用弱于根茎部位。

七、驱虫作用

从多叶重楼提取的重楼皂苷 C、Ⅰ、Ⅴ及其水解产物能杀死利什曼虫，其 IC_{50} 为 1.59~83.72 μg/mL[97]。Wang et al.[98] 研究发现重楼皂苷Ⅰ和薯蓣皂苷Ⅲ可有效抗指环虫，其半数效应浓度（EC_{50}）分别为 0.44 mg/L 和 0.70 mg/L。

八、镇静止痛

重楼具有镇静止痛作用，王建[99]、徐海伟[100] 等采用大鼠温水甩尾实验、痛行为评分法和 β- 内啡肽、促肾上腺皮质激素的放射免疫分析，观察重楼皂苷对完全福氏佐剂所致的关节炎大鼠急性吗啡镇痛耐受的作用，发现重楼皂苷可引起下丘脑内促肾上腺皮质激素（ACTH）水平下降，具有显著的镇静止痛作用，且作用强度不弱于安定。王强等[101]研究表明，滇重楼、七叶一枝花的甲醇提取物对小鼠均具有镇静止痛作用，重楼皂苷 A 及纤细薯蓣皂苷均有镇静止痛效果，但作用弱于总提物。卜伟等[96]从滇重楼地上部分（茎、叶、果实）和地下部分提取出总皂苷，并观察滇重楼不同部位总皂苷对二甲苯致小鼠耳郭肿胀的影响以及对醋酸致小鼠疼痛扭体反应的影响，结果表明地上部分茎叶及果实同样具有抗炎和镇痛的作用，但滇重楼根茎总皂苷的抗炎作用强于地上部位总皂苷的作用，而根茎、茎、叶、果实总皂苷的镇痛作用相当。说明地上部分与地下部分具有一定的生物功能等效性。

九、其他作用

重楼属植物除具有以上药理作用外，还具有抗生育和镇痛等作用。沈放等[102]研究重楼皂苷化合物体外抗生育功效，发现偏诺皂苷和薯蓣皂苷具有抑制精子活力和精子成活率的显著功效，为高活性抗生育物质，尤以薯蓣皂苷为主要活性物质。王娟等[103]研究表明重楼皂苷Ⅱ可上调狼疮性肾炎患者白细胞介素 -10（IL-10）和转化生长因子 -β（TGF-β）的水平，调节 Th1/Th2 失衡状态，进而增加 CD4+CD25＋ 等的免疫抑制作用。胡静等[104]研究表明重楼醇提物可诱导内皮细胞凋亡、抑制管腔数目和管腔形成。杨黎江等[105]研究表明重楼薯蓣皂苷和偏诺皂苷类化合物能够显著降低肝损伤模型小鼠肝脏指数，对微囊藻毒素所致肝损伤具有保护作用。黄彦峰等[106]研究表明重楼水提液有拮抗阿托品、肾上腺素，促进小鼠小肠推进、抑制小鼠胃排空的作用。

重楼皂苷能改善肝纤维化大鼠肝功能，具有保肝作用[107]。重楼皂苷对微囊藻毒素所致的肾损伤具有保护作用，能明显改善肾脏组织结构[108]。

十、毒理作用

1. 肝毒性

研究发现重楼皂苷成分是主要毒性成分，用量过大可能出现肝损伤，中毒时可见肝组织内有散在组织坏死，周围肝细胞体积增大[109]。

2. 溶血作用

七叶一枝花中主要活性成分为甾体皂苷类化合物，由于甾体皂苷是一类表面活性剂，有很强的乳化力，具有溶血通性，可使红细胞破裂，给机体带来严重危害，极大地限制了临床应用[110]。

3. 其他毒性

现已知七叶一枝花含蚤休苷、蚤休士宁苷及生物碱等，超量应用可致中毒，表现为对消化系统、神经系统和心脏的毒性，临床上表现为恶心、呕吐、头晕、眼花、头痛、腹泻等[111]。

第六节 质 量 体 系

一、标准收载情况

《中国药典》（2020 年版）和《浙江省中药炮制规范》（2015年版）均收载重楼为百合科植物云南重楼［*Paris polyphylla* Smith var. *yunnanensis*（Franch.）Hand. -Mazz.］、华重楼（七叶一枝花）［*Paris polyphylla* Smith var. *chinensis*（Franch.）Hara］的干燥根茎。除此之外，《浙江省中药炮制规范》（2015 年版）还收载浙重楼为百合科植物狭叶重楼（*Paris polyphylla* Smith var. *stenophylla* Franch.）的干燥根茎。

二、药材与饮片性状

（一）《浙江省中药炮制规范》（2015年版）

重楼：多为椭圆形的厚片，直径1~4.5 cm。表面黄棕色或灰棕色。切面粉白色、淡黄色至浅棕色，粉性或角质状，维管束散生。粉末细腻均匀，类白色或淡黄色。气微，味微苦、麻舌。

浙重楼：多为椭圆形的厚片，直径1~2 cm。表面淡棕黄色。切面类白色，粉性，维管束散生。粉末细腻均匀，类白色。气微，味微苦、麻。

（二）《中国药典》（2020年版）

重楼：本品呈结节状扁圆柱形，略弯曲，长5~12 cm，直径1~4.5 cm。表面黄棕色或灰棕色，外皮脱落处呈白色；密具层状突起的粗环纹，一面结节明显，结节上具椭圆形凹陷茎痕；另一面有疏生的须根或疣状须根痕。顶端具鳞叶和茎的残基。质坚实，断面平坦，白色至浅棕色，粉性或角质。气微，味微苦、麻。

三、有效性、安全性的质量控制

（一）鉴别

1. 《浙江省中药炮制规范》（2015年版）

浙重楼：（1）粉末类白色。淀粉粒甚多，多为单粒，椭圆形、卵圆形或不规则圆形，长3~23 μm，脐点明显，呈裂缝状或点状。草酸钙针晶成束或散在，长120~250 μm。网纹导管，直径20~50 μm。

（2）取本品粉末0.5 g，加水10 mL，剧烈振摇，发生持久性泡沫。

2. 《中国药典》（2020年版）

重楼：（1）本品粉末白色。淀粉粒甚多，类圆形、长椭圆形或肾形，直径3~18 μm草酸钙针晶成束或散在，长80~250 μm梯纹导管及网纹导管直径10~25 μm。

（2）取本品粉末 0.5 g，加乙醇 10 mL，加热回流 30 min，滤过，滤液作为供试品溶液。另取重楼对照药材 0.5 g，同法制成对照药材溶液。照薄层色谱法（通则 0502）试验，吸取供试品溶液和对照药材溶液各 50 及〔含量测定〕项下对照品溶液 10 μL，分别点于同一硅胶 G 薄层板上，以三氯甲烷：甲醇：水（15：5：1）的下层溶液为展开剂，展开，展距 18 cm，取出，晾干，喷以 10% 硫酸乙醇溶液，在 105 ℃加热至斑点显色清晰，分别置日光和紫外光灯（365 nm）下检视。供试品色谱中，在与对照药材色谱和对照品色谱相应的位置上，显相同颜色的斑点或荧光斑点。

（二）检查项目

水分不得超过 12%。

总灰分不得超过 6%。

酸不溶性灰分不得超过 3%。

（三）含量测定

皂苷用高效液相色谱法进行测定，按干燥品计算，含重楼皂苷 Ⅱ（$C_{44}H_{70}O_{16}$）、重楼皂苷Ⅶ（$C_{51}H_{82}O_{21}$）和重楼皂苷的总量不得少于 0.6%。

四、质量评价

（一）不同生长年限重楼有效成分的研究

赵飞亚等[112] 研究不同生长年限南重楼根茎中主要次生代谢产物重楼皂苷Ⅰ、Ⅱ、Ⅵ、Ⅶ的积累变化规律与其质量的关联性，结果发现：不同生长年限南重楼根茎中重楼皂苷Ⅰ、Ⅱ、Ⅵ及总皂苷的积累差异明显，8 年生重楼皂苷Ⅰ、Ⅱ的积累含量较高，8 年以上生重楼皂苷Ⅰ、Ⅱ、Ⅵ的积累含量不稳定，重楼皂苷Ⅰ、Ⅱ、Ⅵ总含量呈现出先上升后下降的趋势，重楼皂苷Ⅶ均未检出。

（二）不同重楼资源的有效成分研究以及与混伪品的鉴别

高妍等[113] 建立了云南重楼的超高效液相色谱法（UPLC）特

征图谱，标定了云南重楼 UPLC 特征图谱中的 8 个特征峰，采用聚
类分析和主成分分析将云南重楼、华重楼和伪品进行区分。贾天颖
等[114]采用热浸法测定其醇溶性浸出物，建立了重楼饮片浸出物测
定方法，发现重楼饮片浸出物含量之间的差异性较大，云南产地浸
出物的平均含量略小于四川产地浸出物含量。而在皂苷含量方面，
四川产地重楼饮片皂苷含量略大于云南产地。与此同时，贾天颖
等[115]采用薄层色谱法、高效液相色谱法结合多元统计分析方法对
云南重楼、七叶一枝花及重楼混淆品延龄草进行多方面分析研究发
现：2 种法定基原重楼所含皂苷以重楼皂苷Ⅰ、Ⅱ、Ⅶ为主，而易
混淆品延龄草的根茎中重楼皂苷Ⅵ的含量较高。巨博雅等[116]亦发
现，薄层色谱图中正品重楼多不能检出重楼皂苷Ⅵ，而伪品头顶一
颗珠在相应位置斑点清晰。巨博雅等[117]研究重楼同属近缘植物时，
发现球药隔重楼和长柱重楼中甾体皂苷含量较高，而狭叶重楼、金
线重楼、黑籽重楼中的含量较低，毛重楼几乎不含皂苷。易混伪品
头顶一颗珠中重楼皂苷Ⅵ含量为 0.526% ~ 1.55%，并且不含重楼
皂苷 H，因而认为重楼皂苷Ⅵ、H 检出含量对重楼药材及饮片真伪
辨识影响较大，可作为重楼真伪鉴别的重要检测指标。且炮制过程
软化和干燥方式对甾体皂苷含量有明显影响，以浸泡、晒干方式
较好[121]。刘杰等[118]通过聚合酶链式反应（PCR）对重楼的内部
转录间隔区 2（ITS2）序列进行扩增，再与 GenBank 数据库进行
Blast 比对，以及利用建树法可推断重楼药材疑似伪品的基原。曾
平生等[119]以我国 8 省份 10 个种源华重楼为材料，对其根茎总酚酸、
总黄酮、重楼皂苷Ⅰ、Ⅱ、Ⅵ和Ⅶ含量进行了测定、分析，结果发
现，不同地理种源间华重楼根茎中总酚酸、总黄酮、重楼Ⅰ、Ⅱ、
Ⅵ和Ⅶ含量差异均达极显著水平。

（三）药典收载品重楼与其他重楼属植物有效成分的比较

赵飞亚等[120]探讨了 10 种重楼药材的 7 种有效成分（重楼皂
苷Ⅰ、重楼皂苷Ⅱ、重楼皂苷Ⅵ、重楼皂苷Ⅶ、薯蓣皂苷、重楼

皂苷 H、纤细薯蓣皂苷）含量，并进行化学成分整合评价，结果发现，不同种重楼化学综合质量差异较大，长柱重楼、多叶重楼和大理重楼的化学综合质量优于滇重楼，南重楼与滇重楼的结果较为接近，可作为滇重楼资源扩充的优势品种。

（四）重楼药用部位根茎与非药用部位有效成分的比较

李晨等[121]研究表明，多叶重楼根茎、茎、叶中重楼皂苷Ⅰ、Ⅱ、Ⅵ、Ⅶ总含量具有很大差异，其中重楼皂苷Ⅰ、Ⅶ分别在根茎、叶中含量较高。王彩步等[122]研究表明，多茎滇重楼根茎中重楼皂苷主要以Ⅰ、Ⅶ的形式存在，茎中只检测到重楼皂苷Ⅶ，叶中皂苷活性成分分布不规律。成莉等[123]研究表明，重楼属植物重楼地上部分能找到或产生重楼的重要化学成分甾体皂苷。尹显梅等[124]研究发现，华重楼植株不同部位的总皂苷分布差异明显，具体表现为茎叶总皂苷量 > 根茎尖段总皂苷量 > 根茎中段总皂苷量≈根茎尾段总皂苷量，其中重楼皂苷Ⅶ的分布从茎叶向根茎尾端呈明显下降趋势，而重楼皂苷 H 则呈显著上升趋势。谷文超等[125]建立超高效液相色谱（UPLC）法同时测定滇重楼根茎及须根中伪原薯蓣皂苷、重楼皂苷Ⅶ、重楼皂苷 H、重楼皂苷Ⅵ、重楼皂苷Ⅱ、薯蓣皂苷、纤细薯蓣皂苷、重楼皂苷Ⅰ、重楼皂苷Ⅴ等 9 种甾体皂苷含量的方法，并对 32 个野生品与栽培品滇重楼的甾体皂苷含量进行评价，结果发现 32 个不同产地滇重楼样品甾体皂苷含量差异较大，其中根茎中多数都能检测到 9 种甾体皂苷，重楼皂苷Ⅰ、重楼皂苷Ⅱ含量丰富，重楼皂苷Ⅵ、纤细薯蓣皂苷含量相对较低。须根均不含有伪原薯蓣皂苷、薯蓣皂苷、纤细薯蓣皂苷、重楼皂苷Ⅴ，但重楼皂苷Ⅵ、Ⅶ、H 含量丰富，且含量远高于根茎，可被保留用作药物原料。野生品与栽培品重楼除根茎中重楼皂苷Ⅶ、须根中重楼皂苷 H 外，其余活性成分含量均无显著差异，可替代野生品药用。李燕敏等[126]采用超高效液相串联四极杆飞行时间质谱

（UPLC-QTOF-MS/MS）技术，结合 HPLC 法对不同部位进行了定性、定量分析，从华重楼不同部位中共检测到 136 个化合物，其中 112 个甾体皂苷、6 个黄酮、11 个含氮化合物和 7 个植物甾醇；其中根茎、须根和种子的成分相似，均以偏诺皂苷为主；叶和茎以薯蓣皂苷类为主；果皮同时含有偏诺皂苷和薯蓣皂苷类，但以偏诺皂苷含量较高。依据《中国药典》重楼含量测定指标，华重楼不同部位 4 种皂苷总量以须根和根茎中最高，果皮及带假种皮的种子含量次之，叶中含量高于茎和无假种皮的种子。

（五）不同种植环境与重楼有效成分的相关性

不同产地生长的重楼，由于海拔、气温和土壤等复杂多变，其化学成分含量也会发生变化，从而使其品质表现出一定的地域及生境依赖性[127]。李海涛等[128]曾报道，云南不同产地滇重楼皂苷含量受地理环境、土壤和气候的影响而存在差异；周浓等[129]也曾报道，重楼药材中总皂苷含量和质地呈现明显的地域、生境依赖性。曾平生等[119]研究发现：华重楼根茎中总酚酸含量与原产地海拔、皂苷Ⅱ与 1 月均温呈中度正相关关系，总黄酮含量与全年日照时数、皂苷Ⅶ与海拔呈中度负相关关系，总皂苷与海拔间呈高度负相关关系，皂苷Ⅱ与年均温、皂苷Ⅵ与 7 月均温间均呈高度正相关关系；华重楼根茎中总酚酸与总黄酮含量、总黄酮与皂苷Ⅰ含量、皂苷Ⅰ与皂苷Ⅱ含量呈中度正相关关系，总皂苷与皂苷Ⅶ含量呈高度正相关关系。郑梅霞等[130]研究不同重楼资源的重楼皂苷含量差异，发现重楼皂苷Ⅶ在 4 种重楼皂苷的总含量中占比最大，进一步分析其与土壤养分的相关性发现重楼皂苷Ⅶ含量与土壤中全钾、全磷、有效磷含量呈显著正相关关系，而与土壤有机质、土壤全氮、碱解氮呈显著负相关关系。

第七节　性味归经与临床应用

一、性味与归经

《浙江省中药炮制规范》（2015 年版）："重楼，苦，微寒；有小毒。归肝经。浙重楼，苦，微寒；有小毒。归肝经。"

《中国药典》（2020 年版）："重楼，苦，微寒；有小毒。归肝经。"

二、功能主治

清热解毒，消肿止痛，凉肝定惊。用于治疗疔疮痈肿、咽喉肿痛、毒蛇咬伤、跌扑伤痛、惊风抽搐。

三、用法用量

3~9 g 重楼；外用适量，研末调敷。

四、注意事项

体虚、阴证疮疡及孕妇忌服，重楼过量可引起恶心、呕吐、头痛，严重者可致痉挛。

五、附方

王薛等[131]以《中国民族药辞典》为基础，对重楼在各少数民族及不同地区民间单方、验方进行收集、筛选，除去雷同或近似方后，整理出 13 个民族的 36 个单方（表 16.3）和 12 个民族的 66 个验方（表 16.4）。

表16.3　重楼的民间应用单方

疾病	处方及用法用量
寒邪所致的胃痛	干品 100 g 研末温开水送服每次 6 g，每日 2 次
疔疮痈疖跌打损伤水火烫伤	鲜品适量捣烂敷于患处

续表

疾病	处方及用法用量
淋巴结核痈疖未溃破	10 g 醋磨汁外涂于患处
疔疮肿痛	适量磨酒外敷
疔疮	20 g 在磨刀石上磨水用药水涂搽于患处,每日数次;30 g 用 75% 酒精 200 mL 漫泡 5 d 过滤装瓶;用时以棉花蘸药水外洗患部,用艾条火炙 20 min,每日 2 次
疔毒疖肿	3~6 g 水煎服
小儿惊风	根研末,每次 0.6 g,凉开水送服,每日 2 次
蛇虫咬伤、蜂蜇伤、无名肿痛	5 g 晒干研粉温水送服;或鲜品 10 g 捣烂敷于伤口
新旧跌打内伤、止痛散瘀	用童尿浸 40~50 d 洗净晒干研末,每次 1 g 用酒或开水送服;土家 10~30 g 研末凉开水调敷患处,每日 1 次
内外伤出血	1 枚去皮童尿浸泡 10~20 d 后取出晒干,用时刮细粉外撒伤口
流行性乙脑	根茎 15 g 冷开水磨汁,每日分 3~4 次口服,3 d 为 1 个疗程
流行性腮腺炎	适量研末以酒醋各半调糊状涂于患处,如睾丸发炎也可涂敷
慢性支气管炎	根茎去皮、捣碎、磨粉压片后,口服每次 3 g,每日 2 次饭后服,10 d 为 1 个疗程,共服 3 个疗程,每个疗程间隔 3 d
寸耳癀	磨醋外敷
痄腮	适量浸酒外涂患处
牙痛	金烛台 1 个,用醋磨成汁抹患处
喉痹	研末取 0.6 g 用冷开水送服

续表

疾病	处方及用法用量
顽固性湿疹荨麻疹老年慢性皮肤瘙痒症的辅助食疗	取 10 g 加狗肉 200 g 炖汤为每日量，5 d 为 1 个疗程
妇人乳结不通红肿疼痛	15 g 水煎点水酒服
避孕	全株煮水
产后诸症	鲜品 30 g 与猪排骨、鸡肉或猪蹄适量同煮喝汤食肉
月经不调痛经闭经	20 g 煎汤加少许白酒口服
毒气引起血、气、水湿内伤	研粉内服
脱肛	用醋磨汁外涂患部后用纱布压送复位，每日 2~3 次
肺痨久咳及哮喘	15 g 同鸡肉或猪肺炖服
咳嗽	10~15 g 水煎服
惊痫	研粉每次用水吞服 1.5~3 g

表16.4　重楼的民间应用复方

疾病	民族	处方及用法用量
胃痛、腹痛	佤	重楼 30 g，马蹄香 20 g，山大黄 10 g，水煎服，每日 1 剂，每日 3 次，1 次 700 mL，9 d 为 1 个疗程
	—	1. 重楼 10 g，马蹄香 15 g，红糖为引药，水煎服；2. 通光散 20 g，一文钱 15 g，重楼 10 g，研粉，开水吞服
胃、十二指肠溃疡、慢性胃炎	—	1. 重楼 - 两面针 - 白芨（3：2：1）共研末，每次 15 g，每日 3 次；2. 重楼 9 g，八角莲 6 g，舂烂煎水，甜酒兑服，每日 1 剂；3. 重楼 16 g，白花蛇舌草 16 g 水煎服，每日 2~3 次；4. 重楼 10 g，小香藤 10 g，水煎服

续表

疾病	民族	处方及用法用量
乳痈、痛疽、疔疮、瘰疬、疔肿	彝	绣球防风根、重楼、仙鹤草各 30 g，泡酒服，同时用鲜重楼捣成泥状包于患处
	一	重楼、白刺眼根、仙鹤草各 3~5 g，水煎服；兼有排脓生肌之功效
	壮	重楼、鱼腥草各 30 g，捣烂敷患处
	鄂伦春	重楼 9 g，蒲公英 30 g，水煎服，每日 2 次
	纳西	鲜重楼、鱼腥草各 50 g，捣烂外敷患处，每日 1 次
	土家	重楼、雪见七各 10 g，与山栀粉调鸡蛋清外敷患处
	白	重楼 20 g，独定子 10 g，共研粉，加凡士林 50 g，拌匀外敷；用于疮痈亏破久不收口
丹毒	彝	土大黄 30 g，马齿苋 20 g，重楼 20 g，木鳖子 10 g，共捣烂外敷患处，每日 3 次；适用于肤丹毒红肿热痛者
疔疮久治不愈	彝	等份生草乌、生川乌、独定子、大黄、重楼，研末，用生香油调敷颜面疔疮
脓肿	彝	重楼 15 g，白菊花 30 g，芙蓉花 15 g，共研末，加凡士林适量调匀备用，敷包患处
毒气引起血、气、水湿内伤	苗	重楼 5 g，四块瓦 10 g，水冬瓜 15 g，金樱子、见血飞、白毛夏枯草各 20 g，泡酒内服
诸炎肿热痛，雄毒症等	苗	1. 重楼 5 g，九里光、白蒿、马鞭草、龙葵、鸡屎藤、黄荆叶、棉花根、酸筒根、土金毛狗、五加茎叶各 20 g；2. 母三百棒、侧耳根、筋骨草各 30 g，重楼 10 g，马鞭草、铁鳞壳各 30 g，吊柳叶、鸡屎藤、铁包金、苦荞连各 20 g，白味连 6 g

续表

疾病	民族	处方及用法用量
	白	1.重楼粉10~15g，拌甜米酒，蒸吃或水煎服，滴酒为引；2.重楼粉10~15g，蒲公英、紫花地丁、松风草各10g，共研粉，调糊状外敷
腮腺、颌下淋巴结肿痛、乳痛、腹部包块	傣	重楼、马蓝叶、灯台叶、旱莲草鲜品各适量，捣烂外包患处
胃热牙疼	白	重楼、车前草各15g，水煎服
神经性头疼、感冒头痛	白	重楼、川芎各15g，共烘干，用沸水泡服
全身火毒、热病	苗	重楼、蒲公英各10g，银花叶、筋骨草、野菊叶、逢窠草各15g，酸筒根、九里光各20g，羊桃根30g
风毒暴肿	纳西	重楼、土鳖子（去壳）、夏各50g，捣细为散，以醋调敷
流脑（流行性乙脑）	—	1.重楼9g，麦冬6g，银花9g，木香3g，菊花6g，每日1剂，水煎服；2.重楼、八角莲各3g，磨水口服，以退热定惊，单味亦可
	纳西	重楼15g，白马骨全株75g，鲜鸭跖草400g，加水2L，煎至1L为1d量，每隔3h服1次，每次125mL
咽喉（肿）痛、扁桃体炎	傣	重楼、旋花茄根、甜菜根各等量，晒干，研细混匀，每次3~5g，温水送服
	苗	重楼、射干、桔梗各10g，苦丁茶15g，水煎服
	蒙古	重楼、麦冬、金莲花各30g，诃子、锦灯笼、薄荷、干草各20g，研粉过筛，每日2~3次，每次3~5g沸水沏服

续表

疾病	民族	处方及用法用量
小儿急性上呼吸道炎	—	蚤休、紫花地丁、大青叶、贯众各 12 g，车前子、青蒿各 6 g，荆芥 3 g，水煎分 3 次服，每日 1 剂，5 岁以下患儿减半
白喉、咽炎、扁桃体炎	—	九龙胆 1 份，山苦瓜 1 份，蚤休 3 份，青黛、冰片各适量，前三味烘干研末，按比例调匀，加入适量青黛、冰片粉，喉喷，每日 3~4 次
预防流感、麻疹	—	绿升麻、重楼、防风各 3~6 g，水煎服，红糖、生姜引，每日 3 次
腮腺炎、乳腺炎	蒙古	重楼、板蓝根各 50 g，诃子、川楝子、栀子各 80 g，研粉过筛。每日 2~3 次，每次 3~5 g，沸水沏服
流行性腮腺炎	—	鲜重楼 30 g，舂烂敷于患部，干后换药
	侗	青黛粉 15 g，生石膏 30 g，冰片 3 g，重楼 15 g，诸药共研末，以米醋适量调糊状，外敷患处，每日 4~6 次，2~3 d 治愈
中耳炎	苗	重楼磨醋擦耳后疼痛处，另用野菊花、金银花水煎内服
急慢性脊髓炎	彝	鱼腥草、千里光各 50 g，狗脊 40 g，重楼 30 g，鹅不食草 20 g，捣烂后外敷患处，每日 2 次，有无疮口均可使用
骨质增生	彝	川芎 500 g，当归 50 g，羌活 100 g，秦艽 50 g，重楼 30 g，鸡血藤 50 g；将上述药材放于盆中，用上等米醋 200 g 撒于面上，边撒边簸动药盆，使药、醋混合均匀，用铁锅炒黄后，冲或研末，装入袋封口备用；4~6 个药袋挂于骨质增生部位，袋中药末还可加醋再炒，重用 2~3 次，3~5 d 1 次，1 个月为 1 个疗程；3~6 个疗程肿痛即可消失
小儿高热抽搐	—	重楼 9 g，钩腾 6 g，蜕蝉 3 g，煎服，婴儿量酌减

续表

疾病	民族	处方及用法用量
乳腺炎	—	重楼、拔毒散、茉莉花根各 30 g，红糖适量，捣烂包敷患处
	苗	重楼、连翘、半边莲各 10 g，蒲公英 15 g，水煎服
妇科癌症	彝	重楼 10 g，心不干 10 g，水煎服或研末各 3 g，温水送服
蛇虫咬伤、蜂蜇伤	侗	1. 外用剪刀草、重楼、百合鲜品适量捣烂外敷；2. 半枝莲 60 g，白花蛇舌草 60 g，重楼 9 g，紫花地丁 60 g，水煎，内服外敷
	苗	1. 重楼 15 g，青木香 10 g，水煎服；2. 八角莲、重楼、白芷、干草各 10 g，煎水代茶，频频内服
	毛南	重楼、半生夏、生天南星、白芷、八角各等份捣烂外敷
	壮	重楼、金耳环、通城虎各 15 g，北细辛 6 g，共研末，浸酒分次服，并以药渣从近心端向伤口方向擦
刀伤、内外伤出血	白	重楼粉 50 g，瓦椤粉 25 g，血余炭粉 20 g，明矾 15 g，黄柏粉 25 g，拌匀后内服，每次服 10 g 外用撒于患处
	—	1. 重楼 14 g，小白药 60 g，白马分鬃 13 g，小红袍 13 g，研粉撒敷伤口；2. 茜草、重楼、草血竭各 50 g 共研细粉，开水吞服，每次 5 g
臁疮和外伤所致的慢性溃疡	彝	重楼 30 g，龙飞掌血 30 g，龙骨 100 g 为方，石灰水泡重楼 24 h 晒干，与另 2 味研末，清创后将药粉撒敷创面，每日 1 次
溃疡	彝	鲜瓦松 30 g，重楼 15 g，捣汁外敷，每日 1~3 次，至 6 d 愈合

续表

疾病	民族	处方及用法用量
气虚咳喘	白	重楼、党参各15 g，百合、生黄芪各20 g，水煎服
流感、肺热咳嗽	蒙古	重楼50 g，沙参、干草各40 g，板蓝根、紫草耳各20 g，磨粉过筛混匀备用，每日2~3次，每次3~5 g，沸水冲服
急慢性支气管炎	白	重楼20 g，麻黄10 g，生姜10 g，水煎服
癫痫	苗	鲜大萹蓄100 g，重楼、酸筒杆、钓鱼竿各15 g，杏仁、人参各10 g，紫竹鞭30 g，蚂蟥、牛蚊子各3 g，全蝎、蜈蚣各6 g，制马钱0.3 g，水煎2次，药液混合，分3次口服，每次用药液冲服水辰砂1 g，可饲或灌肠
水蛊	壮	重楼、穿山甲、夏枯草、仙鹤草各10 g，绞股蓝、半枝莲、白花蛇舌草各15 g，水煎服
黄疸	壮	重楼、黄花菜、十大功劳、一枝香、黄柏、虎杖、山栀子、三姐妹、天基黄、马连鞍、鲤鱼尾、槟榔、乌姜、八角莲各10 g水煎服
肺癌	一	紫丹参、蚂蚁粉、水仙子、蟑螂、川蜈蚣、全蝎、守宫、精制马钱子、天花粉、重楼、木通、车前子、白花蛇舌草、半枝莲、斑蝥、干草各30 g，研末，分做200丸，早晚各服1~2丸，剂量4丸
胃、肠道癌	白	重楼、紫花地丁、白花蛇舌草、半枝莲各15 g，煎服，每日1剂，连续1~2周
淋巴结核	白	重楼、炮穿山甲、还带、生牡蛎各20 g，白芥子5 g，共研粉，每次服10 g，日服2次

陶爱恩等[132]通过对重楼在《中国药典》（2015年版）、中华人民共和国卫生部药品标准中药成方制剂以及国家食品药品监督管理

局颁布的标准中所收载的含重楼中成药统计分析，再将其中成药主治参照《中华人民共和国疾病分类与代码》（GB/T 14396—2016）进行分类，整理出含重楼中成药目前被用于以下 13 类疾病的治疗（表 16.5）。

表16.5　含重楼的中成药功能主治及疾病分类

功能主治	疾病分类
病毒性肝炎、肝炎病毒携带者及肝功能异常、带状疱疹、妇女外阴炎、滴虫性阴道炎、霉菌性阴道炎、腮腺炎、手足癣、体癣、股癣、腹癣、瘟疫时毒	某些传染病和寄生虫病
癌症引起的疼痛、鼻咽癌、肺癌、乳腺瘤、胃癌、部分晚期恶性肿瘤、原发性肝癌	肿瘤
肋间神经痛	神经系统疾病
眼底出血、眼结膜出血	眼睛和附件的疾病
内痔、外痔、痔疮出血、中风痰厥	循环系统疾病
鼻咽部慢性炎症、扁桃腺炎、喉头炎、上呼吸道感染、病毒性感冒、喉炎、扁桃体炎、咽炎、急慢性支气管炎、慢性单纯型支气管炎、痰热阻肺、小儿风热感冒、支气管扩张、支气管扩张出血、支气管扩张咯血	呼吸系统疾病
急、慢性胃炎、慢性萎缩性胃炎、急性胃肠炎、吐血、便血、胃、十二指肠溃疡、十二指肠炎、直肠炎、胃、十二指肠溃疡出血	消化系统的疾病
疮疖红肿疼痛、疡疮肿毒、痤疮、急慢性湿疹、荨麻疹、虫咬性皮炎、接触性皮炎、浸淫疮、皮肤瘙痒、虫咬皮炎、痈疽、疔疮	皮肤和皮下组织的疾病
闭合性骨折风湿关节痛肩周炎痛风、风湿关节痛（炎）、痛风关节痛（炎）、腰背酸痛、腰肩腿痛、风湿性腰腿痛、腰肌劳损、骨折、骨性关节炎、腰椎、膝关节等部位疼痛、关节疼痛（炎）、类风湿性关节炎、肌肉酸痛、筋骨酸痛、强直性脊柱炎、风湿麻木	肌肉骨骼系统和结缔组织的疾病

续表

功能主治	疾病分类
崩漏下血、月经过多、慢性盆腔炎、带下病、非淋菌性尿道炎、月经不调、功能性子宫出血、前列腺增生、乳腺囊性增生、乳痛症、男性乳腺增生症、乳腺小叶增生、乳腺增生、经期乳腺胀痛、乳痈肿痛、乳腺炎、痛经、闭经、淋症	泌尿生殖系统疾病
产后或流产后宫缩不良出血、产后瘀血	怀孕，分娩和产褥
鼻衄、发热、发热恶风、头痛目赤、咽喉肿痛、喉痹、高热神昏、项强抽搐；牙关紧闭痰涎壅盛：小儿惊风叶泻、久咳少痰咳嗽、久咳痰多、痰多、气喘咳血、尿频、尿急、屈伸不利、手足不温、四肢麻木、适腹肿块、胁肋疼痛、神疲乏力、食少纳呆、脘腹胀满、心烦易怒、口苦咽干、疼痛、遇寒加重、活动功能障碍、胃痛、胃脘冷痛、嗳气吞酸、便溏、小便不利、淋漓涩痛、血热风燥、神烦惊搐、咽痒、咽干咳	症状，体征和异常临床和实验室检查结果
刀枪伤、跌打损伤、创伤、局部肿胀、积瘀肿痛、瘀血肿痛、跌打肿痛、毒蛇、毒虫咬伤、外伤出血、蚊虫叮咬、银环蛇、金环蛇、眼镜蛇、青竹蛇及天虎、蜈蚣咬伤	损伤，中毒和外部原因造成的某些其他后果

第八节 丽水重楼资源利用与开发

　　随着自然资源的日益匮乏，药典收载品种的限制，重楼种植业悄然兴起。目前在浙江丽水，据野外调查，遂昌县海拔300~1 600 m 的林分内均有七叶一枝花分布，妙高街道下南门、金竹镇叶村村、安口乡桂洋村大弯道、白马山林场对公岭林区等试验基地均已开展七叶一枝花适度规模的种植。

　　重楼除了是我国汉医药中常用的中药材，该属植物中有 16 种均在民族医药或民间医药中广泛应用，并且治疗疾病多样。我国有

16种重楼在民族医药或者民间医药应用中有记载，主要为七叶一枝花、云南重楼、多叶重楼、金线重楼、凌云重楼、具柄重楼、巴山重楼、狭叶重楼、皱叶重楼、长柱重楼、南重楼、花叶重楼、海南重楼、白花重楼、黑籽重楼、北重楼，用于治疗肝炎、肠炎、气管炎、荨麻疹、咳嗽、腮腺炎、蛇虫咬伤、胃病、哮喘、扁桃体炎、结核、关节痛、惊厥、癫痫、头痛、降血压、乳腺炎、疟疾、脑炎、烫伤等症（表16.6）。

表16.6　重楼属植物的民间药用品种及应用

种名	药用
七叶一枝花	止泻、腹部包块、烫伤、生疮、气管炎、肝炎、荨麻疹、肠炎、咳嗽
云南重楼	腮腺炎、蛇虫咬伤、疔疮、脑炎、癌症、胃痛、癣、咳嗽、哮喘、扁桃体炎
多叶重楼	结核、脂肪瘤、胃痛、关节痛、毒疮、清热解毒
金线重楼	癫疾、骨结核、支气管
凌云重楼	咽喉肿痛、跌打伤痛、惊风抽搐
具柄重楼	清热解毒、散结消肿
巴山重楼	头痛、降血压、蛇咬伤
狭叶重楼	疮毒、蛇虫咬伤、惊风抽搐、胰腺炎、疟疾、风湿病
皱叶重楼	肿毒，腮腺炎
长柱重楼	腮腺炎、扁桃体炎、乳腺炎无名肿痛，蛇虫咬伤
南重楼	溃疡、外伤、痔疮
北重楼	惊厥、癫痫、毒蛇咬伤、抽搐、毒蛇咬伤
花叶重楼	清热解毒、消肿止痛、止血
海南重楼	毒蛇咬伤、腮腺炎
白花重楼	慢性气管炎、胃痛、腮腺炎、乳腺炎
黑籽重楼	关节肿痛、蛇咬伤、胃痛

目前，《中国药典》收载的重楼品种是我国著名的云南白药、宫血宁胶囊、季德胜蛇药、复方重楼酊等中成药的主要原料。在方剂应用中为白驳片、夺命汤、追疗夺命丹等我国 16 种中药方剂的原料。在产品的开发上，重楼制剂有 83 种，有 81 种在市场上流通，生产药企涉及 107 家，分布于我国 23 个省份。陶爱恩课题组前期对重楼的专利分析结果表明，重楼在组方和制剂开发等技术领域专利申请量较多，包括抗炎（276 件）、抗肿瘤和抗癌（272 件）、止痛、镇痛（114 件），蛇伤（27 件）、跌打损伤（19 件）等多种疾病；提取物的专利已涉及有面膜、肥皂、牙膏、洗发露等。利用重楼非药用部位具有抗痤疮丙酸杆菌、表皮葡萄球菌和金黄色葡萄球菌等作用，开发痤疮贴剂；其多糖和总黄酮具有很好的抗氧化作用，可用于制作重楼面膜、水、乳等日化品；其具有止血、镇痛、抗菌等药效，目前已经分离纯化得到活性物质，可开发成为相应的日化品，如牙膏、创可贴、抗菌剂、洗发露、沐浴露等日化品[133]。

第九节　总结与展望

重楼作为一种植时间漫长、投资门槛高、种植精细化和价值高昂的中药品种，如何利用现代技术实现资源的扩大化利用，减少资源浪费和投入成本是重楼开发利用的关键。重楼规范化种植技术的提升（利用内生菌、组织培养等技术）；把传统不用部位进行有效成分的提取，围绕制剂、日化、保健、饲料和肥料等产品开发，实现再利用；重楼属其他资源的开发利用；少数民族用于治疗肝炎、肠炎、气管炎、腮腺炎、胃病等单方或复方制剂的研发等均是充分挖掘与利用重楼，实现可持续发展的有效手段。

参 考 文 献

[1]　蒋露，康利平，刘大会，等．历代本草重楼基原考 [J]. 中国中药杂志，2017，42（18）：3469-3473.

[2]　轶名．神农本草经 [M]. 顾观光，辑，杨鹏举，校注．北京：学苑出版社，2013：266.

[3]　苏颂．本草图经 [M]. 尚志钧，辑校．合肥：安徽科学技术出版社，1994：283.

[4]　张瑞贤．本草名著集成 [M]. 北京：华夏出版社，1998：139.

[5]　叶显纯．本草经典补遗 [M]. 上海：上海中医药大学出版社，1997：381.

[6]　唐慎微．大观本草 [M]. 艾晟，刊订，尚志钧，点校．合肥：安徽科学技术出版社，2004：404.

[7]　李时珍．本草纲目 [M]. 刘衡如，点校．北京：人民卫生出版社，1977：34，1201.

[8]　李中立．本草原始 [M]. 郑金生等，辑校．北京：人民卫生出版社，2007：185.

[9]　兰茂．滇南本草：第 1 卷 [M]. 昆明：云南人民出版社，1959：493.

[10]　吴其濬．植物名实图考校释 [M]. 张瑞贤，王家葵，张卫，校注．北京：中医古籍出版社，2008：443.

[11]　朱晓光．岭南本草古籍三种 [M]. 北京：中国医药科技出版社，1999：30，135，237.

[12]　国家药典委员会．中华人民共和国药典 [M]. 2020 年版一部．北京：中国医药科技出版社，2020：271-272.

[13]　浙江省食品药品监督管理局．浙江省中药炮制规范 [S]. 2015 年版．北京：中国医药科技出版社，2015：81.

[14]　甘肃省食品药品监督管理局．甘肃省中药材标准 [S]. 兰州：甘肃文

化出版社，2009：76.

[15]　中国医学科学院陕西分院中医研究所．陕西中药志：第 1 册 [M]．西安：陕西人民出版社，1962：280.

[16]　陕西省革命委员会卫生局商业局．陕西中草药 [M]．北京：科学出版社，1971：77.

[17]　谢宗万．中药品种理论与应用 [M]．北京：人民卫生出版社，2008：447.

[18]　李恒．重楼属植物 [M]．北京：科学出版社，1998：1.

[19]　国家中医药管理局．中华本草：第 22 卷 [M]．上海：上海科学技术出版社，2009：130.

[20]　彭华胜，郝近大，黄璐琦．道地药材形成要素的沿革与变迁 [J]．中药材，2015，38（8）：1750.

[21]　储姗姗，彭华胜．延胡索道地药材的沿革与变迁 [J]．中华医史杂志，2015，45（5）：259.

[22]　刘淼琴，彭华胜．栀子种质沿革及历代质量评价 [J]．中华医史杂志，2016，46（5）：259.

[23]　刘文泰．本草品汇精要 [M]．曹晖，校注．北京：华夏出版社，2004：274.

[24]　杨远贵，张霁，张金渝，等．重楼属植物化学成分及药理活性研究进展 [J]．中草药，2016，47（18）：3301-3323.

[25]　刘斌，邵美玲，杨光义，等．重楼属植物规范化生产种植的研究概况 [J]．中国医院用药评价与分析，2019，19（12）：1532-1536.

[26]　黄玮，孟繁蕴，张文生，等．滇重楼种子休眠机理研究 [J]．中国农学通报，2008，24（12）：242-246.

[27]　张旺凡，沈素贞，梁文斌，等．七叶一枝花种子萌发特性研究 [J]．中国野生植物资源，2013，32（5）：16-20.

[28]　蒙爱东，闫志刚，余丽莹，等．七叶一枝花种子无菌培养萌发观察 [J]．江苏农业科学，2012，40（11）：258，260.

[29] 李昭玲，童凯，闫燊，等.变温层积过程中华重楼种胚后熟生理生化的变化 [J].中国中药杂志，2015，40（4）：629-633.

[30] 赵燕.滇重楼种子内源抑制物质的活性研究与 GC-MS 鉴定 [D].雅安：四川农业大学，2018.

[31] 古今，吴梅，李文春，等.滇重楼种子中萌发抑制物质活性的研究 [J].现代中药研究与实践，2013，27（1）：10-12.

[32] 王跃华，田孟良，蒋婷婷，等.华重楼种子外皮的化感作用研究 [J].西南农业学报，2012，25（1）：340-342.

[33] 孟繁蕴，汪丽娅，张文生，等.滇重楼种胚休眠和发育过程中内源激素变化的研究 [J].中医药学报，2006，34（4）：36-38.

[34] 谭秋生，章文伟，徐广，等.多重处理对华重楼种子休眠解除的影响 [J].亚太传统医药，2021，17（3）：62-65.

[35] 徐梅珍，毕云慧，王文艳，等.重楼组织培养和快繁体系的建立 [J].山西农业科学，2017，45（9）：1412-1414.

[36] 程筵寿，周国华，赵中流，等.七叶一枝花无纺布容器栽培技术 [J].绿色科技，2021，23（3）：67-68.

[37] 黎海灵，郭冬琴，杨敏，等.不同丛枝菌根真菌组合对滇重楼光合生理和化学成分的影响 [J].中国实验方剂学杂志，2021，27（7）：134-143.

[38] 许凌峰，李卓蔚，周浓，等.丛枝菌根真菌对滇重楼根茎中碳氮代谢的影响 [J].中国野生植物资源，2021，40（1）：43-47.

[39] 张鹏，刘婷，苗莉云，等.滇重楼茎组织内生细菌的分离、鉴定及促生菌筛选 [J].中南民族大学学报（自然科学版），2021，40（2）：153-157.

[40] 杨远贵，张霁，张金渝，等.重楼属植物化学成分及药理活性研究进展 [J].中草药，2016，47（18）：3301-3323.

[41] 叶菲菲，徐海波，汪春霞，等.七叶一枝花中 4 种重楼皂苷同时测定与聚类分析 [J].中成药，2016，38（11）：2413-2418.

[42] 刘佳，张鹏，宋发军，等.重楼地上部分四种重楼皂苷含量的分析

[J]. 时珍国医国药，2015，26（5）：1233-1235.

[43] 王仕宝，蔡艳妮，贾慧梅，等. HPLC 法测定不同来源重楼药材中 7 种甾体皂苷的含量 [J]. 西北药学杂志，2017，32（2）：133-138.

[44] 国家药典委员会. 中华人民共和国药典 [M]. 2015 年版一部. 北京：中国医药科技出版社，2015：586-587.

[45] KANG L P, LIU Y X, EICHHORN T, et al. Polyhydroxylated steroidal glycosides from *Paris polyphylla*[J]. J nat prod, 2012, 75（6）：1201-1205.

[46] WU X, WANG L, WANG G C, et al. New steroidal saponins and sterol glycosides from *Paris polyphylla* var. *yunnanensis*[J]. Planta medica, 2012, 78（15）：1667-1675.

[47] SUN C L, NI W, YAN H, et al. Steroidal saponins with induced platelet aggregation activity from the aerial parts of *Paris verticillata*[J]. Steroids, 2014, 92（8）：90-95.

[48] QIN X J, YU M Y, NI W, et al. Steroidal saponins from stems and leaves of *Paris polyphylla* var. *yunnanensis*[J]. Phytochemistry, 2015, 121（10）：20-29.

[49] 舒童，龙倩倩，周斌. 重楼属植物的化学成分研究进展 [J]. 山东化工，2019，48（4）：48-49.

[50] 管鑫，李若诗，段宝忠，等. 重楼属植物化学成分、药理作用研究进展及质量标志物预测分析 [J]. 中草药，2019，50（19）：4838-4852.

[51] CHENG Z X, LIU B R, QIAN X P, et al. Proteomic analysis of antitumor effects by Rhizoma Paridis total saponin treatment in Hep G2 cells[J]. J ethnopharmacol, 2008, 120（2）：129-137.

[52] MAN S, GAO W, ZHANG Y, et al. Antitumor and antimetastatic activities of Rhizoma Paridis saponins[J]. Steroids, 2009, 74（13/14）：1051-1056.

[53] 杨福冬. 滇重楼茎叶总皂苷抗 BGC823 胃癌模型药效学及机制研究

[D]. 昆明：昆明医学院，2009.

[54] 贾科，吴庆琛，张成. 重楼总皂苷对胃癌细胞株 MGC-803 生长的抑制作用 [J]. 中国生化药物杂志，2011，32（4）：284-286.

[55] 张珂，邓清华，马胜林. 重楼醇提取物对胃癌 SGC-7901 细胞增殖和凋亡的影响 [J]. 中华中医药学刊，2016，34（1）：145-148.

[56] 龙剑文，皮先明，王玉英，等. 重楼皂苷 I 对 HaCaT 细胞增殖和 VEGF 表达的影响 [J]. 中国皮肤性病学杂志，2014，28（2）：128-130.

[57] 许新恒，康梦瑶，匡坤燕，等. 滇重楼茎叶总皂苷抗肝癌 Hep G2 细胞活性 [J]. 基因组学与应用生物学，2016，5（8）：1865-1870.

[58] 李菊，张荣平，贺智勇，等. 重楼地上部分与地下部分皂苷的抗肿瘤作用 [J]. 昆明医科大学学报，2016，37（5）：46-50.

[59] 倪璐. 基于斑马鱼模型的重楼抗血管生成活性研究 [D]. 北京：北京中医药大学，2020.

[60] CHAN J Y W，KOON J C M，LIU X，et al. Polyphyllin D，a steroidal saponin from *Paris polyphylla*，inhibits endothelial cell functions in vitro and angiogenesis in zebrafish embryos in vivo[J]. J ethnopharmacol，2011，137（1）：64-69.

[61] XIAO X，ZOU J，MINH B N T，et al. Paris saponin II of Rhizoma Paridis-A novel inducer of apoptosis in human ovarian cancer cells[J]. Biosci trends，2012，6（4）：201-211.

[62] WU X，WANG L，WANG G C，et al. Triterpenoid saponins from rhizomes of *Paris polyphylla* var. *yunnanensis*[J]. Carbohyd res，2013，368：1-7.

[63] 姜福琼. 重楼皂苷 I/II 对膀胱癌细胞增殖和凋亡研究 [D]. 昆明：昆明医科大学，2015.

[64] ZHANG C，JIA X，BAO J，et al. Polyphyllin VII induces apoptosis in HepG2 cells through ROS-mediated mitochondrial dysfunction and MAPK pathways[J]. Bmc compl alter med，2015.

[65] 庞晓辉，王朝杰，崔勇霞，等．重楼皂苷 I 对结肠癌耐奥沙利铂细胞株的毒性研究 [J]．胃肠病学和肝病学杂志，2017，26（8）：865-868．

[66] 李宇华，孙阳，樊磊，等．重楼皂苷 VI 抑制结肠癌 LoVo 细胞转移的作用及机制研究 [J]．华南国防医学杂志，2015，29（8）：571-574．

[67] 张欣，陈震霖，王洁，等．重楼皂苷 VII 对 SW-480 细胞凋亡和周期的影响及机制研究 [J]．现代生物医学进展，2016，16（30）：5809-5813．

[68] 贾萍，龙方懿，王华飞，等．基于 DLEC1 基因表观遗传学调控探讨重楼皂苷 I 的抗卵巢癌作用 [J]．中国生物制品学杂志，2017，30（9）：936-942．

[69] 刘宗谕，李丹，王碧航，等．重楼皂苷抑制卵巢癌细胞增殖和转移、诱导其凋亡分子机制研究 [J]．中国实验诊断学，2017，21（2）：317-319．

[70] 王方方．滇重楼茎叶皂苷 II 诱导白血病细胞凋亡及其机制的研究 [D]．昆明：昆明医学院，2006．

[71] 张颜．滇重楼茎叶总皂苷抗白血病模型的建立及其药效学的研究 [D]．昆明：昆明医学院，2011．

[72] 闵沙东．滇重楼茎叶总皂苷抗人白血病祖细胞作用的研究 [D]．昆明：昆明医科大学，2012．

[73] KANG L P，LIU Y X，EICHHORN T，et al. Polyhydroxylated steroidal glycosides from *Paris polyphylla*[J]. J nat prod，2012，75（6）：1201-1205.

[74] 张华．滇重楼茎叶总皂苷抑制白血病 K562 细胞分子机制的研究 [D]．昆明：昆明医科大学，2013．

[75] DENG D W，LAUREN D R，COONEY J M，et al. Antifungal saponins from *Paris polyphylla* Smith[J]. Planta med，2008，74（11）：1397-1402.

[76] 周满红，于红，贺华经，等．重楼总皂苷对热灭活大肠杆菌诱导大

鼠腹腔巨噬细胞分泌 TNF-α 及 IL-1β 的影响 [J]. 四川中医，2008，26（4）: 24-26.

[77] XUAN Q, BAO F K, PAN H M, et al. Isolating fungal endophyte from *Paris polyphylla* Smith var. *yunnanensis* and identifying their antibacterial ability[J]. Afr j microbiol res，2010，4（10）: 1001-1004.

[78] 姜淑梅. 重楼治疗解脲支原体引起女性下生殖道感染的临床研究 [D]. 长春: 长春中医药大学，2010.

[79] QIN X J, SUN D J, NI W, et al. Steroidal saponins with antimicrobial activity from stems and leaves of *Paris polyphylla* var. *yunnanensis*[J]. Steroids，2012，77（12）: 1242-1248.

[80] QIN X J, CHEN C X, NI W, et al. C（22）-steroidal lactone glycosides from stems and leaves of *Paris polyphylla* var. *yunnanensis*[J]. Fitoterapia，2013，84（1）: 248-251.

[81] 蒲秀瑛，刘宇，李言，等. 重楼皂苷的制备及其抗 A 型流感病毒活性 [J]. 中国药理学与毒理学杂志，2013，27（2）: 187-192.

[82] 王奇飒，孙东杰，何黎，等. 重楼总皂苷及不同皂苷成分对痤疮相关病原菌抑菌效果的评价 [J]. 中国皮肤性病学杂志，2016，30（9）: 899-901.

[83] 陆克乔. 滇重楼正丁醇提取物抗白念珠菌生物膜作用及机制研究 [D]. 合肥: 安徽中医药大学，2016 : 35-36.

[84] LI P, FU J, WANG J, et al. Extract of *Paris polyphylla* Simth protects cardiomyocytes from anoxia-reoxia injury through inhibition of calcium overload[J]. Chin j integr med，2011，17（4）: 283-289.

[85] 高云涛，杨利荣，杨益林，等. 重楼提取物体外清除活性氧及抗氧化作用研究 [J]. 中成药，2007，29（2）: 195-198.

[86] 高琳琳，李福荣，康莉，等. 蚤休醇提物对 H_2O_2 损伤的 ECV304 细胞的细胞周期与凋亡的影响 [J]. 中国药理学通报，2008，24（11）: 1513-1517.

[87] SHEN S, CHEN D, LI X, et al. Optimization of extraction process

and antioxidant activity of polysaccharides from leaves of *Paris polyphylla*[J]. Carbohydrate polymers, 2014（104）: 80-86.

[88]　韦蒙, 许新恒, 李俊龙, 等. 滇重楼茎叶总皂苷提取工艺优化及其体外抗氧化活性分析 [J]. 天然产物研究与开发, 2015（10）: 1794-1800.

[89]　ZHANG X F, CUI Y, HUANG J J, et al. Immuno-stimulating properties of diosgenyl saponins isolated from *Paris polyphylla*[J]. Bioorg med chem lett, 2007, 17（9）: 2408-2413.

[90]　WANG Y C, YI T Y, LIN K H. In vitro activity of *Paris polyphylla* Smith against enterovirus 71 and coxsackievirus B3 and its immune modulation[J]. Am j chin med, 2011, 39（6）: 1219-1234.

[91]　胡文静, 刘宝瑞, 钱晓萍, 等. 重楼复方对荷 H22 小鼠抑瘤及免疫功能的影响 [J]. 现代肿瘤医学, 2011, 19（11）: 2175-2178.

[92]　SUN C L, NI W, YAN H, et al. Steroidal saponins with induced platelet aggregation activity from the aerial parts of *Paris verticillata*[J]. Steroids, 2014, 92 : 90-95.

[93]　丛悦, 柳晓兰, 余祖胤, 等. 重楼皂苷 H 诱导血小板聚集效应及其机制的研究 [J]. 解放军医学杂志, 2010, 35（12）: 1429-1432.

[94]　罗刚, 吴廷楷, 周永禄, 等. 重楼皂苷 C 止血作用的初步研究 [J]. 中药药理与临床, 1988, 4（2）: 37-40.

[95]　王羽. 滇重楼抗肿瘤活性成分的研究 [D]. 天津: 天津大学, 2007.

[96]　卜伟, 赵君, 沈志强, 等. 滇重楼地上部分与地下部分总皂苷止血、镇痛、抗炎作用比较 [J]. 天然产物研究与开发, 2009, 21（b10）: 370-372.

[97]　徐暾海, 毛晓霞, 徐雅娟, 等. 云南重楼中的新甾体皂苷 [J]. 高等学校化学学报, 2007, 28（12）: 2303-2306.

[98]　WANG G X, HAN J, ZHAO L W, et al. Anthelmintic activity of steroidal saponins from Paris polyphylla[J]. Phytomedicine, 2010, 17（14）: 1102-1105.

[99] 王建，黎海蒂，徐海伟，等. 重楼皂苷对急性吗啡耐受大鼠痛反应及海马 ACTH 和 β-EP 含量的影响 [J]. 第三军医大学学报，2000，22（12）：1142-1144.

[100] 徐海伟，黎海蒂，王建，等. 重楼皂苷翻转急性吗啡耐受关节炎大鼠下丘脑内 ACTH 水平的下降 [J]. 中国神经科学杂志，2001，17（3）：259-264.

[101] 王强，徐国钧，蒋莹. 重楼类中药镇痛和镇静作用研究 [J]. 中国中药杂志，1990，15（2）：45-47.

[102] 沈放，杨黎江，彭永芳，等. 重楼皂苷类化合物体外抗生育功效研究 [J]. 中国现代应用药学，2010，27（11）：961-964.

[103] 王娟，刘瑞洪，肖红波，等. 重楼皂苷 II 对狼疮性肾炎患者外周血 CD4+CD25+T 调节细胞表达的细胞因子的影响 [J]. 现代生物医学进展，2010，10（1）：50-53.

[104] 胡静，钱晓萍，刘宝瑞，等. 重楼醇提物体外抑制血管生成作用研究 [J]. 现代肿瘤医学，2008，16（8）：1273-1278.

[105] 杨黎江，路斌，沈放，等. 重楼皂苷对微囊藻毒素致小鼠肝损伤保护作用的组织学研究 [J]. 昆明学院学报，2014，36（6）：36-38.

[106] 黄彦峰，何显教，晋玲，等. 重楼水提液对小鼠胃肠运动功能的影响 [J]. 医药导报，2014，33（4）：442-445.

[107] 韩燕全，洪燕，左冬，等. 重楼对小鼠急性肝损伤保护作用的研究 [J]. 中药药理与临床，2012，28（1）：99-102.

[108] 杨黎江，沈放，全向荣，等. 重楼皂苷对微囊藻毒素致小鼠肾损伤保护作用的组织学研究 [J]. 昆明学院学报，2013，35（6）：47-50.

[109] 陈清，阎姝. 重楼的药理作用及其毒性反应的研究进展 [J]. 医学导报，2012，31（7）：886-888.

[110] 沈放，杨黎江，彭永芳，等. 重楼皂苷类化合物溶血作用研究 [J]. 时珍国医国药，2010，21（9）：2280.

[111] 刘学敏，陈柏松. 七叶一枝花中毒 3 例 [J]. 咸宁学院学报，2009，23（2）：124.

[112] 赵飞亚，陶爱恩，董洪，等. 不同生长年限南重楼主要次生代谢产物积累与其质量的关联性研究 [J]. 时珍国医国药，2018，29（3）：694-697.

[113] 高妍，李德旺，过立农，等. 云南重楼 UPLC 特征图谱研究 [J]. 中国食品药品监管，2019（9）：38-44.

[114] 贾天颖，高岩，王海丽，等. 基于市售重楼饮片质量研究对重楼饮片标准的思考 [J]. 世界中医药，2020，15（13）：1886-1890.

[115] 贾天颖，张晓南，苏钛，等. 重楼质量研究及对《中国药典》重楼药材标准规定的思考 [J]. 中国中药杂志，2020，45（10）：2425-2430.

[116] 巨博雅，朱厚达，李燕敏，等. 重楼药材和混伪品中 5 种皂苷的含量及对《中国药典》2015 年版重楼含量测定修订的探讨 [J]. 中国中药杂志，2020，45（8）：1745-1755.

[117] 巨博雅，李燕敏，朱厚达，等. 关于完善 2020 年版《中国药典》重楼饮片质量标准 [J]. 中国实验方剂学杂志，2019，25（19）：93-101.

[118] 刘杰，过立农，马双成，等. 基于 DNA 条形码技术的重楼药材疑似伪品基原鉴定 [J]. 药物分析杂志，2020，40（8）：1437-1442.

[119] 曾平生，厉月桥，周新华，等. 不同种源华重楼主要生物活性成分地理变异及其相关性分析 [J]. 林业科学研究，2021，34（1）：114-120.

[120] 赵飞亚，陶爱恩，管鑫，等. 重楼多指标 UPLC 定量分析及其化学品质综合评价 [J]. 中草药，2020，51（18）：4763-4770.

[121] 李晨，王彩步，杨敏，等. 多叶重楼不同部位四种重楼皂苷积累研究 [J]. 辽宁中医杂志，2018，45（4）：784-787.

[122] 王彩步，李晨，杨敏，等. 多茎滇重楼不同部位甾体皂苷活性成分积累的研究 [J]. 辽宁中医杂志，2018，45（3）：582-586.

[123] 成莉，甄艳，陈敏，等. 扩大重楼药用资源研究进展 [J]. 中国中药杂志，2015，40（16）：3121-3124.

[124] 尹显梅，张开元，蒋桂华，等. 华重楼皂苷类成分的动态分布规律对药材质量的影响 [J]. 中草药，2017，48（6）：1199-1204.

[125] 谷文超，郭冬琴，杨敏，等. 超高效液相色谱法测定野生与栽培滇重楼根茎及须根中 9 种甾体皂苷的含量 [J]. 中药新药与临床药理，2020，31（7）：838-847.

[126] 李燕敏，关亮俊，陈两绵，等. 华重楼不同部位的 UPLC-QTOF-MS/MS 定性分析和 HPLC 含量测定 [J]. 中国中药杂志，2021，46（12）：2900-2911.

[127] 荀秀彪. 曲靖市栽培重楼含量测定结果统计分析报告 [J]. 基层医学论坛，2020，24（8）：1120-1121.

[128] 李海涛，罗先文，管燕红，等. 云南省不同地区滇重楼皂苷含量的对比及影响因子分析 [J]. 中国中药杂志，2014，39（5）：803.

[129] 周浓，郭吉芬，杨丽云，等. HPLC 测定不同采收期滇重楼中薯蓣皂苷元的含量 [J]. 中国实验方剂学杂志，2010，16（18）：54.

[130] 郑梅霞，陈宏，苏海兰，等. 不同重楼资源的重楼皂苷含量比较及与土壤养分的相关性分析 [J]. 福建农业科技，2020（8）：58-66.

[131] 王薛，陈卓，尹鸿翔. 重楼在中国民族民间医药中的应用 [J]. 华西药学杂志，2018，33（5）：555-560.

[132] 陶爱恩，赵飞亚，钱金栿，等. 重楼的本草考证与现代开发应用分析 [J]. 世界最新医学信息文摘，2021，21（8）：267-268，271.

[133] 陶爱恩，赵飞亚，李若师，等. 重楼产业现状及发展对策 [J]. 中草药，2020，51（18）：4809-4815.

木耳

Muer

木　耳 | Muer
AURICULARIA AURICULA

　　本品为木耳科真菌木耳、毛木耳及皱木耳［*Auricularia auricula*（L. ex. Hook.）Underw］的子实体。新鲜时软，干后成角质。口感细嫩，风味特殊，是一种营养丰富的著名食用菌。别名：檽（《本经》）、木檽（《本草经集注》）、木蛾（《纲目》）、树鸡（《韩昌黎集》）、云耳（《药性切用》）、黑木耳（《圣惠方》）等。

第一节　本草考证与历史沿革

一、本草考证

　　《礼记》有："食所加庶，羞有芝栭"的记载，"芝栭"指菇、耳。农学家贾思勰在《齐民要术》中记载了有关黑木耳的烹调食用方法："木耳菹，取枣、桑、榆、柳树边生，犹软湿者。干即不中用，柞木耳亦得。煮五沸，去腥汁出，置冷水中，净洮。又著酢浆水中洗出，细缕切讫。胡荽、葱白，少著。取香而已。下豉汁，酱清及酢，调和适口。下姜、椒末。甚滑美。"《唐本草注》记载："桑槐楮榆柳，此为五木耳。软者并堪啖，楮耳人常食，槐耳疗痔。煮浆粥安诸木上，以草覆之，即生蕈生。"由此可见，黑木耳作为常见烹调原料的历史甚远。历代医学书中对黑木耳的药效也有详细的记载，《本草纲目》记载："木耳生于朽木之上，性甘干，主治益气不饥，轻身强志，并有治疗痔疮、血痢下血等作用。"《神农本草经》中将木耳列为中品，认为木耳可"益气不饥，轻身强志。"
《日用本草》中进一步说明："治肠癖下血，又凉血。"《本草从新》
中也记载："木耳，利五脏，宜肠胃，治五痔及一切血症[1]。"

二、历史沿革

云和黑木耳在中国黑木耳发展历史中占据重要的一席之地[1]。
《吕氏春秋》记载："味之美者，越骆之菌。"虽未断定何菌，但
却说明了古人对浙江这块土地所产之菌已有所关注。《浙江通志》
（清光绪二十五年复刻本）中记载了各地采食食用菌，其中引《嘉
定赤城志》载："生木上者曰木耳，生木上而细者曰花蕈。"

历史上云和、景宁二县（1962—1980年二县合建云和县）是
我国南方黑木耳的最主要产区，现今栽培量仍保持国内南方产区之
首。据《浙江林业志》和《丽水地区志》记载，明清时期起甚至更
早，云和农民就有采摘野生黑木耳的习惯，并将其视为美味佳肴。
明万历年间的抗越明将王一卿系云和人，而其对云和本土农林，比
如雪梨、黑木耳等栽种技术的传播所做的杰出贡献，更获得了云和
人民的长久礼赞。1693年版的《云和县志》在"地产药属"中记
载："……土茯苓何首乌、黑木耳。"说明云和人民在很早以前对黑
木耳就有认识、栽培和应用了，也可说明在前400年左右时期，云
和黑木耳已有一定的产量和栽培应用技术研究。木耳气味甘平，具
有医药功效，云和人民将其作为主治"益气不饥，轻身强志，断壳
治痔"和医治脚疮趾刺、痢血、牙痛以及妇女常见疾病的验方。这
一切足以说明云和劳动人民很早以前便对黑木耳有了认识，不单将
它列为佳肴，而且通过采食逐步掌握了它的生长规律，并在将其作
为药物方面也有了相当成熟的研究，以及积累了生产和应用方面的
丰富经验。

民国末期，云和县开始人工椴木接种生产黑木耳，到20世纪
70年代，黑木耳栽培技术逐渐成熟，云和成为黑木耳的主要产地，

为浙江省人工栽培黑木耳填补了技术空白，并于 1987 年被浙江省人民政府评定为人工栽培黑木耳的基地县。但椴木栽培资源利用率低，难以实现产业化发展。20 世 80 年代初，云和县（包括当时同县的景宁）科技人员从野生菌株驯化、选育出闻名全国的优质高产品种"新科 104"，由于该品种具有单片、色深、耐泡等独特优质性状，经云和农产大面积多年栽培，受到广泛好评，全国各地闻讯索取云和黑木耳的母种，云和黑木耳誉满全国，风靡于日本及新加坡等东南亚国家。1994 年，原丽水市科委设立了"袋料黑木耳优质高产品种选育及栽培技术研究"项目，首次以科技立项的形式组织在云和大湾、紧水滩等乡（镇）进行黑木耳袋栽技术研究。历经十余年，通过试验、总结、完善 3 个阶段，解决了长期存在的"烂棒率高、产量不稳、流耳严重"等技术难点问题，对提高云和袋料黑木耳产量和质量，增加农民种植收入，优化调整菌业结构，提升黑木耳产业等都具有重要的作用。近几年云和县非常重视黑木耳的产业化发展，云和县人民政府出台了《关于加快提升黑木耳产业发展水平的若干意见》。云和黑木耳生产技术群众基础较好，全县有近半数农民了解黑木耳一般生产管理技术。2001 年，云和食用菌技术人员提出了仿生袋栽技术，使生产成品率和单产大幅提高，使有限的资源得到了可持续利用，其技术达到国内领先水平。2003 年云和黑木耳地方标准的制定，为云和黑木耳的生产提供了统一技术规范。

第二节　植物形态与生境分布

一、植物形态

木耳，子实体丛生，常覆瓦状叠生。耳状、叶状或近杯状，边缘波状，薄，宽 2~6 cm，最大者可达 12 cm，厚 2 mm 左右，以侧生的短柄或狭细的基部固着于基地栽黑木耳质上。初期为柔软的胶质，黏而富弹性，以后稍带软骨质，干后强烈收缩，变为黑色硬而脆的角质至近革质。背面外面呈弧形，紫褐色至暗青灰色，疏生短茸毛。茸毛基部褐色，向上渐尖，尖端几无色，大小（115~135）μm×（5~6）μm。里面凹入，平滑或稍有脉状皱纹，黑褐色至褐色。菌肉由有锁状联合的菌丝组成，粗 2.0~3.5 μm。子实层生于里面，由担子、担孢子及侧丝组成。担子长 60~70 μm，粗约 6 μm，横隔明显。孢子肾形，无色，大小（9~15）μm×（4~7）μm；分生孢子近球形至卵形，大小（11~15）μm×（4~7）μm，无色，常生于子实层表面。生于栎、榆、杨、槐等阔叶树腐木上。分布于全国各地，各地还有人工栽培生于半边月杨栌树上的木耳又名杨栌耳，生于柘树上的木耳又名柘耳，生于桑树上的木耳又名桑耳。

毛木耳，又名粗木耳（《贵州中草药名录》）。子实体初期杯状，渐变为耳状至叶状，胶质、韧，干后软骨质，大部平滑，基部常有皱褶，直径 10~15 cm，干后强烈收缩。不孕面灰褐色至红褐色，有茸毛，大小（500~600）μm×（4.5~6.5）μm，无色，仅基部带褐色。子实层面紫褐色至近黑色，平滑并稍有皱纹，成熟时上面有白色粉状物即孢子。孢子无色，肾形，大小（13~18）μm×（5~6）μm。生于杨、柳、桑、槐等阔叶树腐木上。分布于全国大部分地区。各地有人工栽培皱木耳，又名朱耳（《贵州中草药名录》）。子实体群生，胶质，干后软骨质。幼时杯状，后期盘状至叶状，大小（2~7）cm×（1~4）cm，厚 5~10 mm，边缘平坦或波状。子实层面凹陷，厚 85~100 mm，有明显的皱褶并形成网格。不孕面乳黄色至红褐色，平滑，疏生无色茸毛；茸毛（35~185）μm×（4.5~9）μm。孢子圆柱形，稍弯曲，无色，光滑，大小（10~13）μm×（5~5.5）μm。生于阔叶树腐木上。分布于福建、广东、广西、贵州、云南、台湾等地。

二、生境分布

木耳主要分布于黑龙江、吉林、辽宁、陕西、广西、四川、云南、贵州、湖北、浙江等地。丽江市木耳主要分布于龙泉、云和、景宁、松阳等地，其中以云和及龙泉的栽种规模较大。

第三节　栽　培

一、生态环境

黑木耳属于腐生性中温好气型真菌，6~36 ℃菌丝均可生长，但以22~32 ℃最适宜；15~27 ℃都可分化出子实体，但以20~24 ℃最适宜。菌丝在含水量60%~70%的栽培料及段木中均可生长，子实体形成时要求段木含水量达70%以上，空气相对湿度90%~95%[2]。黑木耳营腐生生活，在光线微弱的阴暗环境中菌丝和子实体都能生长，但耳场有一定的直射光时，所长出的木耳既厚硕又黝黑。黑木耳是一种好气性真菌，在菌丝体和子实体的形成、生长、发育过程中，不断进行着吸氧呼碳活动。因此需要空气流通好的环境。黑木耳适宜在微酸性的环境中生活，以 pH 值5.5~6.5 为最好[3]。木耳主要依靠有机物质提供营养资源，即在死亡树木中吸收和利用各种现成的碳水化合物、无机盐和其他化学物质，使黑木耳生长发育所需要的能量能在其中获得。应用玉米芯、玉米秸等农作物作培养料时，常常要加玉米粉来增加氮元素资源和维生素有机物，这样更有利于菌丝体的生长繁殖[4]。

二、栽培方式

人工栽培是我国黑木耳生产的主要技术。木耳栽培的方式主要可分为段木栽培和袋料栽培 2 种。

1. 木耳段木栽培

段木栽培方法主要是将黑木耳适生的阔叶树枝干，截成适宜的木段，将黑木耳菌种接种在木段上，放在适宜的生长环境中培养。耳树一般选用树皮厚度适中，不易剥落，边材发达，树木和黑木耳亲和力强，不但能出耳，且能获得高产的树种为宜。常用的有麻栎、栓皮栎、青杠栎、朴树、枫香、白杨、枫扬、榆树、椴、赤杨、白桦、槭树、刺槐、桑树、山拐枣、洋槐、黄连木、悬铃木等。凡含有松脂、醇醚类杀菌物质的阔叶树，如樟科、安息香料等树种不能用来栽培黑木耳。在适宜栽培黑木耳的树材中，木质疏松、通透性能好又容易接收水分和贮藏水分的树种，接种后出耳早、多、长得快。当年秋天便可长较多的子实体，能采收几次。第 2 年盛产，但第 3 年就基本无收了，而木质坚硬的树种接种当年产量较少，但产木耳的年限长[5]。

2. 木耳袋料栽培

袋栽黑木耳可以利用农林副产品为原料，环境条件便于控制，生产成本较低、生产周期短、生产效益高，故深受农户的欢迎。袋栽黑木耳的培养料可以选用：无油脂的阔叶树木屑、玉米芯、棉籽壳、麸皮、米糠、石膏粉、红糖、生石灰等为培养料。常用的配方：阔叶树木屑 50%、玉米芯或棉籽壳 31.5%、麸皮 10%、玉米粉 5%、黄豆粉 2%、生石灰粉 0.5%、石膏粉 1%。料与水的比例一般为（1∶1）~（1∶2）。原料要求新鲜无霉变，木屑和玉米芯粉碎成黄豆粒般大小，如果用棉子壳的要事先用石灰水浸泡[6]。

三、菌种

黑木耳的菌种是由段木栽培黑木耳菌种驯化筛选出来的，菌龄要在 30~45 d 为好，这时菌种的生命力强，抗霉菌的能力也强。而且在准备菌种的时候一定要仔细检查质量，要选生长快、粗壮，在接种后就可以定植快、生产周期短、产量高、片大、肉厚和颜色深的菌丝体[3]。

四、栽培基质

1. 树种

黑木耳是一种腐生菌。除含有松脂、精油、醇、醚等杀菌性物质的松、杉、柏等针叶树，以及含有少量芳香性杀菌物质的阔叶树如樟科、安息香料等树种外，一般阔叶树种都能生长黑木耳。选择树种时宜选择树皮厚度适中、不易剥落、边材发达、树木或木耳亲和力强，不但能出耳且能获得高产优质的树种，并应就地取材，选用当地资源丰富的树种。以选用一种或几种树种为宜，防止过杂[3]。

2. 袋料培养物

可以选用无油脂的阔叶树木屑、玉米芯、棉籽壳、麸皮、米糠、石膏粉、红糖、生石灰等为培养料。常用的配方：阔叶树木屑 50%、玉米芯或棉籽壳 31.5%、麸皮 10%、玉米粉 5%、黄豆粉 2%、生石灰粉 0.5%、石膏粉 1%。料与水的比例一般为（1∶1)~（1∶2)。原料要求新鲜无霉变，木屑和玉米芯粉碎成黄豆粒般大小，如果用棉子壳的要事先用石灰水浸泡。培养料要求拌料均匀、控制含水率、酸碱度适当。拌料时应先干拌后湿拌，一定要充分拌均匀，不均匀易造成灭菌不彻底而感染杂菌。用水量一般为干料的 1~2 倍，含水量应以手捏培养料成团、手指缝能渗出水而不滴下水为宜。培养料的酸碱度用石灰和石膏粉调好后，将水洒入先拌好的干料中，培养料的 pH 值要求 8 左右。培养料拌匀、拌湿后，应先堆放 30 min 左右，使原料充分吸水后装袋，装袋要松紧适中，装料均匀不留空隙[6]。

五、灭菌接种

1. 段木接种

接种时间主要取决于耳场的气温与空气的湿度。在气温 5~20 ℃，相对湿度70%~80%时进行接种，这样既有利于菌种定植，又能抑制杂菌。一般在惊蛰前后至清明前最为适宜。点菌最好在树荫内或荫棚下进行，点菌前，首先打扫净场地，洒上清水，如果是老耳场要提前用生石灰进行消毒，打孔工具、盛菌种容器、点菌人员的手要用5%的来苏尔消毒。打孔穴时，钻出的树皮盖把木质部除去，保留外层周皮，用清水洗净，再用0.1%高锰酸钾溶液浸泡1 h，淋干待用。接种前用电钻（1.4~1.6 cm钻头）在段木表面四周垂直打穴，直径10 cm的耳木，一般打4行孔穴，穴距8~9 cm、行距6~8 cm、穴深1.5 cm（必须深入木质部）。2行孔穴应交错成"品"字形或梅花形。接种时要在地面放一根枕木，把段木一端搭在枕木上进行操作。一般在晴天的上午或下午进行接种，点菌时取一小块菌种塞入孔穴内，轻轻按紧，使菌种与穴壁接触，压平至8成满，先用小锤将盖打平塞牢，使其与耳木表面相平。接种人员要分成若干小组，实行随打孔、随点菌、随加盖、随运送的流水作业。打孔和接种间歇时间不能太长，以防杂菌侵入接种孔或接种孔失水而影响成活率[7]。

2. 袋料接种

装完料的栽培袋应及时进行灭菌，不能放置过久，防止料变酸。一般多采用常压蒸汽灭菌。灭菌要做到"攻头、保尾、控中间"，即大火攻头，点火后6~8 h要使温度升至100 ℃，中间保持100 ℃持续10~12 h，然后再焖锅1~2 h，待锅内温度降至60 ℃以下时趁热出锅。出锅时应仔细检查破损料袋。发现破损时应及时用胶布贴好，雨天出锅应采取防雨措施。将灭菌好的菌袋温度降至25~28 ℃时放入接种箱，接种时要进行严格的无菌操作。将准备接菌的菌袋、手套、菌种和接种工具等也放入接种箱，用高锰酸钾和甲醛消毒 30 min，接种前先用 75% 的酒精擦洗手及接种工具，接种时拔出菌棒接入菌种，然后用灭过菌的棉花堵上孔口，这种办法不但发菌快，而且还可缩短菌龄，防止菌袋上部因菌龄长而老化，耳长不大而影响产量 [8]。

六、栽培场所

黑木耳是属于中温性的菌种，它的气温要求在 30 ℃以下的温暖的地方、湿润一些。在夏天的时候，茂密而较多的树木能够用来给耳架遮阴。在耳场还要保留不易腐败的植被，以保持耳场的湿度和必要的养分以避免耳场的水土流失。因此，栽培场宜选择坐北朝南，水源充足、排水良好的缓坡地为宜，且出耳场地的周围要有非常开阔的视野，环境也一定要保持清洁，通风状态要良好，切忌选择有污染为害水源的旁边。并且在选定之后，要对耳场进行消毒 [3, 4]。

七、栽培管理

（一）选择适宜栽培时间和场所

1. 时间

仿野生栽培，需要在 10—12 月制作菌棒，3 月中旬排棒催耳，4—5 月出耳。这样可以充分利用早春自然环境和气温，实现仿野生栽培 [9]。

2. 场所

选择光照适度、离水源较近，但不积水、通风好的林地。北方实行林耳间作，以树龄 3~5 年为宜。树龄过小，起不到遮阴的作用；树龄过大，套种行内光照不足，不利子实体生长发育。子实体生长阶段常以"三分阳、七分阴"为光照强度界限，确定是否加盖遮阳网。

（二）整地做床

先在栽培场地四周挖好排水沟，清除地面杂物。在 3～5 年树龄的树林行间进行整地做畦，采取南北或顺坡方向，做宽 1.0～1.5 m、深 20 cm、长度不限的浅畦，畦底压实。畦间留 0.5 m 宽的作业道（雨季可作排水沟），畦内棒间行距和间距均为 20 cm。排 15 万棒 /hm²。摆棒前，顺着畦面铺盖厚约 3 cm 的稻草、麦秸或干净沙子，以防畦田内水分蒸发和将来木耳沾上泥土而降低品质。然后，撒 1 层石灰粉或驱虫剂杀虫，灌 1 遍透水。

（三）菌棒畦床出耳管理

1. 开洞排棒

选择早晚或雨后的晴天开洞。在畦床边开洞，边排棒，边盖湿润草帘。割口刀片用刮脸刀片或手术刀片，17 cm × 33 cm 的菌袋，每棒均匀割 8～12 个洞，"品"字形排列，要割"V"形口，角度 45°，边长 1 cm，深度 0.5 cm，见浅层菌丝割断，适宜菌丝扭结形成原基。"V"形口如同一个小门帘，防止浇水进入棒内引起污染。划完口的棒立即排于畦床上，棒与棒间隔 3 cm，盖上湿润草帘（如气温低，可盖塑料膜，但应注意定时通风）进行催耳。

2. 催耳

春耳划口后，常因早春气温低、空气干燥，造成原基形成慢、出耳不齐等现象，延长出耳期，影响产量。床内温度 15～25 ℃，温差 8～10 ℃，相对湿度保持 80%～90% 时，适合原基形成。如温度低，可在草帘上覆盖薄膜或小拱棚来保湿增温催耳；温度高，则加盖 1 层草帘来降温保湿。早晚通风，每次 10～20 min。该期管理的关键是增氧、加湿、闭光，达到"九分阴、一分阳"。

3. 分床

分床管理要适时。最佳时期是分化出锯齿状曲线耳芽时。要在晨曦或夕照中揭开草帘，将棒疏散开，按 20 cm × 20 cm "品"字形摆放。若分床过晚，则会造成耳片粘连，甚至导致床内感染。

4. 出耳及成熟期管理

在适宜的温度、湿度、通风和光照条件下，一般分床 7~12 d，肉眼能看到洞口有许多小黑点产生，并逐渐长大，连成一朵耳芽（幼小子实体）。这时需要更多的水分、15~25 ℃的温度、较强的散射光照和良好的通风。如果遇见连阴雨天气，可把已形成耳芽的栽培袋挂在露天下，温、湿、光、空气都能充分满足，耳芽发育更快。在适宜的环境条件下，耳芽形成后 10~15 d，耳片平展，子实体成熟，即可采收。

八、采收

当黑木耳成熟之后应及时采收。黑木耳成熟的标志是耳片充分展开，并且颜色由浅变深，耳片也开始变薄。假如采收不及时，遇到雨水时就会造成流耳，特别是夏季的高温天气。在采收的时候应该让耳木充分地干燥，在晴天的早晨有露水的时候采收，并且连根拔起。在不同的季节采收也是有区别的。在春秋季节时，要采大留小，夏季的时候就要采收完，而且每次采耳后要将耳木上下掉头和翻面，以便耳木可以均匀地出耳[3]。

九、病虫害防治

黑木耳在生育过程中，如果管理粗放或在高温高湿的条件下往往病虫害发生严重。因此，在栽培中必须加强管理和认真做好病虫害的防治工作[10]。

为害黑木耳的杂菌，较常见有黑疔、革菌、多孔菌、青霉、木霉等。常见的害虫有蜗牛、菌蛆、蓟马、蛞蝓、伪步行虫、四斑丽甲等。应认真贯彻"预防为主、综合防治"的防治方针。

防治措施如下。

其一，在砍树、剃枝、截段、翻堆等过程中，尽量不要损伤树皮，截口和伤口要用石灰水消毒，以防杂菌侵入。

其二，选用优良菌种，适当提早接种季节，把好接种质量关，使黑木耳菌丝在耳木中首先占优势，以抑制杂菌为害。

其三，认真清理耳场，并撒施石灰粉进行地面消毒和喷 200 倍液的敌敌畏药液消灭越冬害虫，以切断病源和虫源。

其四，耳木上出现杂菌，应及时刮除，以防孢子扩散，并用石灰水洗刷耳木，放于烈日下曝晒 2~3 d，然后再用来苏尔喷雾杀灭。

其五，害虫应根据不同的种类，采用不同的药物防治。对蜗牛、蛞蝓等可用 300~500 倍液的五氯酚钠喷洒地面驱除，或于清晨傍晚进行人工捕捉。也可用 1：50：50 的砷酸钙加麦皮加水制成毒饵诱杀。蓟马可用 1 500~3 000 倍液的乐果喷杀。伪步行虫，可用 1 000~1 500 倍液的敌敌畏或 0.1%~0.2% 的敌百虫喷雾杀灭。四斑丽甲既可用鱼藤精喷杀，也可用 300~500 倍液的敌敌畏喷洒地面驱赶成虫。

第四节 化学成分

黑木耳具有很高的营养和药用价值，不仅含有丰富的多糖、黑色素、胶原蛋白、多酚和黄酮类化合物，而且还富含铁、锌、钙、锰等微量元素 [11-33]。

一、多糖类

黑木耳多糖是黑木耳的主要活性成分，具有抗凝血、抗血栓、降血脂、抗氧化等作用。王雪等 [34] 采用 DEAE Sephadex A-25 离子交换及 Sephadex G-200 排阻层析对黑木耳多糖进行纯化，经GPC、红外光谱、GC/MS 测定，黑木耳多糖同时具有 α- 构型和β- 构型，是既有葡萄糖又有半乳糖的 D- 吡喃糖，由鼠李糖、阿拉伯糖、木糖、甘露糖、葡萄糖及半乳糖组成，各单糖之间比例为

0.2∶2.6∶0.4∶3.6∶1∶0.4。

二、黑色素类

黑木耳含有功能性黑色素，其重要的生理功能主要为抗氧化、抗辐射、抗病毒、提高免疫力等。黑色素是广泛存在于自然界中的一类天然色素，具有良好的应用前景。黑木耳中含有黑色素，是其特征性成分之一，含量在 1.27%～2.31%。Zou et al.[18] 采用超声波提取法从黑木耳子实体中直接提取黑色素，提取率为 120.05 mg/100 g。邹宇等[19] 研究发酵法制备的黑木耳黑色素，采用 Sephadex G-100 柱层析，得到两组分 F1 和 F2，分子质量分别为 404.97 kD 和 20.69 kD，具有较强的抗氧化能力，1 mg/mL 质量浓度的 F1 和 F2 溶液超氧阴离子自由基清除率超过 80%，羟自由基清除率接近 40%。张莲姬[20] 对盐酸浸提获得的黑木耳色素的稳定性进行了研究，结果表明黑木耳色素对光、热、金属离子、蔗糖、葡萄糖等稳定性较好，但对氧化剂和还原剂不够稳定。之后 Zou et al.[21] 采用元素分析仪、氨基酸分析仪、电感耦合等离子体发射光谱法测定了黑木耳子实体（AAFB）中黑色素的含量，元素组成分析表明，AAFB 黑色素的主要成分是褐黑素；氨基酸分析表明，AAFB 黑色素中含有 16 种氨基酸，总氨基酸含量为 321.63 mg/g。AAFB 黑色素中含有 13 种可检测到的金属元素，其中富含钙、铁、铜和锌。这些研究结果表明 AAFB 黑色素可能作为一种天然的抗氧化剂[22]。

三、膳食纤维

黑木耳中膳食纤维含量较高，在 51.92～57.57 g/100 g。王庆庆等[23] 通过酶法提取木耳中的可溶性膳食纤维，持水力为 8.42 g/g、结合水力为 6.76 g/g、膨胀性为 9.05 mL/g、持油力为 2.63 g/g、吸附胆固醇的能力为 24.66 mg/g（pH 值 2）、30.72 mg/g（pH 值 7），吸附亚硝酸根离子能力为 22.47 mg/g（pH 值 2）、2.79 mg/g（pH 值 7），通过一次挤出改性后，吸附力提高，这与改性后表面积大幅增加有关。付娆通过纤维素酶法从黑木耳残渣中制备得到水溶性和不溶性膳食纤维，制得的水溶性膳食纤维与王庆庆等[23]改性前的特性基本一致，不溶性膳食纤维的持水性、持油性及膨胀性要高于可溶性膳食纤维，在吸附能力方面，在不同胃和肠条件下各有差异。

四、氨基酸类

黑木耳中谷氨酸和天冬氨酸的含量较高，王明川[24]对7个黑木耳品种的氨基酸进行检测，检测到16种氨基酸，含有7种人体必需氨基酸，包括赖氨酸、苏氨酸、苯丙氨酸、甲硫氨酸、异亮氨酸、亮氨酸和缬氨酸，其中3种必需氨基酸含量在40%以上。李福利等[25]利用超声波辅助碱法提取黑木耳中的蛋白质，含有人体必需的8种必需氨基酸，其中苏氨酸、蛋氨酸、苯丙氨酸含量较高，必需氨基酸含量占总氨基酸含量的43.7%，必需氨基酸含量占非必需氨基酸含量的77.9%。林洋[26]提取得到的黑木耳蛋白质中，必需氨基酸含量占总氨基酸含量的40.13%，必需氨基酸含量占非必需氨基酸含量的67%。提取得到的黑木耳蛋白质氨基酸比例符合FAO/WHO提出的蛋白质参考模式，是一种营养丰富的优质食用蛋白。

五、蛋白质

黑木耳中富含蛋白质，其含量为10~16.2 g/100 g，是一种优质的蛋白质来源。采用气流微粉初步加工黑木耳粉，其蛋白的溶出率平均比原料高2~3倍，蛋白主要富集在240~300目的黑木耳微粉中。林洋[26]比较了碱法、强电场技术、超声波辅助碱法等方法从黑木耳中提取蛋白质的得率，发现超声波辅助碱法的提取效果更好，经分离纯化得到纯度为71.3%的蛋白质，黑木耳蛋白质起泡性和持油性明显低于大豆分离蛋白，但其泡沫稳定性显著优于大豆分离蛋白，持水性、乳化及乳化稳定性等均与大豆蛋白相当。王艳菲 [12] 用清水、盐液、醇溶液及稀碱液对黑木耳中的蛋白质进行连续提取，通过 Osborne 分级提取出黑木耳中的清蛋白、球蛋白、醇溶蛋白及碱溶性蛋白、必需氨基酸含量分别为 371.7 mg/g、339.1 mg/g、264.1 mg/g、323 mg/g，且清蛋白和球蛋白的溶解性及吸水性优于大豆分离蛋白。目前对木耳蛋白质的研究集中在提取工艺及其理化特性方面，而对其生理活性的研究报道较少。

六、多酚和黄酮类

黑木耳中还含有多酚、黄酮等抗氧化物，其中多酚含量 1.1%~1.3%，黄酮含量 0.034%~0.067%，黄酮含量比较低。陈龙等 [28] 用 80% 丙酮提取木耳中的多酚，多酚提取物中主要含有儿茶素、绿原酸、表儿茶素、芦丁、槲皮素 5 种酚类物质，其中儿茶素和绿原酸的含量较高，在体外对 DPPH 自由基、超氧阴离子、OH 均具有较好的清除能力，其中对 DPPH 自由基与超氧阴离子的清除能力较强。现在黑木耳多采用人工栽培生产，张丕奇等 [29] 研究黑木耳可以富集沙棘黄酮，添加沙棘果渣作为栽培料生产的黑木耳中，黄酮含量显著提高。由此可见，不同的栽培料能影响黑木耳中的活性成分含量。

七、微量元素

世界卫生组织确认的人体必需微量元素有 14 种。黑木耳富含铁、锌、铜、锰等微量元素。王秀峰等 [30] 发现绵阳、通江、青川、北川等地的黑木耳都含有丰富的人体必需的 Cu、Fe 和 Zn 3 种微量元素。王香爱等 [31] 采用火焰原子吸收光谱法测定秦巴山区与东北黑木耳中 Ca、Mg、Fe 和 Mn 4 种微量元素的含量，结果表明黑木耳中这 4 种元素含量表现为 Mg>Ca>Fe>Mn。蒋天智等 [32] 以野生黑木耳为试验对象，采用火焰原子吸收光谱法测定野生黑木耳中的 Ca、Mg、Zn、Cu、Fe 和 Mn 的含量。研究发现 Ca、Mg、Zn、Cu、Fe 和 Mn 的含量分别为 1 310 mg/kg、347.5 mg/kg、266.1 mg/kg、

58.6 mg/kg、8.38 mg/kg、10.8 mg/kg。罗椿梅等[33]发现，黑木耳、白木耳中均含有 Zn、Fe、Cu、Mn 且含量有一定差异。目前有关黑木耳微量元素的研究主要集中在鉴定方法方面，今后应加强黑木耳微量元素的功能验证及其综合利用方面的研究。

第五节　药理与毒理

一、药理作用

通常木耳多作为食材佐餐以用，但随着木耳生物活性成分的不断发现及现代药理学的发展，木耳所具有的补血、降糖、调节血脂、增强免疫功能等多种药理活性不断被证实[34]。

（一）改善缺铁性贫血作用

铁是组成血红素的主要成分，铁供给不足或利用障碍，会导致血红素合成降低，致血红蛋白合成障碍而发生缺铁性贫血。黑木耳中含丰富的铁元素，对于治疗缺铁性贫血见效迅速。《神农本草经》记载黑木耳具有和血营养、养胃健脾之功效。早在汉代，黑木耳就被用作补血的良药。王超等以缺铁饲料诱发 SD 大鼠营养性贫血模型，考察黑木耳提取液改善营养性贫血的效果，发现黑木耳提取液可明显改善大鼠体重、摄食量、血红蛋白含量与红细胞比容（HTC），调节游离原卟啉（FEP）含量，表明黑木耳可明显改善营养性贫血大鼠的症状。

（二）抗血栓作用

血栓的形成是由血小板凝聚引起的，在中医属血淤范畴。明代《薛氏医案》曾记载以炒木耳为要药治疗瘀血，现代多项研究表明黑木耳及其提取物可抑制血小板凝聚，起到抗血栓作用。李德海等对不同 pH 值条件下提取获得的木耳多糖进行活性研究，发现黑木耳多糖能显著延长家兔血浆的凝血活酶时间（APTT），其作用呈量效依赖关系；樊一桥等以纤维蛋白血栓形成时间（TFT）、特异性血栓形成时间（CTFT）和动脉血栓的干、湿重及血栓长度、血小板黏附率及血液黏度为指标考察黑木耳的抗血栓作用，结果显示：黑木耳多糖可延长 TFT 和 CTFT，降低体外血栓干、湿重量及长度，并可降低模型动物的血液黏度，但对血小板黏附率无明显影响。范亚明等观察服用干黑木耳抗血栓的临床效果，结果表明 50 名高脂血症患者的血小板聚集率明显降低，血栓形成显著减轻。以上多项研究均表明，黑木耳具有较强的抗血栓活性。

（三）免疫调节作用

免疫力是指机体抵抗外来侵袭，维护体内环境稳定性的能力，中医认为人体疾病的发生大都由外邪侵袭、正气不足，体内阴阳失去平衡所造成，黑木耳具有扶正固本的功效，借以恢复机体的平衡，起到免疫调节作用。现代研究显示，黑木耳中的多糖类成分为其免疫调节的主要活性部位。张秀娟等考察了黑木耳多糖对荷瘤小鼠免疫功能的影响，结果提示黑木耳多糖具有抗肿瘤活性，且其作用机制为促进小鼠脾细胞产生白介素 2（IL-2），间接增强体液免疫应答，且可影响红细胞膜流动性、改善肿瘤造成的免疫抑制作用。于丽萍等发现黑木耳多糖能增强小鼠脾淋巴增殖能力、自然杀伤（NK）细胞活性及巨噬细胞的吞噬能力，并提高脾脏指数，增强胸腺作用，起到免疫调节作用。甘霓等研究了木耳多糖 AAP-10 的活性，结果显示：AAP-10 能增强免疫抑制小鼠单核 - 巨噬细胞的吞噬能力和 NK 细胞活性，提高免疫抑制小鼠的脾淋巴细胞转化增殖能力，从而达到免疫调节的作用。左江成等研究表明，黑木耳多糖可通过肿瘤坏死因子（TNF-α）和干扰素（IFN-γ）发挥免疫调节功能。研究表明，黑木耳多糖具有较强的免疫增强作用。黑木耳多糖对吞噬细胞具有免疫刺激作用，能提高新生隐球菌感染后小鼠的存活率。以上研究显示，黑木耳可从多角度起到免疫调节作用，其活性物质基础主要为木耳多糖，是否有其他类成分参与免疫调节尚需进一步研究。

（四）抗氧化与抗衰老作用

黑木耳具有明确的抗氧化活性，进而发挥其抗衰老功效，其主要机制在于对自由基的清除和对脂质过氧化的抑制等，黑色素和多糖为抗氧化和抗衰老的活性物质基础。邹宇等研究黑木耳中黑色素的抗氧化能力，发现 1 mg/mL 的黑色素溶液的羟自由基清除率和脂质过氧化抑制率均在 40% 以上。侯若琳等发现黑木耳黑色素对 2，2′- 联氮 - 双 -3- 乙基苯并噻唑啉 -6- 磺酸（ABTS）、1，1-二苯基 -2- 三硝基苯肼（DPPH）和羟基自由基具有较强的清除能力。朱晓冉等对提取溶剂种类及分子量大小与黑木耳多糖的抗氧化活性的相关性进行考察，发现中性未脱色的黑木耳多糖体外抗氧化活性最佳，其作用机制可能为黑木耳多糖和黑色素协同作用的结果。Zhang et al. 通过超声波辅助提取的水溶性木耳多糖能显著降低丙二醛（MDA）水平，并提高谷胱甘肽（GSH）和超氧化物歧化酶（SOD）活性，由此证明其具有较强的抗氧化活性。孔沛筠等通过高温浸提获得的木耳多糖具有较好的天然抗氧化活性。范秀芝等对黑木耳的抗氧化活性进行了体外验证，结果与相关报道相一致。Fang et al. 发现酸水解后的木耳可延长秀丽隐杆线虫的寿命，增强其抗氧化防御能力，从而抑制秀丽隐杆线虫细胞凋亡。Khaskheli et al. 的研究也证明黑木耳多糖有良好的抗氧化活性。以上研究显示，黑木耳具有天然的抗氧化及抗衰老活性，且目前对其发挥该药理作用的物质基础及相关机制也有深入探索，这为黑木耳在食品和化妆品等方面的应用提供了科学依据。

（五）降血脂及抗动脉硬化作用

多项研究表明黑木耳具有降血脂作用，并进一步起到改善动脉粥样硬化（AS）作用，其作用主要体现在改变甘油三酯、总胆固醇、体质量、动脉粥样硬化指数、肝脏指数及相关酶的表达等方面。范亚明等观察了 50 名高脂血症病人连续服用一个月黑木耳的临床效果，结果发现患者血脂显著降低。刘荣等考察了黑木耳多糖对高血脂模型小鼠相关酶类及脂肪指数的影响，发现黑木耳多糖可提高小鼠的卵磷脂胆固醇酰基转移酶、激素敏感性脂肪酶及粪便中的胆酸盐含量；可降低小鼠胰岛素活性、3- 羟基 -3- 甲基戊二酸单酰辅酶 A 还原酶（HMG-CoA 还原酶）含量及脂肪指数，推测黑木耳多糖可通过调节相关酶的活性，达到降血脂效果。于美汇等考察了黑木耳酸性多糖的降脂作用，发现其可降低高脂小鼠甘油三酯、总胆固醇、体质量、动脉粥样硬化指数和肝脏指数；提高高密度脂蛋白胆固醇、谷胱甘肽过氧化物酶及总 SOD 活性。杨春瑜等 [27] 发现黑木耳粗多糖和超微粉多糖均具降脂作用，但超微粉多糖降脂作用更显著。罗祖明等观察了黑木耳煎剂对 44 例 AS 患者的临床疗效，结果显示黑木耳组的临床疗效优于阳性药低分子右旋糖酐 -40，可明显延长凝血活酶时间（KPTT）；同时，木耳多糖在降低血脂的同时，还可能抑制胶原纤维的产生从而抑制 AS 的发生发展。

（六）调节血糖作用

木耳含甘露聚糖、木糖等多糖成分及食物纤维，对减少人体血糖波动及调节胰岛素分泌有一定的帮助。宗灿华等研究发现黑木耳多糖可减弱或改善四氧嘧啶对胰岛 β 细胞的损伤，从而增加胰岛素的分泌，使四氧嘧啶糖尿病小鼠的血糖降低。Lu 等研究了黑木耳多糖模拟水解产物的抗糖尿病作用，发现其可增加肝糖原和胰腺胰岛素水平，降低血清甘油三酯（TG）和低密度脂蛋白（LDL-C）水平，但对总胆固醇和 HDL-C 水平无显著影响。尹红力等发现黑木耳酸性多糖对 α- 葡萄糖苷酶有抑制作用，能缓解琥珀酸脱氢酶和己糖激酶活性的降低，并可在一定程度上增加糖尿病小鼠的体重，从而达到降血糖效果。韩春然等研究发现黑木耳多糖能显著降低糖尿病小鼠的血糖值，但对正常小鼠的血糖值没有影响；还能增加糖尿病小鼠的糖耐量并降低血糖曲线下面积，表现出良好的降糖活性。

（七）抑菌作用

现有研究表明，黑木耳中起抑菌作用的主要成分是黑木耳多糖。蔡铭等采用牛津杯法分析黑木耳粗多糖抑菌活性，发现黑木耳多糖对金黄色葡萄球菌和大肠杆菌有抑制作用，但对黑曲霉藤、酵母和枯草芽孢杆菌、黄微球菌等无明显抑菌效果。赵梦瑶等研究了提取工艺对黑木耳多糖抑菌效果的影响，结果显示水提时，150目的原料提取的多糖对大肠杆菌和金黄色葡萄球菌的抑菌效果最好；超声波处理时，多糖的抑菌效果随着原料粒度减少逐渐下降；水提取多糖的抑菌效果优于超声提取多糖。邓庆华等考察了黑木耳多糖对霉菌、细菌的抑制活性，结果显示黑木耳多糖对细菌的抑制作用更为明显。樊黎生发现黑木耳多糖对多数革兰阳性菌和革兰阴性菌有较强的抑制作用，还能抑制部分酵母菌的生长。研究发现食用菌黑木耳粗多糖对大肠杆菌和金黄色葡萄球菌均有较强的抑菌活性，但对其他病原菌均无抑菌活性。

（八）抗辐射作用

黑木耳具有抗辐射作用，可通过改善小鼠的免疫系统、提高抗氧化应激酶活性和小鼠肾脏的代谢能力、抑制脾细胞凋亡等作用来减轻辐射诱导的机体的氧化损伤。胡俊飞等对硫酸化黑木耳多糖的抗辐射作用进行研究，结果表明，硫酸化黑木耳多糖可提高 ^{60}Co-γ 射线辐射损伤小鼠的血清 SOD 活性、单核细胞吞噬能力，增加小鼠免疫器官指数和骨髓 DNA 含量，减少血清丙二醛（MDA）含量和骨髓微核率，减轻辐射诱导的机体氧化损伤。樊黎生等发现黑木耳多糖溶液可明显降低经 3.5 Gy ^{60}Co-γ 射线照射后小鼠的骨髓微核率和精子畸变率。由此可见，黑木耳抗辐射的作用机制可能在于黑木耳多糖对自由基的清除作用，从而降低自由基对精细胞及染色体的损伤。

（九）抗肿瘤作用

甘霓等发现黑木耳多糖通过促进肿瘤组织中 Caspase-3 mRNA、P53、Bax 的表达抑制肿瘤生长，且黑木耳多糖与环磷酰胺联合使用，可增强其疗效。宋广磊等研究发现，黑木耳多糖能改变肿瘤细胞膜的特性，使细胞膜脂肪酸游离，可显著改变细胞膜脂的流动性，并明显降低荷瘤小鼠肿瘤细胞膜唾液酸含量，从而达到抑瘤作用。宗灿华等发现黑木耳多糖可通过提高血清 NO 含量、胸腺指数和脾指数发挥对 H22 肝癌小鼠的抑瘤作用，其抑瘤率可达 45.21%。由此可见，黑木耳多糖可通过多种作用机制达到抑瘤效果，因此探索抗肿瘤作用机制对进一步开发利用黑木耳具有重要意义。

（十）其他作用

同时，黑木耳还有止咳化痰、保肝护肝、抗病毒、促发育等多种功效。

二、毒性机理

木耳长时间泡发后，容易腐败变质，产生一种叫作"椰毒假单胞菌"的细菌，该细菌可以产生致命毒素"米酵菌酸"，它的中毒潜伏期多数为 2~24 h。患者主要症状为上腹部不适、恶心、呕吐、腹泻、头晕、全身无力，重者出现黄疸、肝大、皮下出血、呕血、血尿、少尿、意识不清、烦躁不安、惊厥、抽搐、休克昏迷等症状[35]。

第六节 质量体系

一、收载情况

（一）药材标准

《卫生部药品标准中药材》（第一册）（1992 年版）、《山西省中药材标准》（1987年版）、《广西中药材标准》（第二版）。

（二）饮片标准

《安徽省中药饮片炮制规范第三版》（2019年版）、《安徽省中药饮片炮制规范》（第二版）（2005年版）、《重庆市中药饮片炮制规范》（2006年版）、《山东省中药饮片炮制规范》（2012年版）、《江西省中药饮片炮制规范》（2008年版）、《云南省中药饮片炮制规范》（1986年版）、《甘肃省中药饮片炮制规范》（1980年版）、《湖南省中药饮片炮制规范》（2010年版）、《湖北省中药饮片炮制规范》（2009年版）、《河南省中药材炮制规范》（1974年版）、《山东省中药炮制规范》（1990年版）、《山东省中草药炮制规范》（1975年版）、《云南省中药咀片炮炙规范》（1974年版）、《常用中药加工炮制规范》（甘肃省兰州市1972年版）。

二、药材性状

（一）《卫生部药品标准中药材》（第一册）（1992年版）

本品呈不规则块片，多卷缩，表面平滑，黑褐色或紫褐色；底面色较淡，质脆，易折断，以水浸泡则膨胀，色泽转淡，呈棕褐色，柔润而微透明，表面有滑润的黏液。气微香。

（二）《山西省中药材标准》（1987年版）

本品呈不规则块片，多卷缩，表面平滑，黑褐色或紫褐色；下表面色较浅，布以极短的茸毛，有的不明显。质脆，易折断，以水浸泡则膨胀，色泽转淡，呈棕褐色，柔润而微透明，表面有滑润的黏液。气微香，味淡。

以片大、肉厚、色黑、不碎、无杂质者为佳。

（三）《广西中药材标准》（第二版）

本品呈不规则的块片，多卷缩，直径0.5~4 cm，厚0.2~1 mm，表面黑褐色、紫褐色货瓦灰色，平滑，底面色较淡，质脆易折断。气微香，味淡。本品用水浸泡则膨胀，色泽转淡，呈棕褐色，柔润而微透明，表面有滑润的黏液。

三、炮制

（一）《重庆市中药饮片炮制规范》（2006年版）

取木耳，除去泥沙、杂质。

（二）《山东省中药饮片炮制规范》（2012年版）

取木耳，除去杂质、筛去尘屑。

（三）《江西省中药饮片炮制规范》（2008年版）

取木耳，除去泥沙及杂质，洗净，干燥。

（四）《湖南省中药饮片炮制规范》（2010年版）

取原药材，除去杂质，洗净，干燥。

（五）《安徽省中药饮片炮制规范》（第三版）（2019年版）

取原药材，除去杂质，洗净，干燥。

四、饮片性状

（一）《重庆市中药饮片炮制规范》（2006年版）

本品呈不规则块片，多皱缩，大小不等。表面平滑，黑褐色或紫褐色；底面色较淡，质脆，易折断，用水浸泡后则膨胀，色泽转淡，呈棕褐色，柔润而微透明，表面有滑润的黏液。气微香。味淡。

（二）《山东省中药饮片炮制规范》（2012年版）

本品呈不规则块片，多卷缩，表面光滑。黑褐色或紫褐色；底面色较淡，质脆，易折断，以水浸泡则膨胀，形似耳状，色泽变淡，呈棕褐色，柔润而微透明，表面有滑润的黏液。气微香，味淡。

（三）《江西省中药饮片炮制规范》（2008年版）

本品呈不规则块片，多皱缩，大小不等。表面平滑，黑褐色或紫褐色；底面色较淡，质脆，易折断，用水浸泡后则膨胀，色泽转淡，呈棕褐色，柔润而微透明，表面有滑润的黏液。气微香。无霉变。

（四）《湖南省中药饮片炮制规范》（2010年版）

本品呈不规则块片，多卷缩，表面平滑，黑褐色或紫褐色；底面色较淡，质脆，易折断，以水浸泡则膨胀，色泽转淡，呈棕褐色，柔润而微透明，表面有滑润的黏液。气微香，味淡。

（五）《安徽省中药饮片炮制规范》（第三版）（2019年版）

本品呈不规则块片，多卷缩，大小不等。上表面黑褐色或紫褐色；疏生极短的茸毛，底面色较淡。质脆，易折断，以水浸泡则膨胀，形似耳状，厚约 2 mm；棕褐色，柔润，微透明，表面有滑润的黏液。气微香，味淡。

五、有效性、安全性的质量控制

木耳有效性、安全性的质量控制项目见表 17.1。

表17.1　有效性、安全性的质量控制项目汇总

标准名称	鉴别	检查
《山西省中药材标准》（1987 年版）	本品横切面：下表面毛短而不分隔，多弯曲，向顶端渐狭细，基部显著褐色，向上色渐淡，长 40~150 μm，径 4.5~6.5 μm，基部膨大处直径 10 μm，下部突然细缩呈根状。担子（下担子）长圆柱状，长 50~62 μm，直径 3~5.5 μm，由 4 个细胞组成，埋生在子实体上表面胶质层内。从每个细胞上产生一长柄（上担子），伸达子实层表面下，再从其尖端生出一担孢子梗，顶生一个孢子（担孢子）；孢子暴露于表面，弯长方形或圆柱状，无色透明，长 9~14 μm，直径 5~6 μm	—
《山东省中药饮片炮制规范》（2012 年版）	—	水分（不得超过 14%），总灰分（不得超过 5%）
《江西省中药饮片炮制规范》（2008 年版）	—	水分（不得超过 13%）

六、质量评价

张振文等[36]采用贴近度和氨基酸评价法对 10 个黑木耳品系的蛋白质和氨基酸进行评价，结果发现多数品系符合 FAO/WHO 推荐的评价标准，部分品系的蛋白营养水平接近甚至超过全鸡蛋蛋白，黑木耳作为日常膳食营养补充是可行的。王丽艳等[37]以市售 15 个产区的黑木耳为研究对象，以黑木耳中所含的 17 种氨基酸含量作为评价指标，进行主成分分析和聚类分析，并提取出苯丙氨酸、精氨酸、脯氨酸、甲硫氨酸和丝氨酸可以作为市售 15 个产区黑木耳基于氨基酸含量的综合评价指标。焦扬等[38]采用主成分和聚类分析，对甘肃 8 个地区木耳的粗蛋白、总灰分、磷、总糖、脂类、总脂、水溶性灰分、水不溶性灰分以及 Ca、Na、K、Mg、Fe、Zn、Mn、Cu、Pb、Ni 和 Cd 19 个品质指标进行分析，结果发现，不同地区来源的木耳品质指标中，总脂、脂类、总糖以及 Mn、Na、Zn 变异系数较大，根据聚类分析得到总糖、水溶性灰分、脂类、Fe、Ca 和磷 6 个品质指标可以用来衡量木耳品质的优劣。何智勇等[39]建立了应用通过式固相萃取气相色谱串联质谱法测定黑木耳中六氯苯、五氯硝基苯、七氯残留的方法，可对黑木耳中的六氯苯、五氯硝基苯、七氯残留进行快速检测。

第七节　性味归经与临床应用

一、性味

《药性论》：“木耳，平。”
《神农本草经》：“木耳，甘，平。”
《本草纲目》：“木耳，甘，平，有小毒。”

《食疗本草》：“木耳，寒，无毒。”

《宝庆本草折衷》：“木耳，味甘、寒微毒。”

《饮膳正要》：“木耳，苦，寒，有毒。”

《本草药性大全》：“木耳，味甘、辛。”

《药性切用》：“木耳，甘，平。性滑。”

《本草求原》：“木耳，甘，温。”

二、归经

《神农本草经》：“木耳，入胃、大肠经。”

《本草求真》：“木耳，入大肠、胃。”

《本草再新》：“木耳，入肝脾肾三经。”

《得配本草》：“木耳，入足阳明经。”

三、功能主治

孟诜曰：“木耳，利五脏，宣肠胃气拥毒气。”

《药性论》：“木耳，治风，破血，益力。”

《神农本草经》：“木耳，盛气不饥，轻身强志。”

《本草纲目》：“木耳，断谷治痔。”

《日用本草》：“木耳，治肠癖下血，又凉血。”

《药性切用》：“木耳，润燥利肠。”

《本草分经》：“木耳，利五脏宣肠胃，治五痔、血症。地耳甘寒，明目。石耳甘平，明目益精。”

《本草求原》：“木耳，散瘀，治五痔蔻肿，崩中漏下，一切血症。”

《宝庆木草折衷》：“木耳，益气强志。”

《食疗本草》：“木耳，利五脏，宣肠胃气拥毒气。惟益服丹石人热发，和葱、豉作羹。”

《随息居饮食谱》：“木耳，补气耐饥，活血，治跌仆伤。凡崩淋血痢，痔患肠风，常食可廖。”

《山西中草药》："木耳，益气强身，活血止血，外伤止痛。"

《浙江药用植物志》："木耳，养血，活血，收敛。主治腰腿麻木，疼痛，高血压病，血痢，产后虚弱，崩漏，带下。"

《全国中草药汇编》："木耳，补气血，润肺，止血。用于气虚血亏，四肢搐搦，肺虚咳嗽，咯血，吐血，衄血，崩漏，高血压病，便秘。"

《中药大辞典》："木耳，凉血，止血。治肠风，血痢，血淋，崩漏，痔疮。"

四、用法用量

内服：煎汤，3~10 g；或炖汤；或烧炭存性。

五、注意事项

《药性论》："古槐、桑树上良。其余树上多动风气，发痼疾，令人肋下急，损经络背膊，闷（人）。"

《食疗草本》："不可多食。"

《本草拾遗》："木耳，毒蛇从下过者有毒。枫木上生者，令人笑不止。采归色变者有毒。夜视有光者，欲烂不生虫者并存毒，并生捣冬瓜蔓汁解之。"（引自《纲目》）

《日用本草》："小儿食之，不能克化。"

《药性切用》："大便不实者忌。"

《本草求原》："令人衰精。"

《神农本草经》："虚寒溏泻者慎服。"

六、附方

1. 治眼流冷泪

木耳一两（烧存性），木贼一两，为末。每服二钱，以清米泔煎服（《惠济方》）。

2. 治血痢日夜不止，腹中疗痛，心神麻闷

黑木耳一两，水二大盏，煮木耳令熟，先以盐、醋食木耳尽，后服其汁，日二服（《圣惠方》）

3. 治血注脚疮

桑耳、楮耳、牛屎菰各五钱，胎发灰（男用女，女用男）三钱，研末，油和涂之，或干涂之（《奇效良方》）。

4. 治崩中漏下

木耳半斤，炒见烟，为末，每服二钱一分，头发灰三分，共二钱四分，以应二十四气。好酒调服出汗（孙氏《集效方》）

5. 治新久泻痢

干木耳一两（炒），鹿角胶二钱半（炒），为末。每服三钱，温酒调下，日二（《御药院方》）。

6. 治血痢下血

木耳（炒研）五钱，酒服即可。亦用井花水服。或以水煮盐、醋食之，以汁送下（《普济方》）。

7. 治一切牙痛

木耳、荆芥等分，煎汤频漱（《普济方》）。

8. 治大便干燥痔疮出血

木耳 5 g，柿饼 30 g 同煮烂，随意吃（《长白山植物药志》）。

9. 治产后虚弱，抽筋麻木

木耳 30 g 陈醋浸泡，分 5~6 次食用，日服 3 次（《中国药用真菌》）。

10. 治年老生疮久不封口

将木耳用瓦焙煎，研末，过罗。用时，两份木耳粉，一份白糖，加水调成膏，摊在纱布上，敷于患处，早晚各换一次（《中国药用真菌》）。

第八节　丽水木耳资源利用与开发

一、资源蕴藏量

丽水市地处浙江西南部，与福建省相邻，以山地、丘陵地貌为主，有"九山半水半分田"之称。丽水市森林覆盖面积较大，生态环境优越，被称为浙江省的绿谷，广袤的林木绿地孕育了丰富的大型真菌资源[40]。云和地处浙江南部丽水市腹地、瓯江上游，旧称"浮云"，古号"椤林"，是椤木冲霄的万里丛林，东邻丽水市莲都区，南连景宁畲族自治县，西倚龙泉市，北接松阳县。云和属亚热带气候，全年温暖湿润，雨量充沛，日照充足，四季分明，空气质量优。因海拔高度、坡度、坡向不同，垂直气候和山地气候特征显著。黑木耳主产地的山区和半山区，云雾缭绕，空气湿度大，温差小，夏无酷暑，具有海洋性气候特点。山林植被覆盖率高，水系分布密集，地下水源丰富，水源均属源头水，无工业等人为污染，纯净清洁。在水、温、气、热、雾、植被、土壤等各方面，为生产高产、优质的黑木耳提供了得天独厚的自然资源条件。《云和县农业气候资源与区划》中记载："营造针阔叶混交林保持生态平衡，适温适湿有利于香菇、黑木耳等食用菌生产，尤以适宜黑木耳的优质高产栽培。"

与我国北方、中西部地区以段木栽培为主的黑木耳栽培模式不同，丽水市黑木耳生产基本上为袋料栽培模式，并以云和的全光照露地栽培和松阳的塑料棚遮阳栽培 2 种方式为主。丽水黑木耳栽培用种质资源相对单一，主栽品种有新科和黑 916，其中新科是自主选育品种，具有单片、色深、耐泡等优点，性状优良，市场价格较高，品质特性不亚于段木产黑木耳，是本地黑木耳中的优良品种；黑 916 引自华中或东北地区。丽水市是黑木耳的重要产地，

2005 年云和县黑木耳袋料栽培达 1 850 万袋，并形成了自己的品牌——"山兰牌"黑木耳。目前，松阳县食用菌办公室结合当地实际和市场需求，大力推广黑木耳栽培，逐步形成了乡乡有试点、村村有耳农的格局[1]。

二、基地建设及产业发展情况

（一）基地建设及产量

黑木耳栽培在丽水开始较早，主要分布在云和、松阳和景宁等地，其中以云和县的种植规模较大。当地成立了许多相关合作社，专门从事菌种生产和成品生产，极大地推动了当地黑木耳产业的发展[40-42]。

浙江龙泉市地处浙、闽、赣三省边际，是个"九山半水半分田"的山区市，食用菌产业是龙泉市农村经济发展的传统产业、特色产业和支柱产业。龙泉市袋料黑木耳栽培始于 1998 年，现有栽培模式在 2002 年趋于成型，开始规模化生产，2006 年后规模急剧扩大，现已成为南方最大的黑木耳生产基地和黑木耳商品集散地，形成"北有东宁，南有龙泉"的黑木耳产业地位。"十一五"期间，按照"提升发展食用菌产业"的总体思路，加大资金投入力度，食用菌产业有了平稳较快发展，产量和产值逐年上升 2006—2010 年，全市共发展袋料黑木耳 36 500 万袋，黑木耳菌种 5 600 万包，2010年以黑木耳为主的市场交易额达 18 亿元，食用菌产业呈现产销两旺的态势，龙泉市已逐步成为南方最大的黑木耳产销中心。近年来，龙泉市先后被授予"中国黑木耳之乡""全国食用菌主产基地县"荣誉称号，"龙泉黑木耳"证明商标已注册公告。

（二）产业发展

位于龙泉市东部的安仁镇，被誉为中国南方黑木耳菌种第一乡，有着 20 多年黑木耳菌种生产历史，特别是进入 2000 年以来，镇党委、政府加快了产业结构调整步伐，注重培育发展地方特色产业，使食用菌产业尤其是黑木耳菌种生产取得快速发展，已成为农民增加收入的一个重要来源[43]。龙泉市对食用菌产业高度重视，2011 年从省特扶资金中列出 600 万元，支持龙泉市菌棒集约化加工厂建设。2013 年出台了《关于推进生态精品现代农业发展的实施意见》和《关于加快食用菌产业发展的若干政策》等系列文件。2013 年成功申报龙泉市黑木耳特色园项目，新建钢架菇棚面积 2.2 万 m^2，旧菇棚改造面积 2.8 万余 m^2，拆除菇棚面积 2 万多 m^2。2014 年成功申报浙江省农业重大项目—龙泉市食用菌全产业链提升建设项目，争取到省级扶持资金 5 000 万元，按"三园区（食用菌生产示范园、食用菌工厂化生产示范园和食用菌精深加工园）、三体系（食用菌良种繁育体系、食用菌生态循环体系和食用菌市场营销体系）、一中心（食用菌产业服务中心）"进行功能区布局。并计划在约三年时间（2014 年 4 月至 2017 年 6 月）内，努力将项目区打造成集食用菌菌种繁育、示范园及工厂化生产示范、产品精深加工、市场营销、生态循环体系以及食用菌科技推广为一体的食用菌产业群。2014—2016 年共争取省级以上农发办资金 2 700 万元，同时龙泉市财政共列出 1 387 万元用于扶持食用菌产业发展，重点对食用菌设施化生产、新品种新技术试验示范、良种繁育体系建设、食用菌标准化基地建设、公用品牌建设，以及食用菌政策保险等方面进行扶持，龙泉市黑木耳产业基础得到巩固和提升[42]。

除龙泉外，近年来，云和县委、县政府确立了"立足当地，着眼异地"的发展战略。一方面在当地发展代料黑木耳生产，通过技术创新、培训引导、交流互动、示范带动、品牌效应等一系列措施，大力推广标准化生产。2007 年推广无公害代料黑木耳 1 909.54 万袋、产耳 1 146 t、产值 6 800 万元，建立标准示范基地 3 个、规模 500 万袋，并通过了无公害基地认证。另一方面，鼓励和引导农民在异地他乡寻找发展机遇，努力打造异地奔小康的特色产业，打造出光彩夺目的"云和师傅"品牌，为云和耳农通过异地开发形式发展传播云和黑木耳栽培技术提供了新的契机和平台。通过对悠久的栽植历史经验的传承与发扬，云和菌农娴熟的掌握了黑木耳栽植技术，在数量近万身怀技能的"云和师傅"中，约450名云和耳农带菌种在28个省（自治区、直辖市）、264多个县（县级市、区）种植黑木耳，年生产量按菌种推算，产干耳4 500 t。全县目前拥有黑木耳等食用菌产品经营企业58家，专业从事以黑木耳为主的食用菌产品生产经营，其中云和县农产品专业合作社作为省级农副产品加工龙头企业，2002年通过ISO 9001质量管理体系认证，年销售额近亿元，主导商标"山兰"牌及该牌黑木耳产品分别成为浙江省著名商标、名牌产品，先后多次在国际、国内展览会上获奖[1]。

三、产品开发

（一）中成药

目前，含有木耳的中成药有17种。能用于腰腿疼痛，四肢麻木的如大风丸，二仙丸、和风丸、妙济丸、风寒双离拐片；具有益髓壮骨，补气生血功效的，如骨疏康胶囊、骨疏康颗粒、强骨生血口服液等。

（二）保健品

调查显示，目前国内含木耳的保健食品约有30种。这些保健品有益于人体健康，具有调节血脂、增强免疫力、抗疲劳等作用，有巨大的发展空间。

第九节　总结与展望

黑木耳是一种营养丰富的食用菌，营养丰富，食味鲜美，有"食品阿司匹林"之称。干燥的黑木耳，也是传统的主要中药材之一，能减轻外伤引起的疼痛，也能预防心血管疾病，有人称它为

"养生万灵丹"[44]。而丽水生态环境优越，境内森林茂密，生态环境良好，环境空气质量达国家二级标准，地表水达Ⅰ、Ⅱ类水质标准素有"中国生态第一市"的美誉，非常适宜发展黑木耳，自然资源和生态气候条件为栽培出品质优良的黑木耳提供了得天独厚的条件。如今，黑木耳已经发展成丽水主要传统优势产业之一，造福了许多当地百姓。

丽水地处浙西南山区，食用菌产业以传统家庭式生产经营为主，食用菌产业规模化、标准化和品牌化程度低，产品质量参差不齐、食品安全质量难以保障，很难取得规模效益。丽水可充分利用自身天然生态优势、推动山区食用菌产业转型升级、促进城乡居民增收，通过体验带的建设，建立一批以食用菌龙头企业、农民专业合作社为基础的食用菌标准化示范区、示范基地，通过标准培训、宣贯、指导等形式，充分发挥示范基地辐射带动作用，使得分散经营的农户在一定范围内聚集，形成以多个标准化示范区为核心，逐步向周边推广、具有一定规模的农业标准化生产区，最大程度优化区域资源、挖掘产业优势，引领区域产业健康发展。借力"大花园"建设的东风，以标准化助力打造食用菌为主题的产业带和休闲旅游带，推动食用菌产业品牌化、特色化发展[45]。

参 考 文 献

[1] 王伟平. 云和黑木耳历史文化溯源 [J]. 浙江食用菌，2008（2）: 1-4.

[2] 南京中医药大学. 中药大辞典 [M]. 上海: 上海科学技术出版社，2006，475-478.

[3] 吴志雄. 段木黑木耳优质高产栽培技术 [J]. 农民致富之友，2014(8): 177.

[4] 张莉萍. 论黑木耳的栽培种植 [J]. 中外食品工业，2014（4）: 79-80.

[5]　于延申，任梓铭，王隆洋，等．椴木栽培黑木耳技术 [J]. 吉林蔬菜，2018（7）：31-32.

[6]　赵玉连．袋栽黑木耳技术 [J]. 食用菌，2016，38（5）：51-52.

[7]　卢礼琴．黑木耳段木栽培技术 [J]. 现代农业科技，2012（13）：105，109.

[8]　宋勇仓，蓬红梅，王秋丽，等．地栽黑木耳栽培管理技术 [J]. 吉林农业，2012（2）：121-122.

[9]　丁兆君．林地内黑木耳种植的管理经验 [J]. 农民致富之友，2012（13）：37.

[10]　齐心，于延申．如何用段木培育优质黑木耳 [J]. 吉林蔬菜，2016（Z2）：34-35.

[11]　李定金，段秋霞，段振华，等．黑木耳功能性成分及其干燥技术研究进展 [J]. 保鲜与加工，2020，20（6）：233-237.

[12]　王艳菲．黑木耳四种蛋白质的提取及特性研究 [D]. 哈尔滨：东北农业大学，2017.

[13]　孔祥辉，于德水，陈鹤，等．黑木耳多糖提取、功能及应用研究进展 [J]. 黑龙江科学，2018，22（9）：12-13.

[14]　王雪．AAP Ⅰ -a 黑木耳多糖的分离纯化及其抗衰老功能的研究 [D]. 哈尔滨：哈尔滨工业大学，2009.

[15]　张燕燕，刘新春，王雪，等．黑木耳营养成分及生物活性研究进展 [J]. 南方农业，2018，29（12）：130-134.

[16]　潘磊，辛卓霖，刘波，等．响应面法优化超声波辅助提取木耳黑色素 [J]. 中国食品学报，2015，15（7）：110-16.

[17]　张彦龙，穆跃，李元敬，等．地理环境和基因型对黑木耳营养组成和品质结构的影响 [J]. 食品科学，2018，39（2）：234-235.

[18]　ZOU Y, XIE C, FAN G, et al. Optimization of ultrasound-assisted extraction of melanin from *Auricularia auricula* fruit bodies[J]. Innovative food science and emerging technologies, 2010, 11（4）：611-615.

[19] 邹宇，尹冬梅，江洁，等．黑木耳黑色素组分分析及其抗氧化活性研究 [J]. 食品科学，2013，34（23）：138-141.

[20] 张莲姬．黑木耳黑色素抗氧化作用的研究 [J]. 食品研究与开发，2013，34（5）：111-114.

[21] ZOU Y，ZHAO Y，HU W Z. Chemical composition and radical scavenging activity of melanin from *Aurieularia auricular* fruiting bodies[J]. Food science and technology，2015，35（2）：153-157.

[22] 陈雪凤，韦仕岩，吴圣进，等．不同黑木耳菌株的营养成分分析比较 [J]. 食用菌，2016，38（2）：72-73.

[23] 王庆庆．三种食用菌可溶性膳食纤维提取工艺优化及功能特性研究 [D]. 长春：吉林农业大学，2013.

[24] 王明川．黑木耳品质评价初步研究 [D]. 哈尔滨：东北林业大学，2017.

[25] 李福利，张莉，于国萍．超声波辅助碱法提取黑木耳蛋白质及其性质研究 [J]. 食品安全质量检测学报，2016，6（6）：2096-2097.

[26] 林洋．黑木耳蛋白质的分离纯化及特性研究 [D]. 哈尔滨：东北林业大学，2016.

[27] 杨春瑜，战丽，夏文水，等．气流粉碎对黑木耳蛋白溶出率和富集规律的影响 [J]. 食品科学，2008，29（11）：150-153.

[28] 陈龙，李文峰，令博，等．金耳、银耳、木耳多酚提取及其抗氧化活性 [J]. 食品科学，2011，32（20）：52-56.

[29] 张丕奇，张介弛，刘佳宁，等．黑木耳富集沙棘黄酮栽培效果研究 [J]. 中国食用菌，2010，29（5）：25-27.

[30] 王秀峰，黄宝美，唐杰，等．川北地区黑木耳中锌铁铜微量元素的测定 [J]. 食品科技，2007（7）：213-215.

[31] 王香爱，王敏．FAAS 法测定秦巴山区与东北黑木耳中 4 种元素含量 [J]. 食品研究与开发，2016，37（19）：128-130.

[32] 蒋天智，苟体忠．榕江月亮山区野生黑木耳中宏量元素和微量元素含量的研究 [J]. 凯里学院学报，2017，35（3）：97-99.

[33] 罗椿梅，邓丽，周芥锋，等 . 黑木耳白木耳中锌铁铜锰微量元素的测定 [J]. 微量元素与健康研究，2015，32（5）：27-28，32.

[34] 吕邵娃，单常芮，刘磊，等 . 黑木耳药理作用研究进展 [J]. 食品与药品，2020，22（2）：154-158.

[35] 徐小民 . 揭秘"木耳中毒"致病毒素 [J]. 健康博览，2018（9）：8-10.

[36] 张振文，姚方杰，张作达，等 . 基于木薯茎杆屑栽培的黑木耳品质评价 [J]. 云南农业大学学报（自然科学版），2022，37（2）：330-335.

[37] 王丽艳，王鑫淼，荆瑞勇，等 . 基于氨基酸含量的市售 15 个产区黑木耳的综合评价 [J]. 食品工业科技，2021，42（16）：37-43.

[38] 焦扬，折发文，张娟娟，等 . 基于主成分与聚类分析的甘肃地区产地木耳品质综合评价 [J]. 食品科学，2019，40（8）：130-135.

[39] 何智勇，宋智峰，蔡玉红，等 . 通过式固相萃取 - 气相色谱串联质谱快速测定黑木耳中六氯苯、五氯硝基苯和七氯残留 [J]. 农产品质量与安全，2021，28（4）：93-96.

[40] 李阳，刘德云，宋小亚，等 . 丽水市食用菌种质资源评价及需深入研究的问题 [J]. 浙江食用菌，2009，17（1）：19-22.

[41] 何建芬 . 创新发展思路促进促进龙泉食用菌产业转型发展 [J]. 食用菌，2012，34（2）：5-6，11.

[42] 应国华，何建芬，吕明亮，等 . 龙泉市黑木耳产业发展态势与相关建议 [J]. 食药用菌，2019（1）：38-40.

[43] 龚兆培 . 黑木耳产业致富一方 [J]. 食用菌，2012（5）：62.

[44] 何九军 . 甘肃康县黑木耳食药用价值及其开发研究 [J]. 山东化工，2015（12）：27-28，31.

[45] 徐晓琰 . 食用菌地理标志保护产品标准化产业体验建设的探索与思考 [J]. 现代食品，2018（12）：22-24.

木槿花

Mujinhua

木 槿 花 | Mujinhua
HIBISCIL FLOS

本品为锦葵科植物木槿（*Hibiscus syriacus* L.）的花。别名：白槿花、水槿花、槿铃花、槿树花、新米花、饭汤花、旱莲花、水昌花、饭碗花、三七花、朝开暮落花等。

第一节　本草考证与历史沿革

一、本草考证

《诗经》中早就有记载：木槿花蕾，食之口感清脆；完全绽放的木槿花，食之滑爽。常食用木槿花可清热利湿、凉血、排毒养颜，还可有效防治肠风泻血、赤白下痢、痔疮出血、肺热咳嗽、咳血、白带等。木槿花外用可治疮疖肿痛、烫伤[1]。《尔雅注疏》中记载木槿"可食"。《植物名实图考》记载："以白花者为蔬，滑美。"[2]《日华子本草》记载："木槿花治肠风泻血，赤白痢，并焙入药；作汤代茶，治风。"《本草纲目》记载："木槿花消疮肿，利小便，除湿热。"《医林纂要》也记载："木槿花，白花肺热咳嗽吐血者宜之，且治肺疽。"木槿花富含多糖类、蛋白质、氨基酸、有机酸类、花青素、黄酮类、皂苷类等成分，有清热、利湿、治疗泻血、痢疾、白带等功效[3]。

二、历史沿革

木槿属植物在我国分布广泛，春季、夏季、秋季均可开花，具有较高的观赏价值[4]。除了观赏绿化外，我国部分地区居民一直有食用木槿花朵的习俗，故又称为面花、鸡肉花等。木槿花烹饪入馔早在晋代就有记载[5]，浙南、皖南、闽北、闽西和赣南等地居民具有采摘木槿花食用的风俗[6-8]。在浙江民间其多作为蔬菜原料烹饪成菜肴，其口感顺滑，风味独特[8]。

随着社会经济的发展，木槿因其食用和保健价值而作为食用花卉，其烹饪方法多样，味道清香，滑嫩可口，已成为绿色特色菜肴。现代营养学研究表明，木槿花含有适中的粗蛋白、粗纤维、维生素 C、黄酮类，钙、铁、锌等矿质元素含量丰富，不仅具有 16 种氨基酸，并且还具有特殊的黏性物质，营养丰富[8-9]。

木槿作为食用栽培生产，主要集中在长江以南地区，如浙江、上海、福建、安徽南部、江西和广州等地[10]，由于受地理、生长环境等影响，特别是饮食习俗和栽培种类的不同，形成了众多的木槿食用资源。目前，国内对木槿的研究主要见于栽培技术[11]、药用研究[12]等，也有少量对木槿花营养及食用价值的报道[8-9, 13]，其他方面研究较少。木槿品种的选育、杂交育种等工作国内未见相关报道。

第二节　植物形态与生境分布

一、植物形态

木槿为落叶灌木，高 3~4 m，小枝密被黄色星状茸毛。叶菱形至三角状卵形，长 3~10 cm，宽 2~4 cm，具深浅不同的 3 裂或不裂，先端钝，基部楔形，边缘具不整齐齿缺，下面沿叶脉微被毛或近无毛；叶柄长 5~25 mm，上面被星状柔毛；托叶线形，长约 6 mm，疏被柔毛。花单生于枝端叶腋间，花梗长 4~14 mm，被星状短茸毛；小苞片 6~8，线形，长 6~15 mm，宽 1~2 mm，密被星状疏茸毛；花萼钟形，长 14~20 mm，密被星状短茸毛，裂片 5，三角形；花钟形，淡紫色，直径 5~6 cm，花瓣倒卵形，长 3.5~4.5 cm，外面疏被纤毛和星状长柔毛；雄蕊柱长约 3 cm；花柱枝无毛。蒴果卵圆形，直径约 12 mm，密被黄色星状茸毛；种子肾形，背部被黄白色长柔毛。花期 7—10 月。

二、生境分布

木槿花常栽培于村前、屋边、菜园边作围篱或药用。丽水全市各县均有。

第三节 栽 培

一、生态环境条件

木槿适应性强，耐旱、耐寒、耐瘠，耐半荫蔽，喜温暖湿润，在肥沃土壤里生长旺盛[14]，生长适温 15~28 ℃。但在延边地区栽培需保护越冬。对土壤要求不严，在重黏土中也能生长，萌蘖性强，耐修剪[15]。

二、繁殖方式

木槿花主要有压条、扦插、分株等无性繁殖方式，以扦插、分株繁殖为主[16]。在广州地区四季可育苗。

（一）压条繁殖

在 5—8 月均可进行，将枝条压倒在地，把枝芽处用土压实，浇水，梢头自然翘起，保持压芽处有适当的湿度，待霜前剪断根部，轻轻地将须根连土装入盆中即可 [15]。

（二）扦插繁殖

一般于冬春季枝条开始落叶或枝条萌发前，选取成熟、健壮枝条，剪成长 15 cm 左右的小段，插于沙床中，或压于花盆、种植槽中，浇水保湿，约 30 d 后发根出芽即可移植。

（三）分株繁殖

一般于早春萌发前，将生长健壮的植株挖起，按株行距 20~30 cm 定植，每穴 3 株，定植时浇透水。

三、栽培技术

（一）露地栽培

1. 定植、施肥

木槿春季 4 月末至 5 月初。将盆中的木槿倒出。适当剪去部分枝梢及根须，极易成活。定植时，植穴要施基肥，一般施用农家肥少量复合肥，以后可不施肥；但为了提高鲜花的产量与品质，在夏季开花前应对树势较弱的进行再次追肥，并结合除草培土施于基部。粗放管理，也能自然繁茂 [15]。

2. 浇水、修剪

开花期遇干旱要注意灌水，秋末应把晚秋梢、过密枝及弱小枝条、枯枝剪去，以利通风透光、保持株型，待装盆入室。

3. 室外花期

第 1 次开花在 9—10 月开花，在 10 月末，霜冻前移植回盆中，搬放回室内，休眠期 40 d 左右，开始生长发芽。

（二）室内栽培

1. 上盆、换盆

盆土可用泥炭土或腐殖土加 1/4 的河沙或和少量的基肥配制，也可用沙壤土。可根据苗高来待定盆的大小，如当年压条苗要从 15~20 cm 处截断，促进分枝。木槿生长较快，应每年换盆 1 次，以增加盆里的养分，并进行修根剪枝，以保持株型。室内光线不强，为了保持良好的株型和多开花，可用较大的盆。

2. 水肥及修剪

室内盆栽的木槿生长快，水肥需求量大，春秋不供暖期间可4~6 d浇水1次，冬季供暖期室内干燥时应2~3 d浇水1次。盆中基肥的营养不能满足木槿生长的需要，应每2周上1次复合肥，要少量多次的进行。孕蕾期及开花期，叶面1周喷1次500~1 000倍液的磷酸二氢钾；花后修剪恢复期可喷施尿素溶液。为了保持株型，一般花后修剪，主要剪掉弱枝和枯死枝。

3. 室内花期

第2次开花，在12月至翌年1月开花。4月中旬至6月中旬休眠，休眠期60 d左右。

四、栽培管理

（一）肥水管理

木槿花根系发达，生长快，肥水需求量大，浇水时以见湿见干为宜，高温干旱天气注意灌溉，雨水季节应做好控水、排水。为确保其茂盛生长及开花所需的养分，以三元复合肥在植株周围开沟或挖穴追肥为主，现蕾时及时追肥并辅以适量生物菌肥，以提高鲜花量。冬季休眠期，结合追肥培土，为来年生长储备养分。

（二）修剪管理

根据植株生长情况可将主枝或侧枝短截，以促进生长，培养成丛生状灌木，可提高鲜花产量。花朵采收后及时修剪枯、弱、衰退枝，以保持树势，减少养分消耗。

（三）病虫害防治

木槿花抗病虫能力较强，病害较少，虫害主要有蚜虫、卷叶蛾、白粉虱等。蚜虫用5%啶虫脒乳油2 000倍液喷雾防治；白粉虱用20%吡虫啉可溶性液剂2 000倍液喷雾防治；卷叶蛾用2.5%

高效氯氟氰菊酯乳油 4 000 倍液或 5% 甲维盐微乳剂 2 000 倍液喷雾防治。

五、采收加工

采收期为 5—11 月，鲜食用花宜早晨采摘，新鲜半开放的花朵品质最佳[17]。加工产品于晴天采摘，晒干贮存即可。

第四节 化学成分

木槿花不但花型美观，民间食用较多。木槿花富含多糖类、蛋白质、氨基酸、有机酸类、花青素、黄酮类、皂苷类和苯丙素类等成分[18]。

一、营养成分

木槿花的氨基酸含量非常丰富，杨少宗等[18]比较了 5 个不同品系的木槿花样本，发现木槿花中含有 16 种氨基酸，其中有超过 7 种为人体所必需的氨基酸，其中呈味氨基酸的含量最高达到了 41.84%，不同产地的同种木槿花氨基酸差异也较大。与食用玫瑰花相比，木槿花的维生素 C 含量较低，只有食用玫瑰花的 1/4，维生素 B、维生素 E、花椰菜的含量相近。陈家龙等[10]以丽水地区、温州地区的白花重瓣木槿花和粉花重瓣木槿花鲜花为材料，测定了它们的矿质元素含量，白花重瓣木槿花的铁元素含量与粉花重瓣木槿花相近，钙元素含量前者为 1.17×10^3 mg/kg，后者为 1.10×10^3 mg/kg，具有显著差异（$P<0.05$）。白花重瓣木槿花的锌含量为 14.8 mg/kg。大大高于粉花重版木槿花的含量 8.8 mg/kg，说明不同品系、不同栽培环境下的木槿花营养成分可能存在较大差异，在菊花[19]和桂花[20]的研究中也有类似的结论。

对木槿鲜花可食部分的测定分析表明，每 100 g 鲜花含水分

94 g、蛋白质 1.3 g、脂肪 0.1 g、碳水化合物 2.8 g、钙 12 mg、磷 36 mg、铁 5.64 mg、锌 4.32 mg、烟酸 1 mg。木槿花的锌含量在植物性食物中名列前茅。除了含有常规营养成分外，还含有丰富的植物营养素和生物活性物质[21]。

二、活性成分

Yoo et al.[22] 使用 10% 的甲酸和 70% 的甲醇水溶液提取木槿花花瓣成分，采用正丁醇和水 [$CH_3(CH_2)_3OH：H_2O=4：1$，15% 的乙酸] 的展开剂，通过纸层析法展开分离黄酮类物质。进一步通过硅胶柱层析分离鉴定牡荆素、皂草苷、2-O- 木糖基牡荆素、牡荆素鼠李糖苷和芹菜素 -7-O- 二糖苷等黄酮类化合物。黄采姣[23] 采集了 5 个木槿花品种，研究发现木槿花原种提取物中的总酚和总黄酮含量最高，分别达到了 17.33 mg GAE/g 和 12.68 mg RE/g；此外，各样品对 ABTS 自由基、总还原能力（FRAP）和 DPPH（1,1-diphenyl-2-picrylhydrazyl）自由基的清除能力分别达到了 17.96 mg TE/g，1.58 mmol Fe SO_4/g 和 6.82 mg TE/g，并且抗氧化活性与总酚、总黄酮、含量呈显著相关。此外，通过高效液相色谱（HPLC）和高效液相色谱 - 质谱联用（HPLC-MS）从木槿花的正丁醇提取液中共鉴定得到 8 种物质，包括芹菜素 -C- 二糖苷、山奈酚 -3-O- 芸香糖苷、山奈酚 -O- 六碳糖 -C- 六碳糖苷、芹菜素、山奈酚 -O- 六碳糖 -C- 六碳糖苷同分异构体、矢车菊素 -3- 丙二酰葡萄糖苷、芹菜素 -7-O- 芸香糖苷和芹菜素 - 葡萄糖芹糖苷等黄酮苷类物质。

第五节　药理与毒理

一、药理作用

木槿花含有蛋白质、多糖及多种微量元素等，具有清热、凉血、抗氧化、防癌和提高人体免疫力等功效 [24, 25]。外用可治疮疖肿痛、烫伤。

（一）抗氧化作用

Yang et al.[26] 研究了木槿花的水提取物和酶提取物对于体外细胞和无毛小鼠的抗衰老作用，发现这 2 种提取物能够增加细胞胶原蛋白丝聚蛋白的数量、降低皮肤黑色素含量、提高角质层水合度、降低皮肤红斑指数，从而减少紫外线诱导皮肤过早衰老。黄采姣 [27] 研究了木槿花不同溶剂萃取物，结果显示木槿花的抗氧化能力与其总黄酮、总酚含量之间呈极显著关系，说明木槿花的抗氧化物质可能主要来自酚类和黄酮类物质，两者均表现出一定的抗氧化活性，其中正丁醇部位的还原能力、ABTS 清除率和 DPPH 清除率最强。

（二）抗癌作用

Shi et al.[28] 从木槿花根部分离出 4 种新的三萜类化合物和其他 12 种化合物，结果表明，桦木醇 -3- 咖啡酸能显著降低肺癌细胞的活力，具有一定的抗癌能力，可作为潜在抗癌药物研发对象。李海生等 [29] 观察了红木槿花注射液对小鼠移植性肿瘤的抑制作用，发现红木槿花注射液对小鼠肉瘤，小鼠宫颈瘤有抑制作用。Hsu et al.[30] 研究发现木槿花提取物可能通过激活 p53 家族调节的途径和抑制 AKT 活化来抑制乳腺癌细胞活力，并诱导细胞凋亡。

（三）降血糖血脂作用

蔡定建等 [31] 利用 GC-MS 研究了赣南木槿花挥发油的化学成分，分离 90 种化合物并鉴定出其中的 43 种，发现木槿花挥发油大都为有机游离脂肪酸，其中富含的亚油酸为不饱和脂肪酸，能降低血液中胆固醇的含量。卫强等 [32] 通过大孔吸附树脂、硅胶柱色谱等，结合 NMR 从木槿叶的乙醇提取物中鉴定了 15 种化合物，其中的 syriacusin A 和异牡荆素对 α- 葡萄糖苷酶有较强的抑制能力，抑制能力分别达到 94.95% 和 97.15%，对抑制血糖浓度具有重要参考意义，可为将来降血糖药物的开发提供了一定的理论参考依据。

（四）保健作用

《医林纂要》记载："木槿花，白花肺热咳嗽吐血者宜之，且治肺疽"，Kim et al.[33] 通过研究小鼠口服木槿根部提取物，发现木槿提取物降低了小鼠皮质酮的血浆水平，并增加了大脑的血清素水平；减少了神经炎症。此外，该提取物还增加了环 AMP 反应元件结合（CREB）蛋白的磷酸化水平和脑源性神经营养因子（BDNF）的表达水平。体外实验同时表明，木槿提取物增加了细胞的活力和 ATP 水平。综上所述，木槿提取物具有控制和保护神经损伤的能力。

（五）抑菌作用

金月亭等 [34] 研究了木槿花醇提物的生物活性，结果表明木槿花的醇提取物对大肠杆菌和金黄色葡萄球菌的抑制作用较为明显，对枯草杆菌的抑制作用一般。

二、毒性机理

木槿花已经出现在了餐桌上，平时常用来泡茶的花卉，现在还能用来做菜，这究竟是否安全呢？这项根据《食品安全性毒理学评价程序和方法》的研究显示，木槿花的氨基酸和粗蛋白含量均高于番茄，维生素 C 含量较高，干物质和粗脂肪含量也高于花椰菜和番茄。对木槿花的急性毒性、致畸作用和亚慢性毒性试验表明，木槿花熟食是安全的。广州市农业技术推广中心主任黄邦海说："木槿花在彻底煮熟后再进食是安全的，但切勿生吃。"

第六节　质量体系

一、标准收载情况

在《中国药典》（1977 年版）[35] 记载："木槿花性寒，味苦、甘、平，具有清热凉血，解毒消肿的功效，具有较高的经济、食用及药用价值。"在《中国药典》（2015 年版）也有收载，对木槿花的来源、性状、鉴别（粉末）、性味与归经、功能与主治、用法与用量、贮藏做出了规定。同年，将木槿花收载于《浙江省中药炮制规范》（2015 年版），对木槿花的来源、炮制、性状、性味与归经、功能与主治、用法与用量、处方应付、贮藏做出了规定。

二、药材形状

花皱缩呈卵状或不规则圆柱状，长 1.5~3.5 cm，宽 1~2 cm，常带有被星状毛的短花梗。副萼片 6~7 片，线形；花萼钟状，灰黄绿色，先端 5 裂，裂片三角状，被星状毛；花冠类白色、黄白色或浅棕黄色，单瓣者 5 片，重瓣者 10 余片；雄蕊多数，花丝连合呈筒状。气微香，味淡。

三、炮制

《浙江省中药炮制规范》（2015 年版）记载：取原药，除去枝、叶等杂质。筛去灰屑。

四、质量评价

（一）木槿花和朱瑾花的鉴别

1. 性状鉴别

（1）木槿花。花卷缩成圆柱形或呈不规则形，长 1.5~3 cm，宽 1~1.5 cm，基部钝圆，常留有短梗，苞片 1 轮，6~7 片，线形。花萼钟状，灰绿色，先端 5 裂，裂片卷缩或反卷；花柄、苞片、花萼外均有细毛；花瓣多为单瓣，5 片，皱折，淡黄或淡紫蓝色，花冠倒卵形，基部密生白色长柔毛；雄蕊和柱头不伸出花冠，花药多数，呈紫黑色。气微，味淡[36]。

（2）朱瑾花。花卷缩成圆柱形，长 7~10 cm，宽约 1 cm，基部钝圆，留有短梗，苞片 1 轮，8~10 片，线形，长 8~15 mm。花萼披针形，5 裂，锐尖，花冠倒卵形，圆钝。花瓣有单瓣与重瓣之分，单瓣 5 片，重瓣 10 片或以上，暗红色。雄蕊和柱头伸出花冠外，雄蕊柱长 4~8 cm，平滑无毛，有喙。花药多数，黄色。气微，味淡。

2. 显微鉴别

（1）木槿花。粉末呈淡黄色。星状毛由 2 至十多个角状细胞组成，长 30~210 μm，基部合并一簇。偶见脱落的单个毛呈平直或弯曲。单细胞非腺毛，狭长，长可达 1 000 μm。腺毛短棒状，长 93~190 μm，头部侧面观约 10 个细胞，一般分 2 列排成 6~8 层，腺柄为单细胞。有螺纹导管。表皮细胞表面观呈多角形，垂周壁能观察到横向角质条纹，草酸钙簇晶直径 15~40 μm。花粉粒呈球形或类球形，直径 110~180 μm，外壁厚 2.8~4.1 μm，内外 2 层厚度相近，外壁表面密布细颗粒状雕纹以及圆锥形刺状突起，长 25~35 μm，顶端较尖，有刺突脱落痕。气孔不定式，类椭圆形，副卫细胞约 3 个。

（2）朱瑾花。粉末呈暗红色。星状毛一般由 2 或 4 个角状细胞组成，50~575 μm，壁厚，木化，基部合并，大多具有孔沟；腺毛，呈棒槌形；簇生毛，具有 2~8 个分枝，单细胞非腺毛壁亦都增厚，木化，也具螺旋状角质纹理，基部有孔沟。有螺纹导管。表皮细胞表面观呈多边形，垂周壁薄，平周壁较光滑，部分具有略为平行横向角质纹理，草酸钙簇晶直径 10~30 μm。花粉粒呈球形或类球形，直径 100~150 μm，外壁表面分布着颗粒状雕纹以及顶端较钝的圆锥形刺状突起，长 20~30 μm，表面具刺突脱落痕。

（二）不同品系木槿花含量的测定

1. 氨基酸

在相同栽培条件下，不同品系木槿花中总氨基酸含量和人体必需氨基酸含量、呈味氨基酸含量都呈现不同程度的种间差异。其中红花重瓣和粉花重瓣的各种氨基酸含量较为接近，或者略高于后者。白花重瓣木槿花的各类氨基酸含量则较为明显地高于其他2种木槿花[37]。

2. 挥发油成分

从分析的结果来看，新鲜木槿花样本种1-癸炔、十一烷、十二烷、十三烷、壬酸乙酯、α-蒎烯等的含量较高。在存放1年以后，木槿花中挥发性成分变化较大，伞花烃的含量急剧升高，萜类、醇类等物质的种类变多，经过PCA聚类可以聚为4类，其中樟脑、壬醛、龙脑和石竹烯等具有芳香气味的物质含量占比较高，分别达到了3.62%、2.62%、10.59%、5.93%。

第七节　性味归经与临床应用

一、性味与归经

《浙江省中药炮制规范》（2015年版）："甘、淡，凉。归脾、肺经。"

《浙南本草新编》："味甘，性凉。"

二、功能主治

《浙江省中药炮制规范》（2015年版）："清湿热，凉血。用于痢疾，腹泻，痔疮出血，白带；外用于疖肿。"

《浙南本草新编》："清湿热，凉血。"

《中国畲药学》："白带。"

三、用法用量

干花3~9g，鲜花25~50g；根15~30g；皮3~9g，水煎服。外用，捣敷适量。

四、附方

（一）治疗痢疾和腹泻

1. 菌痢

木槿花晒干研粉，每次 6~9 g，1 日 2 次，温开水送服（《浙南本草新编》）。

2. 痢疾

木槿花、冰糖各一两，水炖服。或木槿花晒干研粉，每次二至三钱，一日二次，温开水送服（《浙江民间常用草药》）。

3. 下痢噤口

红木槿花去蒂，阴干为末，先煎面饼二个，蘸末食之（《济急仙方》）。

4. 赤白痢

木槿花一两（小儿减半），水煎，兑白蜜三分服。赤痢用红花，白痢用白花，忌酸冷（《云南中医验方》）。

（二）治疗痔疮出血

1. 吐血、大便下血

白花木槿鲜花 100~200 g，猪肉 100 g 煮服（《浙南本草新编》）。

2. 吐血、下血、赤白痢疾

木槿花 9~13 朵。酌加开水和冰糖沏半小时，饭前服，日服二次（《福建民间草药》）。

（三）治疗白带

1. 白带过多

木槿花 15~30 g，水煎，冲黄酒少量服。伴腰痛者，可加紫茉莉、小槐花根（或蔓茎葫芦茶）；带色黄稠加臭椿根皮，色赤加红鸡冠花（《浙南本草新编》）。

2. 白带

鲜木槿花约 25 g，炒鸡蛋食用（《中国畲药学》）。

3. 白带

木槿花二钱，为末，人乳拌，饭上蒸熟食之（《滇南本草》）。

（四）治疗皮肤科疾病

1. 烫伤

木槿花研粉，植物油调敷（《浙南本草新编》）。

2. 疔肿

木槿鲜花捣烂外敷（《浙南本草新编》）。

3. 疮疖肿

木槿花（鲜）适量，甜酒少许，捣烂外敷（《江西草药》）。

（五）治疗支气管疾病

1. 支气管炎

久咳、干咳，木槿花 6~12 g，加冰糖适量，水炖服。咳嗽多痰，木槿花、美丽胡枝子花（白）、桑白皮、地胆草各 9 g，水煎服（《浙南本草新编》）。

2. 咯血、干咳

木槿花二至四钱，加冰糖适量，水炖服（《浙江民间常用草药》）。

3. 风痰壅逆

木槿花晒干，焙研，每服一、二匙，空心沸汤下，白花尤良（《简便单方》）。

（六）治疗胃肠道疾病

反胃：千叶白槿花，阴干为末，陈米汤调送三五口；不转，再将米饮调服（《袖珍方》槿花散）。

第八节　丽水木槿花资源利用与开发

一、资源蕴藏情况

木槿花品种繁多，花大形美。常见的有白花重瓣木槿、粉花重瓣木槿、红花重瓣木槿等。既有色彩艳丽的，也有朴素典雅的。在过去，木槿花栽培多以花型艳丽、抗逆性好的品种为佳，多用于公园湖旁、小区路边等，可以美化环境、净化空气[37]。

近年来，木槿花的食用价值越来越得到人们的关注：其一，民间食用木槿花自古以来就有传统。故木槿花在民间也被称为面花，鸡肉花，这可能也与木槿花蛋白质含量高有关。其二，随着木槿花种植规模的不断扩大，新品种的不断培育，木槿花资源的综合利用也进入了大众的眼中。木槿花因口感好、营养丰富，在群众中已经拥有一定的接受度。目前在华东地区，如浙江等地已经有大规模的木槿花种植基地。浙江丽水遂昌县吴处村 1 200 多 m 的高山上，当地已有种植户种植了超过 12 hm² 的木槿。既是旅游景点，又与宁波、杭州等地的经销商长期合作，每年供应木槿鲜花和苗木。不但提高了当地村民的收入，也为美丽乡村建设注入了新的活力。浙江丽水龙泉市倚天木槿花开发有限公司注册了"龙雪莲"和"雪山莲" 2 个商标，主要生产脱水蔬菜木槿花，产品曾荣获 2004 年浙江省农博会优质奖，年生产加工量达 10 万 kg。产值达到了 100 万~200 万元，产生了较好的社会效益。

二、基地建设情况

浙江海槿生物科技有限公司成立于 2019 年，集木槿花种植、系列产品的研发、深加工与销售为一体，是目前国内首创、规模最大的唯一一致力于木槿花产业发展的科技型田园综合体企业。公司坐落于被誉为人居天堂的江南绿海——丽水·遂昌。目前，公司拥

有木槿花种植基地千余亩，预计将达到万亩规模。公司系列产品主
要有：木槿原浆花酒、木槿花饮料、木槿花茶、木槿干花、高端
菌类的培植（如羊肚菌、桑黄）、"暮落朝开"牌餐饮业专用鲜花、
（能喝的）儿童洗发水、面膜、润肤露以及盆景、服饰等。

第九节　总结与展望

　　丽水中药材资源丰富，种植历史悠久，丽水遂昌县是全国唯一
致力于木槿花产业发展的科技型田园综合体。木槿花具有清湿热，
凉血的作用。随着木槿花栽培技术的进步，大面积的栽培基地逐步
发展起来，为木槿花的资源开发和临床应用提供了良好的基础。

　　木槿花含有较大部分黄酮类成分，具有较好的抗氧化作用，且
含有丰富的挥发油。因此，木槿花可作为精油或香水的原料，还可
用以抗衰老化妆品的研发中。另外，木槿花作为一种有待开发的食
用花卉植物，其营养成分等开发价值有待进一步厘清。首先，木槿
花栽培品系繁多，不同品系间的花型、大小、颜色和气味等诸多方
面差距都较大。其次，由于栽培环境复杂多样，营养成分差异也较
为明显。而氨基酸作为人体所必需的基础营养物质，也是食品开发
领域重点研究的方向之一。

　　不同品系的木槿花在营养成分与生物活性方面有一定的差异。
木槿花被称作为鸡肉花、面花和汤饭花，可见木槿花作为一种可食
用花卉，在民众间的接受程度很高。然而目前大多数的文献报道主
要围绕在木槿花的栽培管理、农艺性状和一些营养物质的分析研究
上，对不同品系木槿花成分的研究亟待深入。在后期的研究和开发
中，必须依照不同品系的特性，因地制宜，优化选种和优化栽培方
式，选育出适合观赏的树种和适合人群食用的蔬菜树种，同时要兼

顾食品毒理的研究。此外，还要开阔视野，利用木槿花蛋白质含量高，纤维优质等特点，探索在不同加工条件，不同储藏环境下木槿花的利用价值。综上，木槿花具有较大的开发应用前景。

参 考 文 献

[1]   郭旭光. 痔疮试试木槿花泡茶 [J]. 家庭医学，2019（11）：53.

[2]   曹际云. 木槿花多糖的超声波辅助热水浸提工艺优化及抗氧化活性研究 [J]. 粮油食品科技，2019，27（5）：55-60.

[3]   张道敬，张偲，吴军，等. 药用木槿属植物化学成分和药理作用研究进展 [J]. 中南药学，2005，3（3）：158-161.

[4]   浙江植物志编辑委员会，浙江植物志 [M]. 杭州：浙江科学技术出版社，1993.

[5]   王星光，高歌. 中国古代花卉饮食考略 [J]. 农业考古，2006（1）：192-198.

[6]   杨少宗，柳新红，方茹，等. 浙江省食用花卉栽培和产业化发展现状调查 [J]. 浙江农业学报，2013，25（5）：1019-1023.

[7]   陈家龙，朱建军. 温州山区食花文化的民族植物学研究 [J]. 江西农业学报，2013，25（4）：55-58.

[8]   李秀芬，张建锋，朱建军，等. 木槿开花特性及食用价值 [J]. 经济林研究，2014，32（1）：175-178.

[9]   张辛华，李秀芬，张德顺，等. 木槿应用研究进展 [J]. 北方园艺，2008（10）：74-77.

[10]   陈家龙，朱建军，王巍伟，等. 浙南地区不同食用木槿花瓣营养成分分析与比较 [J]. 食品研究与开发，2017，38（10）：131-133.

[11]   魏本柱，曾海东. 食用花卉：木槿栽培技术 [J]. 中国林副特产，2012（6）：40-41.

[12]   张敏，刘辉. 基于主成分分析法的小米食用品质评价模型的建立 [J].

东北农业大学学报，2011，42（8）：7-12.

[13] 景立新，郑丛龙，林柏全，等．木槿花中营养成分研究 [J]. 食品研究与开发，2009，30（6）：146-148.

[14] 马斌，陈胜文，吴有恒，等．木槿花基质栽培技术与营养保健功效 [J]. 长江蔬菜，2021（1）：23-24.

[15] 李晓勇，李晓林．木槿花的栽培技术 [J]. 吉林蔬菜，2011（4）：71.

[16] 汪万生，曾赵林，朱业斌，等．木槿花栽培管理技术 [J]. 蔬菜，2014（12）：59-60.

[17] 张春英，黄军华，孙强．多彩木槿花 [J]. 园林，2018（6）：48-51.

[18] 杨少宗，陈家龙，柳新红，等．不同品系食用木槿花瓣营养、功能成分组成及营养价值评价 [J]. 食品科学，2018，39（22）：213-219.

[19] 张倩倩，韩宝来，赵素会，等．6 种菊花花瓣的营养成分分析与评价 [J]. 食品工业科技，2017，38（8）：346-349，368.

[20] 林燕青，杨秀莲，凌敏，等．11 个桂花品种花瓣与叶片中矿质元素含量的比较 [J]. 西部林业科学，2015，44（4）：79-83.

[21] 应铁进．木槿花的营养价值和深加工 [J]. 新农村，2020（3）：34-35.

[22] YOO K O, LIM H T, KIM J H. Studies on the flavonoids of the *Hibiscus syriacus* L. complex. [J]. Korean j plant res，1996，9（3）：224-229.

[23] 黄采姣，李安平，李建周，等．木槿花生物活性物质及其抗氧化活性分析 [J]. 食品科学，2019，40（3）：42-47.

[24] 刘燕，易安辉，段续建，等．木槿花食疗价值的史料记载 [J]. 家庭科技，2020（9）：61-62.

[25] 曹际云．木槿花多糖的超声波辅助热水浸提工艺优化及抗氧化活性研究 [J]. 粮油食品科技，2019，27（5）：55-60.

[26] YANG J E, HIEN T T N, EUNSON H, et al. Dietary enzyme-treated *Hibiscus syriacus* L. protects skin against chronic UVB-induced photoaging via enhancement of skin hydration and collagen synthesis[J]. Archives of biochemistry and biophysics，2019，662：190-200.

[27] 黄采姣. 木槿花抗氧化活性及其物质基础的研究 [D]. 长沙：中南林业科技大学，2018.

[28] SHI L S，WU C H，YANG T C，et al. Cytotoxic effect of triterpenoids from the root bark of *Hibiscus syriacus*[J]. Fitoterapia，2014（97）：184-191.

[29] 李海生，李静. 木槿果花对小鼠移植性肿瘤抑制作用的观察 [J]. 中草药，1995（2）：87.

[30] HSU R J，HSU Y C，CHEN S P，et al. The triterpenoids of *Hibiscus syriacus* induce apoptosis and inhibit cell migration in breast cancer cells[J]. BMC complementary and alternative medicine, 2015，15（1）：65-74.

[31] 蔡定建，戎敢，靖青秀，等. 木槿花挥发油化学成分的 GC/MS 分析 [J]. 中国农学通报，2009，25（21）：93-96.

[32] 卫强，纪小影，徐飞，等. 木槿叶化学成分及抑制 α- 葡萄糖苷酶活性研究 [J]. 中药材，2015，38（5）：975-979.

[33] KIN Y H，RANGIN A，PARK B K，et al. Antidepressant-like and neuroprotective effects of ethanol extract from the root bark of *Hibiscus syriacus* L. [J]. Biomed research international，2018，11（19）：1-13.

[34] 金月亭，应铁进. 木槿花生物活性的初步研究 [J]. 中国食品学报，2008，8（3）：37-41.

[35] 国家药典委员会. 中华人民共和国药典[M]. 北京：人民卫生出版社，1977：88.

[36] 赖岳晓，刘佩沂，田素英，等. 木槿花和朱槿花的鉴别研究 [J]. 今日药学，2010，20（5）：16-18.

[37] 金友权. 不同品系木槿花水溶性与挥发性成分的差异分析[D]. 杭州：浙江农林大学，2019.

《丽水特色中药》 | 编后记

　　自从 2017 年 4 月退休以来，心里常常会想起古代激励老年人的名句"老骥伏枥，志在千里。烈士暮年，壮心不已"。究其因是干中药大半辈子的我，还有些未了情魂牵梦萦，使我心情澎湃、浮想联翩，产生了许多"心思"：如丽水中药特色发展心结未解，丽水中药传承光大心愿未偿，自命为中药人的"厚朴子"，应该与党和国家振兴中医药的号召和政策心心相印，全心全意为丽水中医药特色发展多做贡献。再联想我的微信名"丽水福地"，便是从我立足、立业的丽水具有得天独厚的生态优势而来，名副其实出于秀山丽水、养生福地。丽水药用植物品种繁多、野生药材蕴藏量大以及药用植物生长适应性强等特点，早已被誉为浙西南的"天然药园"和"华东药用植物宝库"，总结一句心里话："丽水福地药源长，绿水青山金银藏"。契合中药情结，促使我心底发出编写丛书的心思与心声，从心灵深处开发心智谱写丽水中药赞歌。

　　追溯我的中药心源：我是一个祖祖辈辈都种田的农家子弟，从记事之日开始到读大学似乎从未进过医院看过西医，直到 20 多岁也不敢到医院看病，全在家里自行解决疾患，如感冒就吃白英（民间俗称毛道士），尿道感染喝车前草泡的茶，冻食、积食、腹泻和感冒等服用食凉茶和鸡内金煎剂，等等。农村几乎家家户户都备有常用草药。由此自小就与中草药结缘，中医药情怀一直在心中，直到 1977 年考大学时，第一志愿就是浙江医科大学药学系，有幸成为新招生制度首届大学生。在大学期间作为生药课代表，师从奚镜清先生，中药情结和情怀在心里开始萌芽扎根，从而毕业后一直在丽水地区药检所从事药检验、监督与研究工作直到退休。

回忆我的中药心路：在职 36 年一直在丽水市食品药品检验所（原为地区，后改市，又加食品，之后更名为丽水市食品药品与质量技术检验检测院，现改成丽水市质量检验检测研究院）工作。我是一个没换单位而系统换了四五个名称的人，从普通的中药检验人员逐渐成为有一定成绩的中药专家，辛勤耕耘的科研工作主要体现在：首发并坚持抢救、整理和开发利用畲药，促使畲药在全国首次收入中药标准［《浙江省中药炮制规范》（2005 年版）和（2015 年版）］；推动厚朴、破壁灵芝胶囊、"浙八味"及"丽九味"等具资源优势地产药材的研发，振兴丽水中药产业；规范中药质量标准，研创中药检定新方法，使中药质量标准更上台阶；发现新的伪劣品，打击医药伪劣产品，净化中医药市场，把好药品质量关，保证人民用药安全有效；服务丽水中医药企事业单位，规范药品生产、经营及使用，促进丽水医药卫生事业健康发展，为公众饮食用药安全尽心尽责。

慰心的专业工作成绩：已在省级以上专业刊物、杂志发表科技论文 200 多篇，大部分发表在 10 多种国家级刊物上，其中有 50 余篇论文分别荣获中国药学会岛津杯优秀论文奖二等奖、浙江省自然科学优秀论文奖二、三等奖、丽水市自然科学优秀论文奖一、二、三等奖；主持或参与完成省级、市级课题 6 项以上，如畲药研究方面就有 4 项，还有几项中药课题；曾任丽水中药产业技术创新服务平台（省级平台）核心单位负责人，并有幸被选为创新平台副理事长，由共建单位领导组成理事会；还参与 2 家科技创新团队（中药材科技创新团队和畲医药科技创新团队）的研发工作。

惠心的所得荣誉与职务：主持或骨干参与的上述课题与项目分别荣获浙江省药学会科技进步奖二等奖、中华中医药学会科技奖三等奖、浙江省科学技术进步奖三等奖、浙江省中医药科技创新奖一等奖、浙江省卫生厅优秀成果三等奖和2018年梁希林业科学技术奖三等奖等多种奖项，2011年获得首届浙江省医药科技奖。我1957年出生，在1999年就取得了主任中药师职称，2000年《丽水年鉴》记载丽水享受正高职称的人员中我最年轻，比我年长的1946年，头名老人1936年出生，所以说我是全市当时最年轻的正高职称获得者，因1992年开始就荣获丽水地区第2届到第6届连续5届拔尖人才，1999年入选138人才库，为此，2010年荣获丽水市"杰出人才"称号，成为丽水高层次人才四类，正高三级，在职时为丽水市食品药品检验所所长兼丽水市药品不良反应监测中心主任，丽水市政协一至三届常委，曾经为《中草药》《中国现代应用药学》《中国药业》和《中国民族医药杂志》多届编委、中国民族医药畲医药分会副会长、浙江省中医药学会中药分会常务理事、浙江省药学会中药与天然药物专委会委员、丽水市药学会和中医药学会副会长。

但是，应该心里有数的是：上述业绩和荣誉退休后归零翻篇了，必须叩开心扉激发心思再续前情，应在专业上再接再厉，到体制外中药企业继续为中药事业、特别是畲药继承并发扬光大再做贡献，为此萌生发挥余热、组织丽水有志之士与中药专业人才著书的想法，用心将自己40来年中药研究工作进行梳理，作为一生中药研究和工作历程的总结。首先，编写《丽水特色中药》系列丛书4辑，由我组织有关人员策划设计、组稿、审稿及实施完成。既传承光大丽水特色中药、促进丽水中医药特色发展，又为培养扶植丽水后继中药人才服务。其次，编写畲药的书籍，在2007年与雷后兴共同主编出版《中国畲族医药学》的基础上，又与程科军博士共同主编出版《整合畲药学研究》，还作为副主编出版《畲药物种DNA条形码鉴别》《中药传统鉴别术语图解》和《中国畲药图谱》等专业图书。

在编写《丽水特色中药》时有幸受到王如伟先生（全国优秀科技工作者、享受国务院政府特殊津贴、浙江省新世纪151人才重点层次、杭州市 B 类人才、科学技术部"重大新药创制专项""国际合作专项""科技奖励"评委、CDE 审评专家等）的高度评价："水福兄作为浙南山区潜心钻研中药资源鉴定和质量控制技术的知名青年学者，20 世纪 80 年代起就发表大量的科研论文和专著，引起学术界的关注。他又是一位对丽水的山山水水有特殊情感的中药资源的守护者，也是畲族药研究最早的倡导者和研究者"。

从心里感激的人：编写《丽水特色中药》需要丽水市有关部门、企业的领导和专家的大力支持。我将设在丽水学院的浙江省中药产业技术服务平台和丽水中药研究院作为编辑办公室。找到了热心丽水中药事业的肖建中博士（现丽水市政府咨询委员会常务副主任，原丽水学院党委书记），肖建中博士又找到了丽水市委常委、市委统战部部长王小荣作为编委会第一主任；我们专门请教雷后兴（全国政协委员、中国民族医药畲医药分会理事长）、程文亮（丽水市农林科学研究院副院长，研究员）等专家和领导，并且咨询丽水市许多中药研究专家和领导，如刘跃均研究员、程科军博士、林植华教授和陈军华主任等，大家群策群力、共同指导编写好本丛书；又联系浙江中强医药公司几位老总（林敏云、姚国平和郑哲斌）、浙江汉邦生物科技公司钟洪伟和浙江康宁医药有限公司金俊等致力于中药事业的企业家，由上述专家领导组成编委会，主持与指导编写组的编写工作，然后组织原丽水市药检所、丽水市中医院、丽水市农林科学研究院等专家组成编写组，具体编写丽水主产或特产的畲药、独特药、质佳药、道地药、量大药、代表性药等中药，共36 种主药及附带的 10 余种中药（畲药），取名为《丽水特色中药》，根据实际内容分成三辑编写出版，准备第四辑主要介绍丽水中药传承、主要中药企业及其代表性产品。

第一辑的内容为浙江中强医药有限公司注册的"丽九味"，其出处系 2014 年经丽水市市场监督管理局组织专家初评出（未发布）的 9 味丽水特色中药，分别为灵芝、薏苡仁、灰树花、厚朴、食凉茶、莲子、浙贝母、延胡索、黄精 9 种中药，其实该"九"字代表的是数量多、品质高，是最有代表性、最有优势的特色中药，并非一定是该九味药。

第二辑编写 11 味中药，与"丽九味"对应名曰"九地药"，编写全丽水市代表性中药（除"丽九味"外）。丽水市地处浙西南山区，辖莲都、龙泉、青田、缙云、云和、庆元、遂昌、松阳、景宁 9 个县（县级市、区），总面积 1.73 万 km²，生态环境优越，有"秀山丽水、养生福地、长寿之乡"的美誉。丽水市地形复杂多变，地势高低悬殊，气候垂直差异明显，中药材资源丰富，蕴藏量大，各县优势品种突出。除收入第一辑的"丽九味"特色中药外，各地还有诸多代表性中药，如莲都的三叶青、景宁的栀子、白山毛桃根、云和的地稔、龙泉的铁皮石斛、遂昌的菊米和青钱柳、松阳的小香勾、青田的覆盆子、缙云的西红花、庆元的香菇等，现将这 11 种特色中药材及相关的 2 味畲药作为"丽水九地药"编写成第二辑。

第三辑编写 16 个中药品种，实则是在第一、第二辑基础上，继续筛选出丽水除已编写品种以外的、仍具有丽水特色的中药，如畲药楤木（百鸟不歇）与待开发畲药树参、新浙八味前胡、浙八味白术、花类木槿、民间应用极广的草药车前草、爬行动物龟鳖类、草根白茅根、真菌木耳、青田民间多用于火锅的五加皮、汉文化代表蚕桑文化的桑类等 16 种主要中药。

上述三辑编写的中药特点各用一句话概括如下。

灵芝：丽水最负盛名，以龙泉为地理标志的药材；

食凉茶：丽水最具特色的第一味畲药；

灰树花：丽水独家生产的中成药灰树花胶囊唯一原料药；

莲子：最具丽水古城标志的药食两用药材；

薏苡仁：丽水最畅销的药材和农产品；

黄精：丽水林下经济最具代表性的中药；

厚朴：丽水资源蕴藏量最大的品种；

延胡索：丽水原处州制药厂独家生产可达灵的唯一原料药；

浙贝母：丽水的大宗常用药材之一，也是"浙八味"之一；

三叶青：时下最热抗菌抗肿瘤植物药；

铁皮石斛：最受百姓青睐的民间仙草；

菊米：最具遂昌特色天然饮品；

青钱柳：最具开发潜质的降血糖植物；

覆盆子：补肝益肾药食两用仙果；

地稔：最具抗病毒与消炎止痛的畲药；

栀子：最具观赏添彩的药食两用金果；

白山毛桃根：抗肿瘤效果最佳的畲药；

西红花：活血功效最佳的黄金花柱；

小香勾：全市民间药膳使用最广的畲药；

香菇：丽水唯一可制作抗癌注射液的香菇；

鱼腥草：药食两用抗菌抗病毒中药；

树参：有效开发头痛风痹的畲药；

百合：集药食两用观赏于一体的鳞茎；

杜仲：丽水补肝肾最好的树皮；

五加皮：青田火锅多用的药健两用之根；

鳖甲（胶）：丽水养殖最多的药食同源的爬行动物；

桑类（桑叶、桑白皮、桑椹）：丽水最能代表汉文化之一的叶类药；

白术：丽水种植多药健两用的"浙八味"；

白茅根：丽水止血凉血药食两用之草根；

白花蛇舌草：丽水抗菌抗癌草药之典范；

车前草：丽水民间广泛用于排石通淋之全草；

木槿花：丽水食谱广开花多的花类药代表；

木耳：丽水食用多药食同源的食用菌；

前胡：康宁欲建中药之乡的"新浙八味"代表；

重楼：民间治蛇毒和疮疡肿毒及抗肿瘤良药。

楤木（百鸟不歇）：畲民用于祛风湿强筋骨的汉畲均用药。

第四辑计划以成果展示、优势中药企业和特色产品简介为主，展现丽水中药的历史传承及产业发展。

封面从第一辑到第四辑底色分别为绿色代表绿水、蓝色代表蓝天、青色代表青山、金黄色代表金山银山成果。

同心协力的编写主力是老、中、青三结合，我是老中药工作者代表，从编写发起开始，设计、筹款、组稿、审稿、修改到出版；主要执笔者是范蕾、刘敏和张晓芹，范蕾和刘敏都当前丽水中药事业的领军人物，是承上启下的中坚力量；张晓芹是丽水中药后起之秀；执笔者还有王伟影、余华丽、余乐、陈张金等；他们不辞辛劳，克服重重困难，查阅许多资料，并到实地调研，精心书写成文，还经反复修改排版而成。较全面系统地汇总了40余种丽水主要特色中药的有关资料，结合本土实际与发展前景编写成书，确定丛书名为《丽水特色中药》，旨在科普丽水特色中药材知识，创建并推广丽水特色中药材品牌，为丽水医药行业绿色健康快速发展以及推向全国乃至世界提供第一手资料，促进丽水中医药特色发展。丛书每辑均以品种为章，内容较全面、翔实，构架新颖，图文并茂，体现特色药材文化与地域文化，横跨多个学科领域，是丽水特色药材资源普查、应用开发、文化科普的优质中药参考书。

平心而论，本书在编写过程中参考并引用了国内外众多专家学者的珍贵资料，结合笔者数十年丽水中药研究与实际工作经验，最大的特点是溯源本草、涵盖质量标准和产业化发展，展示了丽水中药开发利用的现状，揭示了丽水特色中药的特殊性与开发利用价值，预示振兴丽水中医药及可开发利用的前景。

衷心感谢的单位与有关人士：本书的编写得到了丽水市有关领导与相关部门的大力支持，得到了浙江康宁医药有限公司、浙江丽水中强医药有限公司与丽水市生生堂国医馆、浙江汉邦生物科技有限公司、丽水市质量检验检测研究院和丽水市中医院等单位的大力支持，在本书出版完成之际表示最诚挚的感谢！特别感谢孙汉董院士特为本书题词，国家药品监督管理局原副局长任德权特为本人题词，丽水籍药学专家、浙江康恩贝制药股份有限公司原总裁王如伟教授对丽水中药事业健康发展的指导与支持，特为本书作序。

由于受时间和精力等的限制，我们搜集的资料可能并不够全面、经验不够丰富、思路不够开阔，书中如有偏颇不足之处，还望同人提出宝贵意见。

用心书写后记之末摘录苏轼的《前赤壁赋》："寄蜉蝣于天地，渺沧海之一粟。哀吾生之须臾，羡长江之无穷。挟飞仙以遨游，抱明月而长终"自慰，而后收心和安心。让我站在丽水莲都的紫金大桥上，放眼代表丽水东、西、南、北的一江三山（瓯江、南明山、万象山和白云山），概括以下四句话与大家共勉：瓯江绿水东流激，南明青山仁寿寄，万象烟雨西照红，北蠡白云蓝天齐。

编写者　李水福

2021 年 8 月 18 日

附图之鱼腥草

——药食两用抗菌抗病毒中药

康之源鱼腥草代用茶发明专利证书

康之源公司生产的鱼腥草凉茶

药农采收鱼腥草

鱼腥草植株

▌附图之百合

——集药食两用观赏于一体的鳞茎

青田舒桥乡百合基地生产的百合干

舒桥百合种植基地

附图之树参
——有效开发头痛风痹的畲药

树参原植物

▌附图之白术
——丽水种植多药健两用的"浙八味"

白术饮片

白术植株

附图之五加皮

——青田火锅多用的药健两用之根

五加皮药材

附图之前胡

——康宁欲建中药之乡的"新浙八味"代表

前胡药材

前胡植株

前胡饮片

附图之杜仲

——丽水补肝肾最好的树皮

杜仲饮片

杜仲原植物

▌附图之白茅根
——丽水止血凉血药食两用之草根

白茅根药材

附图之桑类

——丽水最能代表汉文化之一的叶类药

桑叶、桑椹原植物

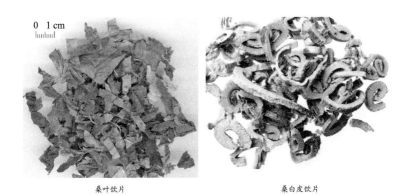

0 1 cm

桑叶饮片   桑白皮饮片

附图之白花蛇舌草
—— 丽水抗菌抗癌草药之典范

白花蛇舌草植株

白花蛇舌草饮片

附图之楤木（百鸟不歇）

——畲民用于祛风湿强筋骨的汉畲均用药

楤木

红楤木

▍附图之鳖甲

——丽水养殖最多的药食同源的爬行动物

松阳中得科技开发有限公司龟鳖养殖基地
左起：李伟根　范蕾、叶泰荣、李水福、袁宙新、刘丽仙

松阳中华鳖养殖基地
左起：李伟根、叶泰荣、上河村老书记、李水福、袁宙新、刘丽仙、范蕾

鳖蛋　　　　　　　　　　　　　　龟蛋

附图之车前草

——丽水民间广泛用于排石通淋之全草

车前草植株

车前草药材

▌附图之重楼

——民间治蛇毒和疮疡肿毒及抗肿瘤良药

重楼基地

重楼原植物

附图之木耳
——丽水食用多药食同源的食用菌

木耳基地

木耳

▋附图之木槿花
—— 丽水食谱广开花多的花类药代表

木槿花种植基地

木槿花鲜品

木槿花干花

木槿花制成的食品

木槿花原浆酒